中国建筑艺术史

【下卷】

中国艺术研究院
《中国建筑艺术史》编写组 编著
萧默 主编

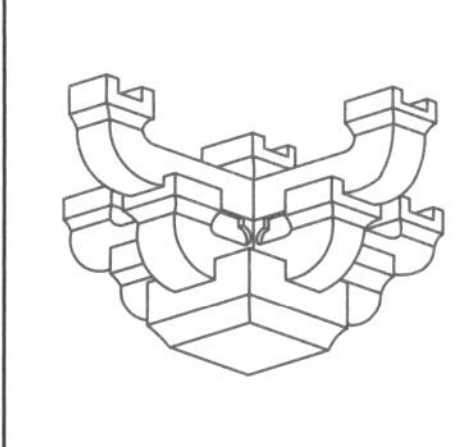

中国建筑工业出版社

总目录

上卷

序　吴良镛
引　论—一
第一编　萌芽与成长—二五
第一章　史前建筑—二六
第二章　夏商周建筑—五七
第三章　秦汉建筑—一〇六
第二编　成熟与高峰—一六九
第四章　三国两晋南北朝建筑—一七〇
第五章　隋唐建筑—二三六
第六章　五代宋辽西夏金建筑—三三四
第七章　元代建筑—四七四

中卷

第三编　充实与总结—五〇七
第八章　明清建筑（一）—五〇八
第九章　明清建筑（二）—六七〇
第十章　明清建筑（三）—八一〇
第十一章　明清建筑（四）—八八四

下卷

第四编　群星灿烂—九三三
第十二章　藏蒙地区建筑
（内地藏传佛教建筑附）—九三四
第十三章　新疆维吾尔族建筑
（回族伊斯兰教建筑附）—一〇〇二
第十四章　西南少数民族建筑—一〇四五
第五编　理性光辉—一〇八五
第十五章　建筑哲理—一〇八六
第十六章　外部空间—一一三一
第十七章　形体构图—一一六三
第十八章　文化决定论与多元建筑论—一一七九
人名索引—一一九八
建筑名索引—一二〇四
书画索引—一二一六
关键词索引—一二二四
建筑术语索引—一二二六
附　录　作者简介及分工—一二四六
后　记—一二五〇

下卷目录

第四编　群星灿烂

第十二章　藏蒙地区建筑（内地藏传佛教建筑附）

小引——934
第一节　西藏蒙古史地概要——935
第二节　藏传佛教寺庙——938
一、总述——938
二、西藏喇嘛庙——945
三、西藏宗山与布达拉——962
四、内蒙古喇嘛庙——968
五、内地喇嘛庙——973
第三节　喇嘛塔——985
一、瓶式塔——985
二、金刚宝座塔——990
三、过街塔——994
第四节　藏族民居与园林（林卡）——996
一、藏族民居——996
二、罗布林卡——999

第十三章　新疆维吾尔族建筑（回族伊斯兰教建筑附）

小引——1002
第一节　新疆建筑简史——1002
第二节　维吾尔族民居——1008
一、总述——1008
二、喀什民居——1009
三、和田民居——1012
四、吐鲁番民居——1013
五、伊犁民居——1016
第三节　维吾尔族伊斯兰教建筑——1018
一、新疆伊斯兰教之传入——1018
二、维吾尔族伊斯兰教建筑——1019
三、维吾尔族伊斯兰教建筑装饰——1032
第四节　回族伊斯兰教建筑——1036

第十四章　西南少数民族建筑

小引——1045

第一节　丽江纳西族和大理白族民居——1047
第二节　云南傣族建筑——1055
一、村寨——1056
二、民居——1058
三、佛寺与佛塔——1064
第三节　黔桂侗族建筑——1075
一、民居——1075
二、鼓楼——1077
三、风雨桥——1081

第五编　理性光辉

第十五章　建筑哲理

小引——1086
第一节　人伦之轨模——1087
一、人伦之善与建筑之美——1087
二、建筑的礼制化——1089
第二节　大壮与适形——1093
一、“大壮”——1093
二、“适形”与“便生”——1095
第三节　老庄风神——1098
一、“道法自然”与“贵柔”——1099
二、刚柔相济——1101
第四节　宇宙模式——1102
一、先天八卦与阴阳哲理——1103
二、后天八卦与法天象地——1107
第五节　建筑环境观——“风水”——1114
一、风水学概说——1114
二、风水学沿革——1116
三、风水流派及分布——1121
四、“风水宝地”模式及其科学与艺术价值——1126

第十六章　外部空间

小引——1131
第一节　空间观念缘起——1132
第二节　空间图式的文化抉择——1136
第三节　外部空间的三种模式——1138
一、明堂式——1138
二、四合院式——1142
三、自由式——1143
四、南北轴向的空间延伸——1145
第四节　外部空间设计——1147
一、“形体之法”——1149
二、“千尺为势，百尺为形”——1152
三、模数与象征——1159

第十七章　形体构图

小引——1163
第一节　造型分类——1163
第二节　形体构图——1168
一、正方形因素——1168
二、$\sqrt{2}$因素——1170

第十八章　文化决定论与多元建筑论

小引——1179
第一节　文化决定论——1179
第二节　建筑的文化内涵——1184
第三节　中国建筑的多元风格——1187
一、时代风格——1187
二、地域风格——1189
三、民族风格——1190
四、类型风格——1191
五、阶级或阶层风格——1192
第四节　多元建筑论——1192

人名索引——1198
建筑名索引——1204
书画索引——1216
关键词索引——1224
建筑术语索引——1226
附录　作者简介及分工——1246
后记——1250

第四编

群星灿烂

第十二章 藏蒙地区建筑（内地藏传佛教建筑附）

小引

中国远古时代的许多部族，经过几千年的融合重组，形成56个民族，其中占全国人口90%以上的是汉族。其他55个民族人口都远少于汉族，统称为少数民族。汉族本身就是诸多部族融合的结果，居住在全国各地，主要分布在黄河、淮河、长江、珠江流域和松辽平原，并在其他各地及边疆与当地各民族杂居相处。各少数民族，除了散布于全国的回族外，其聚居和与汉族等其他民族杂居的地区占到全国面积的一半以上，主要分布在西南、西北、内蒙古和东北等边疆省区。由于各民族历史文化的差异，各族的建筑艺术都体现了本民族的和地域的特色，对于中华民族建筑艺术的整体成就作出了独特贡献，大大丰富了中国建筑艺术史的内容。同时，由于各民族的长期相处和文化交流，又相互影响、吸收，推动了各自的发展。

各少数民族中，建筑艺术的民族和地域特点鲜明并取得较高成就的不在少数，如藏蒙地区建筑，新疆维吾尔族建筑，回族伊斯兰教建筑，云南白族、纳西族和傣族建筑，以及黔桂湘等省区的侗族、壮族、土家族、苗族建筑等。

此处所说的“藏蒙地区”，除了现西藏和内蒙古两个自治区以外，还包括西藏周边藏族同胞较多的青海全省、甘肃南部、四川西部和云南西北等地。藏蒙地区的传统建筑以藏族和蒙古族群众普遍信奉的喇嘛教寺庙和喇嘛塔的成就更为突出，西藏的碉房和内蒙古的毡房（俗称蒙古包）等居住建筑也很有特色。此外，在西藏，还有“宗山”和“林卡”，前者为政权建筑，同时带有浓厚的宗教气息，建在山头，形如城堡，后者相当于内地的园林。

喇嘛教为藏传佛教的俗称，因该教的僧侣藏语称“喇嘛”而得名，是佛教的一个支系，又称藏系佛教或藏语系佛教，与汉地佛教相比，其教义、仪式和宗教感情都有很大差别。喇嘛教的寺庙佛塔等建筑有十分鲜明的特色和相当卓越的成就，其中的一些作品堪称经典，甚至可以列入为世界级建筑艺术珍品。因藏蒙喇嘛教的兴盛，在承德、北京、山西等内地省市也建造了一些喇嘛教寺庙，多是在清王朝的主持下建造的，除具有喇嘛教建筑的共同风格外，大多不同程度地也带有汉族建筑的色彩。

新疆居住着以维吾尔族为主的十几个少数民族，大都信奉伊斯兰教。维吾尔族伊斯兰教礼拜寺具有较多中亚建筑色彩，民居也很有特色。

回族也信奉伊斯兰教，但回族的清真寺除基于宗教的要求具有伊斯兰教建筑的共通特点外，受到汉族建筑较大影响。回族民居与各地汉族民居差别不大。

云南有二十几个少数民族，其建筑以属于氐羌族群的白族、纳西族和属于百越族群的傣族的成就最高。白族和纳西族聚居于滇西北，唐宋时开始接受汉族文化，建筑以带有浓厚汉族气息但仍具本民族特色的民居为主。云南西南边境上的傣族信奉上座部佛教（又称南传佛教或小乘佛教），其寺塔与汉地佛教及喇嘛教建筑都有不同，特点鲜明，与同样信奉上座部佛教的东南亚国家则有较多共同点。居住建筑是干阑式的“竹楼”，保留了古百越族系的风习。

聚居于黔东南、桂北和湘西的侗族，先祖也属于百越，居住建筑也是干阑式，但受到了汉族较大影响。侗族的建筑成就，还以其独具特色的鼓楼和风雨桥闻名于世。

现存少数民族传统建筑大多是清代以后建造的，少数可上溯至元，个别部分还保留有唐代的遗存。

本编将分列三章对上述几个地区和民族的建筑艺术概况进行综述。至于上举以外的其他民族建筑，有的如土家族与汉族相近，已纳入以前有关章节中；有的与本编所涉及的民族相近，就不一一列述了。

第一节　西藏蒙古史地概要

西藏地区平均海拔达4000米，是青藏高原的一部分，素有世界屋脊之称，气候高寒，降雨不多，自然条件比较严酷，除东南雅鲁藏布江谷地外，森林不多，木材匮乏，而石材特别丰富。藏族约有人口三百万，长期以来，生产以牧业和半农半牧为主。藏语属汉藏语系藏缅语族藏语支。

考古工作者曾在藏北的申札、双湖和藏西南接近尼泊尔的定日地方发现过旧石器时代人类活动地点。在藏北和拉萨以及藏东林芝、昌都卡若和墨脱等地，发现过距今四五千年新石器时代的石器、陶器和房屋遗址。卡若的房屋或为半地穴式或为地面建筑，其中有用自然卵石以泥抹缝砌成石墙者。这些遗迹证明，很早以前西藏就有人类居住。[①]他们可能与古代西藏主要居住在山南雅隆河谷的雅隆人，或与雅隆人同时在藏北和青海一带活动的发羌、苏毗、羊同等羌人的先祖有关。西汉武帝时，雅隆人已发展为一个自称为“播”（Bod）即吐蕃的部族，开始有了“赞普”（王）。东汉时，原先居住在甘肃、青海的烧当羌和迷唐羌向西南方向迁徙，与藏北各羌及雅隆人融合，加入到吐蕃之中，即为藏族的先祖。到了7世纪初相当于内地唐代，吐蕃第三十三代赞普松赞干布以武力统一各部，建立了西藏第一个强大的王朝——吐蕃王朝，首府从山南迁至逻些（今拉萨）。当时西藏已进入从奴隶社会向封建社会过渡的发展阶段，同时创造了藏文。

松赞干布时代是吐蕃历史的重要时期，在文化上最重要的两件事，一是通过迎娶尼泊尔公主和唐宗室女文成公主为妻，加强了吐蕃与其他地区尤其是与唐朝的文化交流。贞观十五年（641）文成公主入藏，带去了包括经史著作、诗歌文集、乐器、佛经佛像、各种生产工具、种子等大量物品，其中还有“营造工巧著作六十种”，[②]并有大批工匠从长安随同前来，传进了先进的生产技艺。景龙四年（710），唐再次遣金城公主入藏，与赞普墀德祖赞联姻，又一次带去大量书籍和工艺。吐蕃与唐朝的密切交往，大大提高了吐蕃的文化水平和包括建筑在内的各种技术工艺水平。随同西藏与内地及南亚关系的密切，特别是松赞干布的两位妻子都崇尚佛教，佛教也在此时从印度和中原两个方面传入。在文成公主抵藏后的第三年(647)，由公主亲自组织，在逻些建造了西藏第一座佛教建筑惹刹祖拉康，就是现存大昭寺的前身，供奉从长安带去的佛像。“惹刹”即逻些，“祖拉康”即“拉康”，意为佛殿，当时寺内还没有僧人，所以不称佛寺，只称佛殿。佛教的传入，是西藏文化史上划时代的事件，自此以后佛教就极大地影响了西藏人民的生活。

由此上溯千年之久，雪域西藏早就流行了一种信奉万物有灵论的原始多神教“本教”，崇拜为数众多的自然神祇，每行祭祀，都要数千甚至上万地宰杀牦牛、绵羊、山羊和鹿，其中

① 安金槐主编．中国考古[M]．上海：古籍出版社，1992.

② 索南坚赞．西藏王统记[M]．王沂暖节译．北京：商务印书馆，1957.

① 关于西藏的历史，参见牙含章．达赖喇嘛传[M]．北京：人民出版社，1984；东嘎·格桑赤列．论西藏的政教合一制度[M]．拉萨：西藏人民出版社，1985．

一部分动物被活活肢解，作血肉供。这种宗教礼仪极大损害了牧业的发展。因此，松赞干布下令禁止本教，开始了佛教与本教的长期斗争。8世纪时，赞普赤松德赞先后迎请印度高僧寂护和乌仗那（今巴基斯坦）密宗大师莲花生来藏弘佛，佛教大占优势。莲花生宣布本教的各种神祇已被降服，并成了佛教的护法神，逐渐形成了西藏佛教特有的宗教体系。但本教实际上并没有完全被消灭，只是经过莲花生的改造，融入佛教之中，加上带有后期印度教因素的印度佛教密宗的强烈影响，使以后发展成熟的藏传佛教带有极强的神秘色彩，与中原佛教有很大不同。公元762年，赤松德赞为莲花生在山南札囊建造了西藏第一个正式寺庙桑鸢寺，首次剃度七名藏族青年出家为僧。

佛教在西藏的得势，尤其是9世纪时赞普赤祖德赞赐予僧人特权，并强迫实行七户平民供养一名僧人的制度，威胁到部分贵族的利益。公元838年，赤祖德赞被反佛贵族杀害，其兄朗达玛被扶持执政，乃大力灭佛，给佛教以沉重打击。此后百余年间，佛教几近销声匿迹。史称朗达玛以前的西藏佛教为前弘期。以后朗达玛被佛教徒杀死，吐蕃王朝从此崩溃，四百余年间吐蕃各部不相统属。

10世纪末，随着西藏进入封建农奴制社会，各割据势力为加强统治，又大力提倡佛教，佛教迅速再兴。宗教史将公元978年（当北宋太平兴国三年）以后称为西藏佛教的后弘期，此后逐渐发展为现在的喇嘛教。由于各地政权分据，佛教也形成许多支派，大者如宁玛派、噶当派、萨迦派、噶举派等。

1253年，后藏萨迦派首领八思巴在甘肃武威受到蒙古大汗忽必烈的召见。在蒙元政权支持下，西藏建立了萨迦王朝，取得了支配全藏的地位，这是藏族的第二次统一和第一次建立政教合一的地方政权。从此，西藏正式归入中国版图，八思巴被任命为元代第一位帝师，管理全国佛教，兼领西藏政教事务，还替蒙古族创造了文字，称八思巴文。元朝依照全国各地建“万户”官职的制度，在西藏建立了十三个万户府，分属各宣慰司而总领于宣政院，宣政院则由帝师兼领。此时，西藏的首府即后藏萨迦。元末，萨迦王朝被帕竹王朝替代，首府改在山南乃东。15世纪初，来自青海的高僧宗喀巴在西藏实行宗教改革，提倡佛教戒律。他受到帕竹政权的支持，于明永乐七年（1409）在拉萨建造甘丹寺，创立格鲁派，又称黄教。明末，藏巴汗推翻帕竹，建立了为时不长的噶玛王朝。帕竹和噶玛都是西藏的地方政权，明朝中央政府通过它们对西藏行使统治。

明末清初，格鲁派势力渐强。1642年，格鲁派五世达赖和四世班禅与当时占据青海的蒙古厄鲁特部固始汗共谋，推翻噶玛政权，西藏政教统由达赖、班禅分掌，黄教于是大兴，其他教派则趋于式微。达赖驻锡于拉萨，班禅驻锡日喀则。清代统治者在进关以前，就从蒙古人那里知道了喇嘛教，五世达赖和四世班禅曾派使节到沈阳，“太宗（皇太极）亲率诸王贝勒大臣出怀远门迎之”（《清太宗实录》）。1652年，五世达赖进京朝觐，受到顺治皇帝隆重接待，由朝廷正式敕封为“达赖喇嘛”，地位大大巩固（图12-1-1、图12-1-2）。清廷设驻藏大臣驻拉萨，与达赖共理政务。①

蒙古高原平均海拔约1000米，有大片草原和沙漠，森林较西藏稍多，冬季严寒，雨量稀少，属典型大陆性气候。中国的蒙古族约二百万人，古代长期过着草原游牧生活，以后转为半农半牧，语言属阿尔泰语系蒙古语族。

蒙古族的主要族源是北魏室韦的一支，即唐时所称的蒙兀室韦。室韦原居东北，唐时，蒙兀室韦西迁至蒙古高原。13世纪时，成吉思汗统一高原各部，经相互融合，形成为新的共同体，即为蒙古族。现在的蒙古族，除了聚居于蒙古高原以外，东至辽宁、吉林，西至新疆，南至甘肃、青海，都有分布。

忽必烈召见八思巴时，接受了佛戒，喇嘛教开始对蒙古人产生影响。从明中叶起，经过三世达赖索南嘉措（1543 ~ 1588）和当时占领了青海的蒙古俺答汗的共同努力，喇嘛教迅速在蒙古族中流行。索南嘉措与俺答汗的关系非常亲密，首次出现的“达赖喇嘛”称号就是俺答汗赠与的。索南嘉措有了这个尊号，乃追认他的前两世为一世和二世达赖。一世达赖是宗喀巴的大弟子。俺答汗听从索南嘉措的劝告回到蒙古，随之也带去了黄教。1585 年索南嘉措又亲到蒙古，在归化（今呼和浩特）建立了席力图召（召为蒙语，即喇嘛庙），又到蒙古东部地区讲经，使蒙古全部从萨满教改奉了黄教。四世达赖云丹嘉措是俺答汗的曾孙，是喇嘛教唯一一位不是藏族的达赖，由此可见当时藏、蒙两族密切的宗教关系。直到今天，喇嘛教仍是蒙古族的主要宗教。由于上述历史原因，蒙古的喇嘛教都是黄教。从明代晚期即 16 世纪末起，以席力图召的建立为标志，蒙古开始建造召庙，清代前期继续建造，并扩展到了外蒙（今蒙古国）和新疆北部等蒙古族分布地区。

在很大程度上，西藏的历史可以说就是一部宗教史，西藏建筑也以佛教建筑为主体，本章关于西藏建筑的重点即在于此。蒙古地区的建筑也以佛教建筑为主，其中喇嘛教寺庙既受到藏族也受到汉族建筑的影响。喇嘛塔主要分布在藏蒙地区，全国其他各省也有少量分布，与汉族传统佛塔迥异。西藏的民居以碉房为特色，此外还有称为“林卡”的园林。蒙古的民居有蒙古包和宅院两种，前者主要分布在高原北部牧区，已在元代一章中有所述及；后者主要分布在半农半牧区，与华北邻近省份的汉族民居没有大的不同。

图 12–1–1　五世达赖朝见顺治图（布达拉宫壁画）

图 12–1–2　晒佛节（资料光盘）

早自元代起，内地也出现了喇嘛教建筑，最著名的如大都大圣寿万安寺白塔（今北京阜成门内白塔寺白塔）。满清贵族在取得全国统治地位后，为了团结蒙藏上层，对喇嘛教大力扶持。由朝廷主持，在北京和承德建造了一批喇嘛庙，在五台山则敕改多所原禅寺（青庙）为喇嘛庙（黄寺）。西藏建筑艺术因而流入内地，为内地建筑注入了新的血液。同时，内地的建筑文化从元代起也更多传进西藏，使西藏建筑也融入了汉民族的经验和智慧。喇嘛教还为甘肃的土族、裕固族所尊奉，在云南纳西族甚至傣族中也有影响。喇嘛庙在蒙古国、不丹、尼泊尔、印度北部和俄罗斯布里亚特蒙古等地也有建造。

第二节　藏传佛教寺庙

一、总述

藏传佛教建筑与汉地佛教和滇西南上座部佛教建筑都有很大不同，大致说来有如下一些特点。

宗教建筑在藏蒙地区的主导地位

在中国没有一个地方像西藏那样，宗教高居于一切之上，生活中充满了那么厚重的宗教气息，文化浸染着深浓的神学氛围。西藏的自然条件相当严酷，在这里生活的原始人类，时时感到生活的危险和艰难，面对各种不可控制的自然力量，早在史前时代，就酝酿出万物有灵和自然崇拜的观念，使原始宗教本教得以盛行。人们借助于大量杀殉的行为，企望邀获一切自然力对自己的青睐和关爱。在西藏，没有儒学那样带有强烈理性主义色彩的哲学，当生产力还十分低下，社会还没有摆脱奴隶制的时候，佛教就趁时而入了。佛教与本教斗争的结果，与其说是前者战胜了后者，莫如说是两种非理性观念的合流，喇嘛教就是它们合流的产物。喇嘛教不但得到统治者的提倡，也得到深受阶级压迫和自然灾害双重苦难的农奴们的崇信，上升到驾驭生活的至高无上的地位。长期以来，宗教在西藏是一切文化的归宿，集中了藏族人民的智慧。发展水平很高的各门类文化艺术，包括文学、音乐、舞蹈、戏剧、造型艺术甚至科学，都充满了宗教的内容，建筑艺术就是其中最突出者。宗教建筑是西藏建筑艺术的主流。宗教观念的泛滥，使得原本与宗教没有直接关系的其他一些建筑类型，例如宗山、林卡和民居，也都带有了浓厚的宗教气息。其他依附于建筑的造型艺术如绘画和雕塑，同样表现出强烈的宗教精神。

蒙古地区通过宗教受到西藏的极大影响，宗教建筑同样占据主导地位。

西藏的寺庙很多，规模极大。据清·魏源《圣武记 · 西藏后记》载雍正十一年（1733）七世达赖报理藩院的数字，仅西藏的格鲁派寺院就有3477座，其中达赖所属3150座，僧众302560人；班禅所属327座，僧众13670人。内蒙古则有寺院1000余座。加上其他各派及其他各地包括内地所有，全部喇嘛教寺庙，总数当在5000座左右。直到20世纪50年代初，西藏还有寺庙2700多座，最大者如拉萨的甘丹、哲蚌、色拉三寺和日喀则札什伦布寺，为西藏黄教四大寺，加上在宗喀巴的家乡青海湟中所建的塔尔寺和甘肃夏河拉卜楞寺，合称黄教六大寺。六大寺每寺僧众最少也有1500人，一般四五千人。五世达赖规定各寺常住僧众数，甘丹寺为3300，色拉寺5500，哲蚌寺7700，札什伦布寺3800。这些寺庙，宛如一座座城镇，街巷棋布，建筑错综，其规模之大，远非内地佛寺可比。

寺庙构成

喇嘛寺庙规模巨大，僧侣众多，内部有严密的组织。遵照五世达赖的规定，寺庙组织三百年来相沿未变，均由三级构成，即措钦、札仓和康村。措钦囊括全寺；札仓在措钦下，一寺可有多个，意译为学院，是三级组织的中坚；康村又在札仓下，一札仓可有许多康村，基本上以一位师傅率领若干弟子组成，来自同一地区的僧人常属于同一康村。此种组织形式对于寺庙建筑的构成有重大影响。清代喇嘛庙已发展成熟，一个札仓通常拥有一座经堂，供本札仓僧众按时集体背诵经典和举行法会。经堂是从吐蕃时期仅作供奉佛像之用的佛殿演变而来，经堂后面或侧面常附设若干佛堂，分别供奉佛像、瘗藏活佛遗体的灵塔和本札仓的护法神。札仓附近还有大厨房，为聚集的僧众熬制酥油茶和准备食品。较小的寺庙一般都有一座札仓，大寺则有多座，拉卜楞寺多达六座。

扎仓按所习经典不同有显宗学院（闻思学院）、密宗学院（续部学院，有时一寺有两座，居西者为续部上学院，居东者为续部下学院）、医明学院（曼巴学院，习藏医）、法事学院（喜金刚学院，习历算、法会仪式和法器制作）和佛事学院（时轮学院，所习与法事学院略同）等多种。

措钦既指最高组织，也指全寺札仓中规模最大者，即措钦大殿，遇重大宗教节日，全寺各札仓僧众在此聚集。

康村是基层组织，也指一般僧人居住的僧舍，由平房或2层楼房组成一个个小院，连成大片，其间隔以小巷，是僧人日常生活和习经的地方。

各札仓都有活佛，他们住在被称为“昂欠”的活佛府邸中。昂欠常为楼房，内有活佛自用佛堂。喇嘛教的僧人拥有个人财产，依地位高下和财力多寡，昂欠的规模也不一样。大者由多幢建筑组成院落，如拉卜楞寺寺主嘉木样活佛的府邸很大，有多个院落，特称为“拉章”，含义类似宫殿，其自用佛堂也发展为独立佛殿。

虽然经堂有附设的佛堂，但寺内也还有一些全寺性的独立佛殿，专供大佛，称“拉康”。

此外，寺中还有喇嘛塔、嘛呢噶拉廊（转经廊）和印经院等附属建筑。喇嘛塔的形状与汉地佛教的佛塔截然不同，倒更接近于印度的窣堵坡塔，是印度塔的变体。

札仓、独立佛殿和昂欠，是寺庙最重要的三种建筑，体量高大，轮廓突出，色彩鲜明。

总体布局

喇嘛教寺庙，从总体布局及单体造型等方面，大致可分为藏式、藏汉混合式和汉式三种。在西藏及其毗邻省份，除个别特例如青海乐都瞿昙寺为汉式外，几乎全是藏式（其中也含有汉族建筑的影响）。蒙古也有少量藏式，而以藏式为主的藏汉混合式最多，还有少数汉式，当地又称为“五台式”，是蒙古喇嘛赴五台山巡礼时从那里的汉式喇嘛庙学来的，甚至就是由山西工匠建造的。北京、承德和五台山的喇嘛庙，大都是汉式或以汉式为主的藏汉混合式。总之，离西藏越近，藏族风格就越强，反之，则汉式占优势。但不管哪里的喇嘛塔，都保持着鲜明的喇嘛教风格。

藏式喇嘛庙有建在平地的，也有建在山麓的，总体布局不太一样。平地寺庙如拉萨大昭寺、札囊桑鸢寺、日喀则夏鲁寺、萨迦的萨迦南寺等，常取接近于规整对称的方式，作为构图中心的主体大殿形象最为突出，在其周围布置附属建筑。虽然总体上都是对称格局，但它与汉族佛寺仍有重大区别，不采用汉式一正两厢的四合院组合，而有自己特有的方式。建筑单体的形象更加不同。更多的藏式寺庙建在山麓地带，作自由布局，总平面不求规则对称，没有总体轴线也没有事先规划，但仍遵循着一些布局的规则，如寺庙多北负山坡、南向平地，有的在平地南缘有河流经过；在后部高处即山麓地带安置体量高大、色彩鲜丽辉煌的经堂和佛殿，以地势之高益增其势，其外布置昂欠，再外三面围以大片由低矮小院组成的康村。康村小院只许施素白颜色，是主要建筑的陪衬。塔的位置不定，可在外围，也可在内部各建筑之间的空地上。一座大寺，多不是一次建成，而是在长期的发展中逐渐生长出来的，前举黄教六大寺都是这种情况。

内蒙古藏汉混合式寺庙的总平面多规则对称，布局方式与汉族佛寺基本相同，只是以主体建筑大经堂代替后者的大殿。大经堂本身也是藏汉混合式，其他附属建筑除喇嘛塔外，多为汉式。此种喇嘛庙的典型是呼和浩特的席力图召。承德的一批藏汉混合式喇嘛庙比较特殊，有两种方式。一种如普宁寺、普乐寺，前部为汉式，后部的单体仍为汉式，但总体布局和单体造型含有喇嘛教的特殊意义。另一种如普陀宗乘庙和须弥福寿庙，在总体布局和单体造型上都是两种传统的融合，具体情状可见后述。

汉式则无论总体还是单体，都与汉族官式佛寺没有大的差别，只是重要大殿应喇嘛教众多僧人聚集诵经的需要，做了一些变通。但其内部的雕塑和壁画仍是喇嘛教题材，保持了明显的西藏作风，建筑装饰也以藏式为主。

全国各地的喇嘛庙，以藏式最多，约占总数80%，本章予以重点介绍。藏汉混合式约占百分之十几，汉式只是个别出现。

建筑结构与平面

可以肯定，西藏宗教建筑的结构方式系源于古老的“碉房”。由于藏区缺乏燃料，古代很少烧制砖瓦，民居多采用石头砌筑承重外墙（贫苦者则用土坯），内部为木柱架构密梁平顶，重叠而上为楼，形如碉堡，即为“碉房”。各楼面和平屋顶以一种称为阿嘎土的纯细黏土压实，讲究的在阿嘎土上渗油。由于藏区少雨，此种平顶已可满足防水要求。

很早就有关于碉房的记载，名称可能来自音译，但也适当表述了其基本形象。《后汉书·西南夷列传》说：“冉駹（音 mang）夷者，武帝所开，元鼎六年以为汶山郡（今川西茂汶）……其邑众皆依山居止，累石为室，高者至十余丈。”唐李贤注：“今彼土夷人呼为雕也。”冉駹夷属古羌部落，是藏族族源之一。《旧唐书·吐蕃传》也记：“其人或随畜牧而不常厥居，然颇有城郭。其国都逻些，屋皆平头，高者数十尺。”五世达赖所著《西藏王臣史》追述说，松赞干布在逻些北郊曾建造过九层碉堡式的王宫。

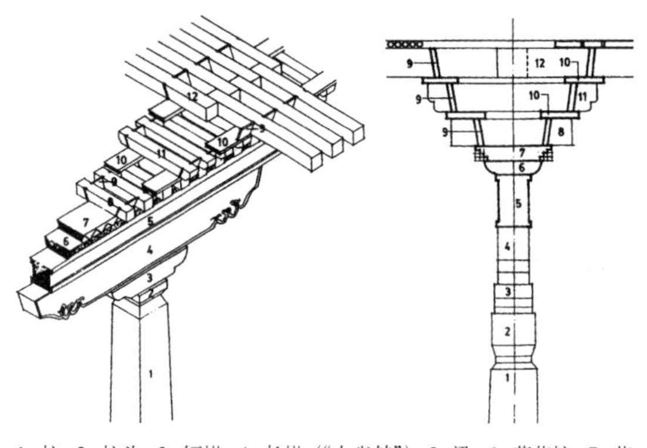

1. 柱；2. 柱头；3. 短栱；4. 长栱（“大雀替”）；5. 梁；6. 莲花枋；7. 花牙枋；8. 下层短椽；9. 封椽板；10. 盖椽板；11. 上层短椽；12. 椽
图 12-2-1　藏式喇嘛教寺庙柱枋构造（应兆金）

寺庙建筑的石墙以片石、毛石或方整石砌造，内壁平直，外壁有约1/10的明显收分，以泥浆胶结。墙底厚度通常为2米左右或更多。施工时一般不立杆挂线，即使砌筑高墙也能平整如砥，显现出很高的施工技艺。内部以木柱排成柱网，成行成列，整个平面方整对称。柱断面多为方形。在经堂、佛殿等重要建筑的门廊处常用多棱柱，即在方柱四面贴一二片或多至三片层层缩进的长方形断面木料，与方柱构成有八、十二或十六个阳角的折角十字。柱下粗上细，收分显著。也有的柱子作金刚杵形或其他形象。柱顶坐斗上沿面阔方向置通雀替（即柱子左右雀替为一块木料），雀替不被柱子打断，有上下两层，下层短而稍厚，上层长而较薄，轮廓多变，是装饰的重点部位。雀替之上，沿面阔方向置梁（相当于汉族建筑的额枋方向），断面长方形。椽木与梁垂直，较密，断面方形。通常为减少椽木跨度和增加装饰效果，顺梁平铺薄枋两层，再在上层枋上伸出一至三层逐层挑出的短方。下层薄枋称莲花枋，因枋侧常饰有仰莲图案得名；上层藏语称“曲夬”，枋侧雕出密接小齿，各齿刻为密密的凹凸小块。短方端头常雕动物等形象为饰。短方以上再铺方形椽木，方椽上铺望板或密接的圆棍或半圆棍，半圆棍平面向上。薄枋以上的短方与椽木形成的空档以许多木板封闭。经堂中部的空间均高起，置高侧窗采光。在此高起部分的两侧，柱上增加沿进深方向的梁。在门廊转角柱上也有转角并出头的梁。转角梁下的雀替随梁出头，出头雀替即外侧雀替通常比内侧短。外墙为承重墙，梁头、檩头、椽头插入墙内。多数则沿外墙一周加设附壁柱，附壁柱间镶壁板，整座建筑外不见木，内不见石，此时外墙仅起围护作用（图 12-2-1 ～图 12-2-4）。

藏区因交通不便，普遍依靠牦牛运输，甚至人力搬运，故凡柱、梁、椽等木材长度受到限制，不能过长，影响到开间、进深和层高也不能太大。一般民居的开间和进深只有2米或稍多，室内空间高度也只有2.2～2.4米。寺庙经堂的尺度较大，但开间、进深也只有3米或稍多。也有的正中一间面阔较宽，约3.6米。[①]

喇嘛寺庙即使为纯藏式，也受到了汉族的影响，最显著的是到处可见的歇山屋顶。歇山顶耸立在经堂所附佛堂或独立佛殿上，都不太大，结构为抬梁式，平梁上常有叉手，没有汉地建筑那样复杂；屋面常覆鎏金铜瓦，檐口和屋脊都加以改造，正脊中心必有一座小喇嘛塔。歇山顶在所有汉式屋顶中形象最为丰富，用以点缀群体，突出重点，最为合宜。

总的说来，藏蒙佛教建筑的结构远比汉族建筑简单，从技术意义而言，这主要是因为它没有坡屋顶的限制，面对的问题较为单纯。而正是因为平屋顶的采用，藏蒙佛寺单体建筑的平面布局却又比汉族殿堂多样，只要增加柱子，沿宽、长两个方向都可以延伸，面积可以无限扩大。

喇嘛教建筑的平面经过了长期的发展过程，以经堂为例，可以看出几百年间的大致演变线索。

以文成公主在公元647年主持建造惹刹祖拉康为标志，西藏开始建造佛教建筑。最初只建造佛殿，十分强调在殿的四周布置回廊，如拉萨小昭寺和赤祖德赞（704～754）时代的札玛吉如寺释迦佛殿，都有回廊。赤松德赞（742～797）时建造桑鸢寺乌策大殿，17世纪被火焚后即重建，底层佛像仍为早期风格，推测失火时只烧毁了上层，[②]所以虽曾重建，平面仍保留了原建的状况：围绕全殿有两重回廊，加上殿外方形廊院，共有三圈。惹刹祖拉康（即现大昭寺觉康大殿第一、二层）始建时是一所

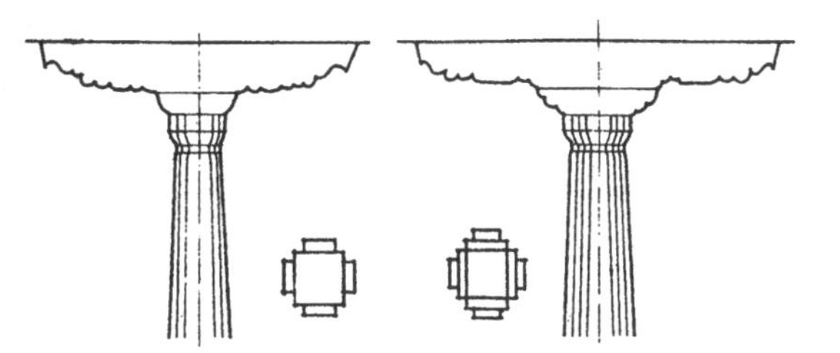
图12-2-2　多棱拼柱（应兆金）

图12-2-3　藏式建筑柱枋雀替（《藏传佛教艺术》）

图12-2-4　藏式建筑柱枋雀替（《藏传佛教艺术》）

① 应兆金．西藏佛教寺院建筑艺术[M]//南京工学院建筑系编．建筑理论与创作．南京：南京工学院出版社，1987；应兆金．藏族建筑的木结构及其柱式[J]．古建园林技术，总41期；木雅·曲吉建才．藏式建筑的外墙色彩与构造[J]．建筑学报，1987(11)．

② 王毅．西藏文物见闻记山南之行[J]．文物，1961(6)．

① 应兆金．西藏佛教寺院建筑艺术[M]// 南京工学院建筑系编．建筑理论与创作．南京：南京工学院出版社，1987；萧默．拉卜楞寺的建筑艺术[M]// 甘肃省文物考古研究所，拉卜楞寺文物管理委员会．拉卜楞寺．北京：文物出版社，1989．

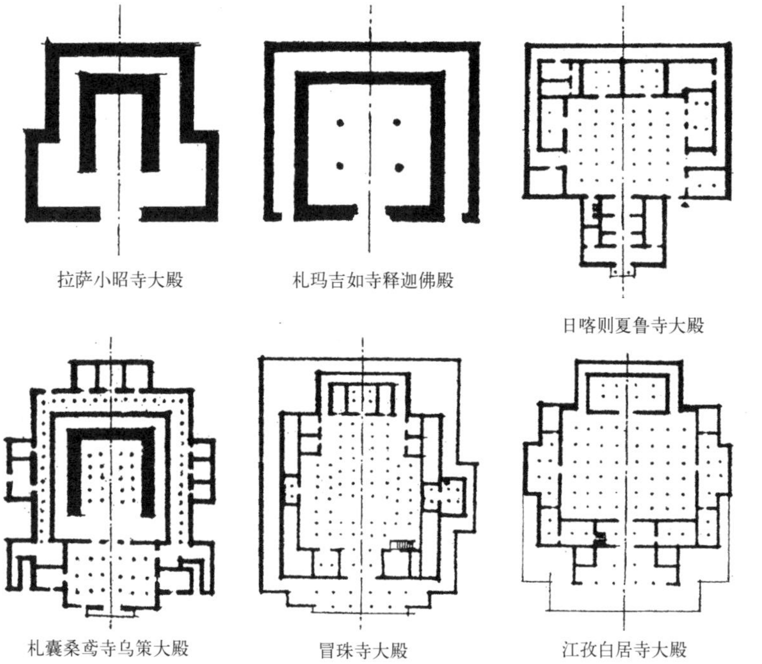

四面密围小间的方殿，大约在1167年，在方殿外面也增建了一圈回廊。现存的萨迦南寺钦莫拉康大佛殿建于1268年，后部为佛殿，殿前有天井院，佛殿现状无回廊。依照古代文献记载和殿内佛像布置的迹象，推测殿内原来也曾有回廊（详后）。由上可见，一直到13世纪，佛殿周围必有回廊。

到14世纪，从佛殿发展出最初的经堂，其大致情形是：一、全组建筑由大小多个空间组合而成，居中面积最大者即经堂，其左右后三面围绕佛堂，前面有前殿或门廊；二、仍有回廊，但随着时间进程范围渐趋缩小。如建于14世纪上半叶的夏鲁寺大殿的回廊，虽仍在建筑外围，包围着左、后、右三座佛殿，但不包括前殿。建于14世纪末的江孜白居寺大殿的回廊已大大缩小了范围，只围绕后佛堂而不包括左右佛殿和经堂（图12–2–5）。

15世纪时，经堂形制已完全成熟并趋于定型，其特点是：一、完全取消了回廊；二、仅在经堂后部设空间高起的佛堂，侧面不设；三、经堂前方加设门廊成为定制，或为凸出的凸廊（如哲蚌寺措钦大殿、拉卜楞寺闻思学院），或在凸廊内又有凹廊（拉萨惜德林寺经堂，拉卜楞寺曼巴札仓）。这种依照中轴对称方式，从前至后，由门廊、经堂、佛堂依纵深秩序组成的经堂格局，是这个时期最典型的形制。很多情况下，门廊前面又有三面围以廊子的前院，在前院前廊正中置大门，或为随墙门（拉卜楞寺曼巴札仓），或为门楼（拉卜楞寺闻思学院）。[①]

拉萨小昭寺大殿

札玛吉如寺释迦佛殿

日喀则夏鲁寺大殿

札囊桑鸢寺乌策大殿

冒珠寺大殿

江孜白居寺大殿

图12–2–5　佛殿、经堂及其回廊（应兆金）

回廊是信徒右旋（顺时针方向）巡行礼佛之所需，其俗来自印度。印度的印度教建筑，在圣堂中心安置崇拜对象“林迦”，圣堂外普遍都有回廊环绕。回廊两壁封闭，暗黑无光，信徒在其中右旋巡行。西藏13世纪以前的佛殿回廊，可认为是受到印度的直接影响。中原的早期佛寺，有所谓中心塔式，即以塔为中心，周围布置回廊院，同样是右旋巡行礼佛之所需。还有中心塔式石窟，也是它的滥觞。隋唐以后，中心塔式佛寺和中心塔式石窟已经不多，佛殿在寺庙里的地位上升，但绕佛巡行的礼俗仍然保持，改为在佛殿里绕佛坛右旋。喇嘛教建筑与中原佛教建筑相同的一点是早期都很重视回廊。由于喇嘛庙僧人众多，集体诵经的经堂需要很大的面积，遂发展为以经堂为主，佛堂只是它的附属，原来绕行全殿的回廊渐改为只绕行经堂中的佛堂，以后则完全取消了。但喇嘛教的右旋礼佛习俗延续至今，比汉族更加重视，只是不在回廊中而改在建筑之外，环绕全经堂或全寺巡行。有时某些独立的佛殿还有回廊，设“嘛呢噶拉”转经筒，称嘛呢噶拉廊（如拉卜楞寺嘉木样活佛自用佛殿如来佛殿上层）。还有的在全寺外围三面以嘛呢噶拉廊包围（拉卜楞寺）。

色彩、装饰与喇嘛教建筑的艺术性格

服从于同一目的，西藏建筑的色彩和装饰也显出浓郁的宗教精神。

西藏建筑的色彩有很强的等级性，由高至低依次为红色、黄色和白色。[①]

早在本教盛行的时代，人们就认为有所谓凶神与善神的区别，凶神对人不利，善神与人为善。为了讨好凶神，感谢善神，对它们都要进行祭祀，但祭祀的礼仪不同。本教祭祀凶神如山妖、厉鬼时，须石砌方形祭坛，实行杀生，作血肉供，用牺牲之血泼于坛上，使之变成红色。此俗流转到喇嘛教中，凡护法神殿都涂以红色，《白史》也提到凶神穿红色衣服。红又是权力和尊严的象征，故赞普的服装、战旗和宫堡也是红色，佛殿、佛堂和供奉权威者遗体灵塔[②]的灵塔殿也大多是红色。札仓后部高起后佛堂，其中有护法神殿，也有佛堂和灵塔殿，墙面也是红色。布达拉宫的红宫，内部主要是佛殿和供奉历代达赖灵塔的灵塔殿。红墙以红土浆泼成，高级建筑如布达拉宫，在红土浆里还掺入白面、牛奶、红糖、白糖、树脂和牛胶，以增强附着力，并显出光泽。红又指血和肉，藏俗凡遇凯旋庆功，歃血会盟都要举行荤宴。

黄色据说与释迦牟尼定僧服色黄有关，藏语称僧服为“色尔廊”，即黄服，所以高级活佛的昂欠墙面都涂黄。某些佛殿也涂黄。

藏族将温和、善良的品性归为白色，称吉祥喜庆的事为白事。本教供奉天地、山川、日月星辰、龙王和山神等温和之神，例用三白即酪、乳、酥等为祀。在山顶用石块堆造称为“拉祖”的神垒，以彰显山神，也须洒三白，插白旗。此俗流转到建筑上，就是札仓的经堂多为白色。布达拉宫的东、西白宫为达赖寝宫和僧人居所，也是白色。一般僧人居住的康村和平民民居也都涂白。涂白之法是以白土浆泼洒，重要建筑如布达拉宫在白土浆中掺入白面、牛奶和冰糖。藏俗新年时在灶房的柱梁和墙面用白面或白土涂成各种图案，在房子周围洒出白土图案，以示吉祥。办白事须献哈达，撒糌粑，也都是白色。

西藏喇嘛教建筑还有一种特殊的墙面装饰方法，称“便玛”墙。“便玛”又称巴喀草，实即柽柳。便玛墙的做法是将柽柳小枝扎成一手可握的小捆，铡齐，浸入红土浆中，再以切面向外层层叠在墙头，以直木棍插接在墙内，柽柳以内的墙体仍是石砌。便玛墙都饰在建筑女儿墙处或高大建筑最高一两层，周圈成箍，外观是一条暗棕色带，有毛茸茸的质感。便玛墙是尊贵和最高权力的象征，仅可用于宫殿和寺院札仓、佛殿，禁止用于僧房，更不可用于民间。在便玛墙段上下，各有一条水平木枋，表面刻现一个个凸出的圆饼形，黑底白饼，称月亮枋，意为只有日月星辰才可以与最高权力并列。下枋之下和上枋之上又各有一列小齿，用短方木排成，出头处刷红色。在上小齿以上以薄石片压顶，并压阿嘎土为墙顶。据称便玛墙可能来源于农家屋顶铺晒的柴草（图 12–2–6）。

在便玛墙头常耸出一系列金色铜幢或彩色布幡，多在转角处，象征佛教战胜外道。经堂正面中间有金色法轮，两边对伏金鹿，喻佛在鹿野苑初转法轮，象征佛教昌盛、法轮常转。这些铜饰都是铜质鎏金，有时体量甚大，凸出在平顶上，丰富了天际线。便玛墙的墙带上也经常镶贴镀金铜饰件（图 12–2–7 ~ 图 12–2–9）。

图 12–2–6　便玛墙（萧默）

① 木雅 · 曲吉建才 . 藏式建筑的外墙色彩与构造 [J]. 建筑学报，1987(11).

② 只有最权威的活佛如达赖、班禅和各寺庙的堪布才能行塔葬，即将风干的遗体或骨灰置于塔中，称灵塔。

图 12-2-7 便玛墙镏金饰（萧默）

图 12-2-8 鎏金铜墙饰（潘春利 摄并整理）

图 12-2-9 屋顶镏金饰（萧默）

西藏建筑的窗子也很有特色，是沿外墙矩形窗子周围涂黑色窗套，轮廓作梯形，称牛头窗。窗上挑出窗檐，檐下悬挂窗幔。一般来说，西藏寺庙的窗子都不大，涂上黑色窗套后，增加了窗的构图作用，再加上随风飘动的窗幔，使敦实的体形顿显生动。藏族称窗子为亮眼，窗檐为眼眉，在藏族人的心目中，窗子是建筑的眼睛。

大门也是装饰的重点，有门罩，是自墙内伸出托木，托木头上承座斗，再上为通雀替，在雀替的上下两层之间插入三个或五个散斗，上层之上又有七或九个散斗，以承横梁，梁上挑出二至三层檐椽，最后是门罩平顶。门扉漆大红，有金环铺首、横长护叶和竖长压缝叶等为饰，皆铜质鎏金。殿堂门的周围，装饰更是富丽，彩色斑斓，金红耀目，华贵至极。布达拉宫佛殿大门分作四扇，门楣上方蹲踞七尊圆雕狮子（图 12-2-10 ~图 12-2-13）。

喇嘛教建筑的内部装饰可以概括为“鲜丽繁细”四字，使用对比度极强的原色，如大红、群青、石绿、黄色等，又用大量金色把各色统一起来，浓烈夺目。凡柱子、雀替、梁侧、小方等处，都是绘饰彩画和雕饰的地方，雕饰处也涂以色彩。柱身包裹彩色氇氇，墙面几乎满绘壁画，经堂内部到处悬挂经幡和唐卡（一种在纺织物上绘制的卷轴画），天花下张覆彩幔，高侧窗内也有彩幔。殿堂深处在跳动的酥油灯火下闪烁的金色佛像，烘托出神秘而肃穆的气氛。雀替的下缘轮廓变化十分丰富，与内地明清雀替的轮廓很相似，可能后者受了前者的影响。

喇嘛教建筑的气质与汉地佛寺有极大不同，总的倾向是外向性格强烈，体量巨大，体形突兀起伏，体积感和动态感都很强，色彩对比鲜丽，再加上同一性格的雕塑、绘画的渲染，使它充溢着一种粗犷、神秘甚至恐怖、狞厉的氛围，有慑人的艺术感染力。

图 12-2-10　藏式大门(甘肃夏河拉卜楞寺某活佛宅邸)(萧默)

图 12-2-11　布达拉宫某佛堂门（罗哲文）

图 12-2-12　大昭寺觉康大殿门（《藏传佛教艺术》）

图 12-2-13　布达拉宫佛殿殿门（《藏传佛教艺术》）

藏蒙地区及内地的喇嘛庙和喇嘛塔现存仍为数不少，现择其典型实例具体绍介如下。

二、西藏喇嘛庙

大昭寺　或称大招寺，在拉萨市中心，初建于松赞干布时文成公主来到西藏的第三年，即唐贞观二十一年（647）。先是，偏处山南一隅的吐蕃第三十一代赞普达日聂司已开始了西藏的统一事业，至三十三代松赞干布，决意将王都迁到拉萨河北岸一个群山环绕名叫卧塘的地方，即今拉萨盆地，时在公元633年。松赞干布在完成统一大业的同时，加强了与唐王朝的往来，二十五岁时迎娶文成公主为妻，为安

图 12-2-14　拉萨大昭寺正门（萧默）

图 12-2-15　大昭寺觉康大殿（萧默）

图 12-2-16　大昭寺门殿屋顶（资料光盘）

图 12-2-17　大昭寺千佛廊院北（第三层为达赖拉章）（罗哲文）

置公主带来的佛像，建造了大昭寺。大昭寺初名惹刹祖拉康，即惹刹佛殿，又称逻些贝噶。据民间盛传，文成公主所选的殿址，原为一沼泽地带，叫做贝噶，公主命以白山羊负土填平，白山羊藏语音“惹”，土音“刹”。惹刹祖拉康建成后，佛教开始在西藏流布，声名日著，“惹刹”一名乃取代“卧塘”，汉语音译则称逻些或逻娑，后来又称拉萨。上述情况初见于赤松德赞公元806年在拉萨河南噶迴寺所立的石碑，已有圣地之意。

现存8世纪末立于桑鸢寺内的《兴佛证盟碑》说：“先祖弃松赞（即松赞干布）在位，于逻些的贝噶建佛寺，是为吐蕃有佛教之始。”此之“佛寺”即指大昭寺。

现大昭寺最早的建筑为主殿觉康大殿，四层，其一、二层即原惹刹祖拉康的遗存，坐东面西，寓意朝向佛祖。觉康大殿正方形，每边44.2米，厚墙围绕，底层中部是一个木柱林立，高通两层的大空间，四面围绕一间间小佛堂；东面中轴线上为释迦牟尼佛堂，空间也高通两层。二层同于一层，只是大空间的中心部位再次高起，设高侧窗。三层以上是萨迦王朝于13世纪中叶以后增建。第三层布局略同一、二层，只是已凸出在二层中部平顶以上，四面围合的中心部位是大空间再次突出的平顶，平面总体组成“回”字。三层中轴线上西面设松赞干布殿，内奉松赞干布与尺尊、文成二位公主塑像。第四层在东、西、北各面耸出下层殿堂的金顶，南面阙如（图12-2-14～图12-2-17）。

觉康大殿西面有宽敞的前廊，其他三面围以回廊，内设嘛呢噶拉转经筒，是1167年前后增建。

至17世纪中叶五世达赖时，在觉康大殿第四层更换旧有的三个金顶，南面也增建金顶，皆为歇山式，覆鎏金铜瓦。另于四角建平顶神殿，整体呈九宫构图。寺内其他建筑也大都在此时增建。

最后形成的大昭寺的布局是：寺正门（西门）外有一小围院，内有传为文成公主手植的公主柳、唐蕃会盟碑和劝人种痘碑。过门廊和门殿为千佛廊院，宽 31.4 米、长 35.4 米，再进即觉康大殿。千佛廊院西南的南院主要是寺务内院。全寺底层其他房间主要是库房。围绕千佛廊院的二层，除多座佛殿外，大都是西藏噶厦政府和班禅的拉章（宫殿）。三层在千佛廊院西北耸起达赖拉章。由于大昭寺在西藏宗教中的崇高地位，在政教合一时代，它不但是一座宗教建筑，也是一个行政中心。不但大昭寺如此，各地重要寺庙往往也有政权机关的公务用房。同样，各地政权建筑"宗山"也都包括许多宗教殿堂。所以，在西藏，宗教建筑与政权建筑往往不能截然分开（图 12-2-18）。

大昭寺每年都要举行大昭、小昭两次法会。大昭法会时，拉萨市政暂归法会主持人哲蚌寺铁棒喇嘛接管。届时，数万僧俗云集，围绕觉康大殿的嘛呢噶拉廊，围绕全寺的八廓街，以至包括布达拉宫和药王山在内的全城环道，是信徒们的三条巡行道。人们入寺后先在觉康大殿外绕殿右旋，再进入觉康大殿，仍依右旋方向顶礼一周，出殿门向南再出南门。南门外有辩经场（图 12-2-19、图 12-2-20）。

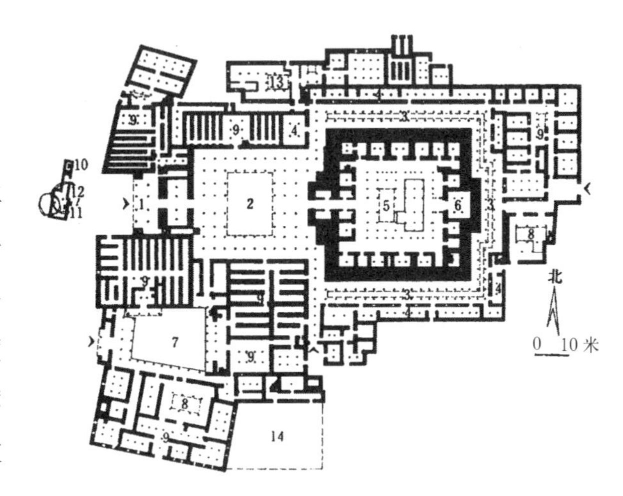

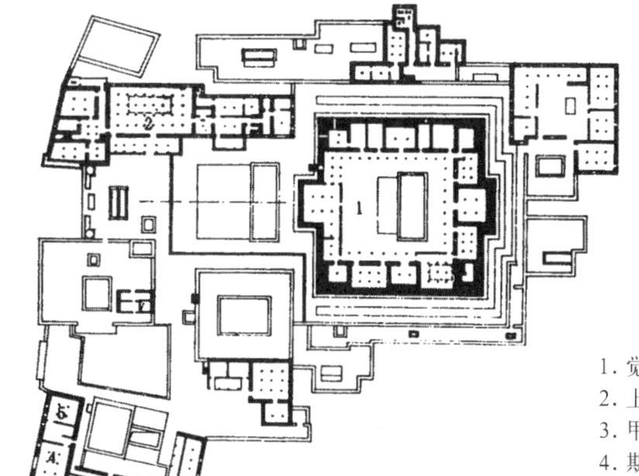

图 12-2-18　大昭寺平面（《大昭寺》）

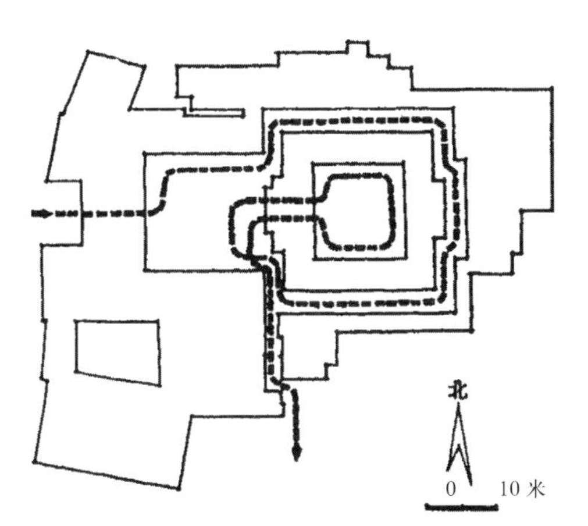

图 12-2-19　大昭寺内转经路线（《大昭寺》）

图 12-2-20　布达拉宫壁画大昭寺法会图（《藏传佛教艺术》）

① 西藏工业建筑勘测设计院．大昭寺[M]．北京：中国建筑工业出版社，1985．

② 索南坚参．西藏王统记[M]．王沂暖译．北京：商务印书馆，1957．

大昭寺的外轮廓并不规整，但其主要建筑寺门、千佛廊院和觉康大殿，加上寺门外仿佛起着影壁作用的小围院一起，仍构成了一个中轴对称的空间系列。小围院与平面呈凹字形的寺门之间是一个寺前小广场，形成系列的起点。千佛廊院露天，廊子宽阔，觉康大殿内部则封闭而压抑，形成对比。觉康大殿的金顶非常富有特色，先沿着大殿整个方形外墙墙头列短檐一周，把全殿统束起来，短檐在四座金顶殿处外伸，上即金顶殿，使得每个金顶仿佛都是重檐。再加平顶角殿为陪衬，形象特别丰富而华丽。各建筑要素的尺度处理颇佳，如人立"影壁"东侧，从此至寺门的距离，恰与寺门全宽 18 米相等，使得水平视角处于最佳状态；在此观看寺门最高处，视高与视距之比为 1 ∶ 2，垂直视角 27°，也是统观立面的最佳角度。在门殿内观看觉康大殿，无论是水平视角和垂直视角，也都处于最佳状态。

大昭寺西立面为主立面，全长 115 米，临街都是平顶，一般高度约 10 米，设计者运用平面大进大退、立面参差起伏，再加上凸出平顶以上的各式金色装饰，成功地创造了变化丰富的形象（图 12–2–21）。[①]

桑鸢寺　又称桑耶寺，在拉萨以南山南札囊县，雅鲁藏布江北岸。据《西藏王统记》载，[②]桑鸢寺是赞普赤松德赞主持并由大臣阿暗黎具体负责，为印度密宗大师莲花生建造的，始建于公元 762 年（唐宝应元年），历时十三年完成。建成后有七人在此剃度为僧，是西藏人出家之始。按佛教习惯，只有佛、法、僧三宝具足，才可称之为寺，故前此之惹刹祖拉康只是佛殿，桑鸢寺才是第一座正规佛寺。莲花生是先他来到吐蕃的印度僧人寂护的妹夫，应寂护之邀入藏助其弘法，桑鸢寺是他说法之所。

赤松德赞在札囊曾建有宫殿，桑鸢寺赖其政治上的扶持，规模颇大，据说最盛期喇嘛可达万人。以后因政治中心转移，更加朗达玛灭佛，此寺日渐萧条。约 16 世纪末，萨迦派曾修葺此寺，但 17 世纪遭到一场大火，幸而其最主要的建筑乌策大殿没有全部烧毁，1700 年前后在火灾后的遗址上重修，存留至今。乌策大殿底层佛坛现存一主尊十菩萨二护法等造像，均属早期作品，数目也与成书远早于火灾的《西藏王统记》所记吻合，更主要的是依《西藏王统记》对此殿原状的记述，可认为大火只烧毁了大殿上层，重修并没有改变原样。

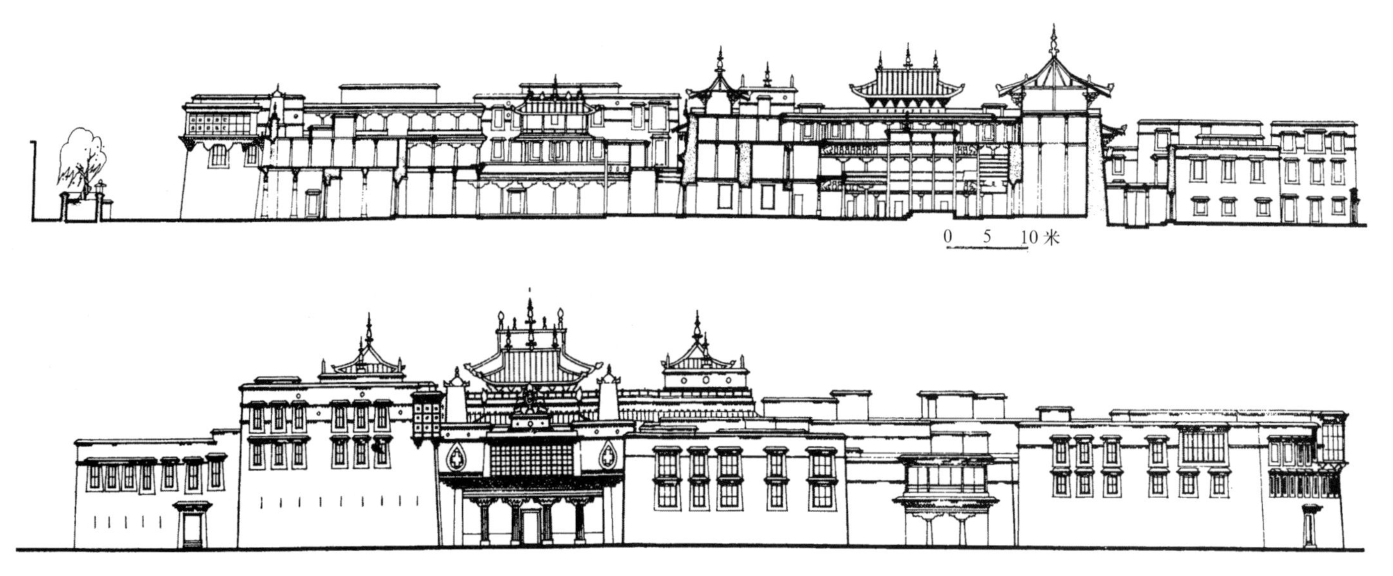

图 12–2–21　大昭寺纵剖面与西立面（《大昭寺》）

“桑鸢”又译作三摩耶，意为“不可思议”，传说赤松德赞在寺建成后，见此寺形式奇特，认为不可思议，乃以此为名。乌策大殿的确样式特殊，据说曾模仿印度欧丹达菩黎寺（Otan-tapuri）。建成后的大殿，是西藏、中原与印度三种风格的融合。

大殿坐西向东，是在方形院落中央建一多层建筑。方院边长约70余米，周围进深两间的通廊。前（东）、后廊面阔二十一间，左、右廊十九间。廊四面正中向外凸出，前、后各凸出七间，前凸出部正中三间再次凸出，为殿院正门；左、右各凸出五间，为侧门。院内大殿由前后二部组成，前部是横长方形经堂，一层，但高度当一般两层；后部三层，底层也相当一般两层之高，为佛殿。在佛殿核心，坛上置佛像，主尊高达天花，坛周三面围以厚达三米的石墙，墙外有一圈右旋回行道，再外又一圈带柱列的回行道。外回行道的左、右、后三方正中向外凸出，各分为三个房间。佛殿第二层下有腰檐，周绕柱廊栏杆，上面也有屋檐。第三层称越量宫，屋顶析而为五：正中一座是方形重檐大亭，四角各一方形单檐小亭，沿边在小亭间以廊相通（图12-2-22）。

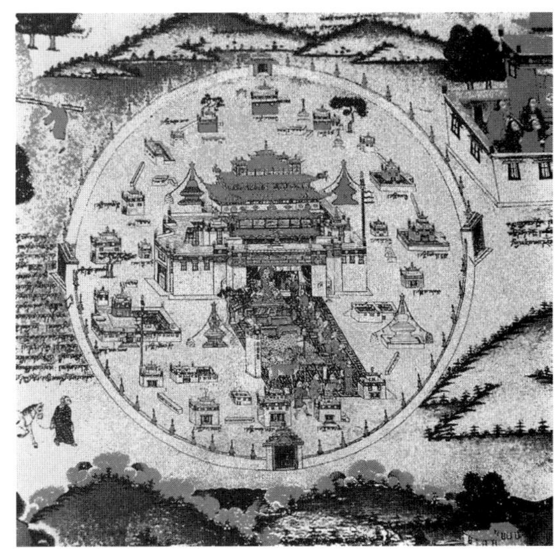

图12-2-22　布达拉宫壁画桑鸢寺（《藏传佛教艺术》）

图12-2-23　桑鸢寺乌策大殿（《承德古建筑》）

乌策大殿底层采用厚石墙木柱密梁结构，是西藏传统做法；第二层为砖墙，上下都有腰檐，立面为柱廊栏杆，是汉式建筑手法；第三层五亭都是汉式攒尖屋顶，但其组合方式源于印度佛教圣地佛陀伽耶由五塔组成的金刚宝座式塔。故《西藏王统记》说它的“下殿……依西藏法建造之”，“中殿……依内地法建造之”，“上殿……依印度法建造之”，因此桑鸢寺又常被汉译为“三样寺”（图12-2-23）。

《西藏王统记》又说：“下殿为石中殿砖，上越量宫宝木成，一切工程合律藏，一切壁画合经藏，一切雕塑合密咒。”不仅如此，乌策大殿连同殿外建筑群，都含有丰富的宗教意蕴，充满了神秘的象征手法，是按照藏传佛教关于宇宙结构的想象即所谓“曼荼罗”来安排的。曼荼罗意译为坛城，或称阇（音she）城，象征“聚集具足诸尊德成一大法门，如毂辋辐具足而成圆满的车轮”，意即诸佛诸大德集会之处，万德交归，威仪无比，是喇嘛教宇宙理想的集中体现。如大殿第三层的一大四小五亭，即寓意宇宙的中心须弥山。山的主峰名帝释宫，是密教至尊大日如来所居。围绕主峰有四座小峰，是佛、菩萨出游的四苑。日月绕山，运行不息。在乌策大殿左、右各有一小建筑，即称日殿、月殿。大殿外四角的白、红、黑、绿四座喇嘛塔，代表居住山腰的四大天王。须弥山在大海中央，

① 参见王毅．西藏文物见闻记——山南之行[J].文物，1961(6)；王世仁．佛国宇宙的空间模式[J].古建园林技术，1991(1)；应兆金．西藏佛教寺院建筑艺术[M]// 南京工学院建筑系编．建筑理论与创作．南京：南京工学院出版社，1987.

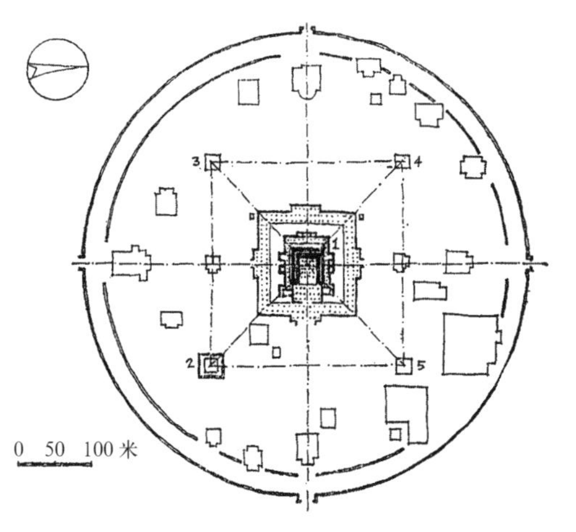

1. 乌策殿；2. 白色塔；3. 红色塔；4. 黑色塔；5. 绿色塔

图 12-2-24　札囊桑鸢寺总平面图（《古建筑游览指南》）

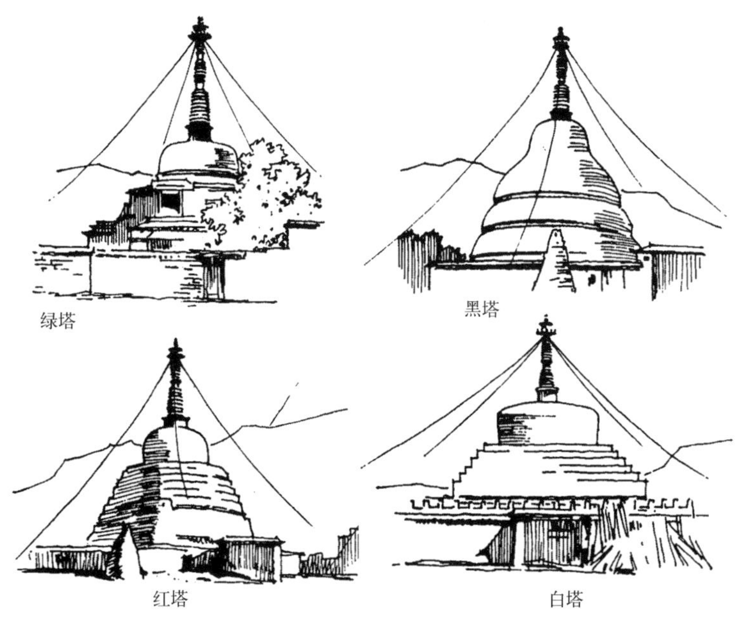

图 12-2-25　桑鸢寺乌策大殿殿外四隅的喇嘛塔（《文物》6106）

图 12-2-26　札囊桑鸢寺壁画

周围还有陆地，称四大部洲，即南瞻部洲、北俱卢洲、西牛贺洲、东胜神洲。各大部洲左右又各有一小洲，称八小部洲，共十二部洲。殿外四个正方位就有四座建筑，在它们左右，又各有一座，共十二座。整个宇宙的边缘是铁围山，在以上乌策大殿所有建筑的外周围以圆墙，就代表铁围山。墙上竖立一百零八座红陶塔，应即铁围山的山峰。这些建筑及其含意，在《西藏王统记》中都有具体描述（图 12-2-24 ~图 12-2-26）。①

曼荼罗不仅以建筑、也常以绘画或立体构架来表现。绘画的曼荼罗，常是一个外圆内方的图形，方形四正面各出一塔形物，正中绘本尊佛。立体构架的曼荼罗，木或铜制，呈方形或圆形坛状，于上安置佛像。曼荼罗的概念来自印度，被密宗特别强调，早自北朝时已影响到中原，出现了金刚宝座式塔或与其相类的形象。唐宋时，受《华严经》影响的诸多华塔也是曼荼罗的表现。但所有这些，包括其他西藏建筑，都没有像乌策大殿表现得如此全面而具体。乌策大殿对以后无论藏蒙地区还是内地的喇嘛教建筑，都很有影响。建于 11 世纪的西藏阿里札达县托林寺迦莎殿，就是对乌策大殿的模仿。建于清代的承德外八庙普宁寺、普乐寺和须弥福寿之庙，以及北京颐和园后山须弥灵境，也是它不同程度的再现。北京雍和宫法轮殿、北京北海极乐世界，以及各地诸多金刚宝座塔，都是它的流波（图 12-2-27）。

乌策大殿的佛殿仍十分强调回行道，但已有经堂，虽然还不大，也表明了早期佛殿向以后札仓的发展过程。

多层、向心集中式平面、融合其他民族手法及强烈的宗教象征主义，都是桑鸢寺的特点。

萨迦寺　分南北两区，在日喀则西 170 余公里的萨迦县仲曲河两岸，分称南寺和北寺。北寺由萨迦望族昆氏第七代官却杰波始建于

1073年（北宋熙宁六年）。官却杰波信奉新密乘。据《汉藏史集》说："官却杰波师徒数人一起外出散心，在山顶上看见本波日山坡土色发白，而且有油光，山下有河水右旋，许多吉祥表征齐集于此"，[1]认为这是吉祥宝地，于是兴建一寺，即萨迦北寺。"萨迦"意即"白色的土地"。北寺沿山坡建造，建筑群顺山势起伏重叠，鳞次栉比，原来颇为壮观，主要佛殿也叫乌策大殿。但建筑布置分散，单体规模也小，且大都已毁，现存最大建筑是乌策大殿以东的南朔拉康，为现地方行政机构所在地。此外还有一些灵塔。

官却杰波的儿子贡噶宁布大力发展新密，自成体系，称萨迦派。贡噶宁布以后被尊为萨迦五祖之一，著名的八思巴为第五祖。公元1264年（元至元元年），忽必烈在北京建立元朝，敕封在他身边已有九年之久的八思巴为国师，并兼领全藏政教，西藏自此年正式纳入中国版图。次年八思巴返回西藏，整理政务，建立十三万户，同时扩建北寺，增加了行政建筑，使之从萨迦派祖庭演变为全藏政教中心。1267年八思巴返京前，授意释迦桑布建造南寺。次年始建，七年后基本建成。建造南寺时，曾征调全藏力量，并有内地汉族和蒙古族工匠参与其事。

自吐蕃政权瓦解后四百余年，西藏一直处在纷纭多争兵连祸结的状态，萨迦政权的建立结束了这个局面。萨迦成了全藏首府，萨迦南寺也不单是一座寺庙，同时还是政权所在地。为了与这一地位相称，全寺采用了城堡形式。

南寺坐落在平坦的河谷平原上，周围用厚墙围绕成城。城墙两道，内墙近方，东西214米、南北210米，石包夯土，高8米、厚3米，四隅设角楼，南、西、北三面正中设敌楼，东面正中为仅有的城门。城门开口在台座南北两侧，经转折方可进入，狭窄而长，且安有悬门和坠石机关。墙上有雉堞。[2]此墙包括角楼等的内外墙面

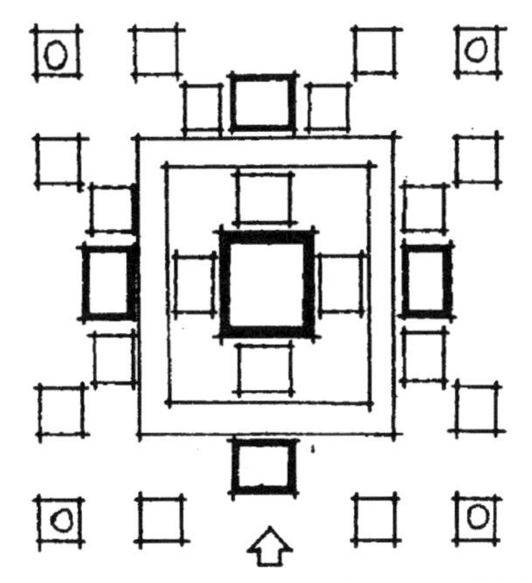

图12-2-27　阿里扎达县托林寺迦莎殿平面示意（应兆金）

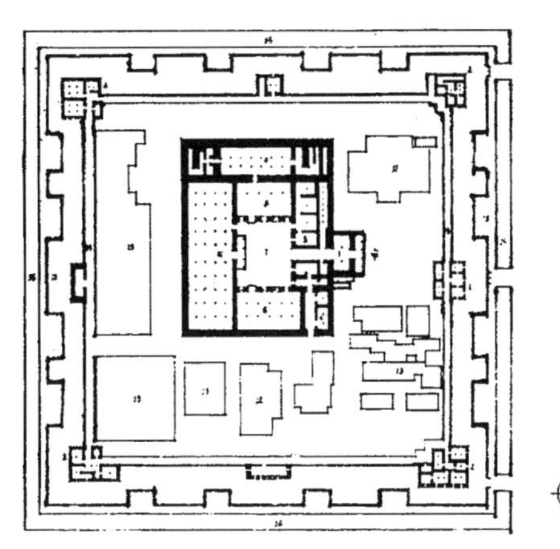

图12-2-28　萨迦县萨迦南寺总平面

图12-2-29　萨迦寺大经堂院门（杨谷生）

统刷灰黑色，每隔一段又以红、白二色刷饰竖道。红色象征文殊，白色象征观音，黑色象征金刚手菩萨，三色成花，故萨迦派又称花教。外墙多折而低，称"羊马墙"。唐宋至元中原诸城也常有羊马墙，为战时临时安顿城外居民羊马之所，故名。也可设兵，配合大墙的远射，近击敌人。羊马墙外有8米宽的石砌堑壕一道。现外墙与堑壕仅存遗迹（图12-2-28～图12-2-33）。

① 达仓宗巴，班觉桑布．汉藏史集[M]. 陈庆英译．拉萨：西藏人民出版社，1986.

② 1948年维修时取消雉堞。

图 12–2–30　西藏萨迦萨迦寺（《藏传佛教艺术》）

图 12–2–31　萨迦寺东门（《藏传佛教艺术》）

图 12–2–32　萨迦寺大经堂院内（《中国古代建筑技术史》）

图 12–2–33　萨迦寺大经堂内（《藏传佛教艺术》）

寺内最主要的建筑为主殿钦莫拉康，是一座佛殿，曾兼作经堂，坐西面东，对着城堡东门。墙体夯土筑，平面矩形，南北 83.5 米、东西 68.8 米、高约 21 米，高耸出城墙之上。钦莫拉康是一座四面围合中为小院的建筑，院东为狭长门道和门道两侧的灵塔堂，西为大佛殿，南为经堂，北为灵塔殿，再北又有北佛堂。底层颇高，二层主要是平顶，沿南、西二面设长廊，廊上又有一层低廊。东边门道的上层耸出小佛堂，北面在北佛堂以上也是佛堂。楼梯在东门外南侧。

大佛殿进深 5 间，面阔 11 间，有 40 根柱子。柱子多为原木，仅略作加工，最粗的四根直径约 1.3 米，十分雄壮粗大，据传其中一根是皇帝赠送的。殿内在进深第三间、中部面阔五间的范围内柱子高起，设高侧窗采光。大佛殿现状没有回廊，但据成书于 1629 年的藏文文献《萨迦世系史》[①]的记载，称其初建之时，“完成了大殿回廊的壁画”，还说大殿有“外围墙和内围墙”，再据现殿内佛像佛塔均排列在进深最后一间的前柱之前，可推测殿内原来确有回廊。[②]回廊在 16 世纪中期第一次整修时被撤销，面积纳入大殿。殿内以藏书丰富著称全藏，西、南二壁列通顶经橱，大小经函多达两万件。

钦莫拉康周围建有许多僧舍和法王八思巴的公署都却拉章。

萨迦南寺的城堡式总体布局，反映了西藏当时的政教情况，钦莫拉康的布局，是喇嘛教前期佛殿到后期大经堂之间的过渡形态。

夏鲁寺 在日喀则东南 20 余公里一片山间平地上，据藏文文献《汉藏史集》和《夏鲁寺史》，[③]原寺建于宋哲宗元祐二年（1087）。此寺的兴建，是藏传佛教的一件大事，“使得佛法在吐蕃死灰复燃”，促进了后弘期佛教的复兴，“夏鲁”意为新生嫩叶。到了元代，13 世纪末，夏鲁万户长受到忽必烈的重视，赐给许多金银，命他重建在地震中毁坏的夏鲁寺，“修建了被称为夏鲁金殿的佛殿以及大小屋顶殿”，应包括留存至今寺内最重要的建筑夏鲁拉康。1320 年，第四代夏鲁万户长葛剌思巴监藏延请高僧布顿大师主持寺务，顺帝元统元年（1333）后，布顿大兴土木，更加重修。[④]布顿是著名佛学家，曾写过《布顿佛教史》，创立夏鲁派，夏鲁寺在西藏的声名日著。

夏鲁寺在夯土城墙围绕的夏鲁城西部，占全城面积三分之一，原有四座札仓，都已不存。现存者仅为夏鲁拉康佛殿，其特点是在下部藏式建筑的上面有一个由四座汉式殿宇围成的四合院，是西藏现存第一座可称之为藏汉混合式的建筑实例。

据《布顿大师传》及其他藏文文献，在布顿重修夏鲁寺时，葛剌思巴监藏曾“从东部汉地请来了许多能工巧匠”。从现存情况看，在 13 世纪末夏鲁拉康始建之初，即布顿重修前，已经形成了这种藏汉混合的面貌。

夏鲁拉康坐西向东，底层中部用纵横柱网组成面阔、进深皆七间的方形大空间（相当于经堂），单层，木柱密梁平顶，在中部进深第三间、面阔正中三间处凸出平顶，光线从高低平顶间的天窗射入。紧靠经堂左右后三面围以多间佛堂，沿各堂外侧再加一圈回廊，回廊在经堂前左右角转入经堂，僧众可在廊内右旋诵经，全体组成为横向矩形；在矩形的前部正中五间平面凸出，作门殿。门殿前并凸出单间门斗，门斗上部为有盖阳台。二层在后佛堂上耸起一座佛殿，左右也在底层相应佛堂上耸起通廊和佛殿，前部则在门殿上加建两层，上层也是佛殿。四座佛殿都是汉式建筑，面阔三间，单檐歇山顶，都有斗栱，围合成四合院。前殿的屋顶与围绕门殿上层的上下墙檐一起，形如三檐。四殿之间即经堂平顶，正中是自经堂凸出的平顶高窗。四殿歇山顶均覆琉璃瓦，两座配殿的琉璃仍是元代遗物，正殿与前殿的曾经重修更换。夏鲁

① 阿旺贡噶索南．萨迦世系史[M]. 陈庆英译．拉萨：西藏人民出版社，1989.

② 宿白．西藏日喀则地区寺庙调查记（下）[J]. 文物，1992(6).

③ 达仓宗巴，班觉桑布．汉藏史集[M]. 陈庆英译．拉萨：西藏人民出版社，1986；夏鲁寺史[M]. 夏鲁寺抄本，撰人不详，汉文摘译。

④ 王毅．西藏文物见闻记二[J]. 文物，1960（8，9）；宿白．西藏日喀则地区寺庙调查记（上）[J]. 文物，1992（5）.

寺附近有窑址，琉璃瓦应是就近烧造的。四殿的梁柱、屋架、双抄双下昂斗栱和细部都是地道的元代内地式样。在整座拉康前有方形廊院（图 12–2–34 ～图 12–2–36）。

这种中部有凸起天窗、平面若一“回”字的经堂形制，以后称“都纲法式”，明清时在西藏、内外蒙古、青海、甘肃等喇嘛寺庙的经堂中使用极多。承德外八庙清代许多喇嘛庙的殿堂也都取都纲法式或其变体。此前我们在大昭寺觉康大殿和萨迦南寺钦莫拉康大佛殿已可见到类似的处理，但大昭寺曾经后代改建，原状是否如此已不可知，萨迦之例是佛殿，而非经堂，所以，夏鲁拉康就是经堂采用“都纲法式”的最早一例了。关于都纲法式，汉地较早的记载可见于乾隆三十六年《普陀宗乘之庙碑记》，称布达拉宫的经堂为“西藏都纲法式”。[1]

① 王世仁．承德外八庙的多民族建筑形式[M]// 文物编辑委员会．文物集刊·第二辑．北京：文物出版社，1980

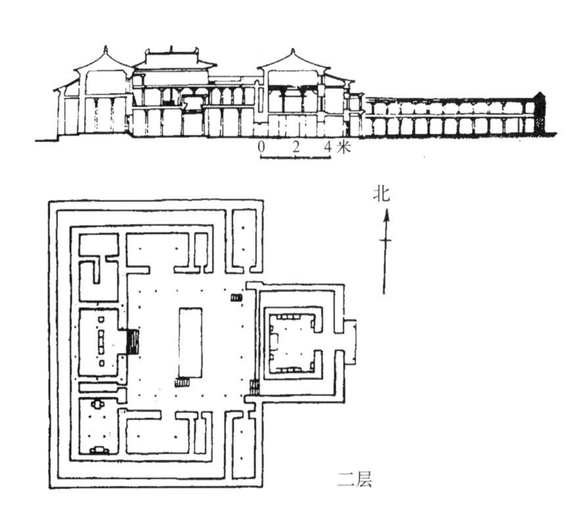

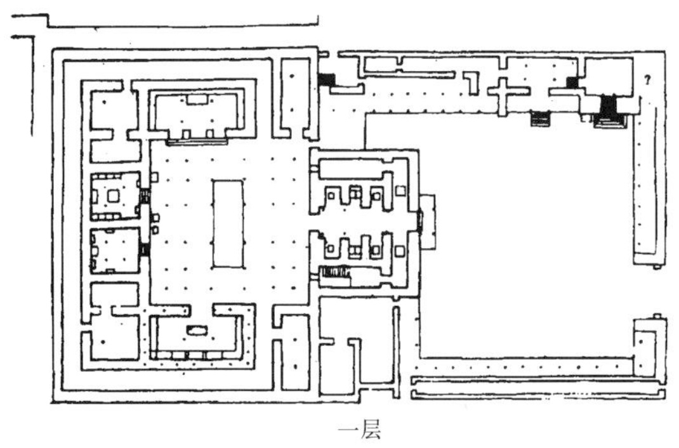

图 12–2–34　夏鲁寺一、二层平面及纵剖面（《文物》6008、09 合刊）

夏鲁拉康虽名为拉康（佛殿），其实已经具有明清以后札仓的性质，内部有很大面积的经堂。实际上，从都纲法式的运用，以及回廊的处理，都可看出它是从佛殿向札仓过渡的产物。此外，夏鲁拉康采用密梁平顶，覆盖着很大面积，内部可以走通，以满足规模很大的宗教活动要求；建筑内部空间变化较多，相当幽暗，充满着神秘的宗教气息；建筑外观体量较大，全部外墙除大门外，全为实墙，侧脚明显，显得坚实稳重，整体感和体积感都很强；在正立面中部一个上下长条的面积里结合入口和阳台作重点处理，又在整个体积的上部作水平构图，把全体横向连束起来。这些，也都是札仓的特点。

图 12–2–35　夏鲁寺正面（武三郎）

早在唐代，藏族建筑已经吸取了中原的经验，元代以宗教为媒介，汉藏建筑文化加强了交流。此前的建筑如大昭寺、桑鸢寺，均曾经过后代改造，不能肯定当初是否即采用了汉式屋顶（现存大昭寺的镏金铜瓦歇山屋顶，其构架在平梁上有叉手，显出唐代的特点，有认为是唐代所遗者，但也可能是后代重修时增建

图 12–2–36　夏鲁寺上层汉建筑（姜怀英）

的），萨迦南寺钦莫拉康是平顶，故夏鲁拉康可以说是可确知的采用汉式屋顶的现存最早实例了。但夏鲁拉康所用的汉式屋顶更多的只是原样照搬，缺乏改造，表现出初创期的特点。明清以后，这种风格在藏蒙地区的喇嘛教建筑中得到进一步的发展，逐渐成熟，汉式屋顶也走向藏化。

黄教六大寺 六大寺是格鲁派六座最大的寺庙，都建于明代或清代，按时间先后为拉萨的甘丹寺(1409)、哲蚌寺(1416)、色拉寺(1419)，日喀则札什伦布寺（1447），青海湟中塔尔寺（1560）和甘肃夏河拉卜楞寺（1709）。

甘丹寺在拉萨东南40公里，是格鲁派祖庭，为宗喀巴亲建，有两所札仓。

哲蚌寺在拉萨西郊5公里，有四所札仓，在拉萨三大寺中规模最大，其措钦大殿经堂面积约2000平方米，规模也在诸寺中居首位（图12–2–37～图12–2–42）。五世达赖在布达拉宫建成以前，就住在哲蚌寺内，故哲蚌寺在西藏的宗教地位最高。

色拉寺在拉萨东北郊，一条大道把全寺分为东西二部，共有三座重要札仓（图12–2–43～图12–2–47）。

札什伦布寺在日喀则西部，为班禅驻锡地，有四座札仓，建筑以四世班禅灵塔殿最为著称（图12–2–48～图12–2–53），近年新建的十世班禅灵塔殿，规模也很大。

塔尔寺建在宗喀巴家乡，有四座札仓（图12–2–54～图12–2–57）。

拉卜楞寺拥有多达六座札仓，是诸寺札仓最多者。这六座寺庙，除塔尔寺稍多融有当地汉族建筑因素外，基本都属于纯粹藏式，而且不像前此介绍的各寺那样在平地选址，都位于坐北朝南的山麓地带，取自由式布局。

六大寺主要的建筑为札仓、独立佛殿和活佛府邸。

图12–2–37 拉萨哲蚌寺全景（姜怀英）

图12–2–38 哲蚌寺罗赛林扎仓（罗哲文）

图12–2–39 哲蚌寺内（萧默）

图12–2–40 哲蚌寺活佛昂欠（姜怀英）

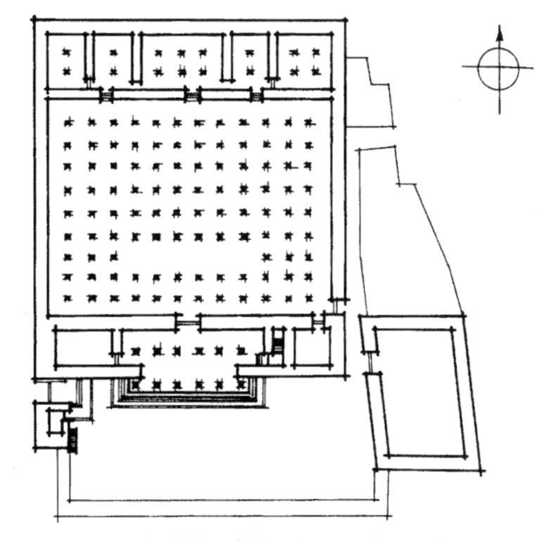

图 12–2–41 哲蚌寺罗赛林札仓平面（应兆金）

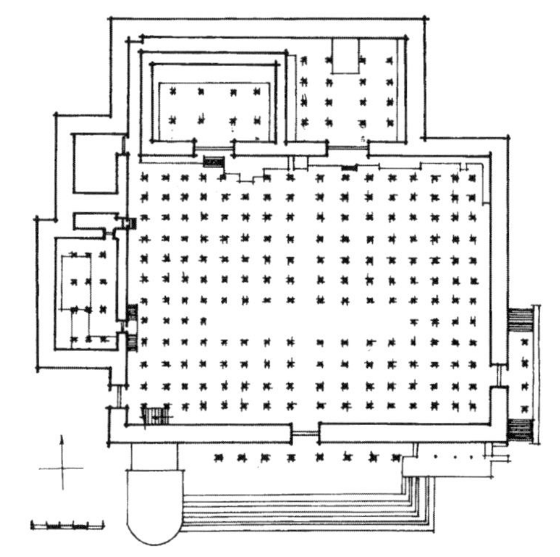

图 12–2–42 哲蚌寺措钦大殿平面（应兆金）

图 12–2–43 拉萨色拉寺总平面（应兆金）

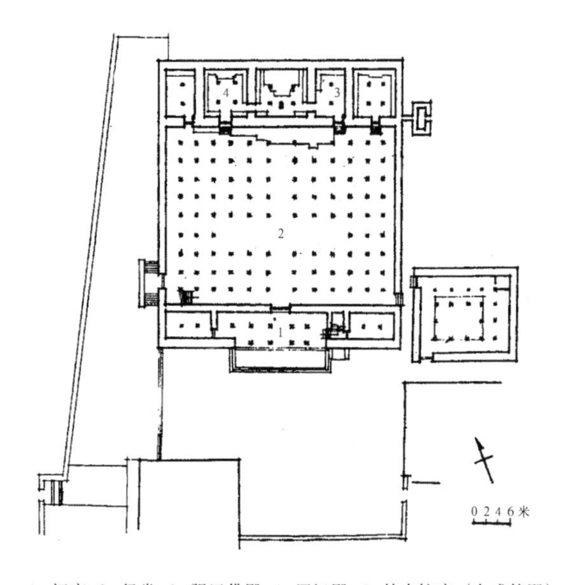

1. 门廊；2. 经堂；3. 强巴佛殿；4. 罗汉殿；5. 结吉拉康（大威德殿）

图 12–2–44 色拉寺措钦大殿平面（应兆金）

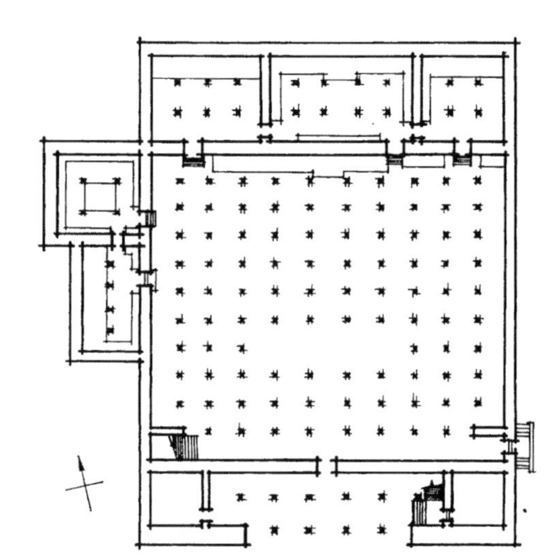

图 12–2–45 色拉寺吉札仓平面（应兆金）

图 12–2–46　拉萨罗布林卡壁画色拉寺图

图 12–2–47　拉萨色拉寺鸟瞰，近处为措钦大殿（姜怀英）

图 12–2–48　札什伦布寺全景（资料光盘）

图 12–2–49　札什伦布寺（金顶为班禅灵塔殿）（姜怀英）

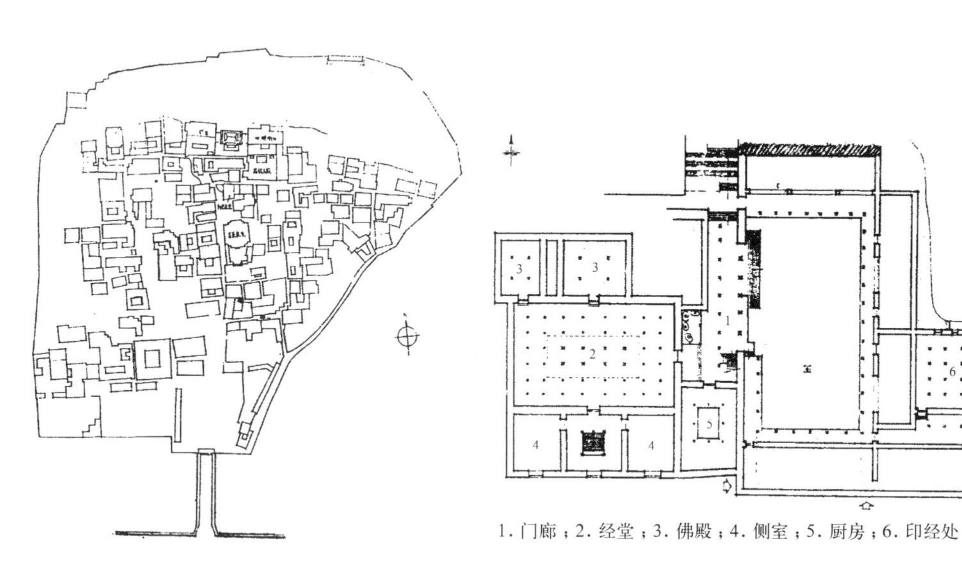

图 12–2–50　日喀则札什伦布寺总平面（应兆金）　图 12–2–51　札什伦布寺措钦大殿平面（应兆金）

图 12–2–52　札什伦布寺一览（《承德古建筑》）

图 12–2–53　札什伦布寺班禅灵塔殿内院（罗哲文）

图 12–2–54　青海西宁塔尔寺

图 12–2–55　塔尔寺一角（张青山）

图 12–2–56　塔尔寺一角（张青山）

图 12–2–57　塔尔寺释迦八塔（张青山）

札仓的基本情况是：

平面　皆为纵长方形，沿纵轴线由前而后顺序布置大门、前庭、经堂门廊、经堂，最后是紧依经堂的后殿。前庭常举行辩经活动，在其左、右和前方三面围以廊。由前庭经大台阶趋上经堂。经堂前廊或凸出，或在凸廊内又有凹廊。经堂很大，平面近方，单层，中央部分平顶高起，柱子直通而上，利用屋顶高差设侧窗采光。经堂以上四围高起为二层，周边前、左、右三面是朝向内部的廊或房间，中部为下层凸出的平顶，后沿是下层突出的后殿空间，平面形如回字，采“都纲法式”布局。

室内　经堂内部呈方形网格状布置柱子，密梁平顶。沿进深方向在列柱间铺长垫，是僧众坐处。堂内后墙（正面墙）正中设高座，是活佛坐位。前墙一侧也有高座，是维持秩序的“铁棒喇嘛”坐处。整面后墙都有佛龛，左右墙靠后部有经橱，其他墙面皆满绘壁画，地面、柱子、平顶下都有织物，到处垂挂唐卡和经幡。殿内光线幽暗，空间低压而深广，微弱的酥油灯光在金色的法器上闪烁，气氛沉重而神秘。由正殿后墙登上台阶可进入后殿。后殿隔成多室，分供佛像、灵塔和护法神像，进深不大而很高，其前墙凸出在经堂平顶以上，开高窗，光线只及于佛像头胸。金色的佛像，用金、银、珍珠、宝石包镶的许多灵塔以及唐卡、经幡等，在幽暗的光线下若隐若现，气氛更为神秘浓郁。尤其一般人轻易不许入视的护法神殿，神像个个狰狞怖畏，墙上悬弓挂剑，陈设用人的头盖骨、大腿骨和人皮做成的法器。在后殿上面还有二至三层，有时在顶层加建鎏金铜瓦歇山小殿。

围绕经堂和后殿筑院墙，其间的间隔成为右旋回行道。或可在院墙外右旋回行。

自大门而前庭、前廊、经堂、后殿，地面逐渐升高，空间由大而小，由开敞而封闭，光线由明亮而晦暗，气氛逐渐紧张，心情渐转恐怖，至后殿达到高潮。

立面　札仓外观予人印象最深的是侧立面，从前至后呈台阶状步步升起。台阶第一步是前庭侧墙，最低最长；第二步是经堂平顶，较高较短；第三步是后殿屋顶，最高最短。三步的比例由横长向竖高转化，由平缓而峻急，有强烈的动势，很有韵律。

外墙石砌，有明显收分，如经堂部分，外墙的处理分上中下三段：下段是大片粗糙石墙，不抹灰，不开窗，仅涂白（也有涂红的），约占全高三分之二；中段抹灰，涂白，开藏式梯形窗，窗上挑出窗檐；上段女儿墙是由“便玛”墙围成的一道暗棕色箍。在便玛墙头转角处耸出许多金色铜幢或彩色布幡，正面中部饰以双鹿法轮。后殿部分更高，外墙形象与经堂部分相似，只是涂以红色。整座札仓的墙面处理使建筑显得下重上轻，下简上繁，下部粗糙上部细致。窗开口不大，加强了整体的坚实感；涂出窗套，使不大的窗与大片石墙取得比例的协调；窗套为梯形，则与墙的收分轮廓呼应。在大片石墙上挑出长长的木制流水槽，排出平顶雨水。水槽在墙面留下长长的斜影。外墙又广泛使用织物，如窗檐下、柱廊间、阳台上等。织物或画或缝，装饰藏式图案，随风飘拂，猎猎作响，与建筑全体的坚实厚重形成强烈对比。

除札仓里附设的后佛堂外，寺内还多有独立佛殿，专供佛像，不举行诵经活动。有时一寺有多座。佛殿多有院墙围绕，有院门和不大的前庭。殿本身都是高达四五层的大厦，由前廊进入，内部正中佛像常高达两三层，柱子直通向上，在佛像前方和左右有楼廊，光线从上层正面窗子进入。在佛殿的平顶上也常耸出鎏金歇山顶，立面处理手法与札仓差不多，也有便玛墙带，墙面刷红或黄色。佛殿以其体量高耸为特点，又常建在山坡高处而愈显其高。

活佛府邸一般围以院墙，活佛所居在院子

后部，是一座二三层的矩形平顶楼房，每层隔成数室，外墙内壁包护壁板，内隔断也是板壁，“外不见木，内不见石”。顶层三面有房，中间围成向前敞开的平台，成屋顶花园。活佛有自用佛堂,有时与住房合在一起,有时与住房毗连。楼的外观处理与札仓及佛殿相近，只是不做便玛墙。墙面刷红色，高级活佛或到过拉萨的活佛则为黄色。府内供下人居住的其他房屋都是平房，只刷白色，围成外院。现以拉卜楞寺为例重点介绍如下。

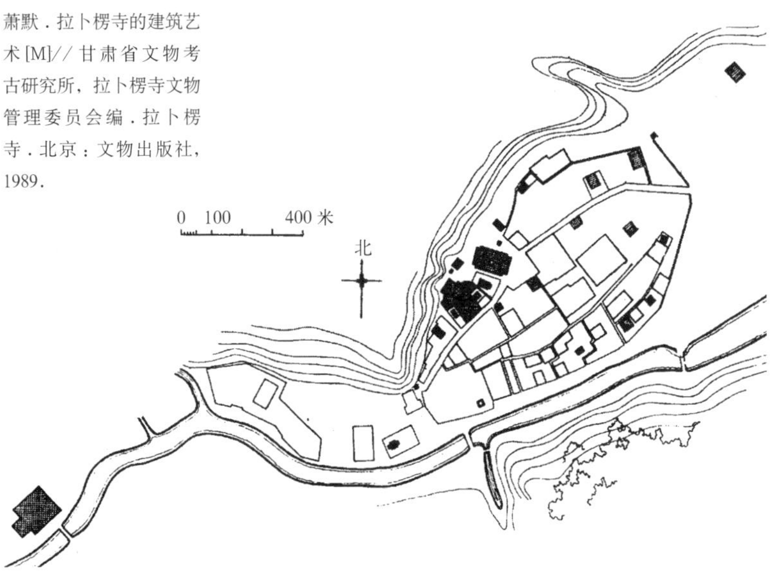

图 12-2-58 甘肃夏何拉卜楞寺总平面（《中国古代建筑史》）

图 12-2-59 甘肃夏河拉卜楞寺全景图（萧默）

图 12-2-60 拉卜楞寺全景（张青山）

拉卜楞寺寺主为嘉木样活佛，现传六世，自始建以后，每世代有兴建。寺规模甚大，占地约 30 公顷，最盛时僧人达到三千。寺建于东西较长的椭圆形盆地上，周围是山，夏河由西而东沿盆地南缘流过，主要建筑沿北山山麓布列，负山面河，坐北向南。其布局为：在全寺中心部位傍近山脚建造札仓、佛殿和嘉木样拉章，从东南西三面围绕它们的是多所活佛府邸“昂欠”。一般僧人居住的康村小院占地面积最大，三面簇拥着寺庙，其间分散着喇嘛塔、一般活佛住宅和印经院、藏经楼等。最外有一条五百余间的“嘛呢噶拉”长廊，像一条彩带，将全寺从东南西三面束围起来。嘛呢噶拉廊内密密排设转经筒，僧徒可从廊内围绕全寺右旋并转动经筒，认为这样可获福报。总平面是逐步完成的，事先没有全盘规划，但主体突出，大的布局得当，在散漫中蕴含着规律（图 12-2-58 ～图 12-2-60）。[①]

拉卜楞寺最大的札仓称铁桑浪瓦札仓，即闻思学院，又称大经堂，是全寺措钦大殿，其经堂重建于乾隆三十七年（1772），后殿扩建于 1948 年。大门两层，为汉式歇山顶建筑，成为前殿，建于 1936 年。1985 年经堂和后殿被烧毁，近年已全部按原样重建。札仓总宽 51 米、总深 95 米，经堂面阔 15 间、进深 11 间，间跨约 3.17 米，不计附壁柱堂内共有 140 根柱子，面

① 萧默．拉卜楞寺的建筑艺术[M]// 甘肃省文物考古研究所，拉卜楞寺文物管理委员会编．拉卜楞寺．北京：文物出版社，1989．

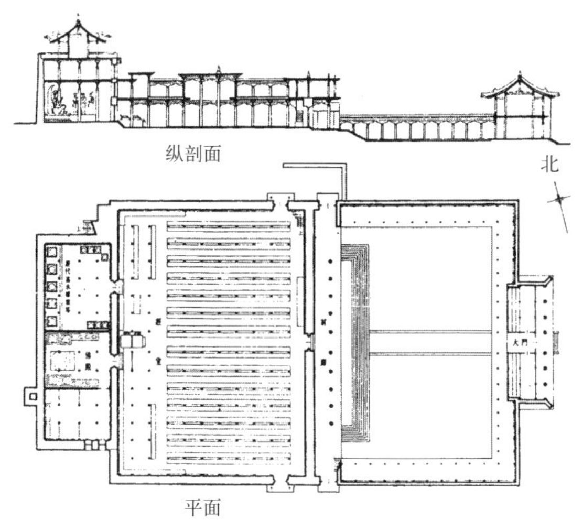

图 12-2-61　拉卜楞寺闻思学院大经堂（《中国古代建筑史》）

积约 1700 平方米，可容二三千人同时诵经。后殿总面阔十一间，进深四间。左部五间为灵塔殿、中部三间为佛堂，右部三间为护法神殿。后殿以上又有一层，贮藏寺内宝物。再上在平顶上耸出歇山小殿。寺内其他五座经堂较小，一般总宽约 30 米、总深约 60 ～ 70 米（图 12-2-61 ～图 12-2-65）。

拉卜楞寺全盛期有独立佛殿数十座，现仅存八座。以弥勒佛殿最典型，建于乾隆五十三年（1788），呈凸字形平面。东西总宽 26.7 米，五开间，正中三开间的进深为四间，底层又凸出一间为前廊，共深 20.5 米。左右各一间平面退进，进深只有三间。全殿四层，下两层较高，内部两层贯通，置通高佛像；第三层高 3 米，约当第一、二层每层之半；第四层是在第三层平顶后部建鎏金铜瓦顶歇山小殿。因一、二层每层开上下两个窗子，似乎一层成了两层，所以全体显六层，是缩小尺度以显其高的手法。正立面被凸出的前廊和阳台及金瓦小殿所强调（图 12-2-66、图 12-2-67）。

寺内通向弥勒佛殿有多条道路，都以此殿为对景。

拉卜楞寺最盛期有三十座活佛府邸，现存十余座（图 12-2-68、图 12-2-69）。

图 12-2-62　拉卜楞寺经堂前院（萧默）

图 12-2-63　拉卜楞寺大经堂正面（萧默）

图 12-2-64　拉卜楞寺曼巴札仓侧面（萧默）

图 12-2-65　拉卜楞寺续部上学院侧面，其左为闻思学院门殿，右为弥勒佛殿（张青山）

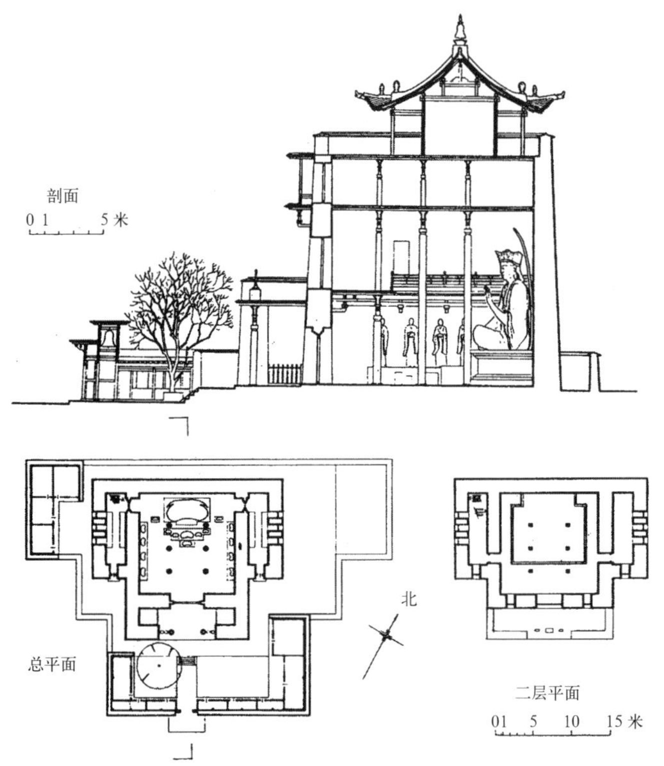

图 12-2-66　拉卜楞寺弥勒佛殿（《中国古代建筑史》）

图 12-2-67　拉卜楞寺弥勒佛殿（萧默）

嘉木样活佛府邸甚大，由数院串连组成，特称德容拉章，汉译德容宫。拉章前部为平房和马厩，侍奉活佛的普通僧人在此居住。中部是典礼院，由前院和历代嘉木样行坐床大典的图旦朐章殿组成。后部是嘉木样自用佛殿如来佛殿，规模甚大，同于全寺各独立佛殿，金瓦顶；在如来佛殿西侧才是嘉木样日常居住的宅院，院内建筑多为当地汉式（图 12-2-70、图 12-2-71）。

遵循着严格的等级规定，拉卜楞寺康村里一般僧众的宅院只能是土墙平房或二层房，墙面只能刷白，门框和窗框外刷黑边（图 12-2-72）。

此外，在全寺合宜地段建有多座瓶式喇嘛塔，有的是近年重建的。

全寺如同一座城镇，街巷棋布，但不规则，土路扬尘，也不甚注意绿化，疏简而粗放。拉卜楞寺可以代表此类藏式喇嘛庙的一般情况。若基地高差较大，寺内多石台阶，迤逦上下，时可出现一些十分美丽的景观。

三、西藏宗山与布达拉

“宗”是西藏古代一种地方行政单位，相当于内地的县。宗的政权中心多拥山而筑，居高临下，耸然挺立而为城堡，即为“宗山”。西藏现存最早的建筑雍布拉康就具有宗山的性质，在拉萨东南山南乃东县一座高百余米的小山顶

图 12-2-68　拉卜楞年智仓昂欠（萧默）

图 12-2-69　拉卜楞郭莽仓昂欠（萧默）

上，传为松赞干布定都拉萨前所建，规模不大，三层（图12–2–73）。吐蕃王国迁都拉萨后，在布达山上也曾建有宫堡，在现布达拉宫中仍有若干遗迹，也是宗山之滥觞。五世达赖后，在全藏建立53宗，各有地界，各宗大都建造了宗山。城堡式的宗山形制，是古代西藏阶级和部族矛盾的反映[①]。

在西藏，宗教是如此的深入人心，政教合一的制度强化了宗教的地位。路边的大树，山坡的巨石，倾泻的江河，平静的湖泊，无不都是崇拜的对象，在山顶用石块堆起神垒，表示对山神的崇敬，即使一般民居，也少不了佛堂的设置。所以，在宗山这样重要的建筑里也普遍建有佛堂佛殿，进行宗教活动，使宗山兼有了宗教建筑的性质。其实西藏各地的重要寺庙，其中也多有政府办事用房，往往兼有政权建筑的性质。政、教一体，政权建筑与寺庙很难像内地那样严格区分，例如西藏最伟大的建筑布达拉宫，就既是地位最崇体量最大的宗山，又是喇嘛教的圣殿。日喀则的宗山体量也很可观，号称小布达拉。

除布达拉宫外，现存宗山大都已经破败，较著名的有古格王国和江孜的宗山。

古格王国　古格王国作为西藏的一个地方政权，建立于公元9世纪，中心在远离拉萨的阿里地区札达县。自吐蕃王朝最后一个赞普朗达玛实行灭佛政策起，境内大乱，分崩离析。朗达玛被佛教徒杀死后，二子分立，长期争斗。其中一子的两个儿子即朗达玛之孙吉德尼玛衮和札西孜白，为避祸远遁阿里。吉德尼玛衮有三子，其中的德祖衮在10世纪建立古格王国，据传王国传16王，历700年，亡于外族入侵。

古格王国最重要的建筑古格王宫是一座建在高峻山岭上的城堡，也是一座宗山。山高300米，陡峭壁立，山脊狭窄，长400米，宽不及40米。顺山脊方向，从南至北建造了议事厅、佛殿和宫室三组建筑。峭壁下面的山坡上分布着三百多

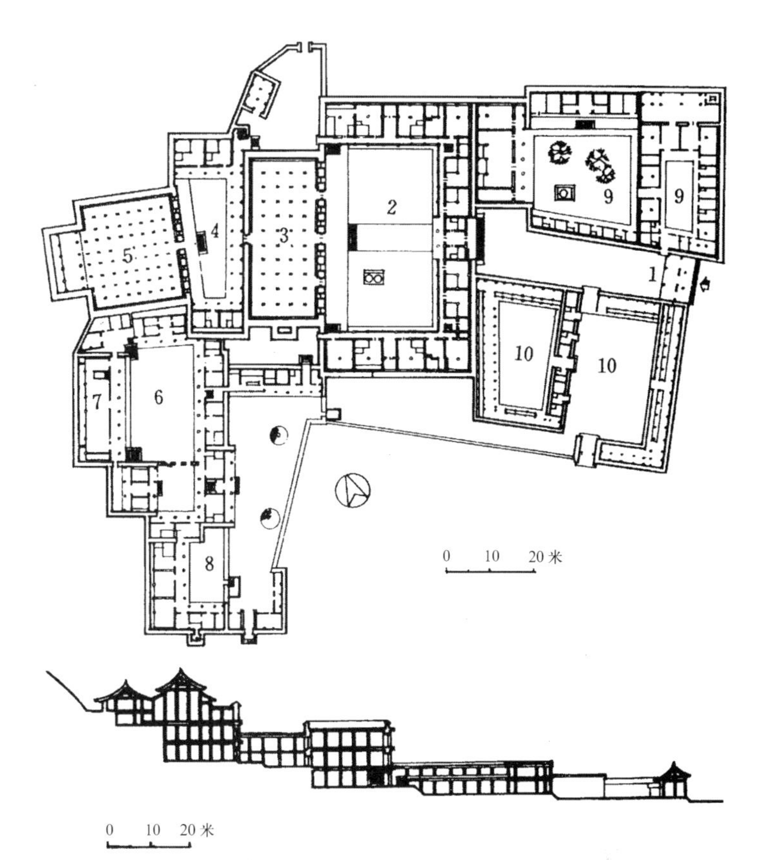

1. 大门；2. 前院；3. 图旦胞章经堂；4. 后院；5. 如来佛殿；6. 嘉木样大师寝宫；7. 会客室；8. 嘉木样大师家属居住院；9. 僧舍；10. 马圈

图12–2–70　拉卜楞寺德容拉章（《拉卜楞寺》）

图12–2–71　拉卜楞图旦胞章殿（萧默）

图12–2–72　拉卜楞寺康村（萧默）

① 屠舜耕．西藏宗山建筑[M]// 贺业钜等著．建筑历史研究·第三辑．北京：中国建筑工业出版社，1992.

① 王云五．卫藏通志[M]．北京：中华书局，1985．

图 12–2–73 西藏乃东雍布拉康（资料光盘）

图 12–2–74 西藏阿里古格王国

图 12–2–75 西藏江孜宗山（萧默）

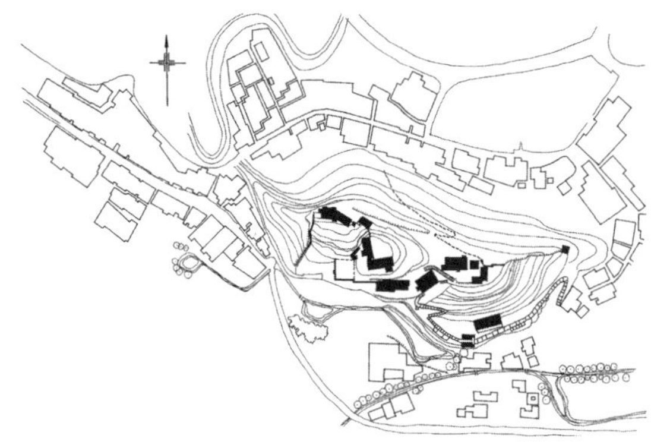

图 12–2–76 江孜宗山总平面（据屠舜耕图改绘）

个洞窟，以及一些佛殿和佛塔（图 12–2–74）。

江孜宗山 江孜地处前藏后藏之间，也是通往印度和尼泊尔的必经之处，为西藏重要的交通和战略要地。江孜宗山始建于 15 世纪，1904 年英军入侵西藏，它作为抗英要塞，坚持抗敌八个月，在中国近代史上留下了不朽的名字，宗山也因此役大部被毁，但以后曾有所恢复，现存规模仍然不小，是布达拉宫以外西藏保存下来的最大宗山建筑群。

宗山在江孜市区内，西距著名的白居寺不远，高约 200 余米，东西横长。山上除宫室和公务建筑外，还有多座二至三层的佛殿、两层的护法神殿和各种仓库，并有炮台遗迹。山之西北为峭壁，城堡巍然雄峙于上，入口设在地势较缓的东南坡，以厚墙与峭壁相连（图 12–2–75、图 12–2–76）。

布达拉宫 在拉萨河盆地中间一座名为布达山的小石山上，位于历史文化名城拉萨西部，始建于清顺治二年（1645）五世达赖时，历 50 年建成，时当五世达赖于 1652 年进京谒见顺治皇帝前后。布达拉宫是在松赞干布宫堡的遗址上建造的，据《卫藏通志》，“曲结松赞干布好善信佛，在拉萨地方山上诵旺固尔经，取名布达拉……遂修布达拉宫寨城垣，搭银桥一道以通往来。后……仅存观音堂一所，嗣经五世达赖喇嘛总管佛教，兼理民事，遂以原观音堂为中心，向东向西建立了白宫，以后又……在正中建筑了红宫及上下经殿房舍”，[①]乃成今日之规模。布达拉宫建成以后即为西藏最高政教首领历世达赖的驻锡之所，具有寺庙和宫殿的双重性质。“布达”是“普陀”的转音，原指印度南海的一座岛，传说是观音菩萨的道场，松赞干布和达赖都自称是观音化身，故以布达名山。“拉”即藏语“拉章”，意即宫殿。

布达拉宫是一座非常伟大非常雄壮的城堡，在中国古代是绝无仅有的孤例，即在世界建筑

对页注

① 关肇邺．天外云香——记布达拉宫和拉萨城[M]//清华大学建筑系．建筑史论文集·第 3 辑．北京：清华大学出版社，1979．

史上也是难得的杰出作品。布达山高约百余米，东西长，宫从山半腰起筑，最高处外观十三层（其下部两“层”实为石筑宫基，外开假窗），高达117米，连山坡共高178米，东西长达360余米，平面形状如梭，南北最宽处约80米，宫内有大小房间二千多个，总建筑面积达10万平方米以上。宫前（南）平地上同其他许多宗山一样接建方城（藏语称“雪”），在方城东、西、南墙各建大门一座，南门最大，各门门道曲折如工字或口字，以加强防卫。东南、西南各一角楼。在“雪”中建造服务性建筑和官员居宅（图12–2–77～图12–2–81）。

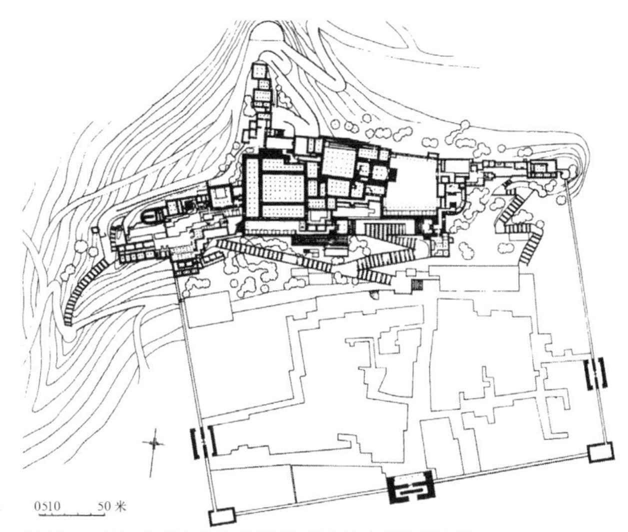

图 12–2–77 拉萨布达拉宫平面（《中国古代建筑史》）

布达拉宫中部最高最大，外墙红色，称红宫。红宫西部是狭长的灵塔殿，有历代达赖灵塔共八座，以五世达赖的灵塔最大，高达14.85米，耗用了11万两黄金。灵塔殿东是红宫最大的佛堂司西平措，平面方形，柱子纵横成格，中部高起天窗，为回字形都纲式布局。红宫以东，建筑层叠而下，墙面白色，称东白宫，主要是达赖寝宫。在寝宫东面隔着屋顶庭院还有一所僧官学校。红宫西面紧接西白宫，是僧人住处。红宫下部前伸为台，也是白色，把东西白宫连接起来，里面多是各种库房。整座大城堡都是层层错落的平顶，只在红宫平顶上耸出七座歇山重檐屋顶或攒尖顶小殿，皆覆鎏金铜瓦（图12–2–82～图12–2–87）。[①]

图 12–2–78 拉萨布达拉宫（张青山）

布达拉宫的艺术构图有以下几个突出特点：

1. 对比和协调的卓越处理　对比和协调对于任何建筑都是重要的课题，对于像布达拉宫这样体量巨大的建筑来说，更为重要；若过于协调，便会显得僵硬笨重，若过分对比，又势必杂乱无章。布达拉宫寓对比于协调之中，达到了极高的成就。红宫与白宫在色彩、高度、体量上都有对比。红宫位居中部，最高最大，自然成了统率全局的中心，加强了全局的协调。红宫正中有一条上下通贯的阳台带，平顶上有

图 12–2–79 布达拉宫（《中国美术史》）

图 12-2-80　布达拉宫壁画《布达拉宫浴佛节图》(《藏传佛教艺术》)

图 12-2-81　仰望红宫（姜怀英）

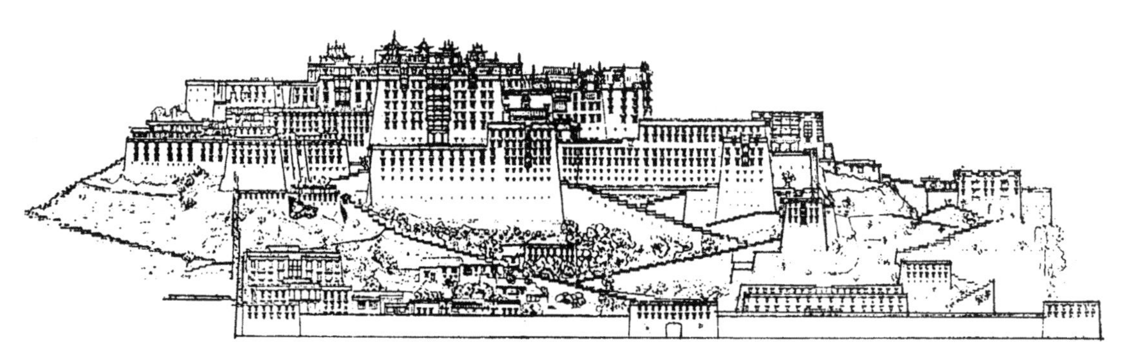

图 12-2-82　布达拉宫立面（国家文物局）

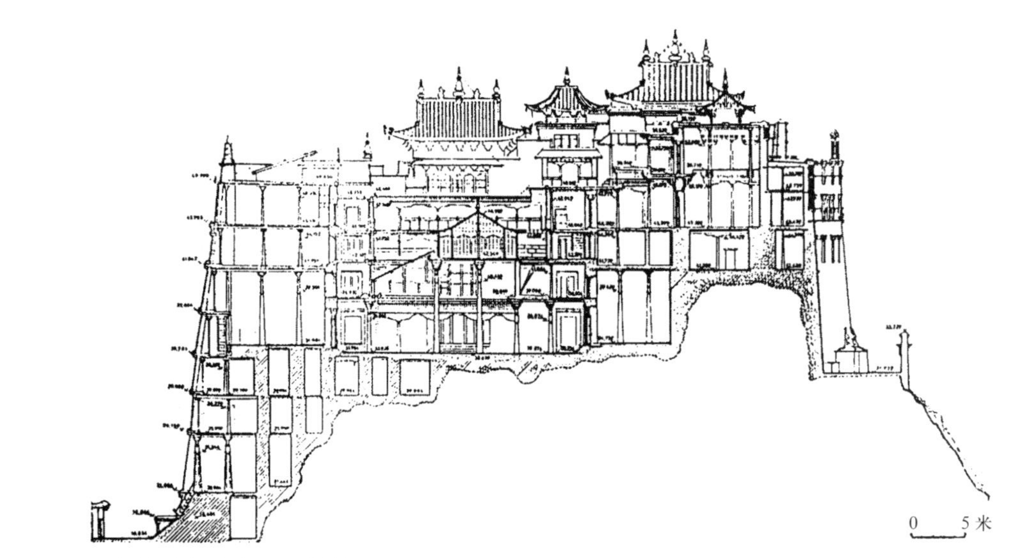

图 12-2-83　布达拉宫剖面（国家文物局）

许多鎏金铜瓦顶小殿，更强调了红宫的统率作用。在高低错落的许多白色台形的顶部和上山阶道的挡墙墙头，都箍着一条横向的暗棕色“便玛”墙带，使建筑的轮廓更为鲜明，又与高大的红宫取得色彩上的呼应。红宫的“便玛”带下又有一条通长的白墙带，使“便玛”带与红色墙面的颜色区分开来，同时与白宫的墙面取得呼应。红宫白宫互相渗透，达到对比中的协调。

2. 建筑与山形的结合　布达山山形横长，山坡东缓西陡，最高处偏在西侧，前（南）坡中部稍有凹进，人们认为它形如卧象。布达拉宫也是东西横长，前沿中部也稍稍凹进，最高处也偏在西部，与山势取得一致。外墙全用石砌，下大上小，有大约十分之一的明显收分，各平顶由下至上层层退进。整个正面前后凹凸达六七次之多，一个个凸出的小台附贴在大台上，感觉上对大台起着扶持的作用，显得自然而稳定。天际线中间高两侧低，各平顶标高有七八种之多，中间又穿插小的起伏。以上，都与自然山石的构成机理相近，再加上建筑基脚和山坡并无明显分界，整座城堡似乎是从山石中自然生长出来的，人工与自然有着极和谐的呼应。

3. 强调雄伟感　布达拉宫的立面有多条水平横线，连很显眼的几条斜向台阶外侧的拦墙也砌作水平阶梯状。这些横线条已充分显示了建筑的横向尺度，所以强调雄伟感的主要任务就在于夸张高度感了。建筑其实是从立面下部第三层窗洞处开始的，但在下部石砌底台外面加用了两排假窗，其下又有20多米高的壁面，视觉上大大夸张了建筑的高度。基脚和山石无明显分界，山坡似乎也成了建筑的一部分，无形中又增加了建筑的体量感。平面的前后凹凸在立面上出现了许多垂直线条，强调了竖向尺度，红宫正中贯通上下的凹阳台带也起了这个作用。在垂直方向，立面有着富于韵律的变化，有意识地吸引人的视线转向高处，如最下部是

图 12-2-84　欢乐广场望红宫东面（萧默）

图 12-2-85　布达拉宫白宫门厅（杨谷生）

图 12-2-86　布达拉宫白宫某佛殿门（《布达拉宫》）

图 12-2-87　五世达赖灵塔（罗哲文）

单调的壁面，以上是两层简单的窄窄的假窗洞，再上是大片开有窗洞的墙面，窗子有挑出的窗檐，窗周涂出黑色梯形窗套。红宫最上部是一条白墙带和高为一层的“便玛”带，在“便玛”带上也开有窗子，窗间饰鎏金圆形铜板图案，墙顶立有金幢、金宝瓶、金莲花，伸入天空，与许多鎏金屋顶一起，在蓝天白云雪山的衬托下，灿然闪烁着迷人的光彩。自下而上，处理由粗而精，由简入繁，由壮实而华丽，由单调而丰富，色彩也由素净转为艳丽，自然将视线引向高处，仰首瞻望，叹为观止。所有以上处理，都使宏伟的城堡愈显雄壮。

布达拉宫的内部处理也很出色。从东面入宫大台阶进宫，先西登，再折转向东，进入东部宫门，再往北通过一条弯曲的有如隧道的过道，来到寝宫东门（进入红宫和东白宫的主要入口）前称为欢乐广场的屋顶庭院，路线设计得十分精彩。这里充满着大明大暗，大开大合的强烈变换，有意识地造成人们心理上的剧烈动荡，充分实现了西藏最高统治者所要求的艺术效果。位于100多米高空的欢乐广场，是人们进入白宫和红宫前暂时停留的地方，遇宗教节日也是举行法会和宗教舞蹈的场所。

布达拉宫雄伟、辉煌、壮丽、粗犷、震撼人心，有强烈的艺术感染力，是可以夸耀于世界的建筑艺术珍品。

四、内蒙古喇嘛庙

由于俺答汗和三世达赖的大力推行，从明代后期起，喇嘛教在蒙古地区迅速发展，并开始建造寺庙。清代皇帝为团结蒙藏民族，对喇嘛教大力支持，封历代章嘉呼图克图为国师，掌管内蒙古教务，敕哲布尊丹巴呼图克图分管外蒙教务，他们的宗教地位仅次于达赖和班禅。蒙古喇嘛庙多数是在盛清康熙、乾隆时期建造的，据清末统计，多达千余座。依形式可分为藏式、藏汉混合式和汉式三种，以藏汉混合式居多，成就也最高。

藏式喇嘛庙

当蒙古地区开始建造喇嘛庙的时候，西藏喇嘛教建筑已完全成熟。此前，长期过着逐水草而居的蒙古族，除了蒙古包和“斡耳朵”以外，并没有成体系的建筑传统，他们的喇嘛庙自然首先要向西藏学习，一些寺庙就是依照来自西藏的图样建造的。藏式建筑传入蒙古，常选址于傍山地带，前低后高，布局自由。单体建筑以带有经堂的札仓为主，与此时的西藏札仓相同，整体平面纵长方形，自前而后由门廊、经堂和高起的后殿组成，石木混合结构，密梁平顶，石墙收分。五当召（包头）、葛根庙（科尔沁右翼前旗）、三德庙（乌拉特中后联合旗）和喇嘛库伦庙（东乌珠穆沁旗）等，均为其代表作品。

五当召　在包头东北大青山一座山岗的南坡，建于乾隆十四年（1749），规模不小，盛时有千余喇嘛。“召”即蒙语喇嘛庙。五当召建寺之始，开山师罗布桑加拉错活佛从拉萨带回图样，依图建造，无论总布局还是单体全取藏式。全召有六座经堂和三座活佛府邸，错落布置在层层台地上。最大的苏古沁独经堂在寺前部左角，有凹入的五间门廊，两层；经堂本身一层而较高；后佛殿四层。与苏古沁独经堂紧邻的却依林独经堂与其相似。时轮学院经堂在寺庙后部高处，也由门廊、经堂和高起的后殿组成。门廊只有三间，而平面前凸，两层，构图紧凑，呈正方形。整座经堂的正立面则近似两个正方形，左、中、右三部比例良好。因门廊前凸，上下都是空廊，与左右石墙虚实对比强烈。凸出的门廊也使得仰视的建筑轮廓有了起伏，打破了平顶的单调。门廊上耸起的金幢、双鹿和法轮，使造型更加丰富。门廊木构，饰以鲜丽的彩画，与大片白墙形成材质和色彩的对比。总之，时轮学院经堂的造型达到了较高水平。类似的经堂构图，在内蒙古藏式喇嘛庙中甚多（图 12–2–88 ～图 12–2–90）。

喇嘛库伦庙　在东乌珠穆沁旗，庙内建筑众多，大经堂为汉式大殿，平顶殿为藏式。平顶殿与五当召时轮学院的最大不同是门廊凹进，整座建筑平面正方，体型简练，其造型感、体积感和坚实感在很大程度上依靠后部高起的巨大体量来表现（图 12–2–91）。

藏汉混合式喇嘛庙

山坡地带的藏汉混合式喇嘛庙，总布局方式与藏式差不多，只是某些重要的建筑单体是藏汉混合风格。但多数藏汉混合式喇嘛庙建在平地，总体布局为汉式，取中轴对称的院落组合方式，以经堂为全寺中心。经堂本身也是藏汉混合式，其他房屋多为汉式。这类喇嘛庙成就较高的有席力图召、锡拉木伦召、大召和额木齐召等。

席力图召　在呼和浩特市内，始建于明末即 16 世纪末，为三世达赖索南嘉措于 1585 年莅蒙后所创，起初规模不大，经清康熙二十七年（1688）扩建，成为“金碧夺目，广厦七楹”的大经堂，是蒙古地区规模较大的喇嘛庙之一，康熙三十三年又加重修。

席力图召的总平面完全汉式，坐北朝南，以大经堂为核心，依中轴对称方式布置多重院落，分左中右三路，以中路为主。中路最前方过牌楼为山门，门内东西列钟鼓二楼及东西相向的廊屋，长院北端为汉式佛殿及左右腰门，再进至大经堂前庭。前庭前部左右各一碑亭，亭北东西相向又各有一列廊屋，在东碑亭和东廊屋之间的转角上有一大喇嘛塔，为前庭增色不少。大经堂坐落在中轴线上，前有月台。左右二路分前中后三部，原状基本对称：前部即佛殿之前左右各二院，是喇嘛住所（右二院已毁）；中部左右各有两座佛殿；后部左路也是

图 12–2–88　内蒙古包头五当召全景。前部中间为苏古沁独经堂，左为却依林独经堂（张青山）

图 12–2–89　五当召苏古沁独经堂（张青山）

图 12–2–90　五当召时轮学院经堂（张青山）

图 12–2–91　内蒙古东乌珠穆沁喇嘛库伦庙平顶殿（《内蒙古古建筑》）

喇嘛住所，右路是四合院式活佛府邸。全寺建筑单体除大经堂、左右路中部的前佛殿是汉藏混合式而喇嘛塔是藏式外，其他都是汉式（图 12–2–92 ～图 12–2–94）。

现在的大经堂只有门廊和经堂，其后殿已不存。经堂平面正方，面阔进深均 9 间，内部有 64 根柱子，堂前凸出多达 7 间的门廊，气势很大。它的屋顶最值得注意，由前至后以勾连搭方式串接三座汉式歇山顶：门廊和经堂的前部两间共一顶，为两层楼，上层并成一殿；隔一间之后，经堂中部三间的柱子高起，直通而上，承接一座高峻屋顶；再隔一间至经堂后部两间，是三层楼，又是一座屋顶；三顶之间的部位为天沟，经堂的光线从中部屋顶檐子和天沟之间的空隙射入（图 12–2–95）。

正立面下层门廊的柱子和雀替都是藏式，廊上挑出短檐，承上层栏杆。上层缩为五间，两端各一间改为砖墙，丰富了构图。中部五间为木装修，承托屋檐。屋檐也挑出不多，并在檐上加砌一道女儿墙，以与下层短檐风格一致。这一道女儿墙削弱了汉式屋顶的地位，使得门廊颇有平顶建筑的感觉，再加上“平顶”上的法轮、双鹿和金幢，保持了较多藏式作风。门廊两边经堂的砖砌实墙饰孔雀蓝琉璃面砖，以瓦檐将墙分为三段。三段的处理方式类于拉卜楞寺所见的藏式做法，下简上繁，上部构图颇似便玛墙，但不用便玛。墙面不收分，细部与纯藏式也有不同。在蒙

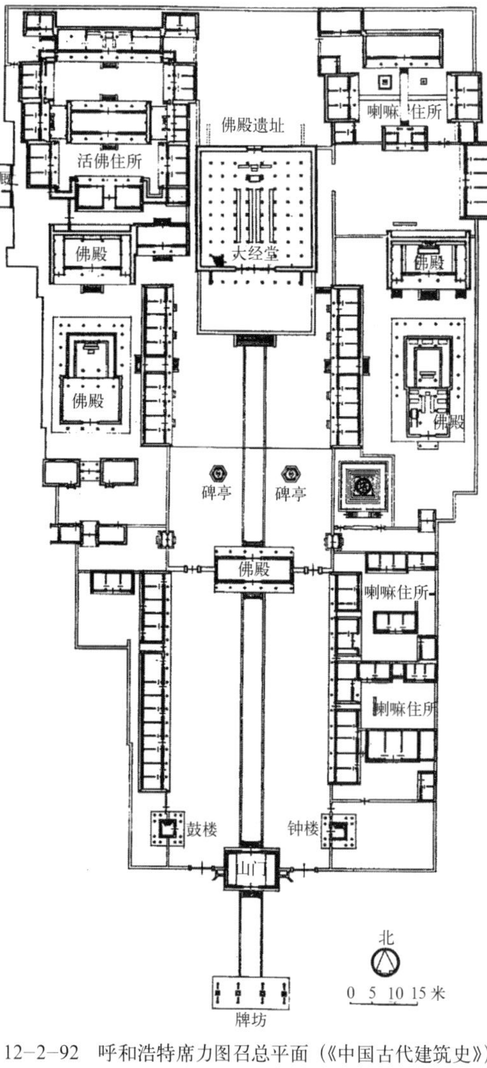

图 12–2–92　呼和浩特席力图召总平面（《中国古代建筑史》）

图 12–2–93　呼和浩特大召大经堂局部（潘春利）

图 12–2–94　呼和浩特席力图召大经堂（孙大章、傅熹年）

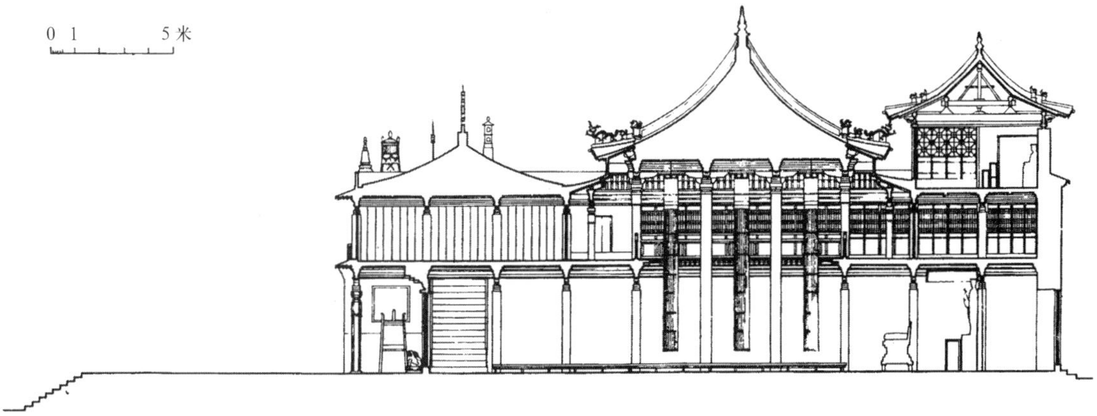

图 12–2–95　席力图召大经堂剖面（《中国古代建筑史》）

古地区，凡藏汉混合式建筑，外墙多用砖砌，不收分或收分甚少。

席力图召大经堂正立面以门廊为主，木构件上色彩鲜艳，雕饰繁富，两边的砖墙也是彩色，再加上黄琉璃瓦汉式屋顶，不同于五当召时轮学院的简洁，气氛热烈浓重，光彩照人。

蒙古地区邻近官式建筑中心北京和明清时受到官式建筑直接影响的山西，所以，蒙古地区喇嘛庙的汉式屋顶都是北方官式，覆以灰瓦或琉璃，不像覆以鎏金铜瓦、形象也有差别的西藏汉式屋顶。但是与西藏汉式屋顶一样，在屋顶正脊中央都耸起小喇嘛塔一座，是内蒙古喇嘛庙的通例。

汉族传统殿堂，由于采用坡顶，覆盖面积一般不能过大，为解决这个问题，如唐大明宫麟德殿所示，当时已有了前后串接多座屋顶的办法，大体类似明清的所谓“勾连搭”式。喇嘛庙的经堂要容纳众多僧人，面积很大，藏汉混合式经堂吸取了汉族传统建筑的经验，在保持传统藏式经堂平面形制的同时，加上多座汉式屋顶，藏、汉两种风格结合得相当自然，造成了一种新颖的风格。这样的复合屋顶，在内蒙古和西北，也为同样需要覆盖很大面积的回族伊斯兰清真寺礼拜殿所采用。汉、藏、蒙、回，互相借鉴，显出一种交融的气象，而往往正是在不同建筑风格的交融中，才更容易为建筑提供新的发展契机，产生新的风格。

图 12–2–96　内蒙古四子王旗锡拉木伦召大经堂（《内蒙古古建筑》）

锡拉木伦召　在呼和浩特东北四子王旗乌兰察布草原上，建于乾隆十六年（1751），是席力图召的属寺。其大经堂与席力图召大经堂大体相似，也串建三座汉式歇山屋顶，但前屋顶甚低，脊部仅为卷棚，被遮挡在门廊女儿墙之后，所以平面凸出的两层门廊就更像是带着短檐和女儿墙的平顶建筑了。锡拉木伦召大经堂有后殿，耸然高起，覆平顶。后歇山顶接在此平顶前部。绕着大经堂，四周添加了一圈带单坡顶的单层敞廊为回行道，丰富了造型。锡拉木伦召大经堂前廊只有三间，下层空敞，柱子和雀替仍为藏式，上无腰檐而直接承以上层栏杆，栏杆内为木装修（图 12–2–96）。

大召　在呼和浩特市内，始建于明万历八年（1580），建成后因达赖三世曾主持此寺银佛的开光仪式，在蒙古地区的宗教地位颇高。在满清入关前，清政权的势力已及于蒙古，崇宁五年（1640）命呼和浩特都统重修大召，康熙间并以大召为“帝庙”。

大召的总平面和所有建筑，除大经堂为藏汉混合式外全为汉式。大经堂也由门廊、经堂和后殿三部分组成，后殿高起。与锡拉木伦召大经堂不同的是全部屋顶包括后殿都是歇山顶，共三座，后殿且是重檐。门廊上面不加女儿墙，使歇山顶完全显现，故汉式风格较为浓重。门廊三间，下层以上也有短腰檐和栏杆。在蒙古地区，类似以上三例的门廊甚多，腰檐或有或无，有也只是短檐，整体感较强，整体呈横向，不似汉族楼阁腰檐挑出很深，檐上或更有一套斗栱平座等，显得高耸（图 12–2–97 ~图 12–2–99）。

额木齐召　也在呼和浩特，其大经堂与大召的大经堂十分相似（图 12–2–100）。

此外，百灵庙的喇嘛庙也是典型的藏汉混合式（图 12–2–101、图 12–2–102）。

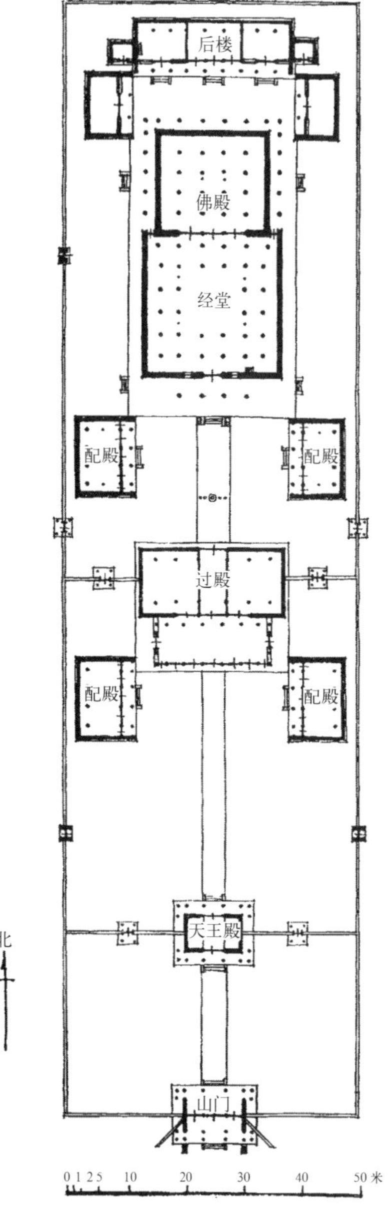

图 12–2–97　呼和浩特大召总平面（《中国建筑历史研究》）

图 12–2–98　大召大经堂（《内蒙古古建筑》）

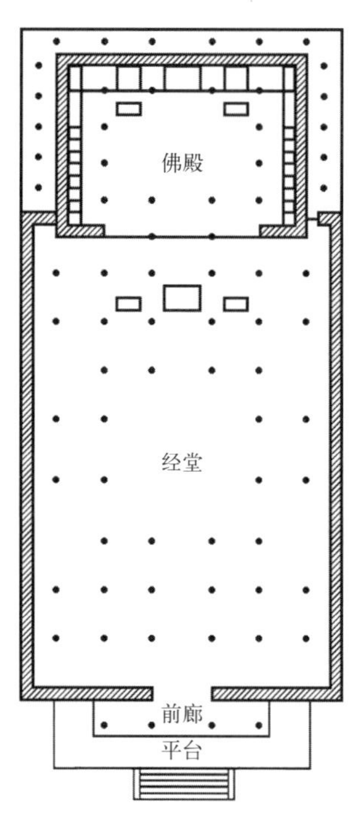

图 12–2–99　大召大经堂平面（潘春利）

五、内地喇嘛庙

盛清康乾时代，上连明永乐年间，是中国建筑艺术史第三个发展高潮。永乐以后的主要成就是改造北京和建成了包括紫禁城在内的诸多宫殿坛庙陵墓，形成了明清官式建筑的完整体系。康乾时代的成就，除了体现在北京、承德的诸多皇家园林和江南私家园林之外，还建成了许多规模宏大的喇嘛教建筑，承德避暑山庄附近的“外八庙”和北京以真觉寺塔及雍和宫为代表的喇嘛庙、喇嘛塔，都是其重要体现。此外，山西五台山也有一批喇嘛庙，全国其他地方零星地有一些喇嘛塔。

避暑山庄东面有武烈河蜿蜒流过，北面为狮子沟，河东沟北为低山丘陵，“外八庙”就分布在武烈河、狮子沟与丘陵之间的山麓地带。“外八庙”其实是12座庙，始建于康熙五十二年（1713），终于乾隆四十五年（1780），前后历时近70年，现保存完好的还有8座，以普宁寺、普乐寺、普陀宗乘庙和须弥福寿庙四寺规模最大也最重要，虽全是藏汉混合式，处理方式又颇有不同。其余四座也是喇嘛庙，均汉式，其中安远庙仿新疆伊犁蒙古喇嘛庙固尔札都纲，固尔札都纲（现已不存）本身就是汉式（图12-2-103）。

避暑山庄地近蒙古草原，为团结蒙藏民族，清廷耗费巨大财力兴建了这批寺庙，经常在此召见蒙藏活佛和王公贵族，优渥有加，以示怀柔。这些喇嘛庙的风格与蒙古地区的藏汉混合式，在形成的原因和面貌上都有区别。后者多是因与汉族居住地相近而自然产生的结果。前者则并非宗教的自然发展，而带有很强的主观性。因政治原因由朝廷敕建并主持建造的过程本身，就决定了它们不可能是藏蒙风格的自然延续。一种居高临下威服万方的天朝心态，要求强烈地突出“天朝”的文化优势，而示之“化

图12-2-100 呼和浩特额木齐召大经堂侧面（《内蒙古古建筑》）

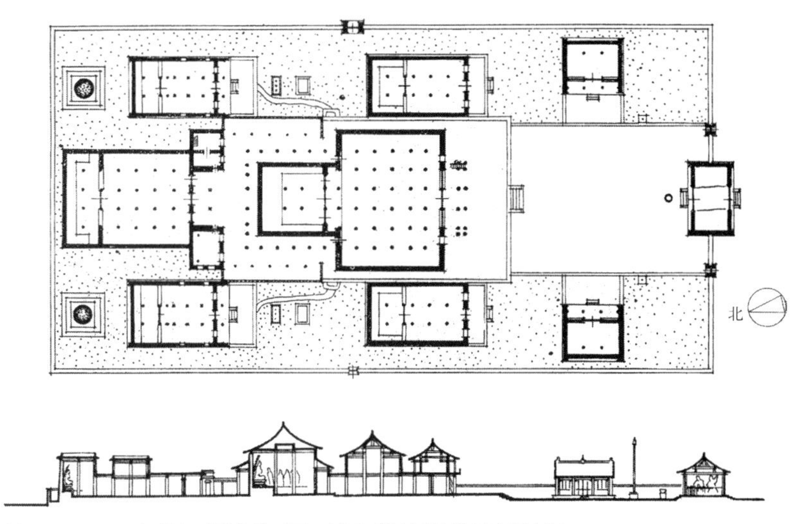

图12-2-101 内蒙古百灵庙总平面、剖面（《中国建筑历史研究》）

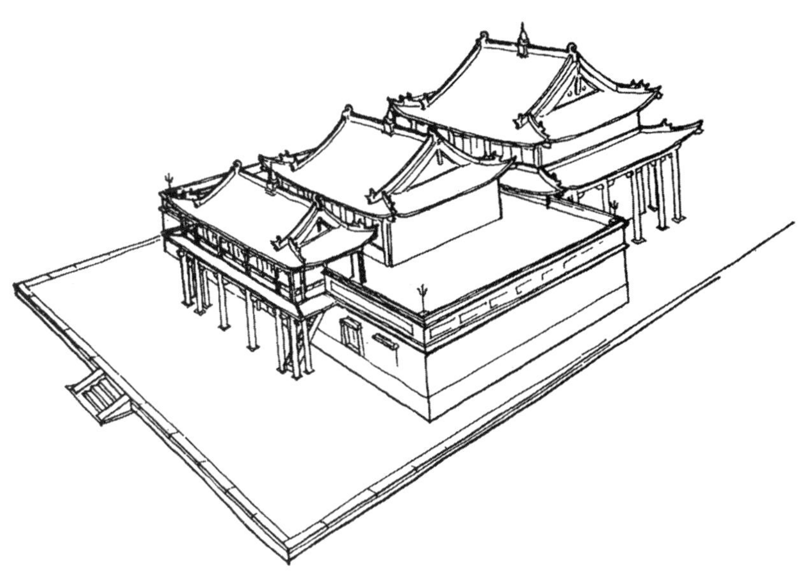

图12-2-102 百灵庙经堂透视（《中国建筑历史研究》）

① 卢绳．承德外八庙建筑一、二、三）[J]．文物，1956（10，11，12）；王世仁．承德外八庙的多民族建筑形式[M]// 文物编辑委员会．文物集刊·第二辑．北京：文物出版社，1980.

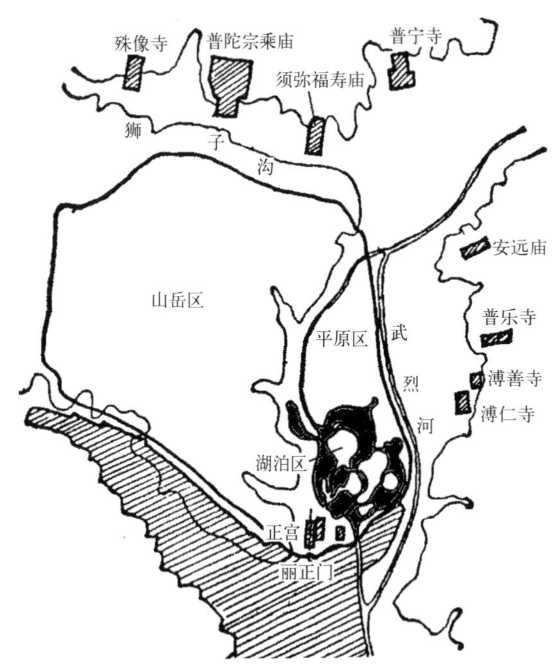

图 12–2–103　承德避暑山庄和“外八庙”位置图

外”。另一方面，一种柔远化外的心理，又使得超出于宗教本身意义的、体现帝王对荒远之民的“关怀”、保持与藏蒙建筑的“亲近”成为必要，又使得它们不可能与藏蒙建筑完全无关。所以，外八庙必定具有较强的官式建筑作风，又须以藏蒙的重要建筑为借鉴。同时，“移天缩地于君怀”，也满足了君王大一统的得意。

这一事实又是一个证明，证明“建筑”并不总是以物质意义为其第一要义的，更不是只具有物质的意义。就外八庙而言，首先是政治意义，其次是宗教意义，两者都是精神性的，占据着主导地位。

然而，明清官式建筑与西藏建筑的风格毕竟差别太大，要将它们完美地融合起来殊非易事，只能是一种再创造的过程，具有特殊的价值。

总的来看，“外八庙”藏汉两种民族建筑风格的融合，是在汉式官式做法的基础上采取了以下几种手法：一、掺入喇嘛教意义。如普宁寺大乘阁、普乐寺旭光阁体现的“曼荼罗”观念；普陀宗乘庙和须弥福寿庙对于西藏最重要的两座宗教建筑布达拉宫和札什伦布寺的意似等。二、借鉴西藏喇嘛庙总体布局手法，即突出主体，重要建筑位在高处，体量巨大，寺庙整体大起大落，给人以强烈印象。普宁寺大乘阁、普乐寺旭光阁、普陀宗乘和须弥福寿的大红台都是这样的建筑，多位于寺庙后部高地上，显得十分突出。三、借鉴西藏寺庙单体布局手法。如所谓“都纲法式”回字形平面的广泛采用。四、建筑细部基本上仍是汉式官式做法，但又参考西藏习惯做法如藏式梯形窗、藏式“便玛”墙带、上下一条的阳台带等，加以变通组合。五、佛像、壁画、雕刻和彩画的装饰纹样则更多具有西藏的特点。①

下面，我们将通过实例对这批喇嘛庙进行具体介绍。

藏汉混合式喇嘛庙

普宁寺　在避暑山庄东北，建于乾隆二十年（1755），以一条明显的中轴线贯穿南北，呈纵深对称格局。全寺可分前后二部，前部有照壁、三座牌楼、山门、碑亭及钟鼓二楼、天王殿、大雄宝殿及东西配殿等，不算碑亭，门、殿共有七座，合汉族庙宇“伽蓝七堂”之例，完全是明清一般华北官式庙宇的典型布局；后部地势陡然高起 9.84 米，筑为台地，在台地上围绕主体建筑大乘阁，布置许多喇嘛塔和台墩，象征宇宙图式（图 12–2–104、图 12–2–105）。

大乘阁高四层，通高 36.75 米。其高度在中国现存古代木构建筑中居第三位。阁平面矩形，面阔七间、进深五间，底层又向前凸出面阔五间、进深一间的抱厦。内部柱网围合，中央形成宽五间、深三间，直通第四层天花板下高达 24 米的高耸空间，立巨大的千手千眼观音立像，是国内著名大像之一。绕大像设跑马廊，用以观瞻膜拜（图 12–2–106 ～图 12–2–111）。

大乘阁的屋顶是整座建筑的艺术处理重点，造型相当别致，是在第四层四隅各建一

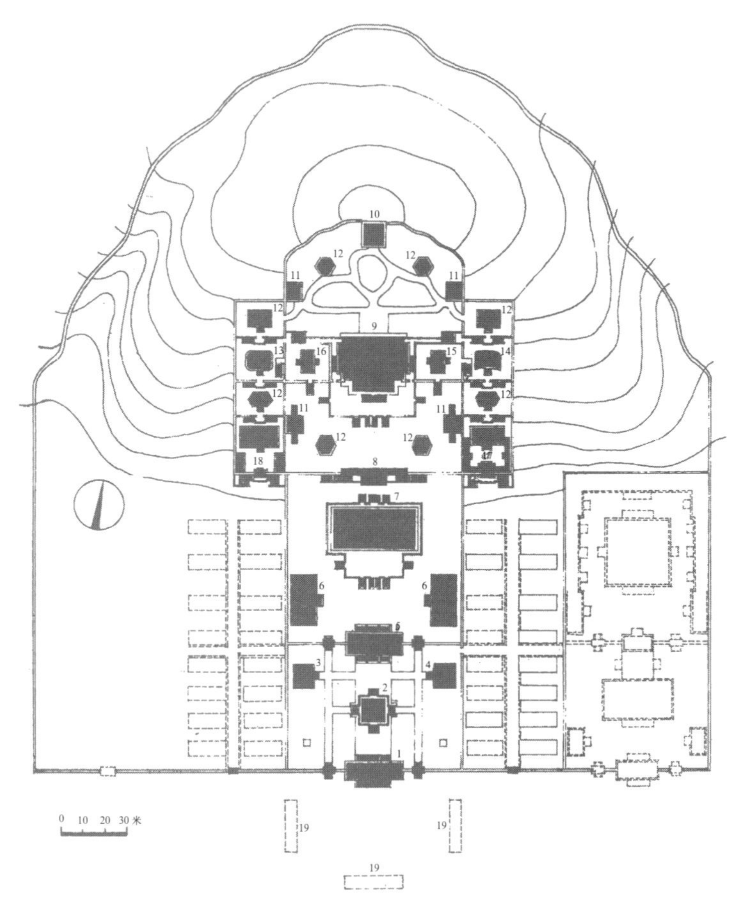

1. 山门；2. 碑亭；3. 鼓楼；4. 钟楼；5. 天王殿；6. 配殿；7. 大雄宝殿；8. 南瞻都洲殿；9. 大乘阁；10. 北俱卢洲殿；11. 喇嘛塔；12. 白台；13. 西牛贺洲殿；14. 东胜神洲殿；15. 日殿；16. 月殿；17. 妙严室；18. 讲经堂；19. 牌坊遗址

图 12-2-104　普宁寺总平面（《承德古建筑》）

图 12-2-105　普宁寺鸟瞰

图 12-2-106　大乘阁正面（萧默）

图 12-2-107　普宁寺大乘阁（萧默）

图 12-2-108　大乘阁千手观音像（杨谷生、陈小力）

图 12-2-109　大乘阁周围的喇嘛塔和小台（萧默）

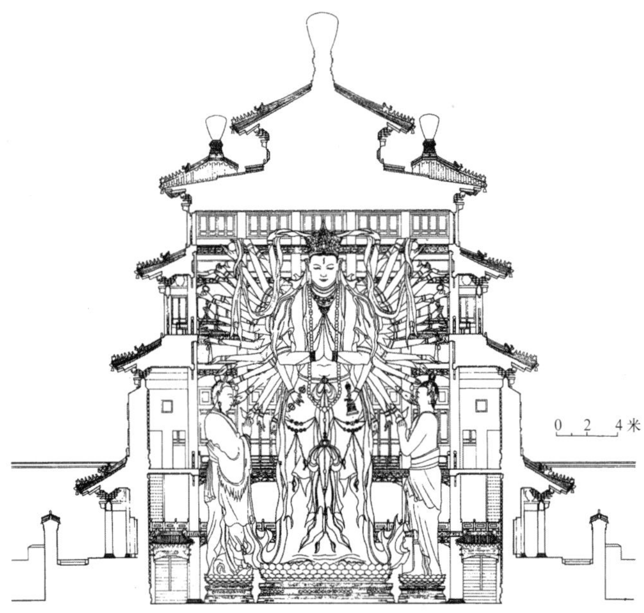

图 12-2-110 大乘阁剖面（《中国古建筑大系》）

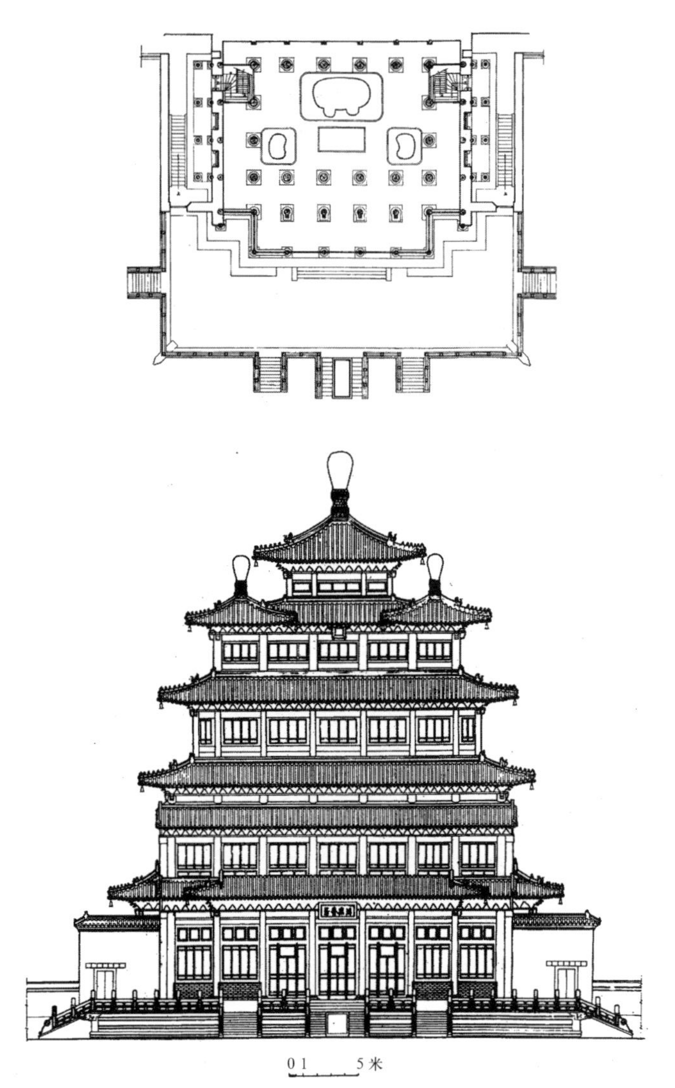

图 12-2-111 普宁寺大乘阁立面和平面（《中国古代建筑史》）

座小方亭，中央耸起一座重檐大方亭，主次有序，富有变化。同时，屋顶化整为零，缩小了屋顶的绝对尺度，从而对比出整座建筑的高大。正立面在第二层加了一个单坡檐子，与第四层正中重檐方亭一起，使四层之高的楼阁而有六重屋檐，也夸张了阁的高度感。阁全体都是汉族传统楼阁的做法，但这种中央体量较大、四隅衬以较小体量的屋顶，类似于金刚宝座塔或曼荼罗的构图，则是喇嘛教理念中宇宙中心的象征。

《普宁寺碑文》记普宁寺，“作此曼拿（荼）罗”、“肖彼三摩耶”、“肖彼须弥山”，可知大乘阁是西藏桑鸢寺（即三摩耶庙）乌策大殿的模仿，都以五亭象征宇宙中心须弥山的五峰。按照《西藏王统记》关于桑鸢寺的记载，在乌策大殿左右还有日殿和月殿，象征日月环绕须弥山出没，四方四隅还有许多建筑，象征四大部洲八小部洲和四天王天，但现存已不完整，而大乘阁的周围仍完整保存了这些建筑。阁东西两侧各有一座矩形台殿，东为日殿，西为月殿。阁四面有四座形式各异的台殿，代表四大部洲，北俱卢洲殿象“地”、形方，质坚，保护万物生存；西牛贺洲殿象“水”，形圆，质湿，摄援万物生长；东胜神洲殿象“风”，形如半月，质地为动，长养万物滋荣；南赡部洲殿象“火”，形为三角，质暖，护持万物成熟。在四大部洲左右，又各有一座仿西藏碉房的重层白台，共八座，代表八小部洲；四隅复有四座喇嘛塔，色各不同，西北白、东北黑、东南红、西南绿，代表佛的“四智”或四大天王天。连阁一起，一共 19 座大小建筑，构成了一个巨大的曼荼罗。后部包围着这整组建筑，有平面呈波浪形的围墙，代表金刚大轮围山。

可见，大乘阁一组建筑，不但不能简单地用“功能”来解释，甚至也很难从艺术构图的角度来理解，更主要的是它受一种关于宇宙的理念所支配，建筑艺术家要做的，只是将这种理念用美好的形象加以体现罢了。但普宁寺的艺术构图也确实是成功的，它前部以一般汉式建筑为陪衬，将最具特色的曼荼罗置于后部最高处，加以突出。而这座巨大的曼荼罗，又是汉化了的，形成了一种罕见的新颖形式，藏汉两种建筑风格也由此而融合了。

普宁寺的政治和宗教地位都十分重要，实际上是外八庙宗教活动的中心。内蒙古的章嘉呼图克图和外蒙的哲布尊丹巴呼图克图每逢来承德觐见皇帝，照例都要到寺为喇嘛讲经；六世班禅来承德为乾隆祝寿，也先下榻于此，待觐见皇帝后，才驻锡须弥福寿。

普乐寺 在武烈河东的高敞旷野上，敕建于乾隆三十一年（1766）。寺布局完全对称，外围墙为东西狭长的矩形，中轴线东西向，西方指向避暑山庄，东方正对棒槌峰，正门在西。寺内可分前（西）、后（东）两部，与普宁寺相似。前部也如同一般华北官式佛寺，有山门、天王殿和大殿，天王殿前左右建钟鼓二楼，大殿前有左右配殿，一共七座建筑，也是伽蓝七堂。后部地势陡然高起17.6米，顺势在台地上以群房和四门围成方院，院中有两层方形石台，各围石栏杆。上台中央建旭光阁，是普乐寺最具特点的部分，称坛城。阁、台通高达39.6米（图12–2–112～图12–2–114）。

旭光阁平面圆形，单层，二重檐，实际是一座大亭而非楼阁，覆黄色琉璃瓦攒尖顶，形象与北京天坛祈年殿相似，仅后者较大且为蓝色三重檐。阁内圆形白石须弥座上有木制立体坛城（曼荼罗），其上原有铜铸“欢喜佛”，面东，正对寺后棒槌峰。棒槌峰是一株竖立在山顶的高达十余米的天然巨石，形如棒槌。阁内圆形藻井繁丽复杂，全部金色，正中雕龙，周绕密集层叠斗栱，极为精彩。在坛城的下层方台上，四角和四正面各有一座琉璃喇嘛塔，共

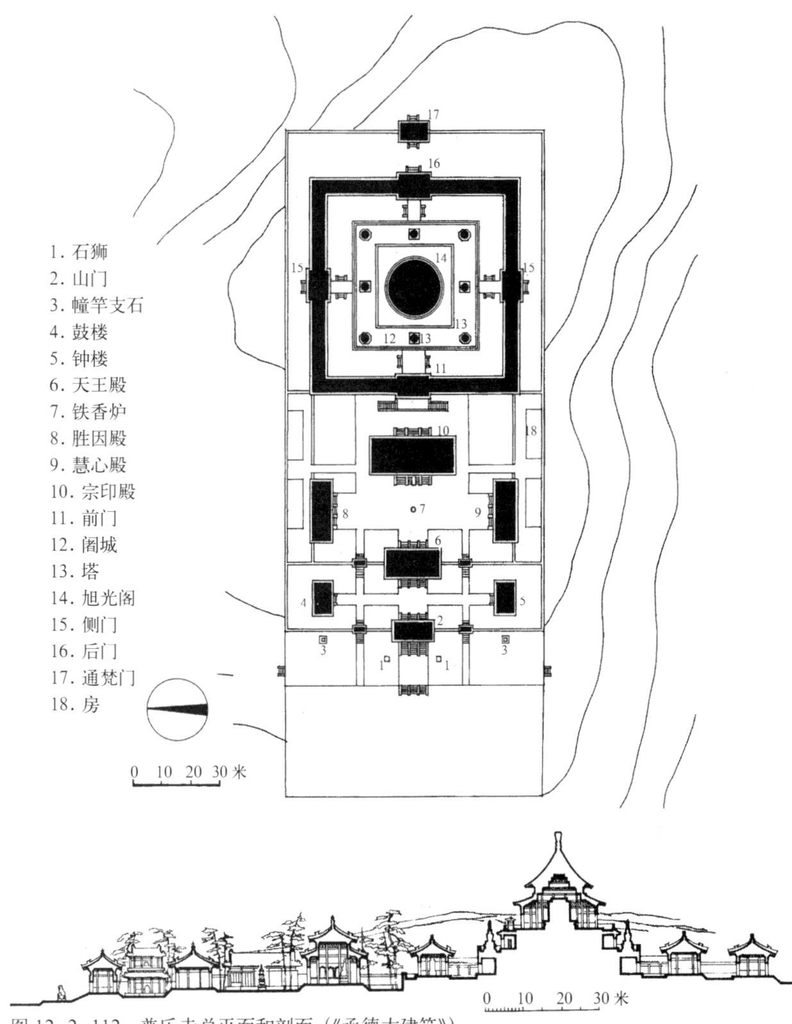

图 12–2–112　普乐寺总平面和剖面（《承德古建筑》）

图 12–2–113　承德普乐寺全景（萧默）

图 12–2–114　普乐寺侧面（萧默）

① 早在8世纪初，赞普赤祖德赞曾派大臣到印度取经，其中就包括瑜伽怛特罗。见东嘎·洛桑赤列．论西藏政教合一制度[M]．拉萨：西藏人民出版社，1985．

图 12-2-115　普乐寺旭光阁（萧默）

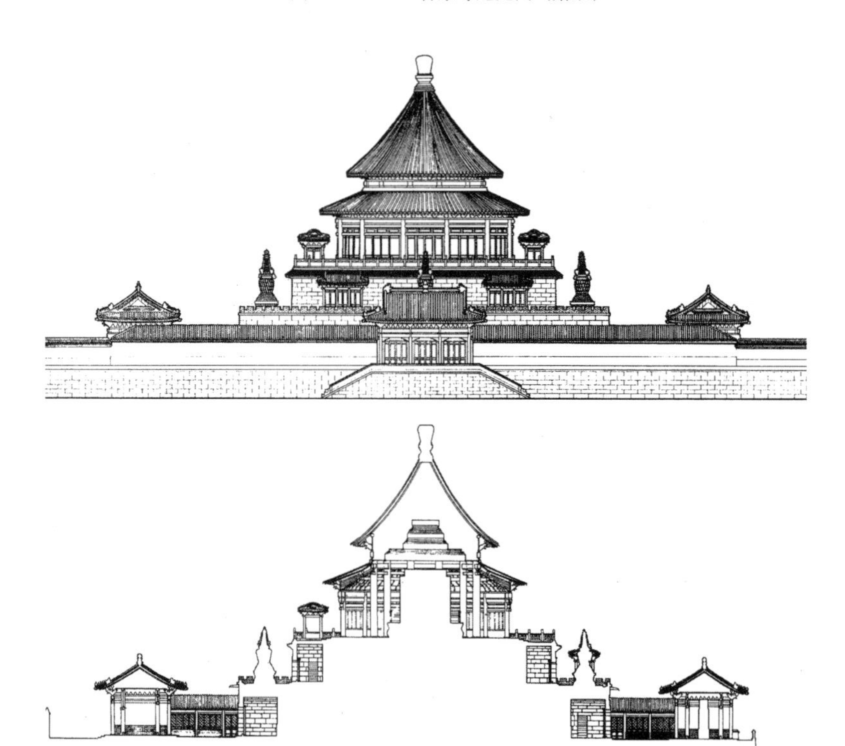

图 12-2-116　普乐寺旭光阁立面和剖面（《承德古建筑》）

图 12-2-117　普东寺旭光阁内部坛上（萧默）

图 12-2-118　旭光阁坛城南侧之喇嘛塔（远处为棒槌峰）（萧默）

八座，四角皆白色，四正面为黑（东）、黄（南）、红（西）、蓝（北）四色，都有神秘的宗教象征意义。坛城总体与阁一起构成密教广泛采用的九宫格式构图，也是曼荼罗宇宙图式的表现（图12-2-115～图12-2-118）。

在台阁后面，普乐寺又有一座后门。普乐寺规划时曾听取了章嘉呼图克图的意见。他说，有乐王佛，是持轮王佛的化身，常居东向。此说可能对阁内主尊面东及寺后开辟东门有所影响，但可能还另有深意存在。

喇嘛教的教义十分复杂，受印度教的影响很大，印度教的性力崇拜观念也流入其中。性力崇拜在东北印度怛多罗派（符咒派）中特别盛行，这种观念认为，体验到宇宙的阴阳对立和合之真谛，就可以达到极致的欢乐，这种欢乐无可言传，只有人间的男女之欢差可相比。所以，极端神秘抽象的宗教内容，却采取了十分世俗甚至色情的表现方式。喇嘛教的一种双修像作男女相拥交接状，即汉族所谓的“欢喜佛”，正是此种观念的表达，被认为是修行的最高境界。[①]所以，普乐寺欢喜佛和后门均朝向东方正对棒槌峰不是偶然的，“普乐”二字的释义也并非乾隆所理解的“后天下之乐而乐”，棒槌峰作为男性器官的象征，正是普乐寺的选址及其方位选择的深意所在。

普乐寺是汉族手法与藏族喇嘛教要求相结合的成功作品，顺应地形和环境，后部凸起高台和圆阁，与前部的平实有强烈对比，形成高潮并突出了主题；远观则轮廓错落，方圆互映，不同凡响。

以上二例中，主要体现藏汉两种建筑文化交融的建筑都集中于后部，正是最为动人的所在。前部则都是熟化了的汉族传统形式，在空间布局或单体造型上均无太大问题，但正因其熟化，往往也最为平淡。倒是两种文化的交叉，才有较多冲破旧式孕育新风的契机。

普陀宗乘庙 建于乾隆三十二年（1767），在避暑山庄正北狮子沟对岸，占地达22公顷，是外八庙中规模最大者。“普陀”就是“布达”，可以见出其形制是拉萨布达拉宫的模仿，但加入了很多汉式手法。

全庙地形前低后高，高差颇大。总平面可分前中后三部。前部基本是汉式建筑轴线对称布局：沿中轴线顺置城楼样的山门、巨大的碑亭、在一座台子上并列五座瓶式喇嘛塔的五塔门和琉璃牌楼，轴线左右还有一些台殿。中部沿山坡散点布置十余座小的“白台”和喇嘛塔，类乎藏式的自由式布局。后部山坡高处即仿布达拉宫而建“大红台”，通高42.5米、全宽150余米，是全庙主体。大红台又可分左中右三部，即中部的红台和东西两侧的白台。红台最大，下面也有横向白台（开三层假窗，实为基座），把东、西白台连接起来，明显仿自布达拉宫的红宫和东、西白宫。台顶也露出几座覆以黄琉璃瓦的汉式屋顶。但这些“台”实际上是外绕平顶楼房的一个个方院。红台由三层楼围成（外观七层，下四层实为基座，开假窗），内建方形重檐攒尖顶万法归一殿，殿方七间。在东西白台内分建戏台和千佛阁。中央红台包括“台”内的万法归一殿，平面形如回字，是“都纲法式”的变体。普陀宗乘庙在总体布局和大体量的组合方式上有明显的西藏作风，而局部处理则多为汉式，如砖墙的收分没有藏式建筑石墙那么显著；红台正中模仿布达拉红宫上下一条阳台的构图，但代之以六层汉式琉璃顶拱龛；台顶模仿藏式“便玛”装饰横带，而代之以一列琉璃佛龛等。这些拱龛或佛龛本身，都是清官式做法（图12–2–119～图12–2–125）。

总的来说，普陀宗乘之庙的“大红台”虽然还算得上是宏大的、错落有致的或辉煌的，但比起布达拉宫来气魄却远远不及，且意重模仿，虽加进汉意而创造性不足，勉强而不自然。

1. 石桥；
2. 石狮；
3. 山门；
4. 碑亭；
5. 五塔门；
6. 石象；
7. 琉璃牌坊；
8. 大红台；
9. 万法归一殿；
10. 慈航普渡；
11. 洛伽胜境殿；
12. 权衡三界；
13. 戏台；
14. 圆台；
15. 千佛阁；
16. 白台；
17. 西五塔白台；
18. 东五塔白台；
19. 单塔白台；
20. 白台钟楼；
21. 三塔水口门；
22. 西门；
23. 东门

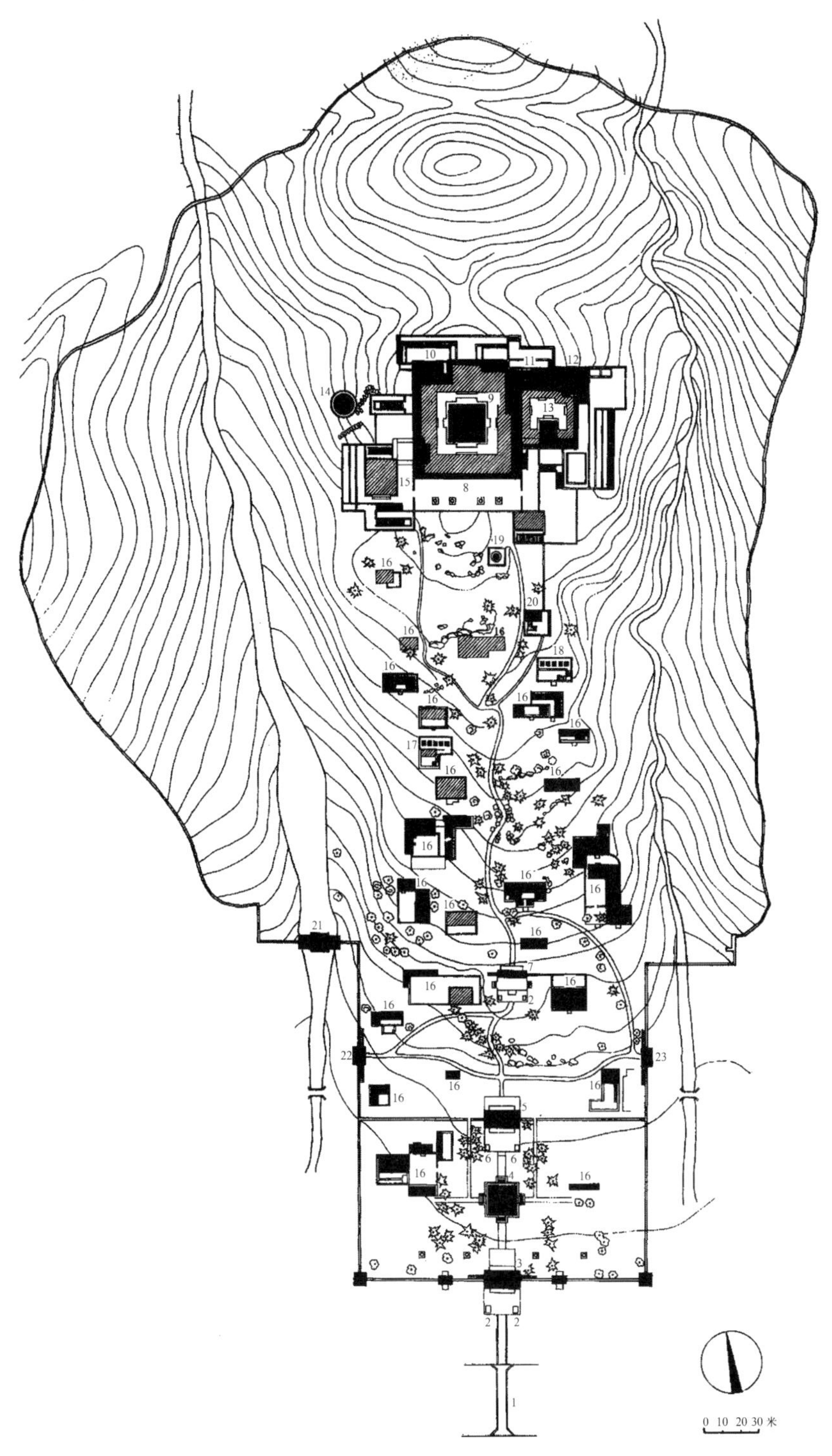

图12–2–119 承德普陀宗乘庙总平面（《承德古建筑》）

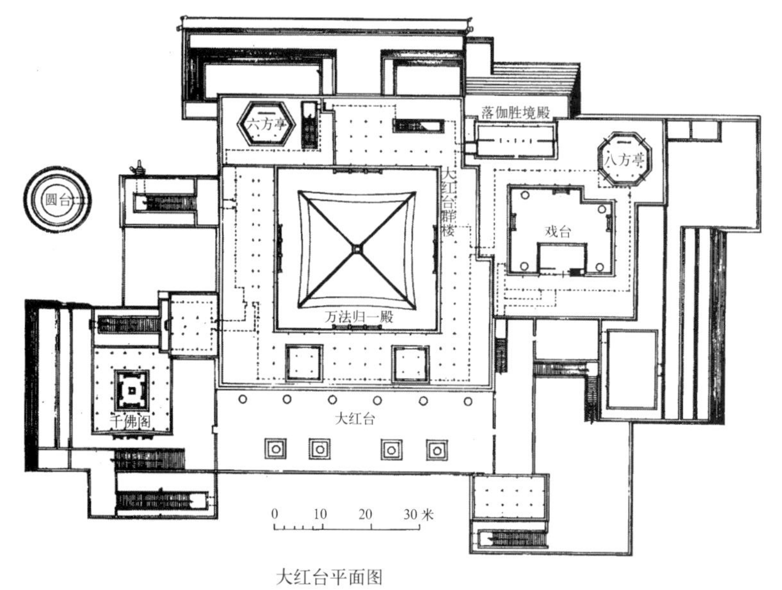

大红台平面图

大红台剖面图

大红台立面图

图 12-2-120 普陀宗乘庙大红台（《中国古建筑大系》）

图 12-2-121 普陀宗乘庙全景

图 12-2-122 普陀宗乘庙大红台（罗哲文）

图 12-2-123 普陀宗乘之庙大红台镏金铜屋顶（罗哲文）

图 12-2-124 普陀宗乘之庙大红台内

图 12-2-125 承德普陀宗乘庙全景（孙大章）

尤其万法归一殿，竟深陷于三层高的楼屋紧紧包围之中，有若坐井观天。立面上的几座汉式屋顶，从现场仰视角度，实际上往往并不可见。散布于全寺各处的众多类似碉房的“白台”，实际也只是一圈围墙，墙上开着假梯形窗，墙内中空，没有什么实际作用，如同布景。看来，设计者并未深得藏式建筑的真谛，也就不能做出更多创造性的贡献了。

须弥福寿庙　在普陀宗乘之庙东邻，敕建于乾隆四十五年（1780），作为前来赴乾隆七十寿辰的六世班禅的行宫。

须弥福寿庙之名源自班禅常年驻锡地日喀则札什伦布寺，“札什”意为福寿吉祥，“伦布”意为须弥山，此庙为班禅行宫，故名。乾隆称：“因仿后藏班禅所居札什伦布庙式，于山庄特建此寺，以资安禅。”实际上札什伦布寺与此寺一横一纵，相差极大，不像布达拉宫之于普陀宗乘之庙尚有迹可寻。所以此之所谓“仿”，不过只是一种说法而已。

庙呈南北狭长的矩形，中轴线上顺南低北高的地势也可分为三部。前部完全对称，全是清代官式做法，布局与普陀宗乘之庙类似，以巨大碑亭为中心，南为城楼式寺门，北为琉璃牌楼，东、西各一小门，东南、西南各一角台。与普陀宗乘之庙不同，主体建筑不在后部而在中部。中部地势颇高，中轴线上有“大红台”，台东南毗邻东红台，西北接连楼房吉祥法喜殿即班禅住所，东北隔假山园林为生欢喜心殿，正北还有万法宗源殿。大红台与东红台实际也是由平顶楼房围成的方院。外墙砖石砌筑，有收分，抹灰刷红，开藏式梯形窗。有些是假窗，有的窗加有汉式琉璃垂花门形窗罩（图12-2-126 ~图 12-2-133）。

大红台围楼高三层，平顶四角各有一座小护法神殿，方院里类似普陀宗乘之庙大红台，建妙高庄严殿，方形，高三层，重檐攒尖顶，

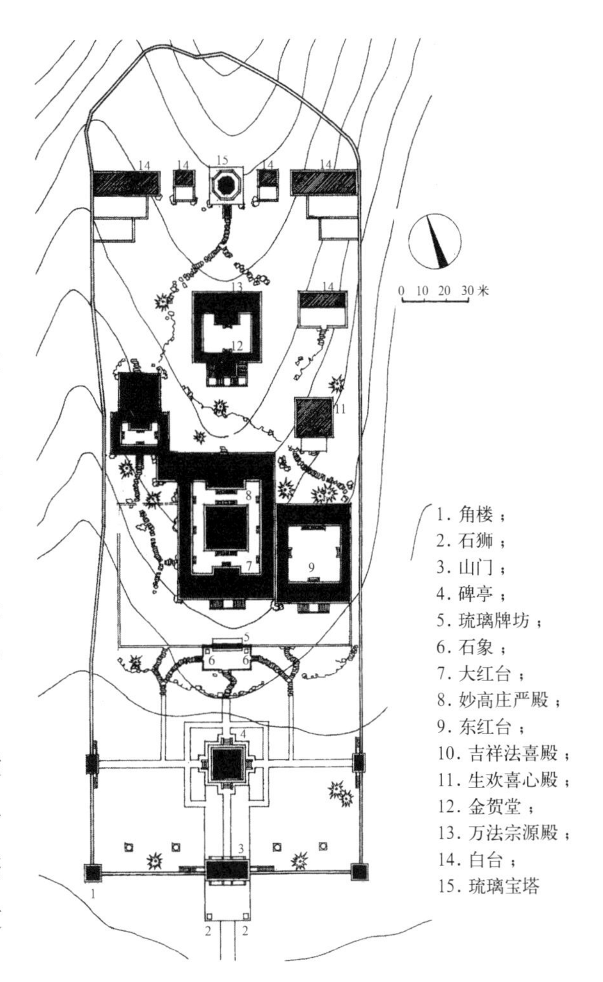

图 12-2-126　承德须弥福寿庙总平面（《中国古代建筑史》）

图 12-2-127　清《热河志》“须弥福寿庙图”

图 12-2-128　承德须弥福寿庙（罗哲文）

图 12-2-131　须弥福寿庙大红台（萧默）

图 12-2-132　须弥福寿庙大红台西侧之吉祥法喜殿（萧默）

图 12-2-129　须弥福寿庙的汉藏混合式窗

图 12-2-130　须弥福寿庙琉璃塔（萧默）

图 12-2-133　须弥福寿金顶之走龙

覆鎏金鱼鳞铜瓦。上檐每斜脊各有两条金龙分向宝顶和四角；宝顶为鎏金喇嘛塔形，金碧辉煌。殿内有三层回廊。大红台包括妙高庄严殿在内的总体和殿内回廊，都组成回字形平面，大殿和小护法殿又呈一大四小曼荼罗式格局。庙后部已在山上，于中轴线上建八角琉璃塔，挺然耸立，作为全寺的结束。

须弥福寿庙的妙高庄严殿同样深陷在层楼的包围之中，屋顶被严重遮挡。但全庙布局自由而不散漫，较普陀宗乘之庙略胜一筹。环境清幽，松柏成荫，在某些地段如吉祥法喜殿或生欢喜心殿前，常有美好的景观出现。

总观以上四庙，在吸收藏族传统建筑文化的方式上，普宁与普乐更重在"意"，普陀与须弥更偏于"形"。前二寺的创造性较强，两种建筑文化的融合也较为自然，少斧凿之痕。后二庙多有勉强之处，未至化境。但前二寺仍多汉式，后二庙却更多异乡情调，往往能予人以更强烈的印象和更多新颖之感。孰优孰劣，见仁见智，无须定于一评。

汉式喇嘛庙

雍和宫 在北京城内东北角，是北京最重要的喇嘛庙，也是清廷总管内地喇嘛教事务包括外八庙的机构所在。

雍和宫原为雍正即位前居住的雍亲王府，始建于康熙三十三年（1694），雍正三年（1725）改称雍和宫。雍正死后曾停柩于此，改绿琉璃瓦顶为黄色。乾隆九年（1744）改为喇嘛庙，仍以宫名。乾隆十五年（1750）西藏内乱平定，七世达赖进贡白檀木，在庙内木雕巨大弥勒佛像。

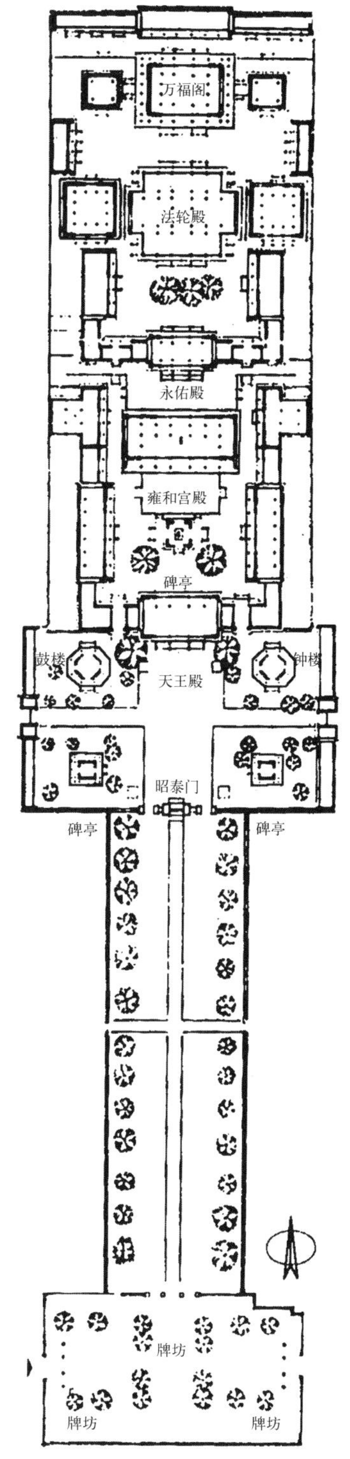

图 12—2—134　雍和宫总平面（傅熹年）

雍和宫为汉式喇嘛庙，但在改宅为寺的过程中也融进了一些西藏风格。寺坐北向南，最前为一横长矩形广场，广场南缘为红墙，余三面各建一座三间七楼牌坊，从东、西牌坊入寺，过北牌坊向北，经过长达约 100 米的甬道达南门昭泰门。广场是改寺以后扩建的，既壮观瞻，也是喇嘛举行"打鬼"法会之所（图 12—2—134、图 12—2—135）。

昭泰门后，寺的前部建筑大体沿原王府之旧，布局较疏朗，中轴线上有天王殿、雍和宫殿（正殿）和永佑殿。天王殿前左右建碑亭和钟楼、鼓楼，永佑殿后左右以廊庑连配殿形成向北环抱的三合院。寺的后部则应宗教要求全部拆除重建，布局较繁密，是形成宗教气氛的重点。三合院之北是法轮殿，左右各一方楼。法轮殿用作大经堂，是群集诵经之所，前后出抱厦，平面若十字，面积广大，殿顶循“曼荼罗”象征宇宙的概念耸起五座天窗，上各有顶若五亭。法轮殿后正中万福阁为佛殿，内即前述木雕大佛，高17.6米。左右又各挟持一较小方阁，三阁上部以跨空阁道相连，是唐代常有而以后罕见的手法，非常繁丽辉煌。三阁以后有一排横屋，为全寺的结束（图12-2-136～图12-2-139）。

雍和宫以宅改寺，事涉汉藏两种建筑文化，布局前弛后张，最后以三阁高峙作为高潮，宗教气息浓厚，是成功的艺术创造。

北京还有一些喇嘛庙，最早始于元初，明清继之，大多建有喇嘛塔，最著者如阜成门内妙应寺（白塔寺）、颐和园后山须弥灵境、西直门外五塔寺（真觉寺）、城北西黄寺、香山宗镜大昭庙等（图12-2-140、图12-2-141）。香山碧云寺原为汉寺，却建有喇嘛教的金刚宝座塔。这些，有的已经介绍过了，有的将在喇嘛塔节中再行补叙。五台山也有一些喇嘛庙，称十座黄庙，实际不止此数，但多是遵顺治、康

图12-2-135　雍和宫中后部鸟瞰（资料光盘）

图12-2-136　北京雍和宫广场（罗哲文）

图12-2-137　雍和宫法轮殿内

图12-2-138　雍和宫万福阁内弥勒大佛

图12-2-139　雍和宫万福阁（中国古建筑大系）

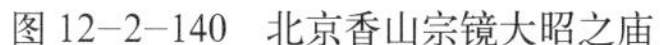
图 12–2–140　北京香山宗镜大昭之庙

图 12–2–141　颐和园后山须弥灵境

图 12–2–142　菩萨顶上的慈福寺（萧默）

图 12–2–143　山西五台山菩萨顶

熙旨意将原来的"青庙"即汉族的禅寺改造而成，连最初的喇嘛也由原寺和尚充任，建筑也全然是汉式（图 12–2–142、图 12–2–143）。

第三节　喇嘛塔

喇嘛教相当重视建塔，所造之塔与传统中原佛塔，无论概念或造型都完全不同，丰富了中国佛塔的内容，习称喇嘛塔。喇嘛塔可分单塔、过街塔和金刚宝座塔三种。单塔形体如瓶，习称瓶式塔。过街塔是在中辟通道的台座上并列数座单塔。金刚宝座塔是在一个台座上建五塔，正中一大塔、四角各一小塔，按九宫格方式组合。

一、瓶式塔

瓶式塔据称系"取军持之象"。"军持"梵音，即随身携带贮水以备净手的净瓶。其实此式塔型早已出现，只是不称为瓶式塔罢了，性质也与喇嘛教无关，如酒泉、敦煌和吐鲁番发现的十几座北凉时期的小石塔，就与瓶式塔相类。敦煌石窟和克孜尔石窟唐代壁画中也有与之接近的形象。实为印度圆形古坟窣堵坡的变体。只是因为中原建筑包括佛塔皆以木结构为主，加之审美心理的原因，中国人更倾心于可以登临的楼阁式塔，至少也是接近楼阁的密檐式，故此种"瓶式"塔型长期未得流行。西藏建筑多用砖石，此式塔才重新从印度传入，在喇嘛教中得到更多采用，并随同喇嘛教流行至于中原。

瓶式塔自下而上大致分为三段，即塔座、覆钵（塔身）和塔头。塔头又可分相轮（十三天）、宝盖和宝顶。按喇嘛教的一种说法，宇宙由"六大"构成，即地、水、风、火、空、识，塔座寓意为地，覆钵为水，相轮为风、宝盖为火，宝顶为空，全体寓意为地生水，水生风，风生火，火生空，而空无所生，即四大皆空，最后成就为识。各派还有其他不同说法，也就不能深究了（图 12–3–1）。

元代的瓶式喇嘛塔，保存完好而富有特色者以北京妙应寺白塔最为著名，其次为山西五

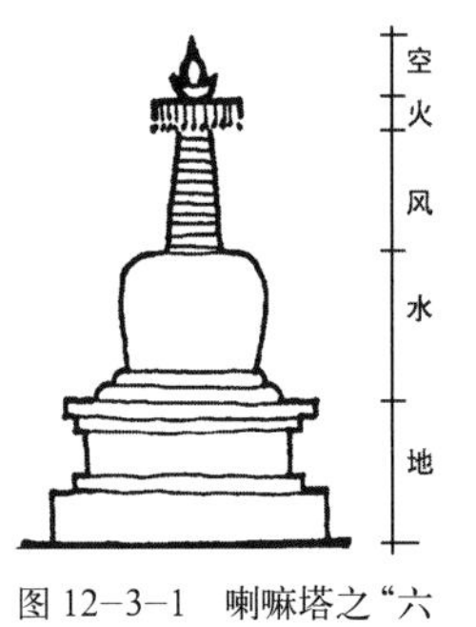

图 12-3-1 喇嘛塔之“六大”寓意（萧默）

台山塔院寺白塔。明清以后，西藏江孜白居寺塔、内蒙古席力图召塔、北京北海白塔和乌审召喇嘛塔院八角塔等，都比较著名。从元代历明至清，瓶式塔的大致发展过程是比例由粗巨雄壮转向纤瘦清丽。

妙应寺白塔 在元大都西城中门平则门（今北京阜成门）内道北。早在辽道宗寿昌三年（1096），此处曾有过一座舍利塔，元世祖至元八年（1271）即元朝建立的当年，毁辽旧塔，建此塔，用了八年时间，与大都同时建成。塔成后复于塔前建“大圣寿万安寺”，明天顺元年（1457）改称妙应寺，现称白塔寺。

此塔十分雄壮，全高达 51 米，上下分三段。下段为三层基座，平面都是多角折角十字，最下层基座垂直面由下而上作两次稍微收进，简洁朴壮；上二层为须弥座，在束腰部各折角处刻出角柱，较丰富华丽。中段为塔身，平面圆形，实心，比例粗壮，肩部圆转而下以斜线内收，身下有比例颇大的覆莲座及线道数层。据记载，当初塔身还琢有单杵、宝珠、莲花、交杵等藏传佛教图像，并“联绵珠网，交络华缨”（元《圣旨特建释迦舍利灵通之塔碑文》），现皆不存。上段在塔身上先置刹座，为折角亚字形须弥座，俗称“塔脖子”。座上有巨大的实心相轮十三层，层层显著收小，称“十三天”，承托塔顶。塔顶是在青铜制直径达 9.9 米的巨大宝盖上，置高达 5 米的铜喇嘛塔，宝盖周边垂流苏状镂空铜片和铜铃。

全塔坐落在一丁字形高台座上，台上除此塔外尚有前殿，各转角处立一小方亭，均为汉式建筑。一塔四亭，仍是曼荼罗的意象（图 12-3-2 ～图 12-3-4）。

此塔除塔顶为铜质外全为石心砖表，外涂白灰，光洁如玉，故又称“玉塔”。铜制塔顶显金色，金白对比，崇高圣洁。全塔比例匀壮，气势雄浑阔大，是喇嘛教瓶式塔造型最杰出者，昔人谓此塔“精严壮丽，坐镇都邑”（《顺天府志》卷七引《大元一统志》），与大都的气魄十分协调。

塔的设计者为尼泊尔青年艺术家阿尼哥。中统元年（1260）阿尼哥 17 岁，随尼泊尔匠师团来到西藏，在拉萨主持建造了“黄金塔”，18

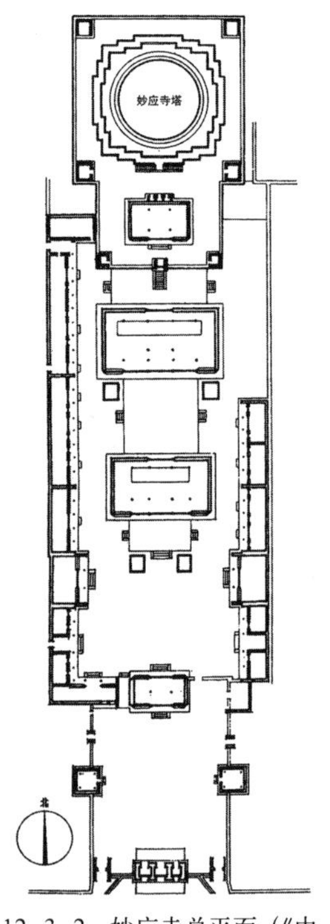

图 12-3-2 妙应寺总平面（《中国古代建筑史》）

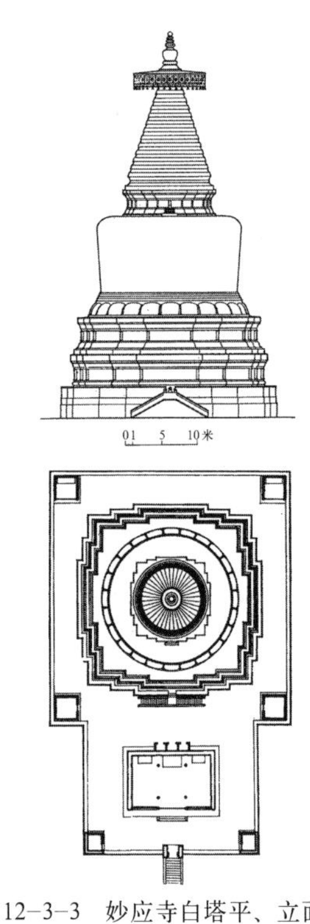

图 12-3-3 妙应寺白塔平、立面（《中国古代建筑史》）

图 12-3-4 北京妙应寺塔（模型）（萧默）

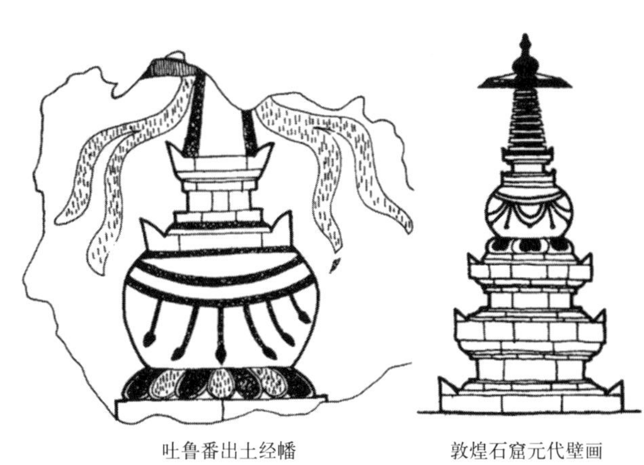

吐鲁番出土经幡　　敦煌石窟元代壁画

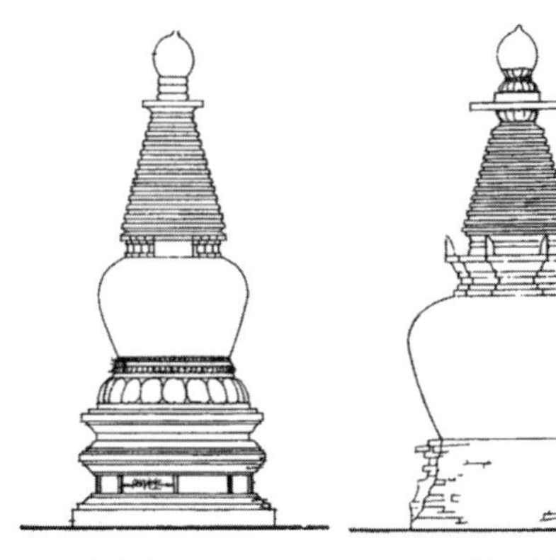

北京护国寺西塔　　护国寺东塔

图 12–3–5　元代喇嘛塔形象数例（萧默）

岁入朝，设计此塔时 28 岁。阿尼哥作品甚多，平生所成有三座塔和九座大寺，还有祠祀道观多所。他还擅长绘画、雕塑和工艺，“凡两京寺观之像多出其手”（《元史 · 阿尼哥传》）。

现存元代喇嘛塔还有北京护国寺东塔、武昌黄鹤楼白塔等，在敦煌和吐鲁番元代壁画中也可见到。与清代同类塔相比，元塔比例粗壮，塔身下有很大的覆莲，相轮下部特宽，上部收分显著，顶有宽大的宝盖。元代此种塔式在西藏称“噶当觉顿”式，传为噶当教派所创，“觉顿”藏语即塔。以后格鲁派兴起，推行只称“觉顿”的新塔式，整体变雄大为秀丽，塔身较细而高，相轮较细而直，华盖小或无，明中叶后影响到中原，清以后通行。[①]在西藏元代萨迦北寺宣旺确康殿内有两座喇嘛塔，也是噶当觉顿式，形制与妙应寺塔大体相同，而相轮部分比例稍小，时代应晚于妙应寺塔（图 12–3–5）。[②]

喇嘛塔以其富于宗教意味的独特风姿，一变两宋辽金以来中原佛塔奇巧绮丽的世俗化趋势，具有宗教所需要的超脱神韵。

五台山塔院寺白塔　形象与妙应寺白塔相近，高 21 米，相轮比例也很大，但收分没有那样峻急，相传也是阿尼哥的作品；[③]明永乐五年（1407）曾重修，造型感似较妙应寺塔稍欠（图 12–3–6、图 12–3–7）。

图 12–3–6　五台山塔院寺白塔（罗哲文）

图 12–3–7　侧望塔院寺白塔（萧默）

① 刘敦桢．北京护国寺残迹 [J]. 中国营造学社汇刊，第 6 卷，第 2 期；宿白．元大都“圣旨特建释迦舍利灵通之塔碑文”校注 [J]. 考古，1963(1).

② 宿白．西藏日喀则地区寺庙调查记（下）[J]. 文物，1992(6). 图一三，2 之左。

③《程雪楼集 · 卷七》。凉国敏慧公神道碑谓此塔为阿尼哥设计，建于元大德五年（1301）。程雪楼即程巨夫，元代名臣，奉旨撰此碑文。“敏慧”是阿尼哥的谥号。

① 宿白．西藏日喀则地区寺庙调查记（下）[J]. 文物，1992(6). 图一二，2 之左．

图 12–3–8　西藏江孜白居寺塔（资料光盘）

图 12–3–9　白居寺塔局部（张青山）

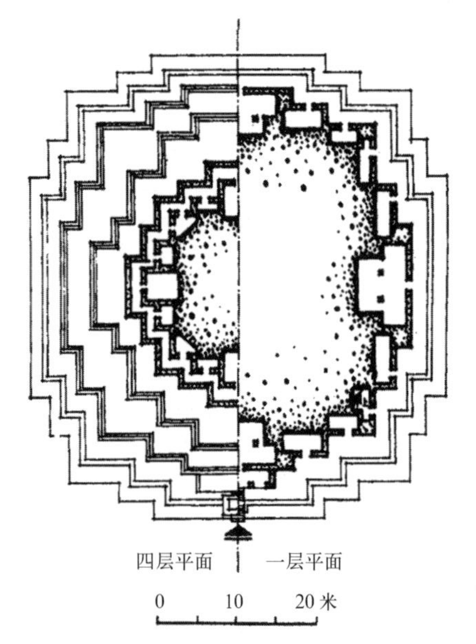

图 12–3–10　西藏江孜白居寺塔平面（《中国古代建筑史》）

白居寺塔　在西藏江孜市西端白居寺内，建于明永乐十二年（1414），是西藏现存较早的瓶式喇嘛塔。全塔也可分基座、塔身和塔顶三大部分。基座特大，四层，平面为多角折角十字，即方形各面中部向外凸出，均凸出两次，共有20个阳角。基座各层均由平顶房间组成（底层特高，座外包有一圈外墙，故外观有若五层），上层都比下层退进很多，退进处下层的平顶就成了上层的外部走道。各层壁面都是白色，上部横束彩饰和“便玛”带。四层周边共有 76 间大小龛室，放置佛像，据说总数可达数万尊之多，故此塔又称“十万佛塔”。塔身比例矮壮，呈上部稍粗的圆筒状，白色，四面有门，门周饰以华丽的彩色浮雕，是以后所谓“眼光门”的滥觞。塔身上盖着圆檐，檐下有比例不大的斗栱。塔顶由折角十字刹座、巨大而同样矮壮的相轮、很大的宝盖及宝顶等组成。刹座各面只凸出一次，折出也不多，基本方形，四面有门，上面也有斗栱托着短檐。相轮密接十三层，收分特别显著。宝盖圆形，下有多个斜撑。宝顶为小喇嘛塔。相轮外涂金色，宝盖和宝顶为铜质鎏金，辉煌夺目（图 12–3–8 ～图 12–3–10）。

此塔去元未远，仍有许多元塔的特点，如基座大、塔身粗矮、相轮粗巨且收分峻急等，加以此塔水平线道特多，更强调了横向感，各轮廓点的连线形成金字塔式构图，十分稳定壮健。色彩和细部形象也特别丰富而强烈。

值得注意的是，此塔刹座各面正中都绘有一对佛眼，与尼泊尔萨拉多拉窣堵坡式佛塔（据称始建于公元前 3 世纪印度孔雀王朝）刹座上所绘者相同。两者总体格局也颇相似，透露出西藏喇嘛塔的渊源。

在萨迦北寺西部建有噶当觉顿式塔多座，其中一座与白居寺塔几乎完全一样，“覆钵”也是圆筒形，只是基座下面又有特高的基台，刹座的平面是圆形。①

看来，元代及元明之际，噶当觉顿式塔的“覆钵”有两种做法，一为圆筒状，上覆短檐，若白居寺塔；一为肩部圆削，如妙应寺塔。明清以后，圆肩者成为统一的做法。

敦煌白马塔　在敦煌传为“沙州故城”的

古城址中有土砌喇嘛塔一座，高约12米，据称是为瘗葬前秦高僧鸠摩罗什的负经白马而建，故名白马塔。但此塔绝非前秦遗物，从形制看可能建于明代。塔上镌石题曰“道光乙巳（1845年）……重修”，此外再无更早建造的记载。在古道废城映带之下，夕阳西下时，此塔为古原增添了景致（图12–3–11）。

此外，青海湟中塔尔寺塔，从形制看也像是建于明代（图12–3–12）。

席力图召塔 始建于明末即16世纪末的席力图召，内有瓶式塔一座，风格以繁细为主。方形基台上承四层方形基座，上为圆肩覆钵，再上为十三天和塔顶。十三天较细，已有“觉顿”式的特点。席力图召塔雕饰繁富，基台基座刻“八宝”和梵文，眼光门的雕饰更为细密，覆钵肩上刻“联绵珠网，交络华缨”。塔顶下附双耳，也是此塔首见（图12–3–13）。

北海白塔 在北京西苑即今北海琼华岛上，建于清顺治八年（1651）。琼华岛南坡有永安寺，塔即置于寺后岛山峰顶，连基台共高35.4米。基台平面凸形，在塔前凸出部建一小殿，塔即坐落在基台后部正中。塔基座平面为折角十字，塔身比例高瘦，在基座与塔身之间有三层名为“金刚圈”的圆线脚。塔顶相轮细长，收分小，宝盖也不大，最高处为鎏金火焰宝珠。此塔除宝盖宝珠外通身洁白，只在塔身正面眼光门的龛内有红底金色梵文（图12–3–14）。

此塔是西苑的主题点景建筑，清雅秀美，与白居寺塔的粗壮豪放恰成对比，可作为清代觉顿式喇嘛塔的代表。

乌审召喇嘛塔院八角塔及其他清代瓶式塔 内蒙古乌审旗乌审召塔院有多达百座以上的瓶式塔，建于清代，绝大多数是圆形平面，与北海白塔相近，属觉顿式。只有一座，其基台、基座和塔身的平面都是八角形，相轮则是正方形，比较特殊，而造型颇佳。基台颇高，台前附建的木构门廊形象稍欠，可能经过后代改建（图12–3–15）。

清代所建喇嘛塔甚多，其较著名的如塔尔寺小金瓦寺寺前广场上的一排八座灵塔、山西五台镇海寺章嘉国师塔，内蒙古乌审召殿侧之塔，以及敦煌莫高窟窟前多座小土塔等。塔尔寺八座灵塔大小形制全同，都作喇嘛塔式，象征为佛的“八相”，即释迦牟尼从诞生到涅槃的八个重要生活阶段。章嘉塔为石塔，有复杂的雕刻，在八角形基座各面分刻一相，也是八相。

图12–3–11 敦煌白马塔（萧默）

图12–3–12 青海塔尔寺喇嘛塔（张青山）

图12–3–13 席力图召塔（张青山）

图12–3–14 北京北海白塔（《中国古建筑大系》）

莫高窟前大泉两岸六七座土砌喇嘛塔，都是当时僧人的墓塔，高 3 ~ 12 米。小的精细匀称，仪态万方；大的苍古浑朴，雄峙一界。这些塔的十三天部分，比例都相当细瘦，表现出清塔的特征（图 12–3–16 ~图 12–3–19）。

图 12–3–15　内蒙古乌审旗乌审召喇嘛塔院八角塔（《内蒙古古建筑》）

图 12–3–16　乌审召殿侧之塔（张青山）

二、金刚宝座塔

我们在介绍桑鸢寺和普宁寺的时候，已经多次提到“曼荼罗”。金刚宝座塔也是这一观念的一种建筑化表现。其构图是中央一座大塔，四隅各一小塔，共同坐落在同一高台座即金刚宝座上，中央大塔象征金刚界佛部主尊大日如来所居的宇宙中心须弥山，四隅小塔象征金刚界其他四部即金刚部、宝部、莲花部和羯磨部的部主，五塔即为“五佛座，金刚界五佛之宝座也”（《秘藏记》）。总的精神与桑鸢寺或普宁寺一样，同是喇嘛教宇宙图式的体现，只是金刚宝座塔专注于体现金刚界，桑鸢寺、普宁寺则着眼于体现整个庙宇。

图 12–3–17　山西五台台怀镇镇海寺章嘉国师塔（萧默）

图 12–3–18　莫高窟前小土塔（萧默）

图 12–3–19　普乐寺小塔（萧默）

我们在魏晋南北朝章中介绍过敦煌莫高窟北周第428窟西壁壁画“金刚宝座”式塔，其“金刚宝座”仅置于中间大塔下，四角小塔则无。此塔形制应来自印度的佛陀伽耶大塔。[①]据玄奘《大唐西域记》所录当地传说，佛陀伽耶大塔的意义主要在于纪念佛在金刚座上的成道，同窟其他壁画也都表现佛的经历，共同概括佛的一生。[②]当时喇嘛教还远未形成，但佛陀伽耶大塔在纪念佛成道的同时，也表现了印度古代的“曼荼罗”宇宙观念。所以，含有多种印度宗教因素特别是佛教密宗成分的喇嘛教，承接此“曼荼罗”观念，并以多种方式包括金刚宝座式塔来加以表现，与佛陀伽耶大塔相类，是可以理解的。

自北朝而宋金，各代都有类似金刚宝座式塔的形象出现，只不过不将它们算作是喇嘛塔罢了。除敦煌428窟所绘外，如云冈第6窟、朔县崇福寺藏北魏九层石塔、济南唐代九顶塔、唐辽房山云居寺塔、华北许多各角附有塔式隅柱的辽金密檐塔及正定金代华塔等，都是较著的例子，总数也颇可观。还有一些已佚失，只见于记载，如《续高僧传》卷26记隋代韩州修寂寺云：“有砖塔四枚，形状高伟，各有四塔镇以角隅，青瓷作之，图本事。”其“角隅”之塔是附着在大塔上的塔式角柱，还是与大塔分离，所述不明，据一砖一瓷推测，以分离的可能性较大。不管怎样，总体构图都是金刚宝座式，一寺之中竟有四座之多。

现存较重要的喇嘛教金刚宝座塔都不在西藏，而在北京和内蒙古，著名者如北京真觉寺塔、碧云寺塔、西黄寺清净化城塔，呼和浩特慈灯寺塔等。昆明官渡妙湛寺前也有一座，叫妙应兰若塔。

真觉寺塔　在北京西直门外，明成化九年（1473）建，清乾隆十六年（1751）和二十六年（1761）两次重修。真觉寺又名正觉寺、五塔寺，与塔基本同时建成。寺南向，塔位于寺内中轴线上前后两座大殿之间。据载，“成祖文皇帝时，西番板的达来贡金佛五躯、金刚宝座规式，诏封大国师，赐金印，建寺居之。寺赐名真觉。成化九年诏寺准中印度式建宝座……”（明·刘侗《帝京景物略》卷五），此之中印度式的“金刚宝座”，应指佛陀伽耶大塔。“西番”即西藏，“板的达”藏音，又译“班的达”，是得道高僧的意思。真觉、正觉都是佛得道成无上正觉之意，可见真觉寺塔在象征金刚界的同时，仍有纪念佛成道的含意。

真觉寺塔的五塔共置于一座高台座上。座平面方形略纵长，最下为低平基台，基台上为石砌须弥座，布满浮雕，上部砖心石表砌为高台，共高7.7米，前后开券门通向座内回廊，南券门与回廊之间有一小方厅，厅左右壁砌梯级，可盘旋通至台顶。廊内实体四面中央开佛龛。座外在须弥座以上的壁面有五条短檐，檐间每层满刻小佛龛。座上有五塔一亭。五塔皆石砌，中塔最高，约8米余，为汉式方形十三层密檐塔，塔下在须弥座、底层及檐间满饰浮雕，顶为一小型瓶式塔；四隅四塔形象同于中塔而稍低，高约7米，十一层檐。在中塔前（南）立一亭，是上台梯级的出口。全塔雕饰都是喇嘛教题材，如佛八宝，梵文、小佛像、天王、罗汉等，细腻生动。[③]按喇嘛教的说法，金刚界五部部主即五佛各有坐骑，分别是狮子、宝象、宝马、孔雀和迦楼罗，在各塔须弥座上即分别刻有这五种动物，更明确显示以五塔代表五佛。“板的达”所贡的“金佛五躯”，显然也就是此五佛了（图12–3–20）。

建筑不像绘画或雕塑，本质上并不具有指事状物的功能，最多只能象征性地“表现”某种特定的观念。建筑又是一种造型艺术，在观念的表现过程中，必须通过诸如方位、大小、形状、色彩等等造型的形象要素，以与观念的形象要素一一对应，才能使“表现”具有可能。这种可以一一对应的“异质同构”的东西，就

① Bodh-Gaya大塔，初建于公元前3世纪，公元4世纪重修，后毁弃，19世纪重建。

② 萧默．敦煌建筑研究·塔[M]．北京：文物出版社，1989．

③ 罗哲文．真觉寺金刚宝座塔[J]．文物，1979(9)．

图 12-3-20　北京真觉寺塔（刘大可）

是“建筑”与“观念”相通的途径。所以，不是所有特定的观念都可以或适宜用建筑来表现的，也不是所有的建筑都必得表现某种特定的观念。如果一定要以建筑来体现，如上例所示，使某一塔具体体现为某一佛，往往只有借助于雕塑或绘画，这时的“表现”就已经在向着“再现”转化了。有意思的是，人类的某一特定观念，往往是通过形象思维方式形成的，例如“曼荼罗”所体现的关于宇宙的观念，就是形象思维的结果，又如中国古人一整套关于四时、四方、四维、四色、四神的一一对应，或阴阳观念与奇数偶数的对应，都离不开形象思维。这些，都为建筑的象征提供了很好的前提。

然而，需要十分强调的是，建筑艺术的文化内涵，却并不主要在于它是否象征性地表现了某种特定的观念。正如上述，那种表现特定观念的建筑充其量也不过是少数，普遍存在的建筑文化，主要体现为建筑所包含的具有普遍性、一般性和非特定性的文化内蕴，即深藏于审美习惯、趣味、爱好、风尚之中的某一文化圈的精神文化的一般状况，由此化合而造成时代性、民族性或地域性种种风格的差异。

清净化城塔　在北京西黄寺内。西黄寺于清顺治九年（1652）专为五世达赖进京而建，作为他的驻锡地。西黄寺的总体布局和单体建筑，都是汉式风格。乾隆四十五年（1780）六世班禅来朝，也驻锡于此，同年在此圆寂。四十七年，在寺后部中轴线上建此塔，安瘗他的衣履，故又名班禅塔。

清净化城塔总体上是金刚宝座式。五塔下有两层砖砌基台，下层方形，周绕琉璃砖栏杆，正面建白石牌坊；上层较高，平面为折角十字，正面设台阶，沿边有白石栏杆。中心大塔作瓶式，为了突出它的高度，避免上层基台栏杆对塔的遮挡，在塔下加了一个颇高的八角形须弥座。须弥座之为八角平面而不是喇嘛塔常用的折角十字，是考虑到大塔与四隅小塔之间的通道应有足够的宽度，也消除了层层凸向人们的棱线产生的不快。全塔以此须弥座与人眼相距最近，因而在此密布复杂的浮雕，都是喇嘛教题材。塔身圆肩下收，身下承以有折角十字基座的覆莲。塔身以上为收缩了的塔脖子、带双耳的十三天和刹顶。此塔除了比例和谐，造型端丽，以及局部处理考虑周详和细部浮雕的精美之外，值得注意的还有色彩上的处理：十三天和十三天以上，表面全部鎏金，以下皆纯白，用汉白玉雕造，庄重纯洁，纪念性格很强。四角的四座小塔为汉式经幢，也用白石雕成，体量较小以突出主体（图 12-3-21）。

慈灯寺塔　在呼和浩特慈灯寺最后部，建于清雍正五年（1727），显然模仿了真觉寺塔，只是基座前部凸出，五塔檐数较少，正中大塔七层，四小塔五层。塔通高 16.5 米，规模也与真觉寺塔相当。全塔砖建，基座壁面以短檐分为七层，只在基座的上缘、下缘、平面转角处和券洞镶白石，各层塔檐及塔刹为琉璃。此塔造型比例不如真觉寺塔，基座高而窄，气度不够从容。券门太大，有失尺度（图 12–3–22）。

碧云寺塔 碧云寺塔比真觉寺塔大得多，总高达 34.7 米，全为石砌，但大的形制与真觉寺塔差不多，上面五塔也是方形密檐，壁面上也满是喇嘛教题材雕刻，只是基座分为三层，五塔都是十三层。中塔与四隅之塔大小差别稍大，各塔塔顶处理也比较特别，形象似较真觉寺塔为佳。在五塔前方又加了一座小金刚宝座塔和两座瓶式塔（图 12–3–23、图 12–3–24）。

妙应兰若塔 在昆明官渡妙湛寺前，基座上开十字券洞，通人行，台上有一大四小五座瓶式塔，可以说是瓶式塔、金刚宝座塔和下面要谈到的过街塔三者的结合。据说建于明天顺二年（1458），比真觉寺塔还要早十几年，若确

图 12–3–21 清净化城塔（萧默）

图 12–3–22 呼和浩特慈灯寺塔（罗哲文）

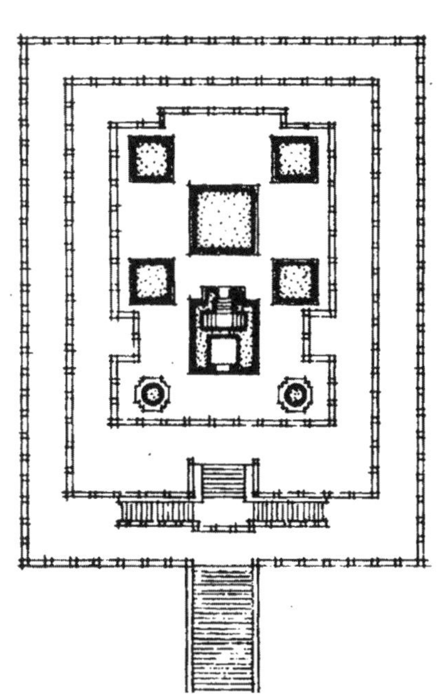

图 12–3–23 碧云寺塔平面、立面（《中国古建筑大系》）

图 12-3-24　北京碧云寺塔（罗哲文）

图 12-3-25　昆明妙应兰若塔（北京古代建筑博物馆）

图 12-3-26　襄樊广德寺多宝塔（萧默）

实，此塔便是喇嘛教金刚宝座塔现存最早实例了。此外，还有一些金刚宝座塔，如湖北襄樊广德寺多宝塔、北京玉泉山妙高塔等。广德寺塔建于明代，妙高塔建于清代（图 12-3-25、图 12-3-26）。

三、过街塔

在通衢要道或寺庙入口等处建一高台，台下辟门洞，通人行，台上建一座或多座喇嘛塔，即为过街塔。塔本身仍是瓶式。过街塔只是塔的一种布置方式，除具有成景作用外，主要用意是“普令往来皆得顶戴”，而使人们“皈依佛乘，普受法施”（元《佛祖历代通载》卷二十二引世祖《弘教集》和《松云闻见录》引欧阳玄《过街塔铭》）。过街塔以其特有的“通过”感，人与建筑融成一体，宗教作用更为显著。

居庸关云台　居庸关云台在北京西北山中居庸关北口（八达岭）和南口之间，原径称过街塔，为元顺帝敕建于元至正二年（1342）。居庸关是长城的一个重要关口，为大都西北门户，每年元帝来去上都必经此道。过街塔系一石砌矩形台座，中间砌成门道，似一城门，台上沿边有石栏杆，现台顶已空无一物。元·欧阳玄《过街塔铭》称其“为西域浮图，下通行人”。元人诗句亦云，“当道朱扉司管钥，过街白塔耸穹窿”。可见，当初台上确曾有喇嘛塔，应为并列三座。明初三塔已毁，只存台座，因其地势之高，“望之如在云端”，渐习称为“云台”。

云台由汉白玉石砌成，高 9.5 米，下基东西长约 27 米、南北宽约 18 米，门道跨度 6 米余。门道顶为石条砌成的三边折拱，但门道口券面的上缘仍作圆拱形。券面满布浮雕，刻金翅鸟王、卷叶花和金刚杵；门道两壁近开口处和门道顶部浮雕四大天王、各种图案和小佛像，并镌汉藏等六种文字的《陀罗尼经咒》和《造塔功德记》，都是石刻艺术的精品。其中四大天王像造型雄强威猛，刀法劲健细腻，更属上乘，对于研究元代宗教和历史也具有重要价值。天王手托一塔，为噶当觉顿式，也许云台上面原有的塔与此造型相去不远（图 12–3–27 ～图 12–3–30）。

元代以前，砖石结构在中国并不发达，城门道都用木结构支顶，唐宋一般作三边折形，如宋画《清明上河图》所示，据载元初建造的大都各城的门道仍是木顶，云台门道是较早采用砖石结顶的城门道，但仍作三边折形。中国砖石建筑往往以砖石材料模仿木结构的形式，有过许多仿木构楼阁式的砖石塔。但云台券面的上缘轮廓已是半圆，又属于一般砖石拱券应有的形式。总体而言，它是中国砖石结构发展过程中的一种过渡形式。建筑的内容包括物质的和精神的多种因素，建筑材料及由其产生的结构，也是建筑内容的因素之一，形式毕竟决定于内容，但形式又往往落后于内容，云台就是一个例子。元末大都各城门赶筑瓮城时，各门道才砌作圆拱形。到明清就都是圆拱了。

云台山过街塔　在江苏镇江云台山北麓，约建于元末，横跨于行人来往的通衢之上，因台座门洞有如关隘，又称昭关。台座上有瓶式喇嘛塔一座，高 4.7 米，造型与妙应寺塔略同，惟尺度较小，覆钵稍瘦。门道同于居庸关云台，也是三边折拱（图 12–3–31）。

元代过街塔，除以上二塔外，在交通要道如居庸关南口、卢沟桥及大都南城（即中都旧城）彰义门处都曾建造，有的比云台还早，现都已不存。明清的过街塔多有所见，如拉萨西门、北京法海寺门、承德普陀宗乘庙五塔门、青海湟中塔尔寺塔门，以及前述昆明妙应兰若塔那样合三为一的形式（图 12–3–32 ～图 12–3–35）。

图 12–3–27　居庸关云台（萧默）

图 12–3–28　北京居庸关云台（萧默）

图 12–3–29　云台台口（萧默）

图 12 3 30　云台壁石刻天王（萧默）

图 12-3-31 镇江云台山昭关塔（萧默）

图 12-3-33 拉萨西门过街塔（张青山）

图 12-3-32 北京法海寺过街塔（萧默据旧照摹，已不存）

图 12-3-34 湟中塔尔寺塔门（罗哲文）

图 12-3-35 河北承德普陀宗乘庙五塔门（罗哲文）

第四节 藏族民居与园林（林卡）

一、藏族民居

藏族以农、牧为业，因生产生活状况的不同，居住建筑也有不同，藏北高原牧区主要是帐房，农业或半农半牧地区及城市则是土木或石木结构的“碉房”。

藏族帐房不同于蒙古族及西北各少数民族居住的圆形蒙古包，是一种方形或长方形的幕屋。简单者双坡顶，用二至三根支柱支撑帐顶，沿边立许多短柱，柱顶皆贯以牦牛绳，向外绷紧，锚固在帐外倾斜短桩上，再在构架上张覆牦牛毡或更覆以兽皮。四“墙”也是毛毡，寒冬仅以草皮土块垒砌四周，略御风寒。清《西藏新志》称此为天幕：“业游牧者，天幕为家，以兽皮蔽遮。住于陋室者或以牛毛织成鱼网形为黑天幕，谓黑帐房。”此种帐房，历史久远，史书所记与藏族有族源关系的党项族也是这样：“织牦牛尾及羖攊毛以为屋。”（《北史 · 党项传》）。

夏季牧人外出游牧临时搭建的轻便帐房称夏帐房，改牦牛毡为白布，上有蓝色、褐色或黑色图案，构图经常是四角各一岔角，正中一个团形。夏帐房或亦可为贵族领主游乐时所用，临时搭在“林卡”（园林）里。亦可仍覆以毡，史称“拂庐”（《旧唐书 · 吐蕃传》曰：“贵人处于大毡帐，名为拂庐。”）。唐永徽五年（654）吐蕃曾献大拂庐，“高五丈，广袤各二十七步，可容数百人。其后，豪贵以青绢布为之。宋室每大宴赏，亦设帐于殿庭，名拂庐亭”。拂庐以外，可围帷成院（图 12-4-1）。

关于碉房的历史及结构情况，前已有所提及。因藏区普遍役用牦牛运输，木材长度受到限制，碉房室内高度约 2.4 米，柱子间距只有 2 米。若室内立一柱，则是一个长宽均为 4 米的方室。西藏高原冬长夏短，全年温度偏低，层高

图 12–4–1　藏族帐房（陈绶祥）

图 12–4–2　藏族碉房（陈绶祥）

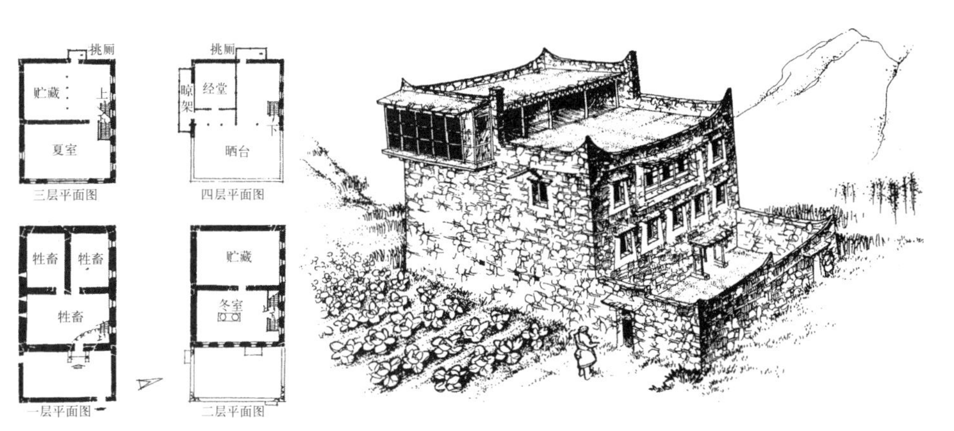

图 12–4–3　藏族碉房（《四川藏族住宅》）

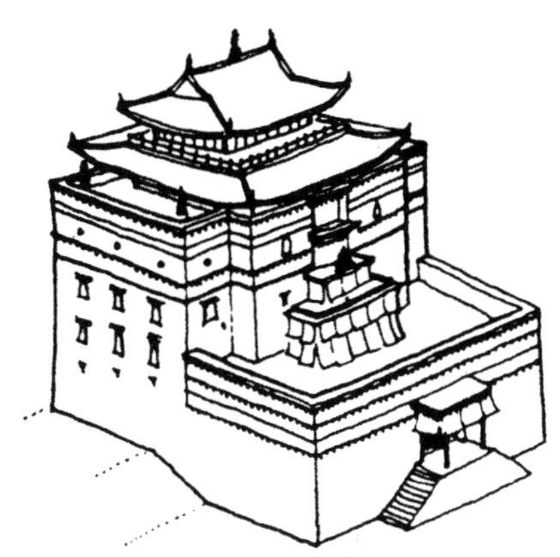

图 12–4–4　西藏日喀则札什伦布寺某佛殿（《中国古代建筑史》）

较低有利于保暖防寒。室内满铺氆氇，坐于其上，家具也很低矮。碉房以乱石或土坯砌承重外墙，屋内立木柱，以托木支承横梁，梁上为纵向密椽为肋，再铺楼板。楼板上铺小卵石灌黏土浆，再铺阿嘎土，夯实，渗油。平顶做法与楼面同，有女儿墙，便于使用。在女儿墙顶有的伸出短木椽，椽头刷深红，上铺石板，压阿嘎土。结构与做法同寺庙的差不多。实际上，寺庙建筑正是从碉房发展来的，只不过用料较大较长，装饰更较考究而已（图 12–4–2 ～图 12–4–4）。

城市碉房一般是二至三层的横向楼房，下层为起居室、客房、卧室和贮藏，顶层除卧室贮藏外，必设经堂。外观的主要特征是平屋顶、厚重的粗石墙或土坯墙，墙面收分，土坯墙上抹泥，敦实如台，而开窗较大，涂梯形窗套。为打破体形的单调，平面常可有进退，立面也有起伏，在入口处设门斗，上有一层或数层阳台，张覆布幔。内装修以经堂为重点，四壁贴护墙板，后墙有制作精细的佛龛，以强烈对比的原色绘制鲜丽繁细的彩画，甚至雕梁画栋，沥粉贴金。活佛府邸与此基本相同，已见前述（图 12–4–5、图 12–4–6）。

农家碉房与城市碉房的不同，主要在于它不是横向楼房，而常采用纵深布局，即各层平面的进深大于面阔。常见为三四层，一般底层用于畜养和贮存草料，前有小院；二层前部为卧室兼起居，向前凸出阳台，后部为厨房和储藏，若为四层，三层也是卧室；顶层只有后部凸起，为经堂，装修较好，其前的平屋顶有女儿墙，用作晒台和堆栈。底层不开窗，只开很小的通气透光口，上层开窗也小，整体沉重厚实，体积感很强。屋顶四角普遍装饰有“嘛呢旗”座，以绳悬吊各色小旗，随风作响；又常以悬挑手法来丰富体形，扩大空间。此种纵深布局方式

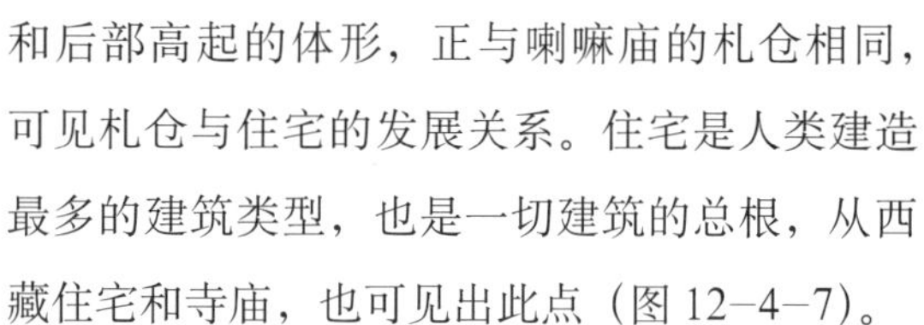

和后部高起的体形，正与喇嘛庙的札仓相同，可见札仓与住宅的发展关系。住宅是人类建造最多的建筑类型，也是一切建筑的总根，从西藏住宅和寺庙，也可见出此点（图 12–4–7）。

碉房都不许使用便玛墙，庄园主也只能在石墙上刷深红带，做假便玛。藏族民居与汉族民居的最大不同是前者的各种房间都安置在同一幢建筑里，在同一个屋顶下，内部可以互相走通，外向性格较强；后者则将不同的房间安置在多幢房屋里，围合成院，各屋朝向院落。藏族住宅也有院子，由房屋和院墙围成，但房屋与院子的关系比较外在，院子可有可无，布局也相当自由。不像汉族住宅那样，房屋与庭院往往密不可分，布局严格，二者相辅相成，

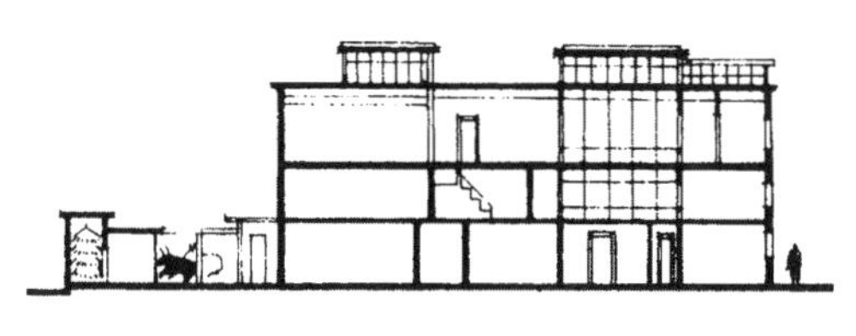

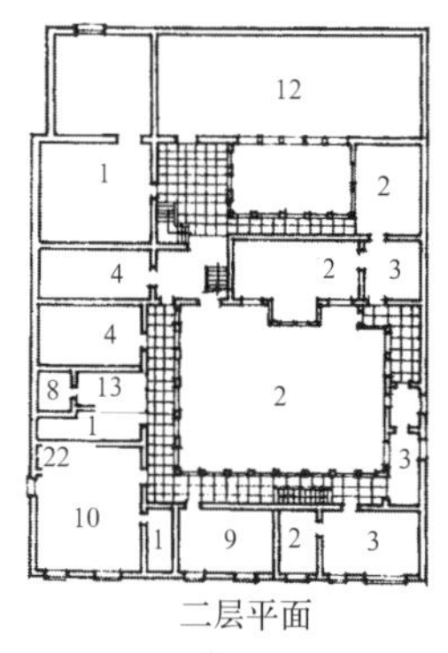

二层平面

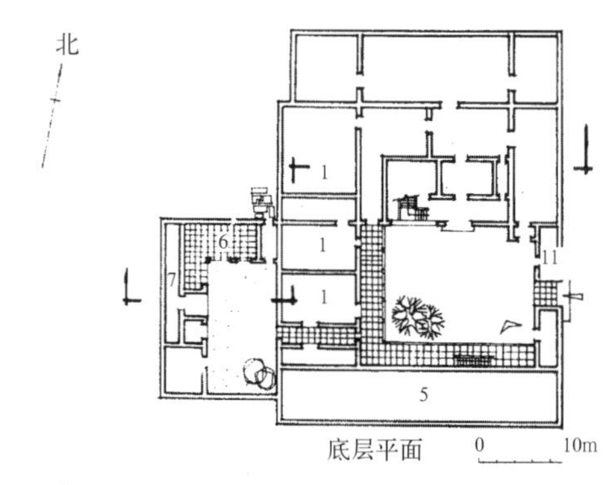

底层平面

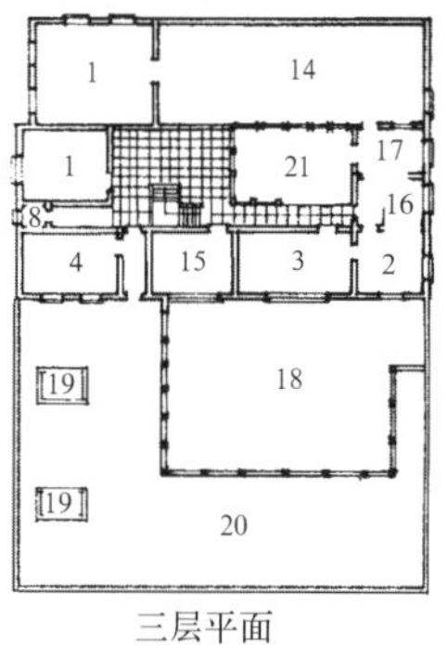

三层平面

1. 储藏室；2. 卧室；3. 起居；4. 客房；5. 民房；6. 牲畜场；7. 草料；8. 厕所；9. 仓库；10. 厨房；11. 佣；12. 经常；13. 过道；14. 拜佛堂；15. 管家；16. 洗脸；17. 备餐；18. 外天井；19. 采光天楼；20. 平屋顶；21. 小天井；22. 燃料

图 12–4–5　拉萨某喇嘛住宅（《中国建筑技术史》）

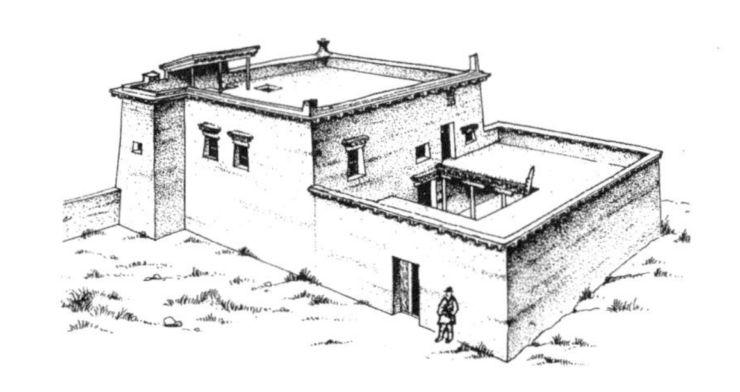

图 12–4–6　西藏泽当朗色林庄园（赵林）

图 12–4–7　藏区农村碉房数例（《四川藏族住宅》）

庭院成为住宅的有机部分，庭院空间也升格为住宅空间的必要构成。

四川羌族与藏族有族源关系，又与藏地邻近，也居住碉房。寨中经常有几座特别高起用为瞭望防御的石砌望楼。

二、罗布林卡

“林卡”，藏语，意为花树繁茂、景色清幽、环境良好的地方。藏族例于每年五月上半全家出游林卡，放松身心，投入自然。各地都有天然林卡，而在贵族庄园和寺庙中人工经营的林卡，则与汉语所称的园林性质略近，其中最著名的是罗布林卡。

罗布林卡是达赖喇嘛的专用林卡，在拉萨西郊、布达拉宫西2公里许。此地为拉萨河故道，地势低下，有沼泽草地，树林繁茂。18世纪中七世达赖时开始营造林卡，经八世和十三世达赖两次增建，在19、20世纪之交基本建成。20世纪50年代，十四世达赖又有增建。罗布林卡意为“宝贝园林”，为七世达赖所命名，历经二百余年的建设，规模颇大，总平面基本为矩形，东西约850米、南北约300～400余米，总面积约36公顷。自七世达赖以后，历世达赖每年都在罗布林卡度过整个夏天。这段时间，一切政教活动都在这里进行，所以，罗布林卡不仅具有游乐和居住功能，还具有宫殿和宗教建筑性质，极大影响了林卡的风格。按建筑分布，林卡可分为东、西两区（图12–4–8）。[①]

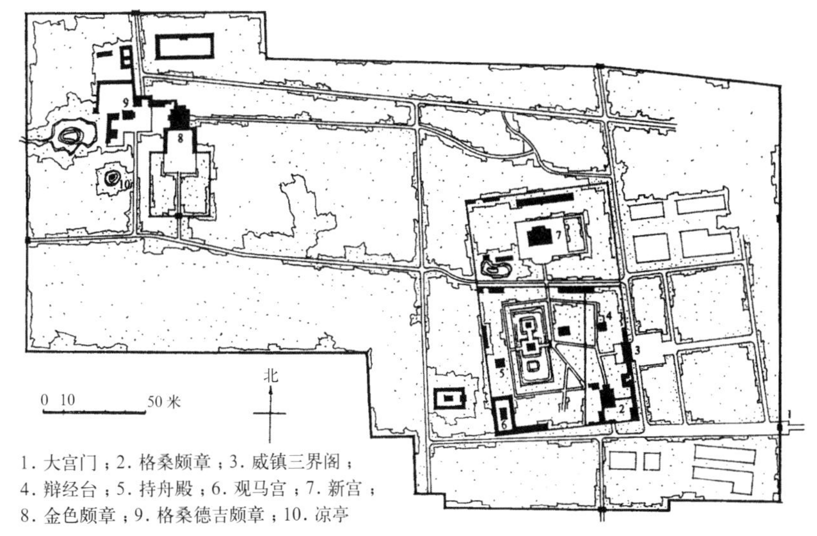

1. 大宫门；2. 格桑颇章；3. 威镇三界阁；4. 辩经台；5. 持舟殿；6. 观马宫；7. 新宫；8. 金色颇章；9. 格桑德吉颇章；10. 凉亭

图12–4–8　拉萨罗布林卡总平面（《罗布林卡》）

图12–4–9　威镇三界阁正面（罗哲文）

东区又可分前区和园区两个景区。林卡的正门在林卡东墙南部，朝向布达拉宫方向。入门后即为前区，在南、北分置行政建筑，北面还有专为达赖祈寿禳灾的祝寿殿和祈祷殿，西边在园区东墙上有威镇三界阁，为园区正门。以上三组建筑围成的矩形，植树成林，开对称道路。威镇三界阁前的广场是每年雪顿节呈演藏戏的地方，阁上层面东，是达赖观戏处（图12–4–9、图12–4–10）。园区由围墙围成纵长矩形，区内又有隔墙将其隔成三部，从威镇三界阁进入东南部，是七世达赖最早建设的地方，主要建筑格桑颇章和乌尧颇章两座殿堂在其南端。格桑颇章形制与一般札仓相似，达赖在此处理政教，楼下经堂是接见官员、举行大典的大厅，有时达赖也在此讲经（图12–4–11）。乌尧颇章是驻藏大臣奉朝廷旨意为七世达赖修建的别墅，不大，用于达赖个人念经打坐或休息。此区之西即园区西南部，为八世达赖扩建，是园区精华所在，主要用于游观。其中有南北纵长的矩形水池，池中纵列三岛，最南小岛植

① 西藏工业建筑勘测设计院编．罗布林卡[M]．北京：中国建筑工业出版社，1985．

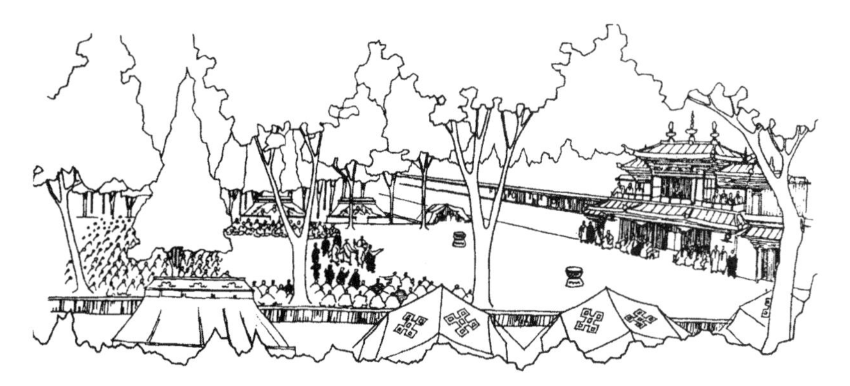

图 12–4–10　罗布林卡威震三界门外雪顿节观戏（《罗布林卡》）

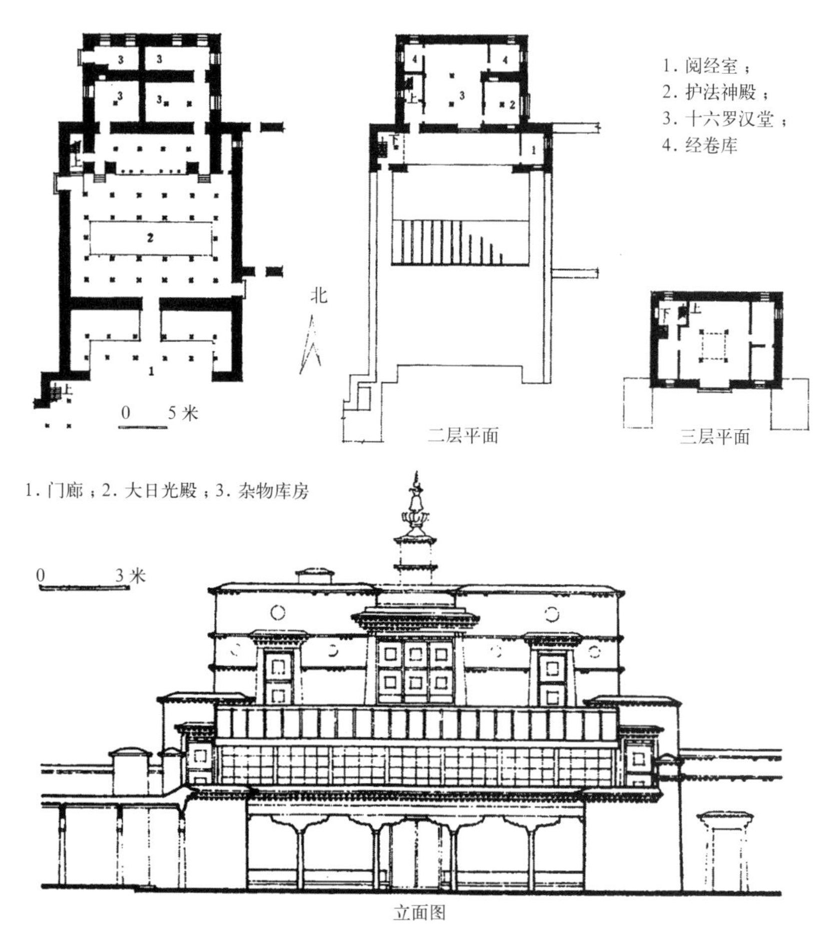

图 12–4–11　罗布林卡格桑颇章（《罗布林卡》）

巨树一株；中岛较大，建湖心亭，为汉式建筑，单层，三开间歇山顶；北岛又小，建西龙王宫，是一座藏汉混合式方殿，在下层平顶上加鎏金盝顶（图 12–4–12）。依藏族观念，凡有水处皆有龙神。中岛、北岛之间有桥，中岛与东岸之间也有桥。园区的北部建造时间最晚，为十四世达赖在 20 世纪 50 年代增建，其达旦米久颇章为达赖寝宫，较大，两层，内有达赖卧室、起居室、念经室、办公室、经堂和达赖母亲居室等各种房间。

西区远在全林卡西北部，为十三世达赖所建，也是他最喜爱的地方。主要建筑金色颇章是十三世达赖处理政教事务的大殿，形制也类似札仓。十三世达赖曾到过北京，得以游览北京宫苑，金色颇章内有一幅大型壁画描绘了颐和园全景（图 12–4–13、图 12–4–14）。其西之小殿名格桑德奇颇章，不大，二层，底层是珍宝库，二层为经堂，也是十三世达赖接见贵宾的地方（图 12–4–15）。再稍西的其美曲溪也不大，是达赖居室，十三世达赖即圆寂于此。

此外，还有一些次要建筑。金色颇章以南，有大片草地，在此放养马、牛，观看赛马，再现藏北草原风光。全部林卡绿地面积很大，建筑都笼罩在浓荫之中，花香鸟语，气氛亲切，小气候十分宜人，在西藏那样的高寒地区，实在是难得的人间胜境。

罗布林卡有如下几个特点：一、由于罗布

图 12–4–12　罗布林卡西龙王庙（罗哲文）

图 12–4–13　罗布林卡金色颇章侧面（罗哲文）

林卡专属达赖，加上西藏特有的喇嘛教文化氛围，林卡建筑的宗教气氛十分显著。各主要建筑都有大小经堂之设，建筑装饰包括突出屋顶的金幢金塔、室内壁画和佛像，大都为喇嘛教题材，没有或很少内地园林所着意表现的文人雅趣。虽然林卡建筑也注意了适当削弱一些宗教气息，如壁画减少了恐怖的神像，增加了一些历史人物、景物风光题材，建筑体量也比喇嘛寺庙小，但终未能改变其基本格调。罗布林卡的绿化和道路布局也有宗教的意味，如园内没有人工堆筑的假山，地形基本平坦，栽植成行成列，道路直达不曲，局部区域的构图基本对称等，可能与佛经描写的极乐世界“地面平如手掌”、“布局呈棋盘方格”有关。湖心亭区的水池也是方整的矩形，仿佛敦煌壁画净土变中的水池，池中建筑均沿中轴线排列，可能也是想要再现极乐世界。佛经说极乐世界的八功德水中广有荷蕖，此池也泛植睡莲，以仿佛其意。二、单体建筑造型精致华美，构图甚佳，尤其如威镇三界阁、格桑颇章、西龙王庙、金色颇章和格桑德奇颇章等，都丰富了藏族建筑艺术的成就。三、功能布局基本合理。主要具有政府功能的前区置于最前部，献演藏戏的宫前广场也在前区，利用园区大门作为观戏楼，开演时可有条件地允许群众到此观看。私密性较强并为达赖专用的园林和寝宫则退在园区内部，由内墙包围。附属建筑皆置于各景区边缘位置，如两所观马宫（马厩）都在角隅。四、作为园林，经营尚有不足。其局部布局虽方整对称，总体仍是西藏大型建筑群常见的自由格局，且因历年多次增扩，故与高度发达的内地传统园林自由而有机组合的格局不同，缺乏系统规划，更没有那样丰富的起承转合衔接，较为粗放而稍欠趣味。内地建筑对罗布林卡的影响多体现在单体建筑造型或门窗装修、装饰纹样等方面，未能及于园林的精神。

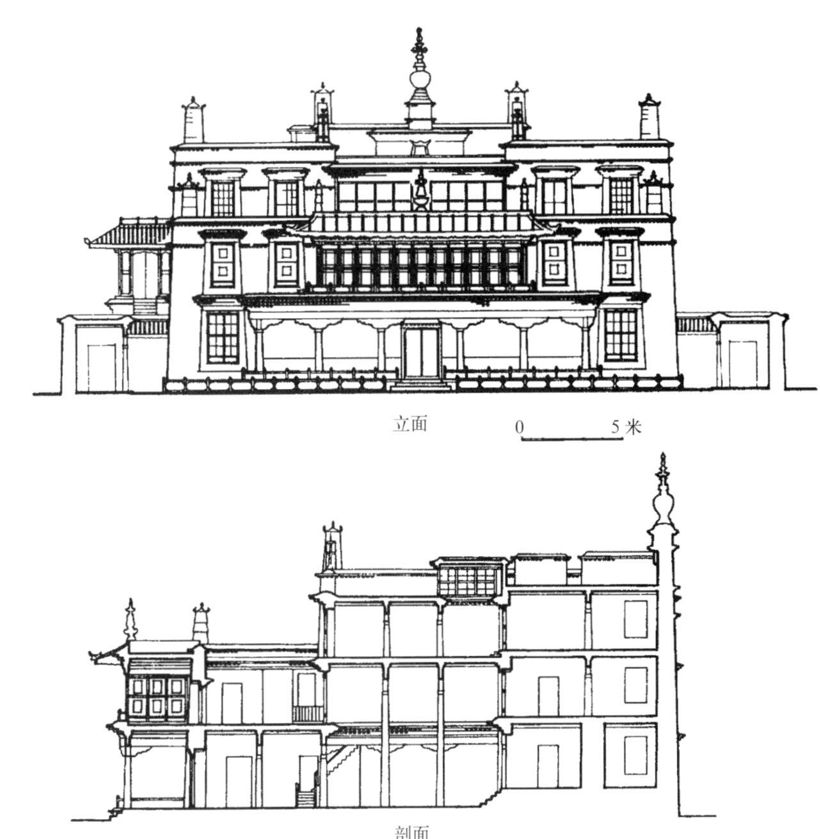

图12-4-14 罗布林卡金色颇章（《罗布林卡》）

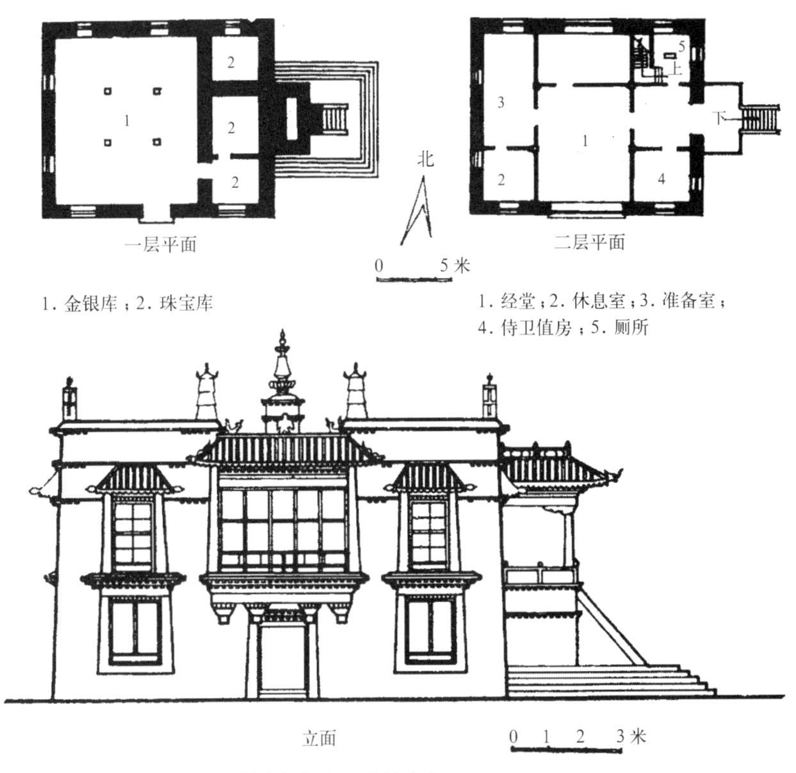

图12-4-15 罗布林卡格桑德奇颇章（《罗布林卡》）

第十三章　新疆维吾尔族建筑（回族伊斯兰教建筑附）

小引

新疆维吾尔自治区在中国西北，地域辽阔，约占全国总面积六分之一，是中国最大的一个省区。阿尔泰山耸立于北，天山由西而东贯通中部，昆仑山和喀喇昆仑山横亘于南，使全区形成南北两大部分。南疆的塔里木盆地范围广大，是号称世界第一的内陆盆地，大部为塔克拉玛干大沙漠覆盖。沙漠边缘的山麓地带，是宽度几公里到几十公里的砾石带。在砾石带与沙漠之间，星罗棋布地分布着许多互不相连的黏土质冲积扇，从高山流下的雪水伏流于砾石带下，至此又流出地面，就成了适于农耕的绿洲。北疆有准噶尔盆地，中心为通古特大沙漠，周围是草原地带，适于畜牧。阿尔泰山和天山北麓多林木。此外，北疆西部的伊犁河是中国唯一流向北冰洋的河流，伊犁河谷和新疆东部的吐鲁番盆地都覆盖着黄土，适于农业。[①]

① 本章主要参考资料：刘致平．中国伊斯兰教建筑[M]．乌鲁木齐：新疆人民出版社，1985；新疆社会科学院．新疆简史[M]．乌鲁木齐：新疆人民出版社，1980；新疆土木建筑学会．新疆民居[M]．北京：中国建筑工业出版社，1985；萧默．新疆少数民族建筑[M]// 中国科学院自然科学史研究所．中国建筑技术史．北京：科学出版社，1985；常青．中国伊斯兰教建筑手稿；邱玉兰．伊斯兰教建筑[M]// 中国古建筑大系·第8卷．北京：中国建筑工业出版社，光复书局，1993；孙宗文．我国伊斯兰寺院建筑艺术源流初探[J]．古建园林技术，1984（1～3）；韩嘉桐，袁必堃．新疆维吾尔族传统建筑的特色[J]．建筑学报，1963(1)．

第一节　新疆建筑简史

先秦至汉

在新疆还没有发现过旧石器时代文化，但新石器时代遗址差不多在自治区各地都有发现，总的来说，以游牧和狩猎经济为主，属于与东北、内蒙古及西北其他各省相同的细石器文化体系。

新疆的民族组成十分复杂。新石器时代居住在南疆绿洲上的原始部族古称西戎。先秦和汉代，游牧于天山以北的部族大多来自邻近的东方，如原居甘肃西部的塞种（允戎人之后）、大月氏和乌孙，还有匈奴和羌人。新疆与内地的交往可能早至先秦，据《山海经》和《穆天子传》记载的传说，公元前10世纪的西周穆王就曾游访过新疆，与当时的氏族首领“西王母”相会，并登上过昆仑山。公元3世纪以前甚至更早得多，中原的丝织品就曾通过新疆远销到了希腊。从西汉开始，新疆正式纳入中国版图，当时所称的“西域”，其狭义即指今天的新疆。张骞、班超在西域的政治活动，进一步加强了新疆与中原的联系。西汉以来，历代中原政权都在新疆设立行政机构，中原汉族的先进文化不断传入，促进了这里生产和文化的发展。两汉时，新疆进入奴隶社会。到魏晋南北朝，南疆已基本进入封建社会。北疆的封建生产关系，在唐代有了发展。

很早以前，北疆就以游牧为主，“随畜逐水草，不田作”，无定所，住毡帐，史称“行屋”（《汉书·西域传》）。西汉细君公主远嫁乌孙（今伊犁），曾带去了汉族工匠，建造过汉式宫室，这从伊犁出土的与内地东汉明器无异的汉代陶屋，可以得到间接证明（图13–1–1）。但这种偶然出现的定居建筑只是个别现象。细君公主所作歌曰：“穹庐为室兮毡为墙，以肉为食兮酪为浆”（《前汉书·西域传》），写出了当时北疆的生活情状。

生活在南疆和东疆各绿洲上的居民，由于土壤肥沃，水源可靠，从很早起就发展了农业，实行定居。他们以各绿洲为中心，建立了许多城郭小邦，西汉时已号称有36国。《汉书·西域传》记云："西域诸国（此指南疆和东疆）大率土著，有城郭田畜，与匈奴乌孙异俗。"西汉以后，中央政府在新疆实行屯田，发内地卒充实边疆，输进了先进的农业技术与文化，大大提高了当地的生产力水平，故"自且末（在今吐鲁番地区鄯善即楼兰西）以往，皆种五谷，土地、草木、畜产、作兵，略与汉同"（《汉书·西域传》）。这里的黄土深厚而较少林木，定居房屋多为土结构，也有木结构和土木混合结构。

土结构的遗迹可见于汉代的烽火台和屯田遗址、各时代的城址及佛寺遗迹，广泛采用夯土墙、土坯墙、生土墙或垛泥墙，由原生土挖出或用土坯砌筑筒拱券顶，砌法与中原砖筒拱相近。参照开凿于汉唐时期的新疆各石窟的窟顶形制，可知砌筑的券顶至迟在东汉已经出现。敦煌莫高窟盛唐洞窟多幅法华经变"化城喻品"壁画所绘西域城，也都由券顶建筑组成（图 13–1–2）。

新疆在汉代已有木结构建筑。据考古报告，在罗布淖尔的汉代居住遗址的建筑"下有木梁及柱以支持之"。梁和柱子以胡桐树略微加工而成，平顶，"编芦草为褡，中央胡桐叶，覆盖其上"。[①]民丰县塔克拉玛干大沙漠里的尼雅遗址，是西域 36 国的精绝国故地，房屋沿墙立柱，柱间编笆，表面敷以泥土，柱上架梁，也是平顶，敷泥。[②]据上，可知古代新疆早就出现了以后得以广泛运用的木柱密梁平顶结构。在干燥少雨地区，木结构建筑大都采用平顶，不独新疆如此，西藏和西北其他地区以及中亚西亚北非也都是这样。所以，不能忽视自然环境对于建筑的影响。尼雅遗址还发现过丰富的建筑装饰构件，如柱顶托木等。托木以后在新疆和西藏都使用得十分普遍，并成为建筑装饰的重点。新疆和西藏建筑这种相近之处，可能与二者地域比较接近，民族早就互有往来有关。

从汉代开始，新疆就是沟通中西的要道，沿塔克拉玛干大沙漠南北，由东向西有两条大

图 13–1–1　伊犁出土的汉代陶屋（藏伊犁汉公主博物馆，萧默）

图 13–1–2　敦煌石窟盛唐壁画中的西域城（萧默）

道，分称丝绸之路南道和北道，二道的西端都翻越葱岭，可以连通南亚、中亚和西亚，一直达到里海并远及地中海东岸。隋唐时，又开辟了一条横贯北疆直抵东罗马帝国君士坦丁堡的道路，称北道，原来的北道改称中道。

唐代以前，先后活动在新疆的民族除前述以外，还有历代迁来的汉族、突厥和吐蕃。突厥主要在北疆。吐蕃曾占据过塔里木盆地东南缘。此外还有匈奴、鲜卑、柔然等族和突厥系的敕勒，也先后从东边西迁到新疆，主要在北疆游牧。

汉唐城市

汉唐的龟兹（今库车）是丝绸之路北道上的重要城市和政治中心，大约始建于战国后期的交河城（今吐鲁番西 10 公里）、十六国至北魏的高昌城（今吐鲁番东 45 公里）和建于唐代后期的北庭城（今乌鲁木齐东吉木萨尔县境），都是当时的重要城市。

龟兹　汉时居民已逾八万。龟兹王绛宾在西汉宣帝时曾入朝，"乐汉衣服制度，归其国，治宫室，作徼道周卫，出入传呼，如汉家仪"（《汉

① 黄文弼．罗布淖尔考古记[M]. 中国西北科学考察团丛刊之一．北京：北京大学，1948.

② 新疆自治区博物馆考古队．新疆民丰大沙漠中的古代遗址[J]. 考古，1961(3)；史树青．谈新疆民丰尼雅遗址[J]. 文物，1962(7，8).

书·西域传》渠犁条)。龟兹有城郭三重,“中有塔庙千所”,“室屋壮丽,饰以琅玕金玉”,王宫则“焕若神居”(《晋书·四夷传》),显然当时的高级建筑受到过中原的影响,已达到较高水平。

交河 交河城始建年代可能早到距今约2300年,是西域36国之一的姑师国所在地。《史记·大宛列传》称姑师人“庐帐而逐水草,颇知田作,有牛、马、骆驼、羊畜,能作弓。”处于半农半牧状态。但“楼兰、姑师有城郭”,其所指应包括交河。交河城坐落在一条由北向南流的河流中的小洲上,南北长约1650米,东西最宽处300米,状如柳叶。河水冲刷出的生土台地高达30米,利用悬崖作为防御,所以没有城墙,只在崖顶沿边有堞墙。汉武帝元封三年(前108),汉军攻克姑师,改称车师。《汉书·西域传》说:“车师前国,王治交河城,河水分流绕城下,故号交河”,是交河城的最早记载。此后约40年,西汉与匈奴“五争车师”,终于巩固了统治,自车师往西的道路得以开通。西汉在车师东建高昌垒(或称高昌壁,在今高昌遗址),设戊己校尉,从内地迁来汉人,与车师人共同生产屯田。东汉时,为维护丝路交通,中央政权与匈奴仍不断发生战争,直到东晋时,前凉在高昌垒设高昌郡,吐鲁番的政治中心才转往高昌。但交河仍有居民,曾是唐的县治,以后又短时期陷入吐蕃。13世纪下半叶,蒙古人以12万铁骑进攻交河,交河损失惨重。1383年,察合台汗国大汗黑的儿火者发动伊斯兰宗教战争,交河城被彻底摧毁。

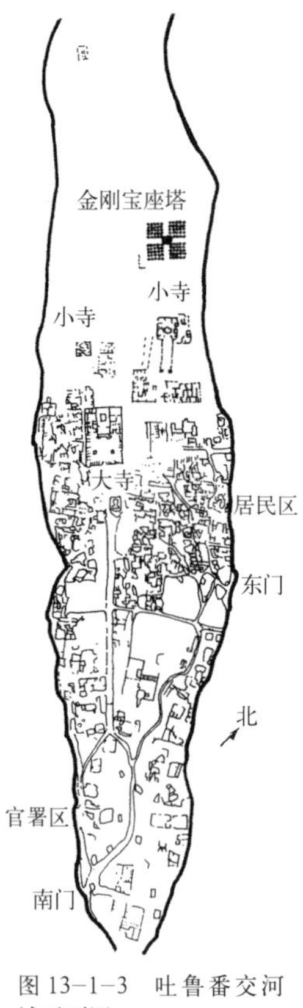

图13-1-3 吐鲁番交河城平面图

图13-1-4 交河古城(模型)(萧默)

图13-1-5 吐鲁番交河城遗址(《新疆丝路古迹》)

交河城只有南门和东门,南门地势较低,在此有局部城墙,弯转向北,可通向一条长350米、宽10米的笔直的中央大道,直达一座大寺。在中央大道中段有一条较窄的道路通东门。东门保存较好,从生土挖出城墙,构成瓮城,瓮城门和城门上原都应有城楼,城门北侧附有一条隧道,供晚上城门关闭时使用。在东门南侧和南门附近可能是官署区,东门北侧和中央大道以西是居民区,并有纺织、酿酒、制鞋各业作坊。再北有面积甚大的佛寺区。佛寺多建于公元五六世纪即南北朝时期(图13-1-3~图13-1-5)。

最大的佛寺中央大寺即前述中央大道北端的一座,纵长方形,东西宽59米,南北长88米,大殿在大院北部中央,全用土坯砌筑,形制如同一座中心塔柱式石窟,即前室以后是回行甬道环绕的中心方塔,塔上各面有佛龛。院内左右有许多小室。大寺之北有西北小寺和东北小寺,形制与大寺相近,只是规模较小。关于这些佛寺,还未经建筑学上的充分研究,初步判断,应是敦煌北朝流行的中心塔柱式石窟的滥觞(图13-1-6)(参见第四章第二节及图4-2-35)。城东北有一座金刚宝座塔,亦全土坯砌，中央大塔残高 5 米。在此塔四隅各有一组小塔群，每群呈五行五列方阵，共 100 座。关于此塔，在第四章也已提到（参见图 4–2–21）。在塔林西北还有地下佛寺。

交河城的最大特色是除了佛寺佛塔外，建筑大多是从原生土挖出来的，街巷、建筑和院落都处在原生土地表之下，房间则是挖出的窟室，窟室有时为两层，或在窟室上建房为楼。居民区巷道两侧以高大土垣围成为“坊”，坊内有许多短巷，类似唐以前中原广泛实行的里坊制。

高昌　高昌城初名高昌垒或高昌壁，始建于公元前 1 世纪的西汉，只是一个屯兵小堡，东晋以前长期为戊已校尉治所，故又称戊己校尉城。十六国时先后归属于前秦、后秦、后凉、西凉、北凉等地方政权。北魏时，高昌由柔然等北方胡族所立诸傀儡王统治，先后有阚、张、马氏诸王朝，直到汉人麴嘉在北魏太和二十三年（499）建立高昌国，保持了 141 年，史称麴氏高昌。唐初攻灭高昌，改为西州，以后曾经吐蕃一度占据，唐咸通七年（866），西迁来到吐鲁番的西州回鹘建立政权，建都于高昌，史称回鹘高昌，立国 417 年，元至元二十年（1283）亡于蒙古，高昌城亦毁。

现存高昌城遗址可能是在西汉原高昌垒的基础上建于十六国或北魏，在一高敞台地上，平面略呈方形，分外城、内城、宫城三部分。外城略方，周长 5 公里，墙基厚 12 米，残高约 11.5 米，夯土筑，外有马面，城外有壕，城门外有瓮城。内城在外城中部，城墙周长 3.6 公里。在内城中央偏北有一不规则小堡，即宫城，维吾尔族称为“可汗宫”。堡内有高耸的夯筑塔形土墩，可能是国王专用佛塔。离它不远，在宫城外西北也有一座土塔。在内城以北，还有另一座宫城，以内城北墙和外城北墙为其南、北墙，西墙也依稀可见。有的研究者认为，前一

图 13–1–6　吐鲁番交河城中央大寺大殿（萧默）

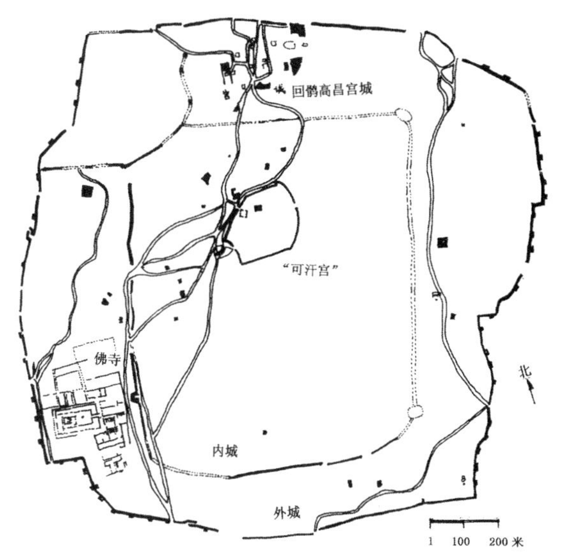

图 13–1–7　吐鲁番高昌城平面图（阎文儒）

图 13–1–8　吐鲁番高昌城遗址（《中国古建筑》）

座宫城建于唐代以前，应属麴氏高昌，后一座属回鹘高昌（图 13–1–7、图 13–1–8）。①可以看出，前一座高昌的三城相套格局，与北魏洛阳有共通之处，后一座高昌的宫城在全城最北正中，它与内城和外城的关系，更多与唐长安相同。高昌城内西南也有佛寺遗址，总体布局与交河的相近，其大殿也是敦煌北朝石窟中心

① 阎文儒．吐鲁番的高昌故城[J]. 文物，1962(7，8).

① 黄文弼．略述龟兹都城问题[J]. 文物，1962(7，8).

图 13-1-9 高昌西南部佛寺遗迹（模型）（萧默）

图 13-1-10 高昌西南部佛寺大殿遗址（萧默）

图 13-1-11 库车库木吐喇石窟唐代壁画楼阁（萧默）

图 13-1-12 吐鲁番阿斯塔那唐墓出土木台（藏新疆自治区博物馆）（萧默）

塔柱式窟的滥觞（图 13-1-9、图 13-1-10）。

北庭同高昌一样，也有两道夯土城墙，外墙附筑马面。

在北庭和交河遗址中都出土过唐式莲花纹瓦当和花砖，龟兹都城出土有与唐长安铺地砖相近的莲花纹铺地砖和筒瓦。[①] 在吐鲁番阿斯塔那村唐代墓葬里出土的木结构台式建筑、库车库木吐喇唐代石窟壁画所绘建筑形式，都与敦煌石窟唐代壁画中的相同（图 13-1-11、图 13-1-12）。

除了中原的影响以外，汉唐时代新疆也受到主要来自南亚的影响，这从现在还存在的众多佛教石窟中还可以看到。由于与吐蕃地域邻近，吐蕃势力曾一度控制过东疆一带，所以新疆在唐以后也受到西藏建筑的影响。

唐末回鹘人的迁入

唐代后期，新疆发生了一件划时代的大事，即突厥回鹘人的大批迁入。

回鹘人的族源最早可推及于汉代的丁零，两晋又称狄历、铁勒或敕勒，皆丁零之音转，因所乘车辆轮辐高大，又称高车，活动在今贝加尔湖以南至外蒙古鄂尔浑河一带。敕勒人的一部在公元 492 年已西迁至天山北麓，称西敕勒。六世纪初，敕勒人中的乌纥和袁纥部落，再加上其他一些部族因素，融合为一个新的民族共同体，称为回纥，唐天宝三年（744）在鄂尔浑河一带建立了强大的回纥汗国。回纥曾帮助唐朝平定安史之乱。贞元四年（788），回纥自请朝廷改称自己为回鹘，取“回旋轻捷如鹘”之意。开成五年（840），回鹘汗国被活动于叶尼塞河上游的黠戛斯人（今吉尔吉斯人先祖）所灭，部众被迫大批西迁，迁到河西走廊者称甘州回鹘，以后发展为今甘肃的裕固族；迁到吐鲁番者为西州回鹘（后称高昌回鹘）；和阗一带的称和阗回鹘；最远的到达葱岭内外，称葱岭西回鹘或葱岭回鹘。以高昌回鹘、和阗回鹘和葱岭回鹘为主体，与新疆原有的操突厥、焉耆、龟兹、于田语的各部族，以及早就入居新疆的汉人，以后又与辽亡时迁入的契丹人和元代迁入的蒙古人长期融合，形成为今天的维吾尔族，主要居住在南疆、吐鲁番盆地和伊犁河谷。维吾尔族语言属阿尔泰语系突厥语族。葱岭西回鹘的势力一直达到中亚，在10世纪中叶到13世纪初，以喀什为中心，包括伊犁河谷，建立了远达今乌兹别克斯坦和土库曼斯坦东部、信奉伊斯兰教的喀喇汗王国。喀什的"高台民居"老城区坐落在台地上，相信就开始于喀喇汗时期（图13–1–13）。

图13–1–13　喀什"高台民居"（萧默）

西迁以前，回鹘人及其先祖一直过着游牧生活，著名的敕勒民歌"敕勒川，阴山下，天似穹庐，笼盖四野；天苍苍，野茫茫，风吹草低见牛羊"，唱出了他们的生活和他们的胸怀。唐代，回纥人仍"居无恒所，随水草流移"，在唐文化的影响下才开始走向半定居生活，建造过宫室，"及有功于唐，唐赐遗甚厚，登里可汗始自尊大，筑宫殿以居妇人，有粉黛文绣之饰"（《资治通鉴》卷二二六），但仍时时游牧。迁移时，往往以毡车为室屋，以载妇孺，"会昌三年……雄至振武，登车望回鹘之众寡，见毡车数十乘……使谍间之，曰公主帐也"（《资治通鉴》卷二四七）。一直到宋初王延德出使高昌时，所见回鹘人还处于半农半牧状态。大约在宋元以后，与其他各部族正融合为维吾尔族的回鹘人，受天山以南和吐鲁番早已发达的农业生产方式的影响，逐渐转入农业定居。但一直到元代，有一些维吾尔人还住在庐帐里。多桑《蒙古史》云："当时维吾尔人信仰名曰珊蛮之术士（即萨满教士）……诸人皆言闻鬼由天窗入帐幕中，与此辈珊蛮共话之事。"[①]

这种历史久远的游牧生活及其向农业定居生活的转变，对于今天维吾尔人的生活习俗仍有深刻影响，并反映在民居中。

宋以后

10世纪（北宋初）以后直到16世纪（明中叶），伊斯兰教传入新疆并逐步在全疆普及，对新疆建筑艺术的发展起了很大作用。

元明以后，广大的北疆主要居民是蒙古人和哈萨克人，仍以游牧为主。蒙古人是13世纪初随成吉思汗西征来到新疆的，1269年蒙古诸王会议决定，仍旧要生活在草原上，不改变游牧生活。蒙古人在新疆一度建立过察合台汗国，是成吉思汗次子察合台的封地。明代人陈诚到过新疆，他写的《西域番国志》说到察合台蒙古人："别失八里（今吉木萨尔）……不建城郭宫室，居无定向，惟顺天时，趁逐水草，牧牛马以度岁月"、"所居随处设帐房，铺毡，不避寒暑，坐卧于地"。哈萨克族是古代乌孙、突厥、契丹的一部分和部分蒙古人的融合体，最后形成于明代，也以游牧为生，与维吾尔人同属阿尔泰语系突厥语族。

一直到现在，农业和畜牧业仍分别是南疆和北疆各少数民族的主要生产形式。

据近年资料，新疆现有人口约1500万，共有13个民族，除汉族外，少数民族约占总

① （瑞典）多桑．蒙古史[M]．冯承钧译．北京：中华书局，1962．

数62.3%，其中维吾尔族700多万，占少数民族总数三分之二以上；哈萨克族111万，回族67万。此外还有柯尔克孜、蒙古、塔吉克、锡伯、乌兹别克、满、塔塔尔、达斡尔和俄罗斯等民族。

新疆建筑艺术，以维吾尔族伊斯兰教建筑和维吾尔族民居成就最高也最富特色，将是本章的重点。此外，主要分布在中国西北、华北的回族伊斯兰教建筑，虽受到了汉族建筑的很大影响，但因宗教的同一而与维吾尔族伊斯兰教建筑有某些共同之处，也在本章一并介绍。至于明清以后在北疆蒙古族分布地区出现的汉式或汉藏混合式喇嘛庙，还有全疆各地的汉式建筑，就不在此赘述了。

第二节　维吾尔族民居

建筑是文化的载体。在民居中，人们的日常生活文化得到更直接、坦率而鲜明的反映。环境、生活和传统，既是文化形成的根据，也是决定民居性格的主要基因。

一、总述

新疆地处内陆，全境除了面积并不太大的片片绿洲以外，绝大部分覆盖着沙漠和戈壁，植被稀少，干燥少雨，时而风沙弥漫，自然环境比较严酷，又加地域辽阔，交往不便，人口较为稀少，长期以来经济相对落后。所以，古代新疆除了依稀可以推知的佛教建筑或宫室之外，根据遗址和文献给人的印象，一般居住建筑大约只是一些相当简陋的小屋、窑洞或庐帐。只有回鹘人大量迁入以后，人口增长，加上以后清朝政府的大力经营，又有了伊斯兰文化的输入，新疆的经济和文化加快了发展速度，宗教建筑和居住建筑，都有了长足进步，形成了独具特色的民族风格和地方风格。

作为维吾尔族先祖的主体，丁零人、敕勒人、回鹘人在几千年里都过着草原游牧生活，西迁以后，在与原住民的融合中才逐步得到改变，经营农业，实行定居。然而由于文化传习的强固力量，至今人们仍可以在维吾尔族民居中感受到草原文化的历史气息，又在新疆自然环境的影响之下形成许多良好的民族生活习惯和心理传统，成了建筑民族风格的重要成因。

维吾尔族特别爱好户外生活，只要气候条件许可，多在庭院中起居，如待客、进餐、缝纫、乘凉等，夏天的炊事活动也在户外。甚至睡觉也常不在屋内，在吐鲁番及和田，居民露宿时间可长达半年之久。所以民居多有庭院，院内设敞廊，廊中有低土台，铺地毯，并不主要作走廊用，而是户外生活的地方。院内还有灶炕或夏季厨房。与此相应，维吾尔族非常爱好绿化，庭院中广植花草树木，尤以葡萄架为多。绿化甚至发展到平屋顶和楼层敞廊上，置盆花，既美化环境，也调节小气候。

草原生活养成了一种豪放旷达的性格。维族人民生性乐观，喜爱歌舞，遇喜庆节日或亲友欢聚，辄弹琴击鼓，放歌纵舞，庭院也是最好的场所。

草原生活需要互相帮助，平时交往较少更使人感到来客的可亲。维吾尔族特别好客，几乎每座住宅，即使比较简陋，也必以一个主要房间作为客室，重点装饰，客人来时留宿于此，平时可作起居室用。

草原生活使用庐帐，“以毡为墙”、“地铺毡罽，坐卧于地”，帐顶开设采光通风天窗。在维吾尔族住宅里，墙上悬挂壁毯，地上遍铺地毯，席地坐息，常无床，被褥铺在地毯上睡眠，并重视天窗采光。家具不多而低，房屋层高亦低，一般2.8米以下，有2.5米甚至更低者，尺度亲切。窗台和土炕也甚低矮。

草原戈壁景色单调，秋天一片枯黄，冬天更是荒凉，自然使人们特别爱好鲜丽的色彩和装饰。维吾尔族民居有多种内外装饰手段。外部装饰主要施用在木构件上，如木柱、柱头、柱间木拱、封檐木板和门窗套，都施用木雕。土坯抹灰的实墙面与开朗的柱廊形成丰富的层次。还有镶嵌砖饰、石膏花饰和彩画。室内装饰除前面提到的壁毯、地毯外，颇具特点的还有壁龛和壁炉，并特别重视门帘、窗帘的装饰作用。窗帘可有数重，帘上张挂窗帷。上举有些装饰手段如石膏花饰、镶嵌砖饰和壁龛、壁炉，是汉族建筑未曾使用的，其他装饰手段也与汉族很不相同。维吾尔族十分讲究清洁整齐，盥洗必用流水，清污分开，室内精心布置，忌物品乱放，大量的壁龛为存放被褥与小陈设所必需。

因气候干燥，维吾尔族接受新疆古老的传统，普遍采用平屋顶，结构形式为密梁平顶，与西藏略同。

新疆地区多风沙，加上伊斯兰教重视家庭生活的私密性，民居很注意封闭内向。在宅院外墙几乎不开窗子，方墩墩的体形，简朴的土墙，外观并无可取，而院内装饰华丽，色彩斑斓，繁花似锦，十分宜人。

新疆民居没有宗法礼制的影响，尊卑长幼之序并不那么严格，不求规整更不要求对称，布局相当灵活自由。

新疆全境是典型的大陆性气候，但各地又有差异。南疆更加干燥而炎热，年降雨量仅约50毫米，夏季气温最高可达40℃，日照强烈。北疆相对比较凉爽湿润，年降雨量可达200毫米，冬季寒冷，气温最低可至−40℃。吐鲁番盆地最低海拔在海平面以下150余米，是全国海拔最低的地方，夏季十分炎热，最高气温常在40℃以上，号称火州。由于各地气候和自然资源的不同，使新疆民居在前述总的风格特征之下，又有多种形式，按地域分布，大体可以喀什、和田、吐鲁番和伊犁为代表。

南疆的和田与喀什，民居用木柱间嵌插土坯或编笆抹泥构成外墙，以木柱支承密梁平顶。和田多“阿以旺”中厅。喀什多小庭院住宅，二三层楼房沿庭院周边布置。吐鲁番民居则多用土坯砌筑拱顶窑洞，或下窑上屋。窑洞有时为半地下式，以避夏季酷热。伊犁地区的伊宁市冬季寒冷，院子较宽大，以争取阳光，建筑外形颇受俄罗斯的影响。现择其典型者举例如下。

二、喀什民居

喀什在南疆，为中国最西的一座大城市，人口稠密，每户居住地段比较狭小，以小庭院住宅为主，是最具维吾尔民族特色的建筑形制之一，成就也最高。

喀什小庭院住宅最典型的例子集中在老城即所谓“高台民居”区，街巷狭窄，两边楼房高起，形成荫凉的环境。巷中常有过街楼，既扩大住宅的有效面积，又丰富了街景，也是巷内荫凉驻息之地（图13−2−1～图13−2−4）。

图13−2−1　喀什老城街巷（萧默）

图 13–2–2　喀什老城街巷过街楼（萧默）

图 13–2–3　喀什老城街巷（萧默）

图 13–2–4　喀什老城——高台民居

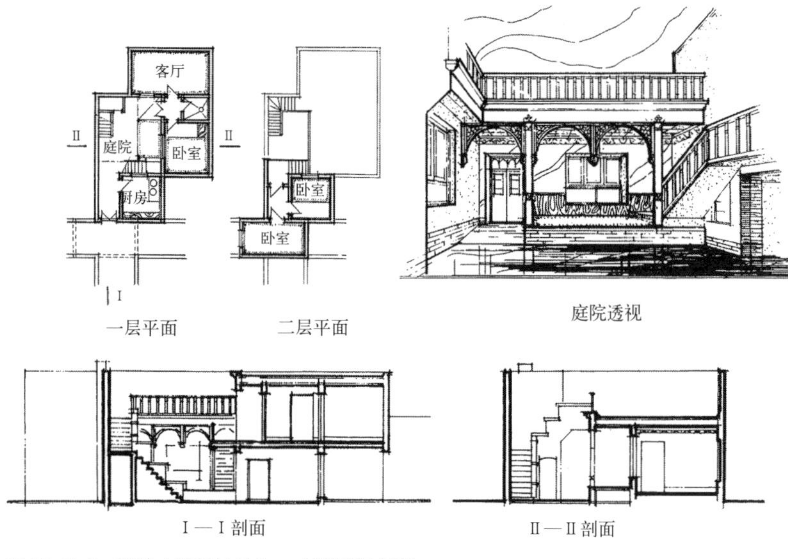

图 13–2–5　喀什小庭院民居之一（《新疆民居》）

在垂直于巷子的长方形地段上围绕庭院建二层或三层平顶楼房，庭院较其他地区为小，平面纵长，房间进深较浅，布局紧凑。庭院四周各层均有外廊，在底层外廊设土台，满足户外生活需要。各室面向庭院开窗，窗台较低，外墙则封闭无窗。庭院中大树直穿而上，与屋顶和上层外廊的盆花形成立体花园。庭院利于防晒，有效地减少了日照，也起着一个通风天井的作用（图 13–2–5 ～图 13–2–7）。

喀什民居的装饰手段非常丰富，如砖饰、木雕、石膏花、壁龛和壁炉等，是维吾尔民族风格的重要体现。

檐口使用磨制的砖牛腿和菱角牙子。在外廊墙面、室外砖砌楼梯等处使用拼花砖，是将砍磨好的砖镶砌出各种平面图案。喀什的砖呈橙红色，拼镶墙面非常整齐美丽。

外廊使用木柱，其柱身、柱头、柱顶托木和檩头等构件广泛利用形体本身作为装饰。柱由整木做成，下大上小，柱身断面简单者为方形，复杂者上下有所变化，或方或圆或八角；下段轮廓变化更多，木面雕刻也更多样。柱上直承雀替样的托木，少数或有扩大了的柱头，柱头或托木的轮廓也有很多变化，在木面上雕刻纹样。前面已经提到过，在尼雅遗址已发现过汉代托木，可见托木使用历史的久远。水平伸出的檩头都刻作牛腿形状，也成为很好的装饰。在以上木构件表面施用的刻法有阴线、减地平鈒、压地隐起等几种。

减地平鈒是先沿花纹轮廓刻出垂直沟纹，再将花纹以外沿轮廓凿成小斜面，花纹以内与斜面以外仍是同一平面。有的用半圆形的凿子依次凿打出由许多半圆组成的花纹。压地隐起较高级，是将纹饰以外的底面全部铲去，使纹饰凸出于底面之上，但纹饰本身起伏不大，少有作曲面的，更不见内地木雕花的穿枝过梗卷叶舒筋等做法。

在外廊立柱之间有拱形装饰板，柱间距不大时为单拱，间距较大时并列双拱，双拱间饰以垂花柱。拱券两旁的三角形部位镶以透雕木板，纹样透空，无起伏（图 13–2–8 ～图 13–2–10）。

新疆盛产石膏。喀什较好的民居室内普遍用石膏粉刷，是先以草泥浆找平作底层，中层抹石膏黄泥浆，面层用纯石膏浆抹平压光。室内也常使用极精美的石膏花，制法有干刻和模制两种，有多色的也有纯白的。室内四墙上部常有一圈蓝底白花的石膏装饰带，或以彩绘代替石膏。

维吾尔族住宅室内普遍使用石膏壁龛，且以喀什最多，水平也最高。大型龛几乎高通壁顶，但较浅，轮廓线也较简单，龛顶多呈双圆心尖拱形，龛内龛外饰以石膏花或框线。室内还常有许多小龛装饰墙面，轮廓线各种各样，较大者置于底层，存放被褥；上层的龛较小，置陈设品。有人统计，在喀什某宅，一室之内竟有大小各式壁龛上百个。小龛的做法是先在粉刷过的墙面上，以石膏板作纵横隔板隔出各种矩形小格，再在隔板外贴整块石膏板，依事先做好的木样板，在整块石膏板上画出各式龛形，将空白处刻去，最后以刻出棱线的石膏条贴在龛与龛之间作为分划即成（图 13–2–11 ～图 13–2–13）。

壁炉用于取暖，也是室内的重要装饰，在室内设计时就已考虑了它的位置。壁炉也作龛形，凹入墙内，或在转角处，炉外以石膏板作出平面三角形的炉罩凸出于室内，罩檐饰石膏花，罩顶为平顶或穹顶。

石膏花、壁龛、壁炉花色繁多，搭配变化丰富。

总之，无论平面或空间造型，还是室内外装饰手段，喀什都代表了维吾尔族民居的最高水平。

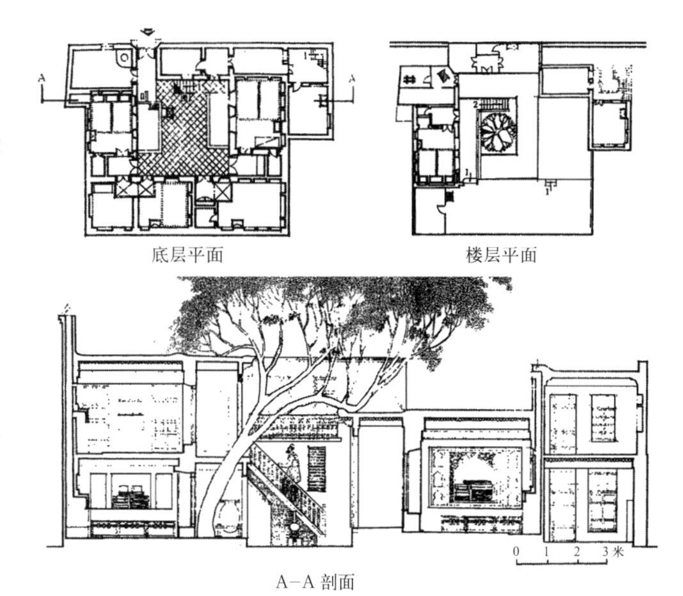

图 13–2–6 喀什小庭院民居之二（《新疆民居》）

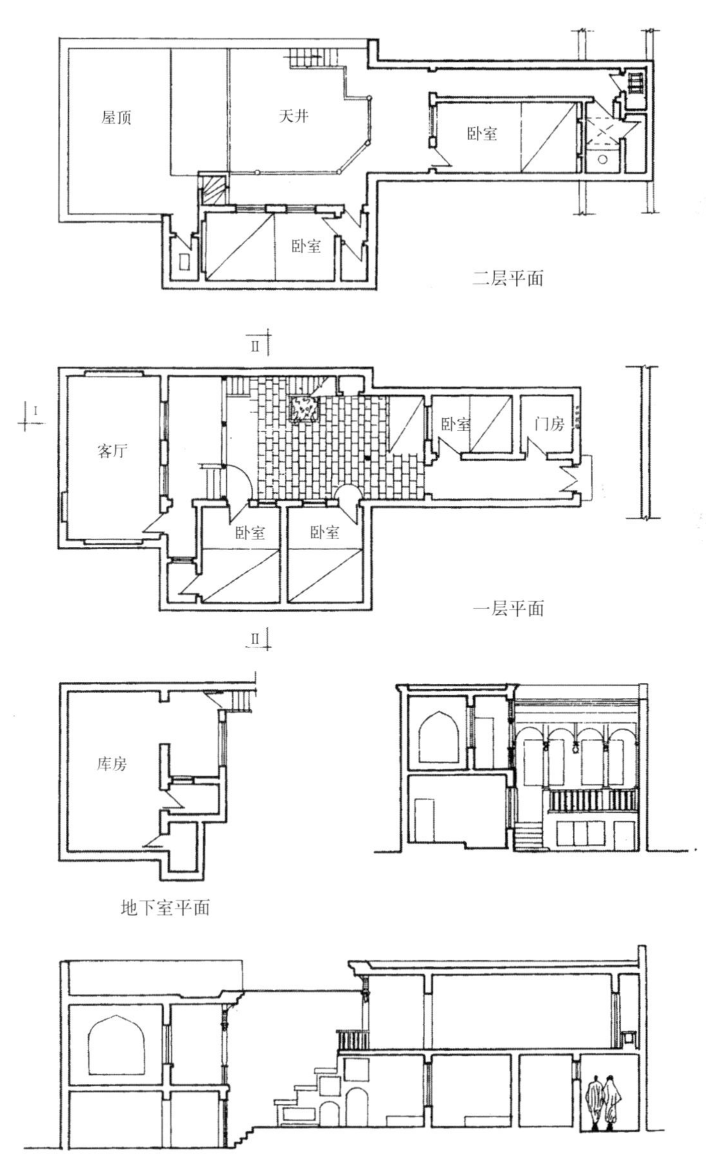

图 13–2–7 喀什小庭院民居之三（《新疆民居》）

三、和田民居

和田具有典型的内陆沙漠气候，降雨极其稀少，年温差和日温差甚大，夏热冬寒，有风沙。和田民居都是平房，除了庭院式、外廊式或带外廊的庭院式等新疆一般住宅形制以外，最多且颇有特色的是一种名为“阿以旺”的中厅式住宅。

“阿以旺”一词源于波斯语 Iwan，广义即指建筑的敞亮部分，如门廊、檐下、门厅或中厅等，[①]在此主要指“明亮的中厅”。阿以旺住宅以名为“阿以旺”的中厅为中心，厅面积较大，在正中组成方格的四个木柱之上的空间凸起，凸起部的侧面设侧窗，高约 0.4 ~ 0.8 米。厅内在柱外侧沿墙砌适于倚坐的低矮土台。厅的一面为大门，其他三面围绕各种用途的房间。全宅采用木柱密梁平顶结构。中厅内的木柱和柱头，天花和四壁的门窗是施用木雕装饰的重点部位。阿以旺中厅宽大而明亮，是全宅共用的起居室，接待客人和歌舞聚会等喜庆活动，都在这里进行，可以有效地隔绝相对不利的户外环境，实际是一种介于户外、户内之间的空间。

“阿以旺”也指带有此种阿以旺中厅的住宅，是最具维吾尔民族特色的住宅之一，据说已有上千年的历史。现存的阿以旺有早到三四百年

图 13–2–8　喀什民居庭院（《中国古建筑大系》）

图 13–2–9　喀什民居庭院（萧默）

图 13–2–10　喀什民居院内（萧默）

图 13–2–11　喀什民居室内（《新疆民居》）

① 常青．西域文明与华夏建筑的变迁 [M]．长沙：湖南教育出版社，1992．

图 13–2–12　喀什民居室内（萧默）

图 13–2–13　喀什民居室内（《中国古建筑大系》）

前的，除和田最多外，南疆其他地区如喀什、库车和吐鲁番也有。有人认为阿以旺是从古代部落公共聚会场所演变而来，以后应用到住宅中。南疆与西藏邻近，历史上与吐蕃也有较多关系，联系到西藏寺庙经堂中的“都纲”与“阿以旺”颇有相近之处，也许会有相互影响的关系（图 13–2–14）。

如果在阿以旺凸出部分不覆盖平顶，就成了一个带周围廊的天井，称为“阿克赛乃”。有时在内廊或过厅一类地方使用一种凸出面积很小、只起天窗采光作用的阿以旺，形状似笼，称“开攀斯阿以旺”。在一幢住宅中，经常是三者或二者并用。也有阿以旺与外廊并用，外廊直接面对果园，气候适宜时是良好的户外活动场所（图 13–2–15 ～图 13–2–17）。

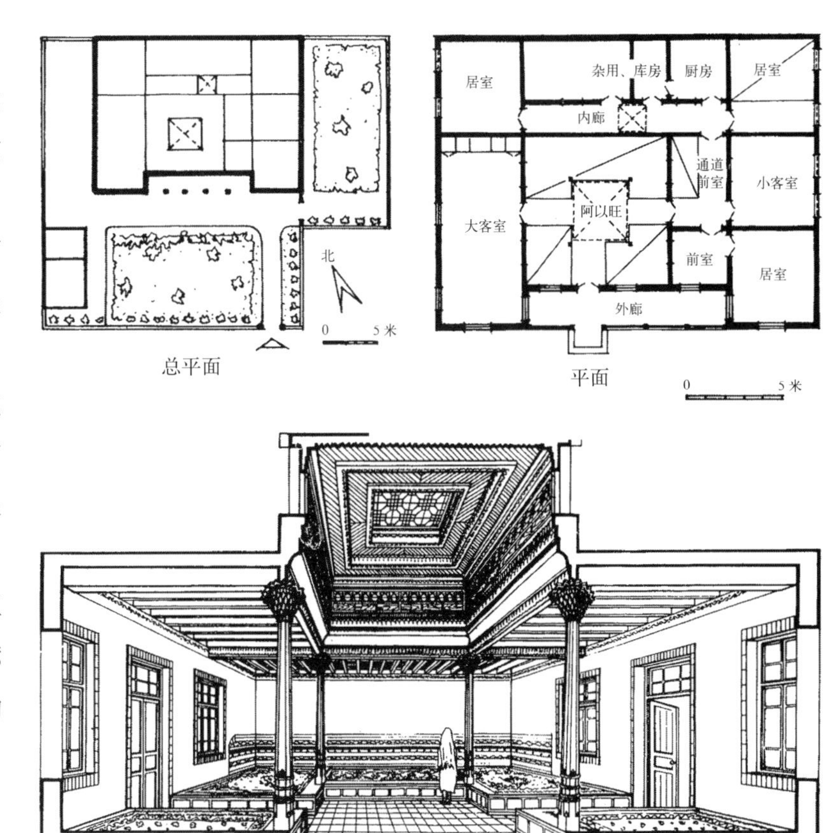

图 13–2–14　和田“阿以旺”民居（《新疆民居》）

四、吐鲁番民居

吐鲁番盆地古代又称火州，以夏季炎热著称，七至九月份平均温度达 30℃以上，酷热期达一百天。由于少云雾，戈壁反射强烈，冬天仍然很冷，一月份平均气温 –7℃。在这种情况下，民居的隔绝寒暑尤其是防热，就成了首要的问题。

吐鲁番地处新疆东部，邻接甘肃，古时落户汉人很多，成了当地维吾尔族的组成部分，同时又因林木缺乏而黄土深厚，自然接受了甘陕黄土高原地带广泛使用的生土建筑。生土建筑有两种，一者采用夯土墙、土坯墙、生土墙或垛泥墙建房，平顶或券顶；一者是在原生土上挖出院落、窑洞等空间。这两种作法在交河和高昌古城中都广泛存在。前者如交河的诸多佛寺佛塔、高昌外城西南残留的佛教经院大殿等。高昌经院前左方有土坯砌方形讲经堂，穹顶已佚，四角仍留有从方形墙转为圆形穹顶的过渡砌筑物。后者在交河更多，甚至整片街坊都是

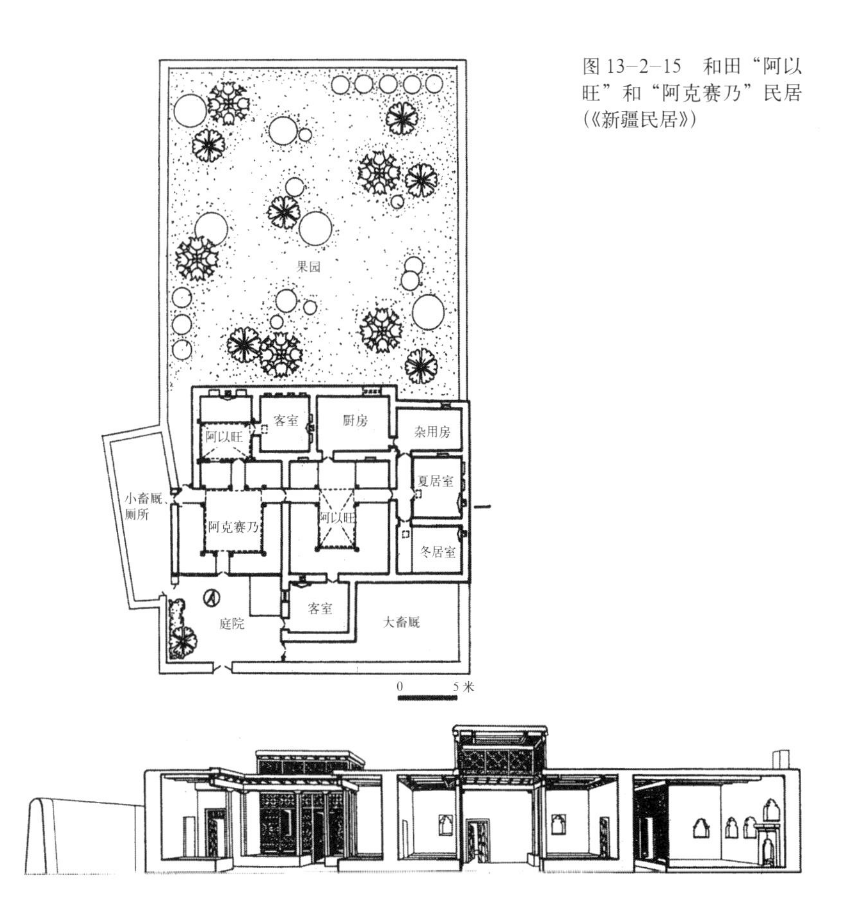

图 13–2–15　和田“阿以旺”和“阿克赛乃”民居（《新疆民居》）

图 13-2-16　和田“阿以旺”民居外观（《新疆民居》）

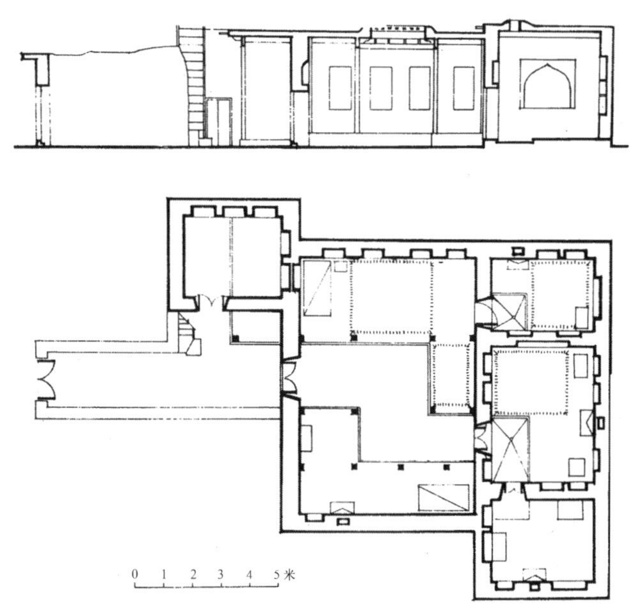

图 13-2-17　喀什“阿以旺”民居（《中国建筑技术史》）

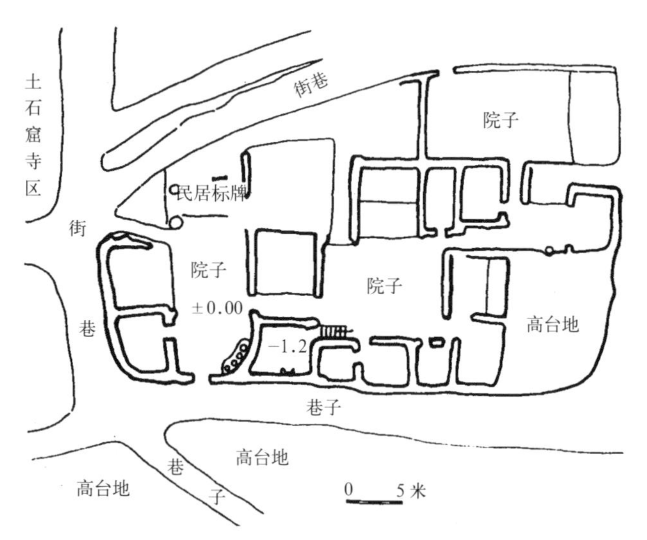

图 13-2-18　交河城古代民居遗址（《新疆民居》）

从原生土中开挖出来的，有的生土窑洞还是二层。在交河的官署区留有一座较大地坑院，东面正中是入口斜坡，入口两边各有一座窑洞（图 13-2-18、图 13-2-19），南面窑洞居中，较大，为金库，北面有一条长 60 余米的隧道，通向城内中心大道。在麴氏高昌的宫城区也有地坑院。明代文献记吐鲁番“其地有城郭田畜，每盛暑，人皆穴地而居”（《夷乘 · 西北夷》卷八）。

现在吐鲁番的窑洞式民居多是簸窑平房或下窑上屋，后者即下为簸窑，上加一层土木结构房屋。

簸窑的墙或为夯土，或为土坯，或平地开挖留出原生土为墙，最后一种的下窑就成了半地下室。拱顶都是土坯砌筒拱，用无模贴砌法施工，不需模板。开间大致是 3 米上下，各室毗连，墙厚 0.7 米或 1 米，拱沟处填平，与拱顶合成平顶，作晒台和夏日露宿场。若为下窑上屋，上层土木结构平顶楼房多附外廊，减少了主要房间进深，房间长向面向外廊。平顶上覆草泥，极少用瓦。宋时王延德使高昌时，就记有此种“架木为屋，土覆其上”的做法（《王延德使高昌记》）。下窑颇多半地下室，冬暖夏凉，效果甚佳。农村住宅常在楼层以土坯砌出四面透空花墙的葡萄房，内悬新鲜葡萄以荫干，成为此地特有的景色。

图 13-2-19　交河官署区地坑院（《新疆丝路古迹》）

用篱窑或下窑上屋的居室和院墙围合成院，不求规整，不讲究宗法礼制，也没有朝向要求，完全根据生活的实际需要自由组合，十分灵活多样。特别要注意的是院落的通风，往往用跨度达4米的高大筒拱作成宅院门洞，有良好的穿堂风，夏日家人儿童常在此起居活动。宅门高大，是因为不久以前维吾尔人仍使用“高车”部落时代带有高大车轮的大车，现在虽已停止使用，传统的门洞做法仍然保留了下来。有的将葡萄荫干房放在门洞上面。居室筒拱形顶部也常留出天窗，利于室内通风。许多宅院在大半个院子上空搭建高出屋顶的棚架，上涂草泥，好似“阿以旺”，使院落一片荫凉。棚架与屋顶之间的空隙则成了院落的通风口（图13–2–20 ~图13–2–24）。

吐鲁番民居的装饰比较简单，不大使用石膏花，而较多使用木模压花，即用木板制作阴模，趁泥涂墙面湿软时压上，图案简单朴素。室内壁龛少而简单，或拱形或圭形，只在土墙上留出。

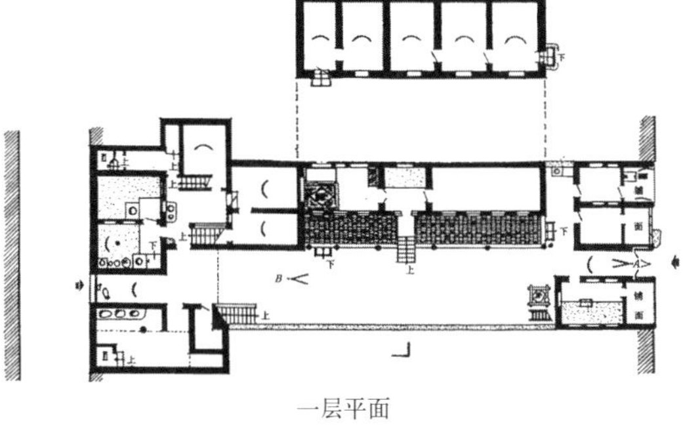

图13–2–20　吐鲁番民居之一（《新疆民居》）

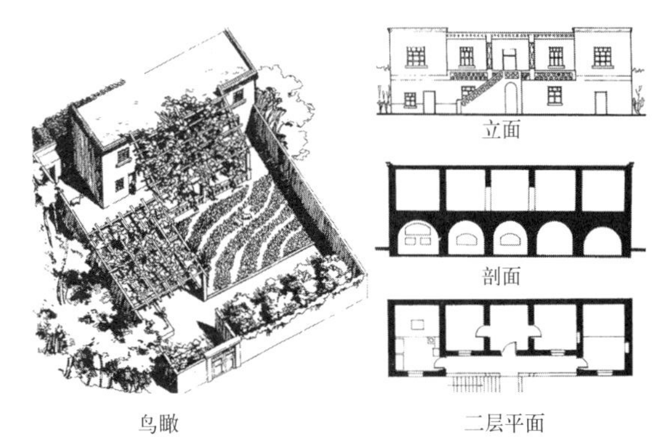

图13–2–21　吐鲁番民居之二（《中国传统民居》）

图13–2–22　吐鲁番民居（叶祖润）

图13–2–23　吐鲁番乡村（一）

图13–2–24　吐鲁番乡村（二）

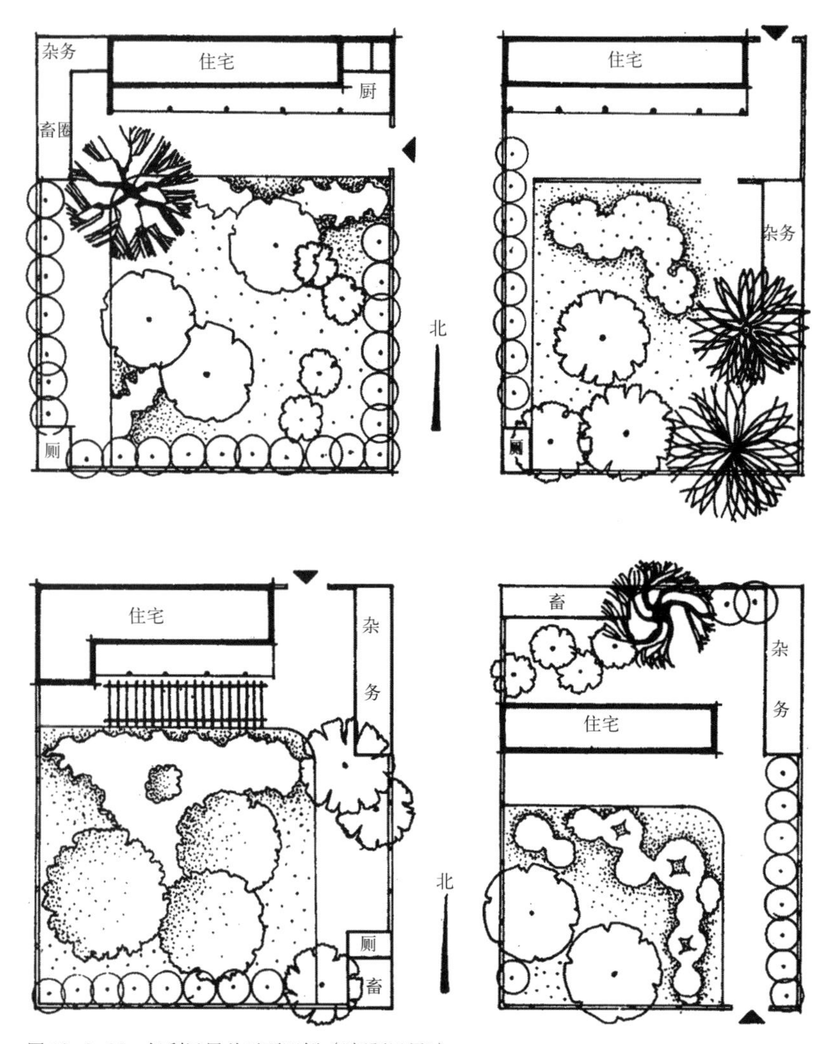

图 13-2-25　伊犁民居总平面四例（《新疆民居》）

图 13-2-26　伊犁民居群鸟瞰（《新疆民居》）

五、伊犁民居

伊犁地处北疆最西的伊犁河谷，地形向西北方向敞开，北冰洋水汽和寒流长驱直入，使这里冬季较冷，而夏季凉爽，湿润多雨雪，木材资源丰富。

适应以上情况，伊犁民居的房屋多为带前廊的一字并列式或略作曲尺形的平房，隔为数室，尽量朝南。房屋横在院子北端，其他三面以院墙围成较大院落，不是合院，以争取阳光。院内重视绿化，植树种花，渠水常引入院内，使伊犁素有花园城市之称（图 13-2-25、图 13-2-26）。

建筑大都是草泥抹面平顶，很厚，略有坡度，以利冬天扫雪。前廊地面与室内同，多铺地板，高出院子约半米，以隔潮湿。与新疆其他地区相似，前廊也很宽，除了严冬以外，家庭的日常生活和一般待客都在这里。前廊某端常有一室不设前墙，成为半开敞的“厨廊”，用于夏天炊事和就餐。伊犁民居墙壁很厚，门板也厚，窗子较小，窗外普遍加一层木板窗，冬天晚间关闭。这些，都是保持室温的措施。门扇窗扇都沿墙壁外侧安放，室内门窗洞砌成向内扩大的八字形，有颇宽的窗台，铺木窗台板，可以放置花盆或当做坐凳（图 13-2-27 ~图 13-2-31）。

窗外两侧安柱形立梃，窗上的墙面有三角形木窗楣。若窗子较宽，窗楣即成连续三角形，上有木雕，很富装饰性，成为伊犁民居的一大形象特点。有时外门也是这样。伊犁地近俄国，从 19 世纪开始，遭受过沙俄的入侵，曾有不少俄罗斯移民，20 世纪初又有白俄流入。这些门、窗装饰做法，就受到了俄罗斯的影响。房屋的砖砌勒脚、屋身和檐部的三段式构图及其具体形象，也带有某些西方建筑的味道（图 13-2-32、图 13-2-33）。

图 13-2-27　伊犁民居（萧默）

图 13-2-30　伊犁民居外观（《新疆民居》）

图 13-2-28　伊犁民居室内（萧默）

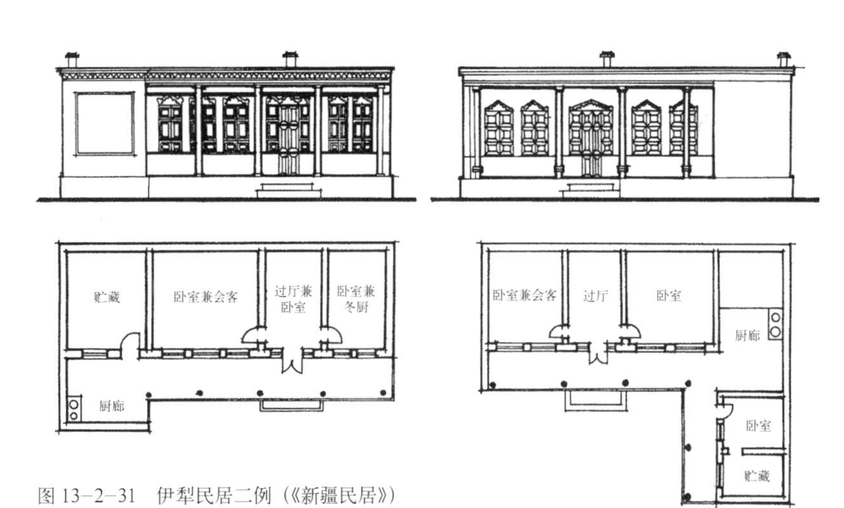

图 13-2-31　伊犁民居二例（《新疆民居》）

图 13 2 29　伊犁民居室内（萧默）

图 13-2-32　伊犁民居之窗（《新疆民居》）

图 13–2–33　伊犁民居之窗扇（萧默）

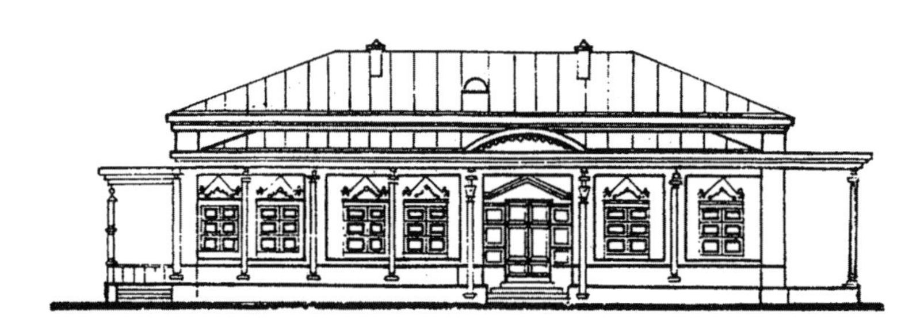

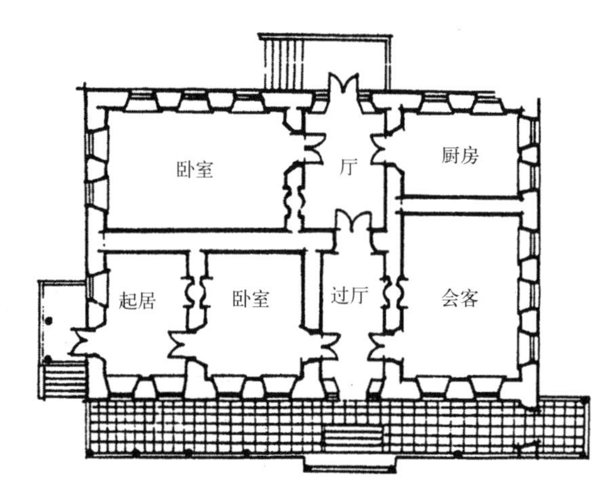

图 13–2–34　伊犁俄式民居（《新疆民居》）

在伊犁，还有一种聚团式平面的民居，铁皮四坡屋顶，就更是俄罗斯的做法了（图 13–2–34）。

第三节　维吾尔族伊斯兰教建筑

伊斯兰教与佛教和基督教一起，同称世界三大宗教。建筑对于宗教尤其是发展形态特别成熟的世界性宗教来说，具有重要的意义，是教义的传播中心、宗教感情的寄托所在和集中举行宗教礼仪的地方。在古代中国，佛教影响最大，其次就是伊斯兰教。甚至中国的本土宗教道教，若与伊斯兰教相较，影响也有所不及。

中国伊斯兰教主要在西北各族和分布于全国的回族中流行。中国伊斯兰教建筑依创造的人群、流行的地域、时代和风格，可大别为三：一为元及元以前由来华的波斯人或阿拉伯人所造，分布在东南沿海一带，主要采取西亚风格；二是新疆维吾尔族伊斯兰建筑，现存重要作品都成于元末以后，是在波斯中亚伊斯兰建筑的基础上，融合了某些新疆本土的手法创造的；最后一种由元末明初形成的回族建造，全国各地都有分布，以西北和华北较多，重要作品都成于明清两代。因回族与汉族杂居，风格已经汉化。关于第一种，在元代章中已有叙述，本章重点介绍后两种，兹先述维吾尔族伊斯兰建筑。

一、新疆伊斯兰教之传入

汉唐以来，新疆的宗教以印度传入的佛教为主，兼有祆教、摩尼教、萨满教和景教。

7 世纪初，穆罕默德在阿拉伯半岛创立了伊斯兰教。8、9 世纪，伴随着阿拉伯军队的东征，伊斯兰教经波斯进入里海东岸中亚地区的阿姆河、锡尔河流域（今乌兹别克斯坦和哈萨克斯坦），并传播到帕米尔高原。从9世纪起，波斯和中亚先后出现了一系列突厥王朝，影响较大的是地跨中亚南部和北印度的伽兹那王朝、中亚西部和波斯的塞尔柱王朝。9世纪中叶，现代维吾尔人的祖先、操突厥语、最初曾信奉过萨满教和摩尼教的回鹘人从漠北远迁西域，其中一部分迁到葱岭内外，称葱岭西回鹘或葱岭回鹘，建立了以喀什为中心、地跨葱岭东西、领有阿姆、锡尔两河流域和塔里木盆地南缘部分绿洲的喀喇汗王朝（又称黑汗王朝），参加到诸突厥王朝之中。10世纪以来，这些突厥王朝先后都皈依了伊斯兰教，据说喀喇汗王朝最先皈依伊斯兰的大汗是10世纪中叶的沙土克·波格拉汗（殁于955年，时当内地五代十国末期）。但新疆的回鹘人包括葱岭回鹘在内，并没有同时全部皈依，此时仍主要信仰佛教，以及摩尼教、祆教或景教。波格拉汗的儿子玉素甫·喀的尔汗以喀什为基地，在南疆西部各城摆开了宗教战场。经过数十年的残酷战争，公元1006年攻陷于阗（今和田），于阗的维吾尔人才被迫放弃了佛教，改宗伊斯兰。1031年玉素甫去世，喀喇汗王朝的东部领土已包括喀什、叶尔羌、英吉沙尔与于阗，古回鹘文逐渐被遗忘，而代之以阿拉伯字母。

1115年，华北的辽国灭亡，辽的主体民族契丹人部分西迁。1134年，东喀喇汗王国阿尔斯兰汗去世，继位者不能维持国政，新疆和中亚落入契丹之手，建国西辽。契丹人信奉佛教，伊斯兰教一度遭受打击，但仍继续传播。据13世纪初《长春真人西游记》所载，知伊斯兰教此时已沿塔里木盆地北缘向东有所发展，包括拜城、库车、阿克苏，都皈依了伊斯兰教，一直伸展到了昌八剌（今吉木萨尔）以西地方。

13世纪初，成吉思汗率大军西征，遂后占领了新疆和中亚。蒙古统治者对宗教采取兼容并蓄政策，伊斯兰教的处境较西辽时有所改善，但在新疆传播的地域没有太多扩大。

公元1368年元朝灭亡，新疆仍由成吉思汗次子察合台汗的后裔统治，原来不信仰伊斯兰教的察合台蒙古人也改宗了伊斯兰，开始了新疆伊斯兰教继喀喇汗王朝以后的第二次大传播时期。第一个改宗的察合台后王是吐虎鲁克帖木儿汗，他的幼子黑的儿火者曾率军对吐鲁番进行宗教战争，强迫东疆地区也改宗了伊斯兰。察合台蒙古人在信奉伊斯兰教以后，与维吾尔人融合，本身逐渐成为现在维吾尔族的一部分。到了16世纪也就是明代中叶以后，新疆的维吾尔、哈萨克、柯尔克孜、乌兹别克、塔吉克和塔塔尔等民族，才完全信奉了伊斯兰教，最终取代了佛教和其他宗教，完成了新疆的伊斯兰化。

二、维吾尔族伊斯兰教建筑

总述

早在伊斯兰教创立之初，穆斯林们就在阿拉伯原有的建筑传统基础上，掺以拜占庭基督教堂传统，创造了伊斯兰教建筑，主要采用砖石拱券结构。伊斯兰教建筑主要包括礼拜寺（阿拉伯语 Masjid）和圣者陵墓（又称玛札，波斯语 Mazzar）两种。

阿拉伯最早的礼拜寺是在拜占庭巴雪利卡式基督教堂的基础上发展起来的，不过伊斯兰礼拜寺与基督教堂不同：后者以短向为正立面，平面呈纵深状；前者的礼拜殿多以长向为正面，平面横阔。总平面是一个方院，三面通廊，一面是礼拜殿。伊斯兰教要求穆斯林每天五次进寺礼拜，尤其星期五必行大聚会，所以殿身空间都比较大。

穆罕默德在创立伊斯兰教的过程中，曾被迫离开他最初传教的地方麦加，迁住麦地那，一度曾规定以耶路撒冷作为礼拜的方向，但由

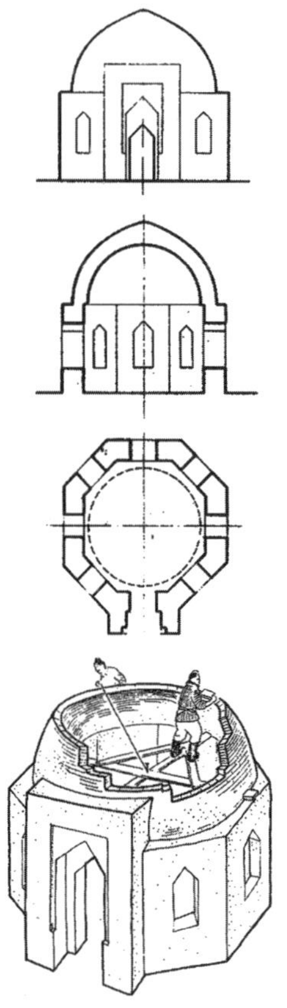
图 13–3–1　土坯砌“拱拜斯”示意（萧默）

于与犹太教的矛盾，不久便改为以麦加的克尔白大寺为准，确立了克尔白作为伊斯兰教中心的地位，称为“禁寺”。克尔白大寺院落正中有一座殿堂称“天房”，中有一块神圣的黑色陨石。《古兰经》多次提到礼拜时面向克尔白的重要：“为世人而创设的最古的清真寺，确是麦加的那所吉祥的天房，全世界的向导”；“我以天房为众人的归宿地和安宁地”；“你应当把你的面转向禁寺。你们无论在哪里，都应当把你们的脸转向禁寺。曾受天经，必定知道这是从他们的主降示的真理。”这就决定了世界各地礼拜殿的方向：当穆斯林们面向殿后的圣龛礼拜时，同时也就是朝向了阿拉伯麦加的克尔白大寺。如果把全世界的礼拜殿平面都画在地图上，就可以看见一幅以麦加为中心呈幅射状的奇妙图案。

拜占庭的基督教堂，已广泛采用最初由古罗马人创造的穹隆顶，穆斯林把它用在礼拜殿上，更加高耸而尖挺。门、窗和龛都使用拱券，多为尖拱。基督教堂常见的高塔，也被采用在礼拜寺中，经常布置在寺院的四隅。麦加的克尔白大寺就有九座 90 米高的塔，其中四座在大院四角。它们被称为宣礼塔，每当礼拜时间将到，宣礼师登上高塔，高呼着向四方召唤信徒。高塔也是乩望新月之所。阿拉伯人自然崇拜的对象主要是月亮而不是太阳，生活在炎热沙漠上的阿拉伯人，认为只有出现在凉爽夜晚的月亮才是真正的朋友，所以穆斯林的戒斋和开斋都以新月的出现为准。《古兰经》说：“新月是人事和朝觐时的时计。”

图 13–3–2　吐鲁番拱拜斯群（萧默）

穆罕默德应合了当时阿拉伯民族四分五裂迫切要求统一的社会要求，创立了一神教的伊斯兰教，以“除了安拉，再没有神，穆罕默德是安拉的使者”为基本信条。安拉作为伟大的真主是唯一真实的存在，不需要也不可能以任何偶像来代表他，认为那样有损真主的神圣，当然更不允许任何其他人物形象或动物形象出现在礼拜寺中了。所以《古兰经》说：“让我们共同遵守一种双方认为公平的信条，我们大家只崇拜真主，不以任何物来配他。”阿拉伯是一个酷爱装饰的民族，装饰和色彩正可以弥补沙漠景色的单调，但因着以上伊斯兰教教义，绝不用动物和人物为饰，故盛行几何纹样，可以说，伊斯兰使得几何图案已发展到登峰造极的地步。可巧阿拉伯文字也非常富有装饰性，植物则被认为是没有生命的，也都可以作为装饰题材。装饰手法主要是琉璃面砖和石膏花饰。琉璃砖常被镶嵌成彩色的图案。

礼拜寺的附属建筑有浴室、教经堂和教长（伊玛目，或称阿訇、阿洪）们的住所。《古兰经》说，“真主喜爱洁净的人”，穆斯林在礼拜前应该小净或大净，沐浴的地方是必要的。教经堂是教授《古兰经》教义的地方。

圣者陵墓称玛札，是宗教性纪念建筑，属于伊斯兰教素有名望的传教者或政教合一时期的王者。殁后在其墓棺上建造圆穹隆顶建筑，维吾尔语称“拱拜斯”，汉语称“拱北”，皆源于阿拉伯语 qubbah，原意指圆顶建筑（图 13–3–1、图 13–3–2）。

以上这些基本特点，在伊斯兰教传入新疆的时候，几乎被回鹘人全盘接受。回鹘人本来就没有多少自己的建筑传统，面对经波斯和中亚传来的伊斯兰建筑，并无抗拒，只是根据新疆的情况作了一些变通。例如，新疆的伊斯兰礼拜寺都不采用石结构，而主要沿用本地古已有之的木柱密梁平顶结构，只须在纵向或横向增加木柱，就可满足任意规模的要求。礼拜殿分内殿、外殿：内殿四周有墙，供冬季使用，后墙必为西墙，墙上砌圣龛，面向圣龛礼拜，同时也就是面向麦加；内殿前方或左右前三方围绕外殿；外殿前檐敞开，面积较大。

除了规定圣龛必须在西面和礼拜殿必须坐西向东以外，新疆礼拜寺的总平面布局非常自由，不求规整对称，一般只是沿大院周边布置建筑。寺门若在东，入门迎面就是大殿，如喀什艾提卡尔大寺、吐鲁番额敏寺、莎车礼拜寺等。寺门在南，入门须左转进入大殿，如喀什阿巴和加玛札所附大寺、库车大寺、库车默拉纳额什纳丁礼拜寺。寺门在北则右转，如洛浦巴额达特礼拜寺。未见寺门在西者（图 13-3-3）。

礼拜寺都有带角塔的高大门墙，砖结构。院中还有水渠或水池，供祈祷者净手净身之用。大寺还常有群房和向外开门的店铺，群房供经学生居住，店铺的商业增加寺院收入。

玛札多采用砖结构或土结构。小型玛札只是土墙围护的一片墓群，聚族而葬，在围墙入口建土坯拱门，门两侧附圆形塔柱。有的在其中一座主要墓上，以土坯建造拱拜斯，圆穹隆顶，覆盖其下方形或八角形平面墓室。大型玛札除建造大型砖结构拱拜斯外，还附有礼拜寺。

建筑装饰除沿用波斯中亚的琉璃面砖和石膏花饰以外，更多地运用了木面和砖面装饰，如各种木雕、镶贴砖花、磨砖和凹凸砖花等。

实例

吐虎鲁克玛札　吐虎鲁克·帖木尔是新疆地区第一个信奉伊斯兰教的蒙古察合台汗，在位期间全面接受了伊斯兰文化（包括建筑在内），对推动新疆的伊斯兰化起了很大作用，殁后按宗教制度入葬。玛札在伊犁霍城县，其拱拜斯建于 1363 年即元代末年，是元代硕果仅存的一座比较完整的砖砌穹隆顶建筑。

拱拜斯全用砖砌，室内平面近于方形，上覆跨度 7 米余的鼓座和穹隆顶，顶尖距地约 14 米。一侧为大门，门外有进深约 2 米的尖拱券门龛，全部建筑面阔 12.5 米、进深 14.6 米。大门以外其他三面外墙最厚处超过 3.3 米。四个墙角各有一方形小龛室，前方的两个龛室内设暗梯可达穹顶。穹顶鼓座以下的外侧，有一条宽约 1.5 米、高约 2 米的环形弧顶甬道，与厚墙和四角龛室一起，足以抵承穹顶产生的侧推力。环形甬道的设置，与中亚布哈拉的伊斯尔陵（907）等一脉相承。室内穹顶鼓座以下，在墙体四角和四面，各有一个悬挑出墙表的券龛砌体，将方形先变为八角，再承接以上的圆形鼓座和穹隆。

在正立面尖拱大龛周围的墙面上，以蓝、绿、紫、白琉璃为主作重点装饰。沿尖拱边缘以阿拉伯文字组成琉璃饰带，其外围以矩形边框。在边框内、外和凹龛其余墙面都以琉璃面砖镶砌出各式美丽的几何图案，以蓝、绿、紫色为地，

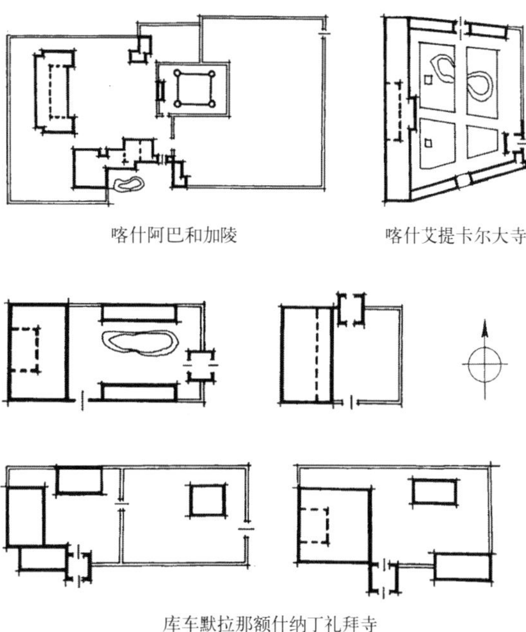

图 13-3-3　新疆各地礼拜寺总平面布局示意（萧默）

① 常青．西域文明与华夏建筑的变迁[M]．长沙：湖南教育出版社，1992；B.Fletcher.A History of Architecture, 19th.Edited by John Musgrore. London, 1987；D.T. Rice.IslamicArt.New York and Toronto Oxford University Press, 1975.

② 布哇．帖木尔帝国[M]．冯承钧译．北京：中华书局，1956.

白色为纹样。从总体到细部，完整反映出中亚伊斯兰建筑风格。室内表面均抹以石膏灰浆（图13–3–4、图13–3–5）。

吐虎鲁克玛札在一定程度上反映了波斯中亚地区当时的琉璃工艺水平。原先的琉璃制作和使用，是先经烧制，再切割成小块，以之拼镶成表面平整的彩色图案。13至14世纪，开始在琉璃面砖黏土制坯的同时，烧制以前就预先以色釉绘制或雕刻纹样（但仍须先制成大块再切割成所需尺寸）。有的研究者认为，这种工艺很可能采用了中国传统的压模成型法和施釉法。[①]事实上，14世纪时的确有许多汉族陶工在中亚施展技艺。[②]因此可以认为，当初曾受到西域影响的中国琉璃工艺，此时又反过来对前者产生作用。再以后的15世纪，更发展了刻绘图案、施釉和预先划成小块的一体化琉璃制作方法，其中可能仍有汉族工匠的贡献。

图13–3–4　霍城吐虎鲁克玛札（《陆上与海上丝绸之路》）

图13–3–5　吐虎鲁克玛札门龛（《中国古建筑大系》）

图13–3–6　库车默拉那额什纳丁礼拜寺寺内（《新疆丝路古迹》）

默拉那额什纳丁礼拜寺及元明时期玛札

除玛札以外，新疆元明时代的维吾尔伊斯兰建筑，现存几个礼拜寺实例都经过后世重修，库车的默拉那额什纳丁礼拜寺是迄今所知最早的一座。据成书于15世纪的《拉什德史》记载，劝导吐虎鲁克·帖木尔皈依伊斯兰教的人，是两个大食（阿拉伯）毛拉（伊斯兰学者）沙黑·札马鲁丁和阿尔沙都丁，即默拉那额什纳丁父子。他们去世后，在库车为他们建造了玛札和“哈尼丁”（即苏菲·伊善派的礼拜寺），故此寺应始建于元。

这是一座附有玛札的礼拜寺，分别位在东、西并列的两座院子里。寺门朝南，礼拜殿在最西，外殿面阔六间、进深三间，内殿面阔与外殿同，进深二间，结构为木柱承重的纵向密梁平顶。在礼拜殿前面的北侧还有敞厅式的侧殿，以栅栏划分内外。曾有研究者认为，礼拜殿是清代建造的，但其外殿与内殿呈前殿、后殿关系，与以后维吾尔礼拜殿外殿三面环抱内殿不同，却与喀喇汗王朝时的外廊式礼拜殿相近。柱身的木雕和柱头上的托木也明显带有当地原有佛教建筑木雕的特点。因此，这座礼拜殿即便经过了清代的重修，一定程度上仍保持着元代初建的形制（图13–3–6）。

东院的玛札是一座平顶木构建筑，一般认为是元代遗构。

还要提到，礼拜寺附建玛札的做法并非早期伊斯兰教所原有，而是苏菲派提倡的结果。苏菲派产生于10～11世纪的阿拉伯，是受新柏拉图主义和印度佛教瑜伽派影响的一个伊斯兰派别。“苏菲”（Sufi）意为羊毛，因该派教徒常穿着粗羊毛衣服而得名。此派盛行崇拜圣徒、朝拜坟墓之风，认为只有通过圣徒才能与安拉合一。历经元明清各代，一直到现在，苏菲派仍在新疆发挥着影响，推动了在玛札旁建造礼拜寺的做法。如清修《莎车府志》礼俗条记此派云：“凡阿洪之为人果系有品有学为乡人所尊仰者，于死后葬所，后人为之建寺筑园，凿池注水，广植果木，名曰玛札。每岁赛会数日，以恣人礼拜游玩，而其尤者，或于坟上饰以琉璃砖，形若覆碗，高数尺或一二丈。”同书乡贤条也说：“阿布多墨黑买汗，明初人，博鉴经典，知阴阳理数及过去未来之事。葬回城内，后人于其冢旁建礼拜寺以祀之”，又说：“夏的和加、而末提拉和加、阿奇玉色普和加、乌灼土黑和加，四人均前明中叶大阿洪，……缠民（指维吾尔人）至今祀奉其礼拜寺坟墓在回城内”。礼拜寺与玛札合建在一起，使原先单一的礼拜功能增加了祭祀的内容，是新疆维吾尔伊斯兰教建筑的重要发展。[①]

始建于明以前或明代的比较重要的玛札还有喀什的阿尔斯兰汗玛札、莎车伊萨克王子玛札和喀什噶里玛札等。阿尔斯兰汗玛札初建于12世纪初东喀喇汗王朝末期，现存的建筑是明代重修过的（图13-3-7～图13-3-9）。

艾提卡尔大寺　喀什艾提卡尔大寺是新疆最有名的礼拜寺。自古以来，经过喀什来往于中国和中亚各国的商人、香客和使节十分频繁，是新疆最早接受伊斯兰教的地方，也是新疆伊斯兰宗教中心。

艾提卡尔大寺位于喀什市内一座广场的西端，创建时间说法不一，大约在五百多年以前即

图13-3-7　喀什阿尔斯兰汗玛札（《新疆丝路古迹》）

图13-3-8　喀什噶里玛札大门（萧默）

图13-3-9　噶里玛札墓室（楼庆西）

① 常青．中国伊斯兰教建筑（手稿）．

① 阿古柏，中亚浩罕国（今乌兹别克斯坦）军事首领，1867 年入侵新疆，占领了南疆和北疆广大土地，建立哲德沙尔汗国（意为七城之国），曾在喀什扩建艾提卡尔大寺。1877 年清军向南疆进军讨伐，阿古柏兵败自杀。

15 世纪初，相当于明代前期，后又经历代五六次的扩建，现有规模形成于 1874 年阿古柏[①]扩建以后，是中国最大的礼拜寺。

寺坐西面东，扩展时因为要让开南面的街道，只能向北伸延，所以现在的大门开在全寺的东南角。全寺平面呈梯形，不规整对称。门殿砖砌，平面八角，内部分八面建八个尖拱龛，各龛之间又各建一小龛共 16 龛组成正 16 面形。16 个龛之间的三角形墙面弧转，砌至龛尖标高时成圆形，于其上再接建圆筒墙，最后覆盖跨度 9 米的穹隆顶。因门殿前墙颇高，此穹顶在外面不可得见，只可从侧面得见顶上一座穹窿小亭。前墙正中开砖拱大门洞，拱顶尖形，在大拱左右和上面砌许多浅龛，龛顶也是尖拱。门墙左右以院墙连接两座宣礼塔。塔圆形，有收分，塔顶为穹隆顶小亭，阿訇可由塔内螺旋梯上登，呼唤信徒礼拜。门左的墙很短，塔较粗壮，门右墙较长而塔较纤细，取得不对称均衡构图。墙上也有尖拱形浅龛。许多大小尖拱的不断出现，显示了手法的统一（图 13–3–10、图 13–3–11）。

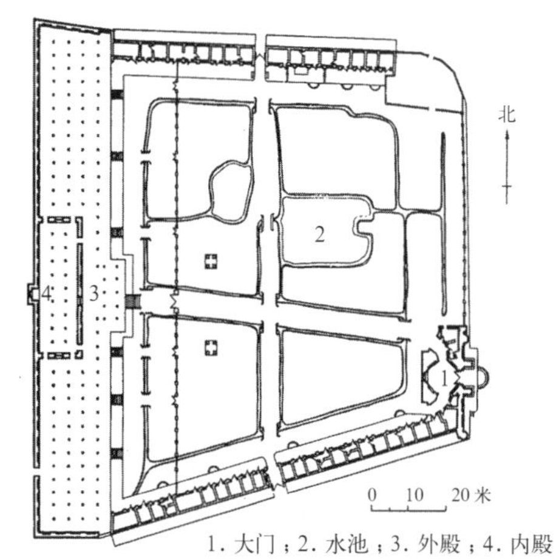

图 13–3–10　喀什艾提卡尔大寺总平面（《中国古建筑大系》）

图 13–3–11　喀什艾提卡尔大寺（萧默）

图 13–3–12　喀什艾提卡尔礼拜殿（萧默）

门内隔大院有道路斜向通至礼拜殿，分内外二殿。外殿向前完全敞开，树立平面组成为方格网的木柱，承密梁平顶，面阔 38 间，宽 140 米，进深四间，约 15 米。中部四间又向外凸出二间。内殿在外殿中部，三面为外殿所围，有墙，面阔十间、深三间，也是密梁平顶。内殿前墙正中开门洞，门周有非常精美的石膏几何花纹，用刻剥法制成。庭院南北端为群房，皆一层，平顶，为教长室、经学教室和浴室，朝向南面大街的群房是寺院经营的商店。庭院东北部有水池，供信徒礼拜前净手（图 13–3–12）。

阿巴和加玛札　建有礼拜寺的玛札，最著名的规模也最大者应推建于清代的阿巴和加玛札。阿巴和加玛札在喀什市区东约 5 公里，是一个大的建筑群体，包括一座玛札、四座大小不同的礼拜殿、一座教经堂，还有阿訇住宅。

阿巴和加是新疆历史上一位著名人物。和加（或称和卓）意为圣裔，传说是穆罕默德逝世后执掌政教大权的哈里发后裔。新疆最早的和加原是撒马尔罕的宗教领袖玛赫杜米 · 艾札木，在 16 世纪中叶来到新疆。他的家族从 17

世纪末开始长期控制南疆地方政教权力。玛赫杜米的长子穆罕默德·伊敏和次子伊沙克都有大量的追随者。伊敏的孙子就是阿巴（又写成阿巴克、阿帕克）和加，从玛赫杜米算起，已经是第四代了。他创立的“白山”派以喀什为基地，势力较大；伊沙克及其后人的追随者则为“黑山”派，以叶尔羌为基地。阿巴殁于1693年（康熙三十二年），阿巴和加玛札就是他的坟墓，所以大概建造于17世纪末即清初。但玛札里不仅有阿巴的墓，也有他的父亲和后裔共五代人的68座坟墓，占据了玛札内大部分面积。在玛札附近还有成百上千座信徒墓。

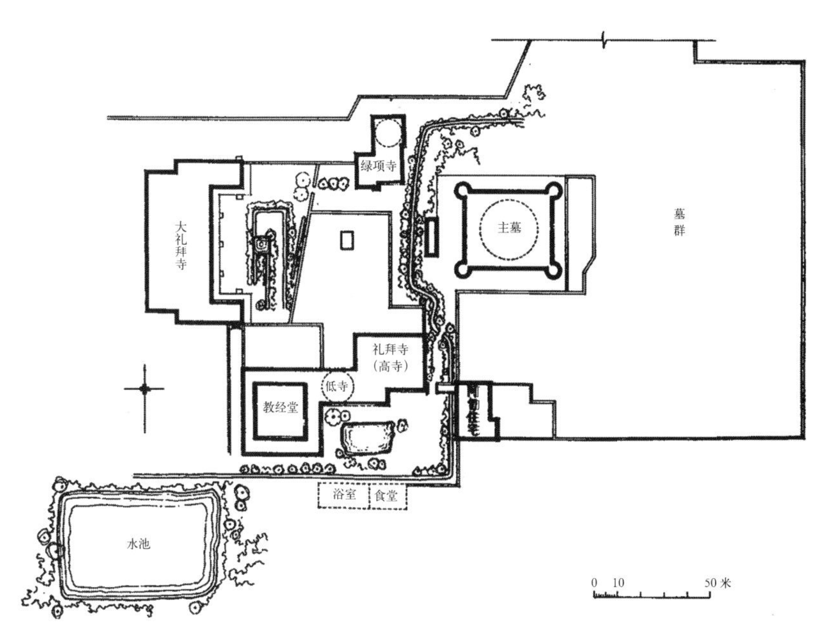

图13–3–13 喀什阿巴和加玛札总平面（《中国古代建筑史》）

总入口在建筑群的南面，进入大门北行转东就是坐北朝南的玛札（图13–3–13～图13–3–15）。

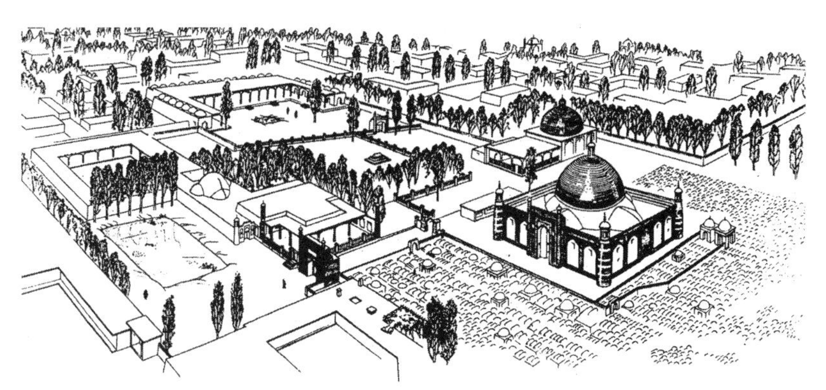
图13–3–14 阿巴和加玛札鸟瞰（《中国古代建筑史》）

玛札平面方形略横长，约宽48米、进深42米，四围都是砖墙。中央的空间平面方形，边长16米，四面砌大尖拱，拱背四角砌小角拱合成八角形，同时墙面弧转为圆形，在圆筒形的鼓座上接建大穹隆顶，顶尖再加穹顶小亭。大穹顶四面各接出一个半穹顶，使内部平面呈十字形。十字形平面内墙和方形外墙之间的四个空间为平顶。在内、外墙之间有跨度约1米的筒拱回行甬道，转角处有螺旋梯，可上至屋顶。室内皆抹石膏灰，白色，只在中央穹顶顶脚有一圈蓝地白色石膏雕花。由于中央穹顶颇大，下面又以一段鼓座将其抬高，所以从各方均可观赏。门墙在正面即南面中央，呈竖高矩形，高耸在四墙以上，又前凸于南墙以外，形象突出，强调了入口。在门墙正中开大尖拱，构图与阿提卡尔的寺门差不多，但左右各立有一根塔柱，柱形同于宣礼塔而很细。这样的门塔组合构图，在新疆各地礼拜寺寺门中经常可见。玛札的四周墙面砌尖拱龛，大而浅，东西墙各五龛，北墙七龛，南墙门墙左右各两龛，龛内有不大的方形木格窗，是夹层的采光口。四角各耸立一

图13–3–15 喀什阿巴和加玛札建筑群总入口（楼庆西）

图 13–3–16　阿巴和加玛札陵堂（萧默）

图 13–3–17　阿巴和加陵堂穹顶（萧默）

图 13–3–18　阿巴和加陵堂内（萧默）

图 13–3–19　阿巴和加墓群（萧默）

座以穹顶小亭结束的宣礼塔，粗而高。宣礼塔上和门墙塔柱上的穹顶小亭，与中央大穹顶及顶上的小亭呼应，加强了中央穹顶的构图主体作用和全体的统一。总体造型稳定端庄、比例匀称，气氛沉静肃穆。建筑外表面除浅龛墙面为白色外，包括大穹顶在内全用深绿和浅蓝的琉璃面砖或瓷砖贴砌，强调了构图的明确性，也加强了建筑的纪念性格，非常美丽。墙头有一排透空琉璃花板，使平直的檐口增加了生动的趣味（图 13–3–16 ～图 13–3–20）。

当地传说，在玛札内还有一座乾隆妃子香妃的墓，故阿巴和加玛札又俗称香妃墓。乾隆确有过一位维吾尔族且属于阿巴和加家族的妃子，叫做容妃，在宫内 28 年，但殁后葬在遵化东陵，并没有运回新疆。

建筑群内与玛札同时建造的还有几座礼拜寺。绿顶礼拜寺在玛札西北，较小，也覆以穹隆顶，贴砌绿色琉璃面砖。建筑群最西部的大礼拜寺很大，坐西向东，为 1867 年到 1877 年阿古柏入侵新疆时所建，平面呈向前围抱的凹字，总面阔 17 间、宽 62 米。外殿占据凹字三面，木结构密梁平顶。内殿只在凹字后横部分，采连续砖拱结构，利用结构本身为饰，简朴浑厚。同期在全寺西南还建造了教经堂（图 13–3–21 ～图 13–3–24）。此外，建于晚清、紧邻建筑群总入口西侧的高、低两座礼拜寺也很有特色。它们的“高”、“低”不是指屋顶，而是指地面。“高”者建在台基上，两个转角各矗立一座宣礼塔，与用琉璃面砖镶成彩色图案装饰得十分华贵的大门一起，形成入口处富有变化的美丽构图，内部木柱和梁枋上的木雕彩画装饰也极其精美。“低”者在高寺西，与高寺紧邻，室内地面低于室外 2 ～ 3 米。高、低二寺各有外殿、内殿。高寺开敞轻巧而华丽，主要用于夏季。低寺封闭严实，主要用在冬季（图 13–3–25 ～图 13–3–27）。

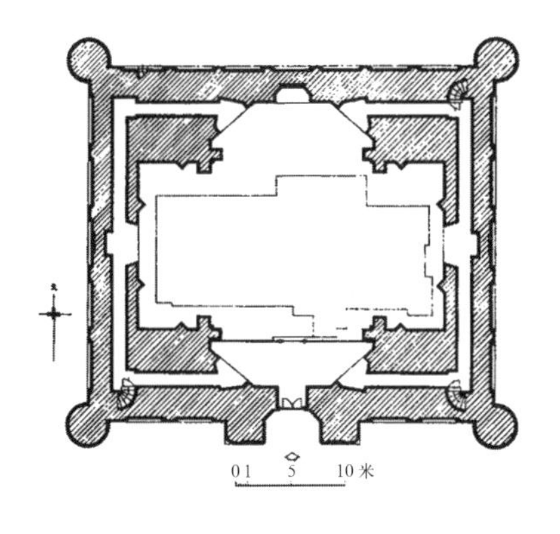

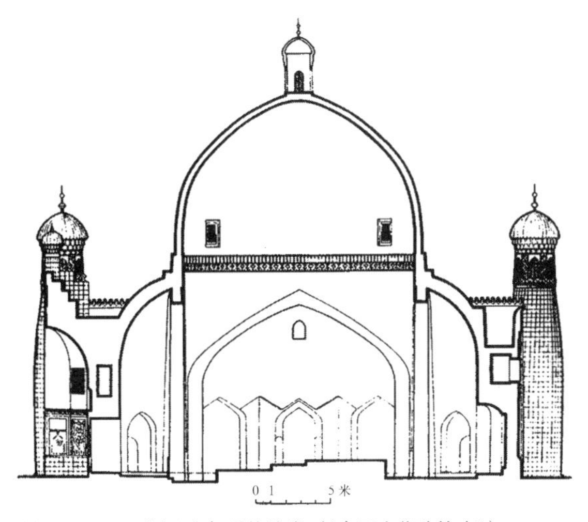

图 13-3-20　阿巴和加玛札陵堂（《中国古代建筑史》）

图 13-3-21　阿巴和加玛札绿顶礼拜寺（孙大章）

图 13-3-22　阿巴和加大礼拜寺寺门（萧默）

图 13-3-23　阿巴和加大礼拜寺外殿（萧默）

图 13-3-24　阿巴和加玛札大礼拜寺内殿（《新疆丝路古迹》）

图 13-3-25　阿巴和加玛札高礼拜寺南面（罗哲文）

图 13-3-26 阿巴和加玛札高礼拜寺内部（萧默）

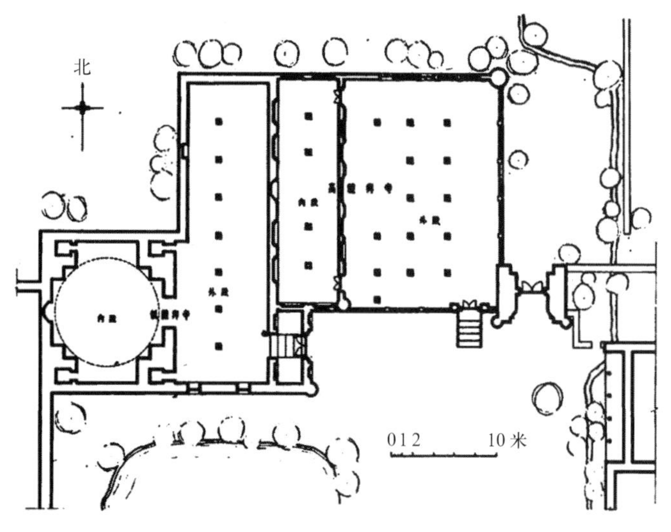

图 13-3-27 阿巴和加玛札高低礼拜寺平面

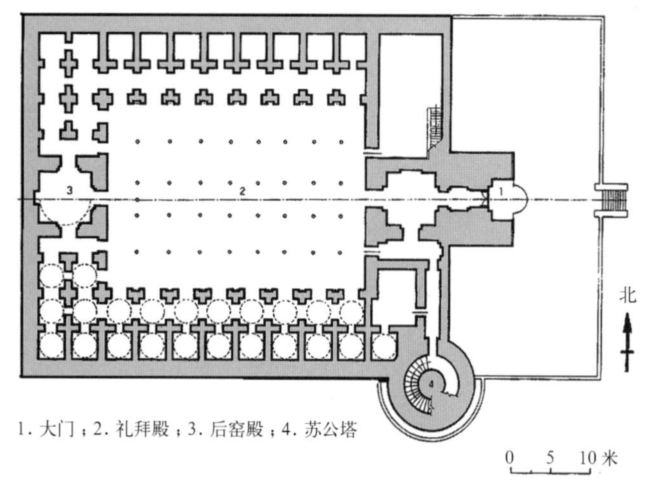

图 13-3-28 吐鲁番额敏寺总平面（《中国古建筑大系》）

额敏寺 额敏寺在今吐鲁番城东南郊一开阔台地上，坐西向东。建于清乾隆四十三年(1778)。清初，朝廷对于蒙古人在新疆的势力日益发展感到不安，康熙决定西征，1720 年进军吐鲁番，并由乾隆最终完成了对新疆的重新统一。在这一过程中，吐鲁番的宗教领袖额敏和加起了很好的作用，被朝廷特封为郡王，其子苏赉满乃建此寺以为纪念。寺一角有一座高塔，塔下过道内有石碑记述其事。

大殿方形，由外殿、内殿和左、右配殿毗连组成，空间贯通。外殿面阔五间、进深九间，为木结构密梁平顶。平顶中央一间露天，可从中仰见高高耸立的大塔。后殿和左右配殿分为多间，为土坯结构。后殿正中一间置圣龛，平面方形，覆圆穹顶。左右各接两排四间共 16 间小方室。左、右配殿也都是小方室，各两列、八间，共 32 间。所有小室都覆盖土坯圆穹顶。整个大殿宽、深各约 40 米，可容上千人活动。

殿前紧接门厅，厅外为门道和大门，门厅左右各有一个小小的院子，在全寺前右即东南角耸立一座高塔。所有建筑聚集在一起，非常紧凑，不同于新疆一般礼拜寺布局围绕大院周边布置建筑。在吐鲁番酷热的气候条件下，这种安排使全体信众都能在大殿屋顶的荫庇下活动，隔绝了强烈阳光的烘烤（图 13-3-28 ～图 13-3-31）。

高大门墙的构图类似一般礼拜寺，在正中尖拱龛周围砌小龛，全用米黄色砖砌筑，完全不用琉璃面砖和石膏花，十分朴素。只是上面一排小龛透空，龛内的阴影和露出的点点天空，增加了一些空灵之气。

额敏寺最值得注意的是大塔，称额敏塔或苏公塔，也全用砖砌，平面圆形，高达 44 米、塔底直径 14 米、塔顶 2.8 米，有显著收分。额敏塔造型的最大特点是轮廓通体浑圆，没有起伏和分割，全体一气呵成，朴素之极。塔内中心砌通高圆柱，圆柱与外壁间有挑砖支承的木制旋梯，可直达塔顶的砖砌圆亭。亭身围砌尖拱，拱间装饰石膏花格。亭顶砖砌小穹窿，非常圆和地结束了全塔。在轮廓简朴的塔身表面，却有十分精细的凹凸砖花装饰：下段四分之一素洁无华，上段用型砖凹凸相间地砌出几何图案，呈环状分布。图案构图丰富，达十余种之多，手法却只是砌筑，凸出之砖皆与总轮廓取平，简练自然，含蓄而典雅。圆塔所用的米黄色砖均需砍磨成扇面形，各层砖的形状都不相同（图13–3–32）。

浑圆的高塔为纵向构图，由直线组成的礼拜寺为横向，二者取得圆与方、曲与直、高与低、垂直与水平的丰富对比。门墙向前凸出于寺墙，也高出于寺墙，适当增加了一点变化。门墙与大塔之间的寺墙较短，另外一边较长，取得构图的均衡。墙头砌出一列空花格，与门墙上部一列透空小龛一起，打破了封闭感，增加了虚实对比。门墙前面的小广场以低矮土墙围绕，起到丰富构图的作用。它们使用的黄土和米黄色砖，在色彩和处理手法上完全一致，使整个建筑群获得了变化中的高度统一。可以认为，额敏寺所达到的艺术成就，使它在全部新疆建筑甚至中国建筑中，都应该占有突出的地位。

建筑的纯米黄色调与周围黄土地完全协调，达到了与环境的高度和谐。

图13–3–29 额敏寺（萧默）

图13–3–30 额敏寺内部（萧默）

图13–3–31 额敏寺内庭（萧默）

图13–3–32 额敏塔的砖饰（《新疆丝路古迹》）

玉素甫玛札 玉素甫玛札在喀什南郊，有一种说法认为它就是10世纪中叶第一个信奉伊斯兰教的喀喇汗王朝沙土克·波格拉汗的儿子、在南疆发动宗教战争的玉素甫·喀的尔汗的玛札。喀的尔汗在1031年（北宋天圣九年）去世于喀什。还有人认为它是喀喇汗王朝维吾尔著名诗人、长诗《福乐智慧》的作者玉素甫·哈斯·哈吉甫的玛札。《福乐智慧》成于1069年（北宋熙宁二年）。哈斯·哈吉甫逝后，原葬在喀什另外地方，因洪水迁此另建玛札，将遗体移来。不管怎样，从始建年代来说，有可能是新疆最早的伊斯兰建筑。但曾经19世纪阿古柏入侵南疆时重修，现状是重修过的面貌。[①]

玉素甫玛札总平面是一个东西长的矩形，大门向南（近年又另开北门）。入门西侧为礼拜殿，面阔六间、进深三间，木结构平顶，向东敞开。内殿在外殿西南角，为方形小室，覆圆穹顶。在礼拜殿南毗连阿訇住宅，为前后套间。与礼拜殿隔院相望，在东面建玛札。在玛札左右以墙隔出东院，是教民墓地。

玛札墓室方形，上覆高耸的圆穹降顶，顶

① 刘致平．中国伊斯兰教建筑[M]．乌鲁木齐：新疆人民出版社，1985．

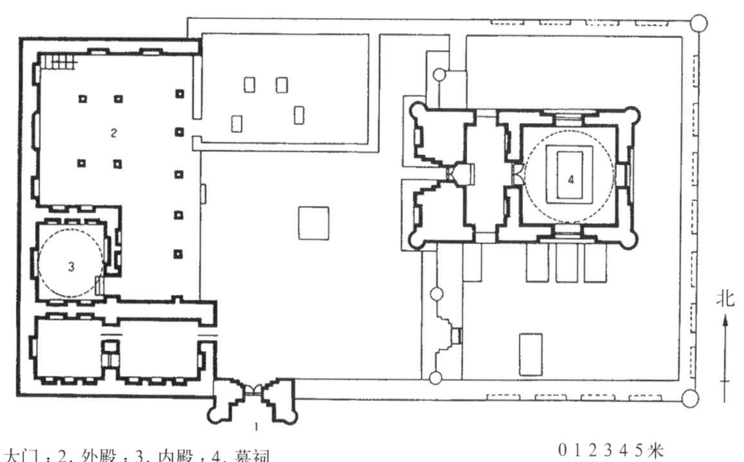

图 13–3–33 喀什玉素甫玛札总平面（《中国古建筑大系》）

图 13–3–34 喀什玉素甫玛札北面外景（萧默）

图 13–3–35 玉素甫玛札（萧默）

图 13–3–36 玉素甫玛札陵堂顶（萧默）

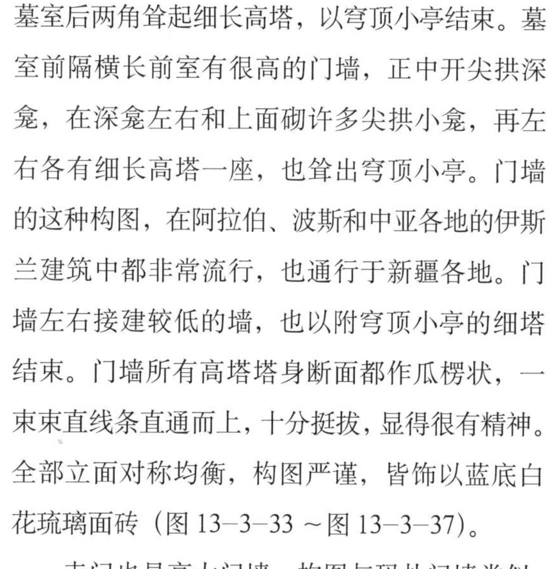

图 13–3–37 玉素甫玛札墓室内（萧默）

上再凸起一座小亭，全部装饰着绿色琉璃面砖。墓室后两角耸起细长高塔，以穹顶小亭结束。墓室前隔横长前室有很高的门墙，正中开尖拱深龛，在深龛左右和上面砌许多尖拱小龛，再左右各有细长高塔一座，也耸出穹顶小亭。门墙的这种构图，在阿拉伯、波斯和中亚各地的伊斯兰建筑中都非常流行，也通行于新疆各地。门墙左右接建较低的墙，也以附穹顶小亭的细塔结束。门墙所有高塔塔身断面都作瓜楞状，一束束直线条直通而上，十分挺拔，显得很有精神。全部立面对称均衡，构图严谨，皆饰以蓝底白花琉璃面砖（图 13–3–33 ~图 13–3–37）。

寺门也是高大门墙，构图与玛札门墙类似，琉璃彩色图案则更为精细。

院墙较低，转角处也有细高的塔。全寺高塔多达 11 座，一座座高塔和塔上的小亭，加上两座大穹顶，还有高低不同的门墙和院墙，全建筑群的体形和体量对比非常丰富。它们又全都包以琉璃，闪烁在阳光下，显出迷人的光辉。

新疆维吾尔族伊斯兰建筑总数颇为不少，有人统计，城市平均每 70 ~ 80 户、乡村每 20 ~ 30 户就有一座礼拜寺，全疆总计当以万计。

但一般规模均较小，较重要者除以上介绍的以外，还可举出如库车大寺、喀什奥大西克礼拜寺、喀什哈力克教经堂、哈密王陵、哈密盖斯玛札等，都各以其不同而又具统一风格的艺术面貌，体现了维吾尔族人民卓越的建筑艺术才能（图13–3–38～图13–3–46）。

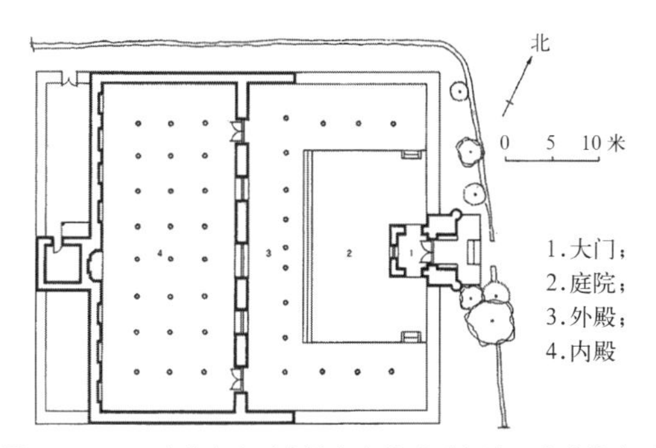

图13–3–38 喀什奥大西克礼拜寺总平面（《中国古建筑大系》）

图13–3–39 库车大寺

图13–3–40 伊宁乌兹别克礼拜寺（萧默）

图13–3–41 哈密王木结构陵堂（《新疆丝路古迹》）

图13–3–42 哈密盖斯玛札（《新疆丝路古迹》）

图13–3–43 哈密王陵砖砌陵堂（《新疆丝路古迹》）

图13–3–44 伊宁乌兹别克礼拜寺（萧默）

图 13-3-45　喀什乡村小礼拜寺（萧默）

图 13-3-46　喀什乡村小礼拜寺（萧默）

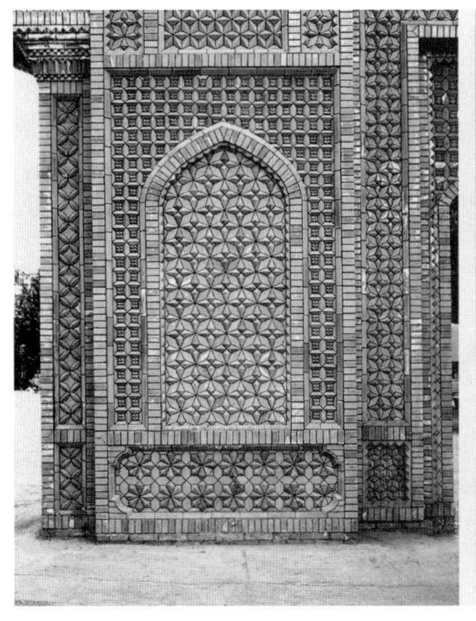

图 13-3-47　砖雕饰（萧默）

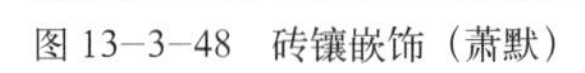

图 13-3-48　砖镶嵌饰（萧默）

三、维吾尔族伊斯兰教建筑装饰

独特的建筑装饰是形成维吾尔建筑风格的重要因素。关于民居的建筑装饰，前已做了一些简单的介绍，宗教建筑的装饰手法更为丰富，如砖饰、琉璃饰，抹面、石膏花饰，木饰及彩画等。

砖饰　主要使用在砖结构建筑的墙面、塔身和檐口等处，使用砖饰的都是磨砖对缝的清水砖面。砖饰有拼花砖、凹凸砖花、磨砖和砖线脚等。

为打破大片平直墙面的单调感，在外墙面常砌出尖拱龛，龛外围有方框，内墙面则常砌出方形框档。这些龛和框一般都较浅，仍保持了建筑的整体感，在龛和框档内，以砍磨好的砖镶砌出各种拼花图案，如八字纹、席纹、回纹、万字纹、龟背纹等。在圆塔塔身也常使用拼花砖作上下段的区分（图 13-3-47、图 13-3-48）。

凹凸砖花是使某些砖块内凹，组成表面凹凸有阴影的图案墙面，多用在砖塔的某一段或某一横带，如额敏塔，墙面上不大见用（图 13-3-49）。

磨砖是把砖砍磨成各种形状，如仿木构檩头的砖牛腿、砖菱角牙子等。磨砖都砌成横带状，凸出于墙面之外，与线脚配合使用，在砖塔的分段处以及砖塔或砖墙的檐口处形成重点装饰。

线脚也用在墙面如框档、窗线、龛线等分割处，起伏较小，只是陪衬。

面砖饰 面砖是高级宗教建筑使用最多也最有效的装饰手段，瓷质面砖上有图案，典型者如噶里玛札，白地蓝花，非常精彩（图 13–3–50）。

琉璃面砖与内地用在屋顶上的琉璃瓦不同，不但用在穹窿屋顶，也用在外墙。琉璃面砖用石膏浆镶贴，有素平和模制花纹两种，按色彩有单色与彩色之别。单色素平面砖用于大片整面镶砌，以绿色较多，也有少数蓝、紫、黄色。彩色花纹素平面砖以彩釉绘出，用在墙面分割处作连续饰带，多白地蓝花（图 13–3–51）。

粉刷 宗教建筑的内墙普遍采用石膏粉刷，做法同于民居。

石膏花饰 是极富新疆特色的装饰方法，多用在室内，有时也用于室外。不只是宗教建筑，民居尤其是喀什民居也大量使用。多数石膏花饰采用干刻法直接刻出，少数部位用模制。

干刻石膏花用在主要入口门贴脸的周边、内墙墙顶、龛的周边、龛与龛之间的壁柱以及抹灰天花上。先在整个表面作石膏粉刷，然后在需要雕花的地方抹薄层石膏浆作底层，石膏浆内经常要加入洋蓝，与石膏混合成天蓝色。干后再抹一层白石膏浆为面层，面层厚度就是石膏花的深度，约 0.5 厘米。事先将图样描在纸上，沿线刺针，覆于面层，以木炭粉包扑打，再依轮廓线切刻，趁面层没有完全干透把轮廓线以内的面层石膏剥去，露出平整的天蓝底色。凸出的纹样断面有多种，如尖棱向外的三角形、并列三角形或短边向外的梯形，总之要使剥离体的轮廓呈斜面，不但富于趣味，也易于剥出。一般几何纹的石膏刻花至此就算完成，制成的雕花是一块天蓝底色上的镂空白石膏花板。少数空处需用其他颜色时可另涂刷彩色。植物纹的石膏花一般本身还有凹凸，在剥出空白后继续加工。

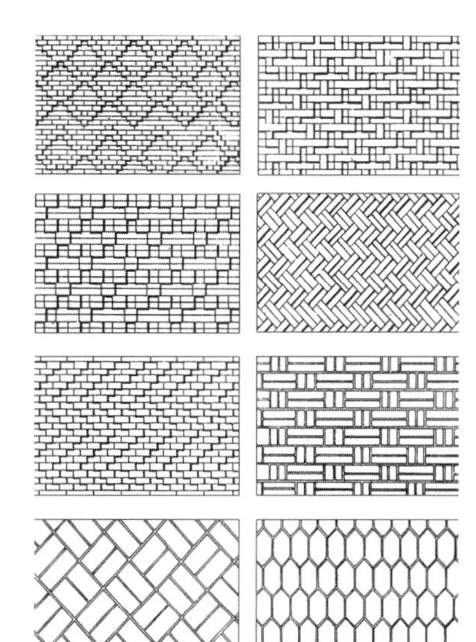

图 13–3–49 凹凸砖花和拼花砖（《中国古代建筑技术史》）

图 13–3–50 瓷质面砖（喀什玉素甫玛札）（萧默）

图 13–3–51 琉璃面砖（阿巴和加建筑群总入口）（萧默）

图 13–3–52 干刻石膏花饰（喀什奥大西克礼拜寺内殿）（孙大章）

图 13–3–53 干刻石膏花饰（艾提卡尔礼拜殿内）（萧默）

干刻石膏花比模制的棱角更为鲜明，没有拼装接缝，表面及底面都平整光洁，构图完整，底面有色彩，比全白的模制花更能突出花纹，加强装饰性。在曲面上使用此法也较模制更易进行（图 13–3–52、图 13–3–53）。

图 13–3–54　模制石膏花饰（阿巴和加玛札陵堂门龛）（萧默）

图 13–3–55　模制石膏花饰（萧默）

图 13–3–56　模制石膏浮雕（玉素甫玛札）（萧默）

图 13–3–57　模制石膏花饰（萧默）

模制石膏花本色为白，也可涂以其他颜色，一般用在室外檐口，作连续小龛形，或室内墙面上部周边，作混面花枝纹。模型用木板直接刻制，模内打磨光洁后涂油或肥皂水翻制石膏即成。漏窗的窗格也大多用石膏翻制，成为很好的装饰（图 13–3–54 ~图 13–3–57）。

花饰图案都是植物纹或几何纹（图 13–3–58 ~图 13–3–60）

常常在礼拜寺主要建筑的转角处或门墙尽端，高高地耸起穹顶小塔，极大丰富了建筑的轮廓，其塔身和塔顶常综合使用了以上多种装饰手法（图 13–3–61、图 13–3–62）

木饰　维吾尔建筑上的木构装饰也相当丰富。木构件本身常制成富有装饰意味的形式，表面常施加木雕。如木柱、柱头托木、平伸的木檩头等，都是广泛利用形体本身作装饰的地方。宗教建筑中的木柱断面大都作八角形，在柱下部占全高约五分之二的部位有丰富的轮廓变化，其凹凸变化都在全柱断面范围以内。最底部的断面皆呈方形如柱础，产生稳定的感觉。

多数宗教建筑的内外木柱都做出复杂的柱头，上大下小，轮廓丰富，颇有西方柱头的影响。柱头用贴雕法制成，即将柱头化整为零，事先做出很多小雕刻件，层层钉贴，最后组成一个造型复杂的整体。这些小构件大多作龛形，也有锯成花板或其他形状的。贴雕也可用在封檐板或木天花上，都是距人眼较远的部位。柱头上常同时使用托木，承纵横井字梁，梁上承椽。同一座殿堂中的许多柱子，风格大致统一，又往往有微妙的变化，甚至一柱一式。几十种式样同聚一堂，成了匠人们逞能斗技的场所（图 13–3–63 ~图 13–3–65）。

木材表面的木雕技法有阴线、减地平鈒、压地隐起和贴雕，以及少量透雕，具体做法与民居相同，只是纹样更多也更为繁细。

图 13-3-58　花饰图案（《中国古代建筑图案》）

图 13-3-61　礼拜寺的塔（萧默）

图 13-3-59　花饰图案（《中国古建筑大系》）

图 13-3-60　花饰图案（《中国古建筑大系》）

图 13-3-62　礼拜寺的塔（萧默）

图 13-3-63　阿巴和加玛札高礼拜寺东面（萧默）

图 13-3-64　木柱（萧默）

图 13-3-65　阿巴和加玛札高礼拜寺东面（萧默）

木门窗的贴脸、筒子板和门扇等的线脚都用各式线刨刨成，在阴角处常用事先制好的四分之一圆断面的联珠纹木条或其他阴角木条钉贴。有不少木门窗受到内地汉族式样的影响。

刷饰和彩画　刷饰主要施用在宗教建筑的柱子、柱头、托木和梁等木构件表面，只是单色或分色刷饰，无花纹。彩画主要用在藻井、天花和枋额上，分格绘彩色写生折枝花，衬以几何图案。阿巴和加玛札的高礼拜寺，在殿内所有木面和内墙上部一圈，几乎都绘满彩画，以各种植物纹为主，衬以少数几何纹。刷饰和彩画都以水色刷成或者绘成，外涂清油或不涂油（图 13-3-66 ~图 13-3-69）。

第四节　回族伊斯兰教建筑

总述

回族是元末明初形成的少数民族。明清回族伊斯兰建筑的最大特点就是大量采取了汉式建筑形式，以致“望之外表，几与僧道庙观无稍差异”，与宋元回族形成以前和新疆维吾尔族的伊斯兰建筑均不相同。

回族现约七百余万人，除宗教场合外已完全使用汉语汉文。回族的形成经过了数百年的历程，大约从 7 世纪中叶开始，有一些信奉伊斯兰教的阿拉伯人和波斯人来到中国经商，定居在广州、泉州、杭州和扬州等东南沿海口岸，称作“蕃客”。13 世纪初蒙古军队西征，又有大量中亚各族人、波斯人、阿拉伯人由西方经新疆来到中国，主要充当士兵。他们也信奉伊斯兰教。这两批人在中国定居后散处各地，与汉人、蒙古人、维吾尔人融合，在元末明初逐渐形成为一个新的共同体，就是回族。明朝实行回、蒙、汉可以通婚的政策，更促进了回族的扩大。在西北宁夏、甘肃、青海等省区，回族人口较为集中，但在全国各地都有分布。如

15世纪30年代，明英宗曾先后迁甘肃甘州（武威）、凉州（张掖）"寄居回回"1749人赴江南各省，其中有702人迁往杭州。这些人中有许多原是中亚人和新疆维吾尔人。

明清回族的礼拜寺普遍称为清真寺。"清真"二字在元明以前原是一般词语，意含清丽、清远、天真、纯真，不但诗人们常将之咏入诗句，文人以之命名文集，甚至道教也常名其道观为"清真观"；直到明代，开封还有名为"清真寺"的犹太教堂。"清真"二字之与伊斯兰教发生关系当始于元代，如13世纪末杭州建"真教寺"，14世纪40年代吴鉴作《清净寺碑记》，其中也有"真教"、"清净"之称。元末明初回族伊斯兰教才更多被称为"清真教"，礼拜寺称"清真寺"。明代中期以后，"清真"二字方为伊斯兰教所专有。"清"指真主的超然无染，无所始终；"真"指真主的永存常在，独一至尊。"清真"二字被穆斯林赋予了新意。[①]

元代以前内地伊斯兰教建筑如广州光塔寺、泉州圣友寺（清净寺）等，总的特点是阿拉伯风格，但即使在那时，也可以看到汉族建筑的影响。

到了明代前期（14至15世纪），中国与阿拉伯、波斯的交往仍很频繁，阿拉伯来华使节达四十余人次。明代著名的云南回族人郑和，从永乐三年（1405）起以三保太监身份七次出使"西洋"，曾远达哈桑、亚丁和麦加等阿拉伯地区。1431年最后一次出海，郑和还派员到麦加摹写了克尔白大寺《天堂图》以归。伊斯兰教规定有朝觐制度，是教徒必须遵守的"五功"之一，即凡健康而有经济能力者，一生中都应该赴麦加圣地至少朝觐一次。朝觐也必会增进回族对阿拉伯伊斯兰建筑的了解。郑和的祖上三代都去过麦加朝圣，获得了"哈吉"的称号。这些，无疑对伊斯兰教的传播和清真寺的建设，都起过作用。

但明清两代清真寺中国化的加速，却是一

图13-3-66　阿巴和加玛札高礼拜寺东面（萧默）

图13-3-67　艾提卡尔礼拜殿内（萧默）

图13-3-68　藻井（阿巴和加玛札高礼拜寺殿内）（孙大章）

图13-3-69　彩画（阿巴和加玛札高礼拜寺殿内）（萧默）

① 杨永昌．漫谈清真寺[M]．银川：宁夏人民出版社，1981．

个不可阻挡的发展态势。凡是明代以后新建重建或改建的清真寺，几乎都采用了汉式木结构殿堂形式，包括前此作为外域式样主要特征的砖砌穹顶，也逐渐被木结构殿堂所代替，总平面则采用汉族中轴对称院落组合的传统布局，建筑装饰也部分使用了汉式手法和纹样。这种外来伊斯兰建筑式样与当地建筑传统相结合的情形，并非只发生在中国，诸如印度、伊朗、土耳其、西班牙等许多地方也都有同样情况。源于阿拉伯的伊斯兰建筑，在这些地方都不同程度地本土化了，只不过中国回族清真寺本土化的程度更加显著罢了。学术界把这些伊斯兰建筑统称为混合伊斯兰式。

清真寺的中国化，原因可能是多方面的。首先，回族分散在全国，即便回族较为集中的西北各省，也是与汉族杂居，互相影响，在传统根基特别深厚且已进至熟化阶段的汉族建筑文化的长期作用下，自然汇入洪流。其次，清真寺的修建者很多是汉族工匠。更内在的原因则在于回族伊斯兰宗教思想与汉族传统思想观念的合流倾向。从明代开始，一批融合伊斯兰教义与儒家思想精华的译著大量出现，如刘智的《天方典礼》、张中的《归真总义》、马德新的《四典会要》和《大化总归》，等等。作者一般都是“怀西方之学问，习东土之儒书”的回族伊斯兰学者，他们将“天方经语略以汉字译之，并注释其义焉，证集儒书云，俾得互相理会，知回、儒两教道本同源，初无二理”。这种回、儒教义的融合，为伊斯兰建筑的进一步“转译”和中国化，提供了一种意识形态上的深厚背景。

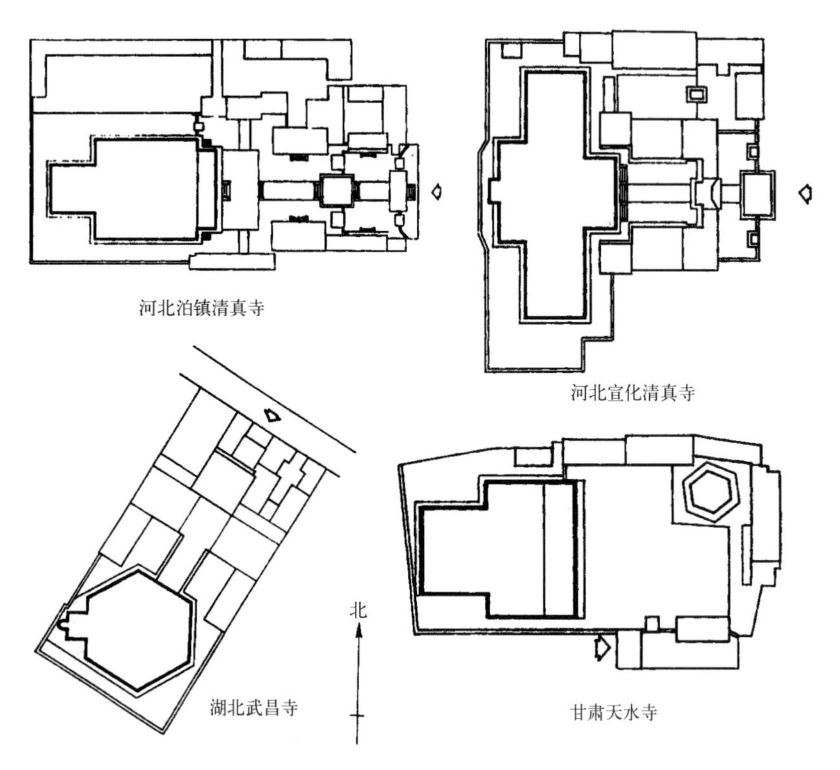

图 13–4–1　回族清真寺平面比较示意（《中国古建筑大系》）

然而，出于宗教的要求，即便中国化程度很深的回族伊斯兰建筑，也仍保有自己的特点。一、寺内建筑组成包括礼拜殿、浴室、经学教室、教长室和宣礼塔，与佛寺道观的组成不同。二、汉式传统的群体布局一般有南北方向的中轴线，入口设在南端，沿轴线布置规整对称的多进院落，主体建筑在中轴线中段或北端。清真寺则中轴线一般取东西方向，礼拜殿坐西面东，保持礼拜时面向西方的宗教要求；若寺门在轴线东端，道路从寺门正面迎向大殿，与汉式传统的差别只在轴线方向的扭转，如西安大学习巷清真寺就是这样。有时轴线东端不临街，大街在寺的北面或南面，与轴线平行，寺门就改设在全寺的东北角或东南角，入门后道路折转 90°。如兰州西关大清真寺，寺门在寺的东部南墙，门南向，面临大街，入门后西折直入二门再迎向大殿。西安化觉巷清真寺四面都临街，在寺东部南北二墙相对各设一门，东墙设大照壁，与兰州之例相近。若大街在寺西，就将大殿东移到寺的中部，仍面向东方，在寺西墙设寺门面临大街，入门后须从礼拜殿的山墙面绕到殿东，再折转向西。西安广济街清真寺就是这样，寺门设在西墙南部。北京牛街清真寺西面也是大街，寺门三座，设在西墙，入门后从大殿南墙或北墙绕到大殿东面，再回过头进入大殿（图 13–4–1）。三、礼拜殿因为要容纳众多信徒入内礼拜，要求有较大的面积，但汉式木结构建筑单体面积有限。为了解决这个矛盾，普遍采取了“勾连搭”的组合方式，即两三座屋顶前后平行串连在一起，屋顶之间为天沟，下面的空间连通。西北地区的礼拜殿又常取凸字形平面，向后凸出的部分是内殿，内殿屋顶常采用“龟头屋”，即屋脊与外殿屋脊垂直。在内殿西墙正中都有圣龛。圣龛有时凸出于矩形大殿平面之外，上面另覆亭式小顶。勾连搭和凸字形平面也常见于内蒙古的喇嘛庙经堂，同样是为了适应覆盖很大面积的需要，二者之间可能有借鉴的关系。四、宣礼塔必不可少，但形式多改为汉式的楼阁，故或称为宣礼楼，又称邦克楼。回族清真寺的宣礼楼和望月楼有时是同一座楼，有时分别建造。北京牛街清真寺的宣礼楼在大殿前面，另在西墙两座寺门之间即殿后建望月楼，楼下就是正门。二楼与大殿均在同一轴线上。西安广济街清真寺宣礼楼位置与牛街望月楼近似，在殿后中轴线上，无望月楼。西安化觉巷清真寺的宣礼楼在大殿前轴线上，另在殿后两侧堆土堆，谓之望月台。五、建筑的装饰图案大多以阿拉伯经文、植物纹和几何纹构成。

所以，清真寺的中国化绝不是被动地被汉族“同化”，相反，它仍保持自己的特色，为中华文化添色加彩，丰富了整个中华建筑文化的面貌。例如，宣礼楼与殿堂的结合，使建筑的群体构图轮廓增添了趣味；由多座殿堂单体合成的大殿，体量很大，内部空间开阔；伊斯兰教建筑很重视装饰，也为传统装饰手法和式样增加了新的内容，如著名的河州（甘肃临夏，为回族聚居区）砖雕，就是在回族建筑的促成下发展起来的。

明清是中国伊斯兰教和伊斯兰建筑大发展的时代，除了新疆各民族和全国各地的回族之外，还有甘肃、青海信奉伊斯兰教的撒拉族、东乡族和保安族，各地清真寺数量大为增加，原有的也在此时进行了整修和扩建。西北地区清真寺更多。宁夏号称回乡，嘉靖《宁夏新志》就载有不少当地的清真寺，卷首“银川城图”中也画着清真寺，有的规模不亚于城内的王府。

甘肃回族在明末出现门宦制，由教主管辖诸教坊，一坊至少一寺，使穆斯林社会生活的各个方面都与清真寺联系在一起，伊斯兰教成为穆斯林社会的精神中枢，更促使了清真寺的发展。临夏南关回族聚居区纵横七八里，人口密集，有8坊12寺，使临夏成了西北一个重要的伊斯兰教中心。西安和北京等大城市，经济力量雄厚，也兴建了一些著名的大寺。

实例

西安化觉巷清真寺　在西安鼓楼西北，是现存时代较早、规模较大的回族清真寺。据寺内明永乐三年碑：“洪武二十五年……当日赴奉天门，奉圣旨，……与回回每（们）分作二处盖造礼拜寺二座：南京三山街铜作坊一座，陕西承宣布政司西安府长安县子午巷一座”，知建于洪武二十五年（1392）。子午巷即化觉巷，因巷子朝向终南山子午谷。西安与南京当时都是回民比较集中的大城市，故皇帝特令在二地同时建造清真寺。寺内还藏有明清多种碑刻，知此寺又名清修寺，有称创建于宋者，甚至始建于唐，应均不确。从现存建筑多保存明代风格，认为始于洪武而增扩于明朝各代，应属可信。

全寺基地东西向，是一个南北宽仅47.6米、东西长达245.7米十分纵长的矩形。总面积达11700平方米，在回族清真寺中规模最大。寺四面均为街巷，主要寺门两座，分设在基地东端南北两角。全寺长宽比值高达5.16，总布局沿轴线纵深串连多重院落，共五进；从寺门入为第一进，东墙上是砖砌大照壁；正中靠前设木牌楼三间，高达9米，造型稳重而轩昂；院

对页注

① 刘致平．中国伊斯兰教建筑[M]. 乌鲁木齐：新疆人民出版社，1985.

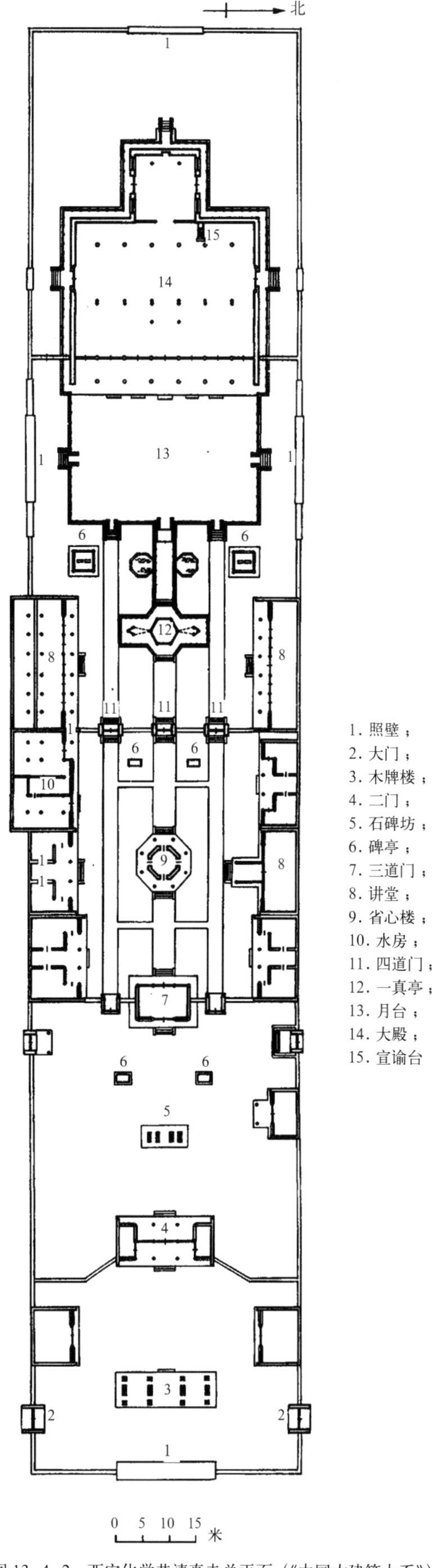

图 13–4–2　西安化觉巷清真寺总平面（《中国古建筑大系》）

西第二道门左右设八字墙，加强了进入主院以前的气势。第一进院的布局，包括它的两座寺门和牌楼，显然有西安文庙的影响（图 13–4–2、图 13–4–3）。

第二进是过渡性质，以院内三间石牌坊为中心，正对名为“敕修殿”的第三道门，厢房为经学堂。

第三进院内正中立“省心楼”，即宣礼楼，平面八角，二层三檐，覆琉璃攒尖顶。南北二厢为讲经室、阿訇居室和浴室。北侧讲经室三间左右各附侧室，明间前廊高起一座歇山小屋顶，轮廓变化丰富，造型轻巧。西面并列三座随墙门（图 13–4–4、图 13–4–5）。

第四进才是主院，院后侧为礼拜殿，殿前模仿佛寺手法，以大月台配以月台三面共五座小石坊门和台前两侧的碑亭等建筑小品，烘托出大殿的重要和巨大。主院正中的一真亭又名凤凰亭，是在正中八角亭子的左右，以短廊连接左右小亭，整体造型丰富，势若凤凰展翅。两厢是厅房（图 13–4–6）。

大殿体量巨大，平面向后凸出成凸字形，凸字的前部称前殿或外殿，面阔七间，宽 33 米。依山墙柱子的排列方式计。进深七间，最前一间为前廊。全殿上覆“勾连搭”组合的两座歇山屋顶；凸字突出部为后殿，又称窑殿或内殿，面阔进深各三间，方形，上覆与前面屋顶垂直相接的歇山龟头屋。大殿总面积 1278 平方米，可容上千人在内活动。

第五进院不重要，从大殿两侧绕进，左右各堆出一座圆形土堆，称望月台。

总观布局，可以看出建造者的匠心。在如此狭长的基地上，人们要经过将近 200 米才能进到大殿，既要突出大殿，又不使前面的空间感到单调，是不太容易做到的事。设计者利用多重院落，化长为短，层层递进，比较成功地解决了问题。每一个院落，都有一个构图中心，从前到后分别是木牌楼、石牌坊、省心楼和凤凰亭，再加上几个不同形式的门或门殿，使长长的系列充满了变化的趣味。省心楼设在基地深处，已很难说有“宣礼”的作用，主要是以其形象来丰富空间，兼具宗教象征意义。这种幽深的院落布局，与西安典型民居有不少相似，而诸多建筑小品的运用，显然也借鉴了佛寺坛庙等的建筑语汇，由此可以见出回族清真寺明清以后的本土化趋势。

在回族清真寺，宗教对于建筑的作用，除体现在诸如方位要求和建筑用途等以外，主要就表现在寺内和礼拜殿内的装饰上了。窑殿入口处的拱形龛门、几乎覆满全部墙面和天花的彩画，在只靠前檐进光的幽暗空间里，烘托出浓郁的伊斯兰气息。彩画纹样以阿拉伯文和植物纹为主，闪烁着金色微光。

北京牛街清真寺 始建年代说法不一，或称为宋，或称为辽，也有说是元或明代。据明万历四十一年（1613）《重修碑记》，“惟宣德二祀瓜瓞奠址，正统七载殿宇恢张……”，称奠址于宣德二年（1427），大成于正统七年（1442），证以现在建筑形式和做法，大约可信。以后又经多次重修，清康熙三十五年（1696）重修较多。牛街是北京回民集中区，牛街清真寺居明代北京四大清真寺之首。[①]

此寺的最大特点是其总平面布局。寺在街道东侧，而大殿必须坐西向东，所以入口设在殿的后面，这在清真寺中十分少见。在寺西墙正中建望月楼，六角，即以楼底为大门，门前有木牌楼三间附八字墙，构图也不多见。隔街为照壁，更强调了入口。但实际经常使用的门设在望月楼左右。如从楼底入，为避免一入寺内就面对大殿后背的尴尬，在殿后加置院墙一堵，引导行人折转到大殿左右夹道进入寺内，绕行到殿东庭院后再折西进入大殿，处理尚可满意（图13–4–7、图13–4–8）。

图13–4–3 化觉巷清真寺牌楼

图13–4–4 化觉巷清真寺讲堂（张青山）

图13–4–5 清真寺省心楼

图13–4–6 化觉巷清真寺一真亭（《中国古建筑大系》）

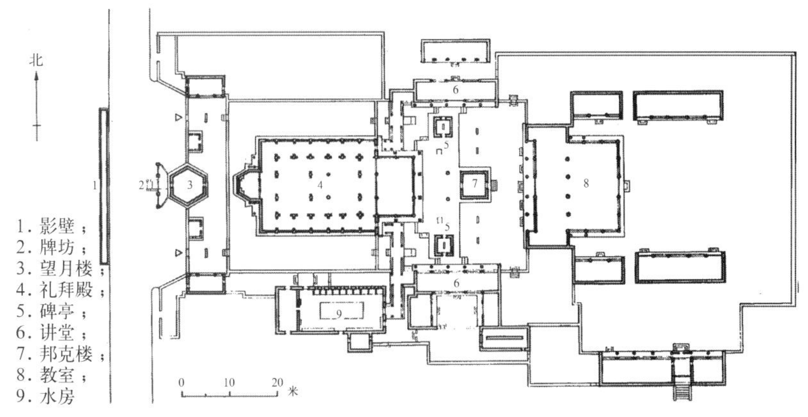

图13–4–7 北京牛街清真寺总平面（《中国古建筑大系》）

殿东为四合院，正中置方形宣礼楼，两厢为讲堂。东面称对厅，面阔七间，面积颇大，作经学教室。院内左右还各有碑亭一座。

大殿从前至后由前殿、主殿和窑殿组成。前殿面阔三间，原来可能是月台，后来才加上了屋顶，硬山卷棚。主殿平面矩形，面阔五间，由两个歇山屋顶勾连组成。窑殿很小，平面像半个八角亭，上面耸立着攒尖屋顶。殿内装修很有特色，柱间设置由阿拉伯式的尖拱转变成的“欢门”，柱子和欢门全饰红地金花图案，欢门的带形门框是阿拉伯经文，余地及柱身皆为卷草和团花。梁、枋则满布汉式旋子彩画，天花的彩画也是汉式，都以青绿冷色为主，与欢门和柱子的一片金红对比强烈，非常华丽辉煌。三重欢门加上窑殿前的几腿罩，加深了空间纵深感（图 13–4–9、图 13–4–10）。

图 13–4–8　牛街清真寺寺门（马炳坚等）

图 13–4–9　牛街清真寺殿内欢门（马炳坚等）

宁夏同心北大寺　始建年代也有不同说法，有谓明万历间（1573 ~ 1620），有谓清乾隆三十六年（1771），现存建筑都建于清末。

寺在同心县城北部，选建在一高约 4 米的台地上，是城市的制高点，远处就能望见。大殿仍坐西向东，屋顶由前廊的卷棚歇山和前殿、后殿各一座歇山勾连组成。由于居民主要分布在南面，故寺院总入口也向南，再自西向东在宣礼楼下面的砖台座中开券洞三条，过券洞向东，经宽大台阶登台，再从大殿右厢（南）当心间的过道进入。宣礼楼方形三间两层，覆四角攒尖顶。

宣礼楼在大殿西南，与大殿侧面一起，构成了轮廓错落多变的形象，既满足了宗教对大殿的方位要求，又充分利用了较具变化趣味的大殿侧立面，使从主要人流方向看来，具有丰富动人的造型。台地全部包砌砖面，进券洞后的台阶侧面也砌筑厚砖墙，与宣礼楼下的砖台一起

图 13–4–10　牛街清真寺殿内（《中国古建筑大系》）

构成完整的大台座，台壁也成了建筑的一部分，无形中增强了全群的高度感和体量感。入口处的空间处理也颇有趣：在宣礼楼西建大照壁一座，与楼及大殿所在的台座围合成小广场，由此入寺，空间从小广场的半开敞到券洞的封闭，再到台阶的半开敞，上台后完全开敞，在不长的路程上充满变化（图 13–4–11 ～图 13–4–13）。

内蒙古呼和浩特清真大寺　清代建筑追求繁琐俗艳之风已渐趋浓厚，清末民初又加进了追慕所谓“洋房”的风气，影响所及，连回族清真寺也不得免，呼和浩特清真大寺可为一例。

传此寺始建于清乾隆间，而现存寺内建筑一望而知是近代所建，实际上大殿是民国 12 年（1923）建造的，望月楼更晚到民国 30 年。大殿平面矩形，面东，东西长，前后四座屋顶勾连。值得注意的是屋顶上耸出的许多小亭子：最前屋顶左右各一座，六角；第二、第三顶正中各出一座，八角；第四顶正中又出一座，六角。其中第三顶进深较大、屋顶较高，所出小亭也最高。各亭亭身皆开窗，可增加殿内采光，但其主要目的是企图以此众多小亭来增加形象的吸引力，实际上未必为美。殿前又加了一堵大墙，既遮挡了大殿，又使院落感到闭塞。大墙的立面显然模仿了“洋房”，装饰更为粗俗。只有殿前右（南）侧高高耸立的望月楼才给整群建筑加进了一点昂扬的精神。望月楼六角四层，下三层全是砖砌的高瘦壁面，第四层立攒尖小亭，下面挑出平座。楼高 30 米，是此寺的标志（图 13–4–14、图 13–4–15）。

建筑是文化的载体，各种社会文化思潮都会在上面留下印迹，不管是健康的还是不健康的，概莫能外。

回族富于经商传统，因经商而散居全国各地，广建清真寺。各地的清真寺大都采取了当地做法，具有不同的地域风格，在此就不能多所列举了（图 13–4–16、图 13–4–17）。

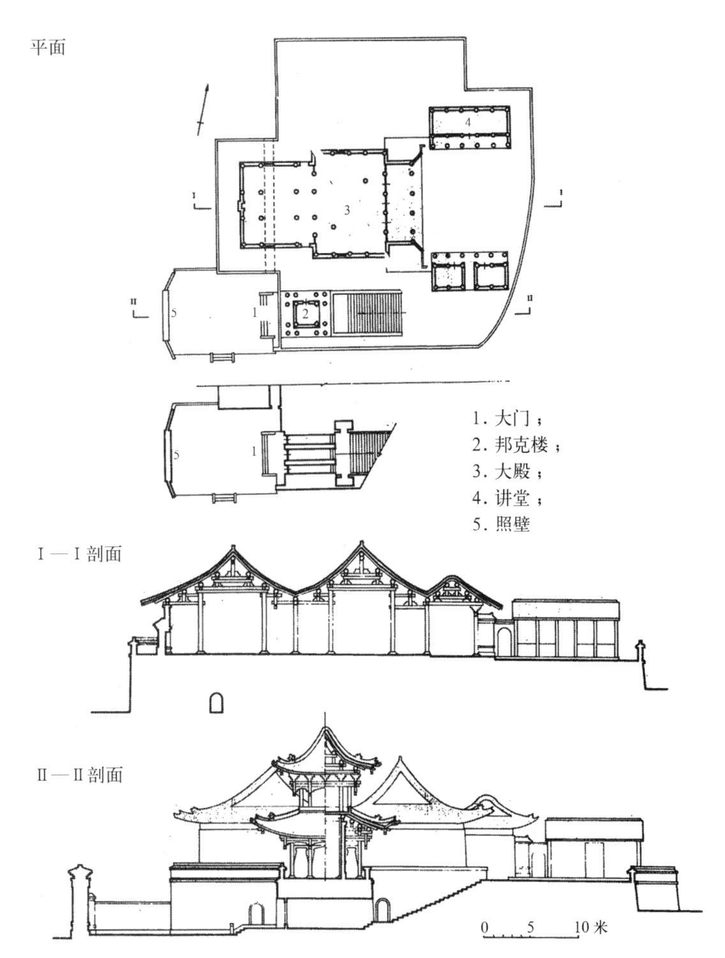

图 13–4–11　宁夏同心北大寺平、剖面（《中国古建筑大系》）

图 13–4–12　宁夏同心北大寺（张青山）

图 13–4–13　同心北大寺照壁（张青山）

图 13-4-14 呼和浩特大清真寺院内（罗哲文）

图 13-4-15 呼和浩特大清真寺（罗哲文）

图 13-4-16 甘肃临夏大拱北（《中国古建筑大系》）

图 13-4-17 阆中巴巴寺大殿（萧默）

第十四章 西南少数民族建筑

小引

中国西南少数民族，除藏族外，主要分布在云南、贵州、广西、四川等省区，根据诸民族的语系归属和历史，可分为四大族群，即氐羌、百越、苗蛮和百濮。

氐羌族群属汉藏语系藏缅语族彝语支，最早居住在今甘肃和青藏高原，以后逐渐南迁，除在青藏地区成为今天藏族的一部分之外，在川西和滇西北形成诸多民族，如彝族、羌族、哈尼、拉祜、白族、纳西、傈僳、普米、景颇、阿昌等，其中并有部分彝族迁到贵州，还有的继续南迁至东南亚，如彝族、哈尼和傈僳。他们的建筑样式不太统一，常受到杂居区其他民族尤其是汉族的影响，如彝族除主要居住土墙平顶的“土掌房”外，在云南与汉族杂居地区又常住在被称为“一颗印”的汉式四合院中。贵州的某些彝族土司大院也采用了汉式大型院落组合形式。羌族的居住建筑与藏族的碉房相近。景颇族则较早接受了百越族群常用的干阑式建筑，直到现在，他们的居宅中，仍然更多地保留了干阑的古老传统。白族和纳西族接受先进的汉族文化最早，他们的住宅也是四合院，但与“一颗印”不同，院落宽大，装修精美，在云南少数民族居住建筑中成就最高[①]。

百越族群属汉藏语系壮侗语族壮傣语支，历史比较复杂。“越”是春秋战国时已出现的称谓，指称一大族类，因支系繁多，又称“百越”或“百粤”，有“百粤杂处，各有种姓”之说。吕思勉称其古时“散居东南沿海之地，古有文身之俗”[②]。越族先是居住于长江中下游及其以南包括浙闽等省，其最早的建筑遗址应是浙江余姚河姆渡干阑居址，距今大约已有七千年。按所居地域，百越又有多种称谓：长江中下游地区古称扬州，所以此地之越又称扬越（江陵以至浙江），浙江以南称於越，浙江瓯江以南称瓯越，福建称闽越或东越，两广、越南称南越，居川、滇者总称哀牢和僚。春秋时，住在江苏南部和浙江的扬越分别建立了吴国和越国，越王勾践败于吴又复国灭吴，一度称雄中原。然而自此以后，随着楚灭越、秦灭楚及汉武灭东越、南越，百越之众或融入汉族，或向西向南迁徙，形成今天的诸多民族，如壮、傣、侗、水、布依和海南的黎族，有的并及于东南亚各国。据日本学者鸟越宪三郎论证，东南亚各越族支系（越南的安南族，缅、泰、柬的吉蔑族、孟族、缅族和泰族，以及婆罗洲的依班族、达亚克族等），都是从云南沿红河和澜沧江、怒江向南迁徙的。他认为，越人文化以稻作、“高床”（即干阑）建筑和贯头衣为代表[③]。各国百越后裔，虽然各自发展为独立的民族，各有自己的语言、习俗和观念，有的并已有了本民族的文字，但至今仍保留着百越时代传习下来的一些共通的传统，如仍居住在楼层以下架空的干阑式建筑里，只是各族的干阑已不完全相同。

甚至还有部分越人向东渡海抵达日本，从日本古代包括干阑建筑在内的习俗中往往还能找到踪迹。如吕氏谓“文身之俗，自滇、缅经闽、粤

① 本章主要参考文献：云南省设计院．云南民居[M]．北京：中国建筑工业出版社，1986；云南工学院．云南纳西族民居[M]．1988；杨昌鸣．东南亚与中国西南少数民族建筑文化探析[M]// 东南大学东方建筑研究室郭湖生主编．东方建筑研究．天津：天津大学出版社，1992；郭湖生．西双版纳傣族的佛寺建筑[J]．文物，1962 (2)；萧默．云南少数民族建筑[M]// 中国科学院自然学史研究所．中国古代建筑技术史．北京：科学出版社，1985；桂林市设计院李文杰等．桂北民间建筑[M]．北京：中国建筑工业出版社，1990；贵州省文物管理委员会，贵州省文化出版厅．贵州古建筑[M]．贵阳：贵州美术出版社，1987；萧默．侗乡民居与鼓楼[J]．百科知识，1991(12)；萧默．侗族风雨桥[J]．古建园林技术，1992(3)．

② 吕思勉．中国民族史两种[M]．上海：古籍出版社，2008．

③ 鸟越宪三郎．倭族之源——云南[M]．段晓明译．昆明：云南人民出版社，1985．

以至朝鲜、日本皆有之”。鸟越宪三郎也认为日本人的祖先是中国越人：“倭人（周代已出现的“倭”族称谓实即“越”族，倭、越古同音同义）或许是从东夷地区（山东半岛）经朝鲜半岛到达日本的，或许是直接从日本的北九州登陆的”。董楚平引用学者们最新研究结论，认为越人并非从山东或朝鲜到达日本，而是直接从浙江东渡的。他说：“日本与吴越在人种、语言、民俗等方面的近似，都可以以吴越人直接东渡日本来解释”。[①]

苗蛮族群属汉藏语系苗瑶语族苗瑶语支，包括苗族和瑶族。他们的先民可能居住在长江中游及其以南地区，约在南北朝时分化为苗、瑶二族，并相继南迁，分布在湘西、黔东南和广西、云南等省区，有的也进入了东南亚。在湘西和黔东南的苗族和瑶族建筑受汉族影响较多，质量较好；同时也受到附近干阑居各族的影响，住屋多为前部架空，后部倚在山崖上，称为“半干阑”。

百濮族群属南亚语系孟高棉语族布朗语支，最早即居住在云南南部，有些以后也南迁到东南亚，主要包括如布朗、佤（佧佤）、崩龙、德昂等族。他们的住屋和百越族群相似，也是干阑居。

对于西南各少数民族建筑，除了前面已有专节介绍过的藏族，以及与汉族民居接近的土家族民居外，我们将主要介绍风格较为独特，成就也较高的几种典型，如云南的白族、纳西族和傣族，黔桂湘三省交界处的侗族，有时也会兼及于其他民族。

中国境内最早的人类发现于云南，遗址在楚雄州北部金沙江畔的元谋县，即旧石器时代早期大约170万年前的元谋人。云南新石器时代居住遗址有元谋大墩子和宾川白羊村，为地面木构建筑，永仁县菜园子有圆形半穴居，剑川海门口则有干阑式的滨水村落。可见，云南早就有人类居住，并发展有多种建筑形式。在祥云大波那村、晋宁石寨山和江川李家山出土的几批滇文化青铜器，时代约从公元前400年的战国时期到公元前100年的西汉中期（此时云南还是奴隶制社会），有好几座小铜屋、一具铜棺和许多铜鼓，铜鼓上刻绘有建筑，都是干阑，其结构有的采用下立木柱的栅居，有的是井干。结合云南古代岩画，可以看出它们与现存云南某些少数民族建筑的渊源关系。

纳西族居住在云南丽江，白族在大理，二地相邻，都在滇西北，大理傍近洱海，丽江在大理北。纳西族源于氐羌，唐宋时已定居到川滇藏三省区交界处，即今聚居地，现约20万人。纳西族至今保留古老的象形文字东巴文是罕见的文化现象，引起国内外学者的很大兴趣。

唐时，大理为南诏国，主体民族为乌蛮（与以后的彝族有关），也属氐羌族系。南诏统治者从滇池地区迁20万户白蛮（氐羌与汉族的融合）至大理，公元829年又从蜀地掳汉族工匠数万人入滇，大大促进了洱海地区的发展。著名的大理崇圣寺塔建于唐代，与内地同时代的塔没有什么区别，而且还是唐代密檐塔的优秀代表。宋时，以白蛮为主体的大理国代替了南诏，以后统一于元。白蛮与汉族长期融合的结果就是白族，现通行汉语，约80万人。

纳西与白族很早就积极吸收汉文化，其建筑皆以民居知名，且形制相近，都接近于汉族的四合院，但又各有本族的特色。

傣族大约有83万人，主要分布在滇南西双版纳傣族自治州、滇西德宏傣族景颇族自治州、耿马傣族佤族自治县和孟连傣族拉祜族佤族自治县等地。早在汉晋时，云贵高原就有被称为“夷越”、“滇越”或“掸”的百越支系活动。后来他们又被冠以其他称谓，唐称“黑齿”、“金齿”、“银齿”、“白衣”或“绣脚”、“绣面”，均以其装饰或文身之俗名之，又或称为“茫蛮”；宋沿称“金齿”、“白衣”；元明以降，又或称为“金齿百夷”或“百夷”、“白夷”；清代以后则称“摆夷”，他们就是现在的傣族先民。“傣”的族称

① 董楚平．百越文化新探[M]．杭州：浙江人民出版社，1992．

最后确定于中华人民共和国成立以后。傣族建筑以缅寺（小乘佛教寺庙）和缅塔，以及被称为“竹楼”的干阑式住房最富特色，朴质而美丽，宛如分布在亚热带雨林中的朵朵鲜花。

侗族和傣族一样，也是古百越后裔，现有人口80余万，多聚居在黔东南，桂北湘西也有分布。这一地区多低山，侗寨常沿溪涧分布于山麓坡地，溪涧两岸的平地即为农田，沿水架设转筒水车。侗族建筑除干阑式民居外，以“鼓楼”和风雨桥最为知名，“处处亭桥石板路，寨寨鼓楼芦笙坪”，是侗乡风貌的写照。

第一节 丽江纳西族和大理白族民居

直到今天以前，纳西族和白族一直是云南二十几个少数民族中学习汉族文化最为积极、社会发展也最先进的民族。早在唐宋时，就充分吸收了汉族建筑文化，前举崇圣寺塔就是证明，一般建筑也与汉族没有大的区别。唐·樊绰《云南志》卷八曾记载南诏：“凡人家所居，皆依傍四山，上栋下宇，悉与汉同，惟东西南北不取周正耳。”到了今天，他们的院落式民居所包含的唐宋传统甚至可能比汉族还多，同时也根据本民族的生活方式和自然条件加以创造，水平甚高（图14–1–1～图14–1–3）。丽江与大理地域邻近，两族互相影响，院落住宅也颇相近。主要有两种形制，当地称为“三坊一照壁”和“四坊五天井”（或四合五天井）。“坊”在此意为一座单栋建筑，如正房、厢房和正房对面的下房（倒座）等，都称之为“坊”，一般都是三开间的二层楼。三坊一照壁由一正两厢围成，没有下房，在正房对面建围墙，围墙建成照壁样，正房两厢和照壁围成方正的三合院；在正、厢转角处各从正房附一耳房和一座小天井。四坊五天井在正房对面有下房，转

图14–1–1 云南丽江风光（萧默）

图14–1–2 云南大理城门（萧默）

图14–1–3 大理洱海小普沱（萧默）

角处各相邻坊间也各有耳房和小天井，共四个，加上正中的院子共五个，故称“五天井”。三坊一照壁的宅门常开在照壁左端，进入大门即是左厢前廊，也有开在耳房小天井的。四坊五天井的宅门就都开在某一小天井处，一般也在全宅前左角，或根据住宅与街巷的关系开在其他方位。大门常有门墙，装饰华丽（图 14-1-4 ~图 14-1-8）。

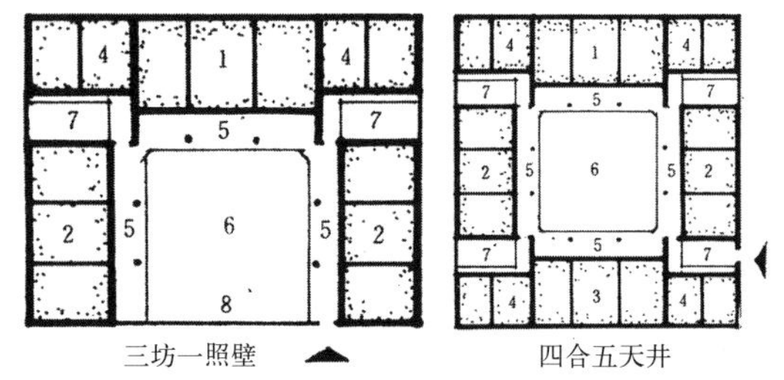

图 14-1-4　丽江和大理民居平面（朱良文）

图 14-1-5　丽江纳西族“三坊一照壁”民居（《云南民居》）

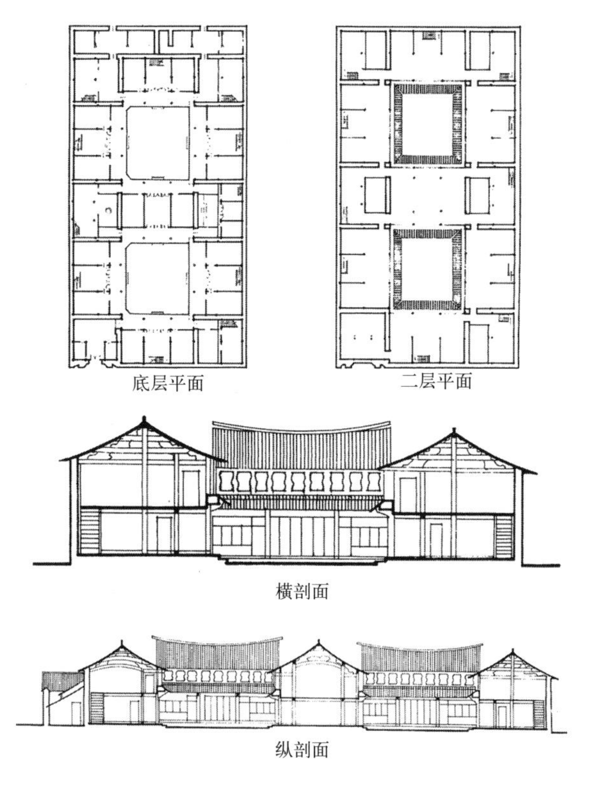

图 14-1-6　丽江双进“四合五天井”民居（《中国传统民居》）

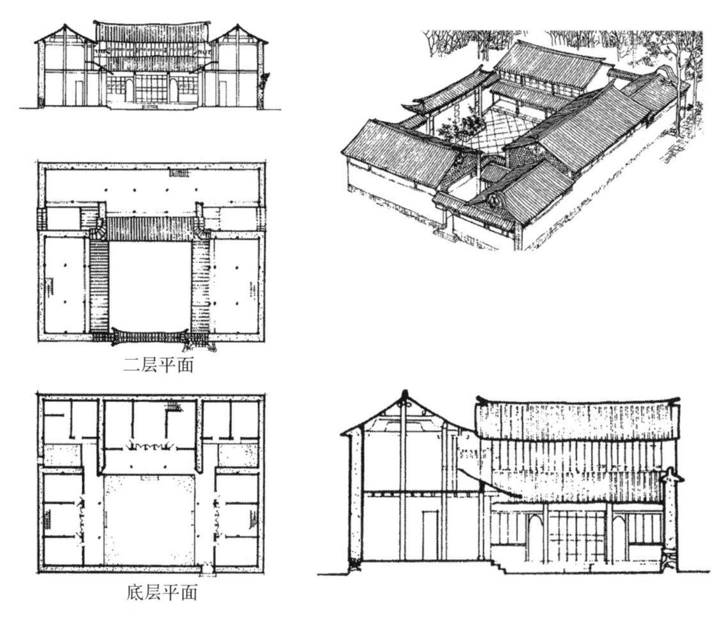

图 14-1-7　大理白族民居之一（《云南民居》）

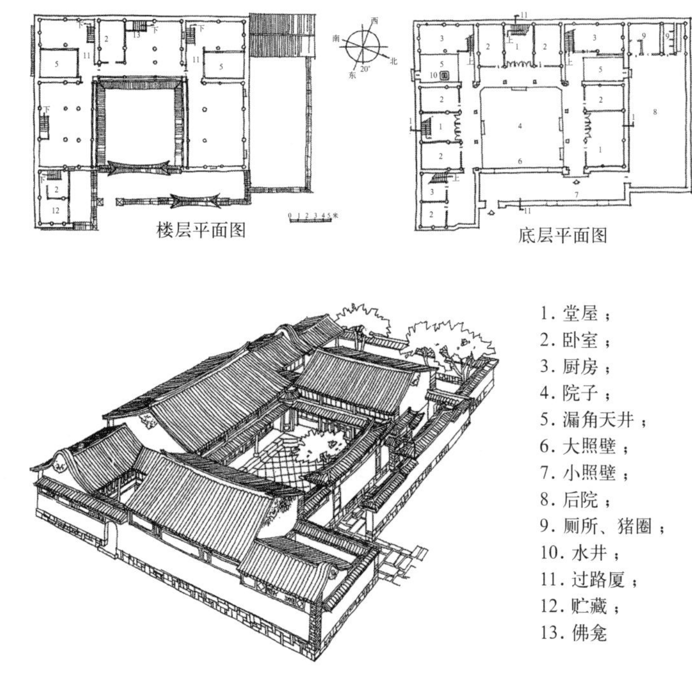

图 14-1-8　大理白族民居之二（《云南民居》、《中国古建筑图案》）

各坊都是二层楼，在朝向院子的一面楼下向前扩出，以廊柱构成前廊。正房最高，下层的前廊也最宽，是平日休息和喜庆日设宴的地方，据说其进深就是根据摆下一桌酒席的需要定出的。丽江和大理民居保留的唐宋传统做法较多，如侧脚（当地称“收分”）和生起（当地称“起水”）等。在面阔方向每高一尺内收一分，进深方向内收八厘，与宋《营造法式》规定的“侧脚之制”完全一样。三间“起水”三寸，称为“加三”，比《营造法式》规定的“三间生起二寸”还要高，所以屋脊两端上翘更为显著，屋坡中部凹下明显，其舒缓柔和，较之内地已不做侧脚和生起的明清民居，更多了几分唐宋风韵。丽江、大理民居与北京四合院的主院相当接近，皆方整宽敞，不像南方一些天井院那么狭小封闭。这是由于滇西北高原气候温寒干燥，与北方气候相近，冬天需要更多阳光，夏日防晒并不显得重要。只是北京四合院极少用楼，而且在主院之前多有前院（图 14–1–9 ~图 14–1–24）。

院内以方砖或间以卵石铺成图案地面。木装修雕饰极精，隔心和裙板都施以雕镂，隔心可雕出四层，如最外层刻花鸟或人物，在其镂

图 14–1–9　丽江民居院内（萧默）

图 14–1–10　丽江民居院内（萧默）

图 14–1–11　丽江民居堂屋（萧默）

图 14–1–12　丽江街巷（萧默）

图 14–1–13　丽江街巷（萧默）

图 14–1–14　丽江（萧默）

图 14–1–15　丽江街巷（萧默）

图 14–1–16　大理民居二坊（萧默）

图 14–1–17　大理民居照壁（萧默）

图 14–1–18　大理民居外景（萧默）

图 14–1–19　大理民居外景（罗哲文）

图 14–1–20　大理喜洲镇街巷（萧默）

图 14–1–21　大理民居大门（张青山）

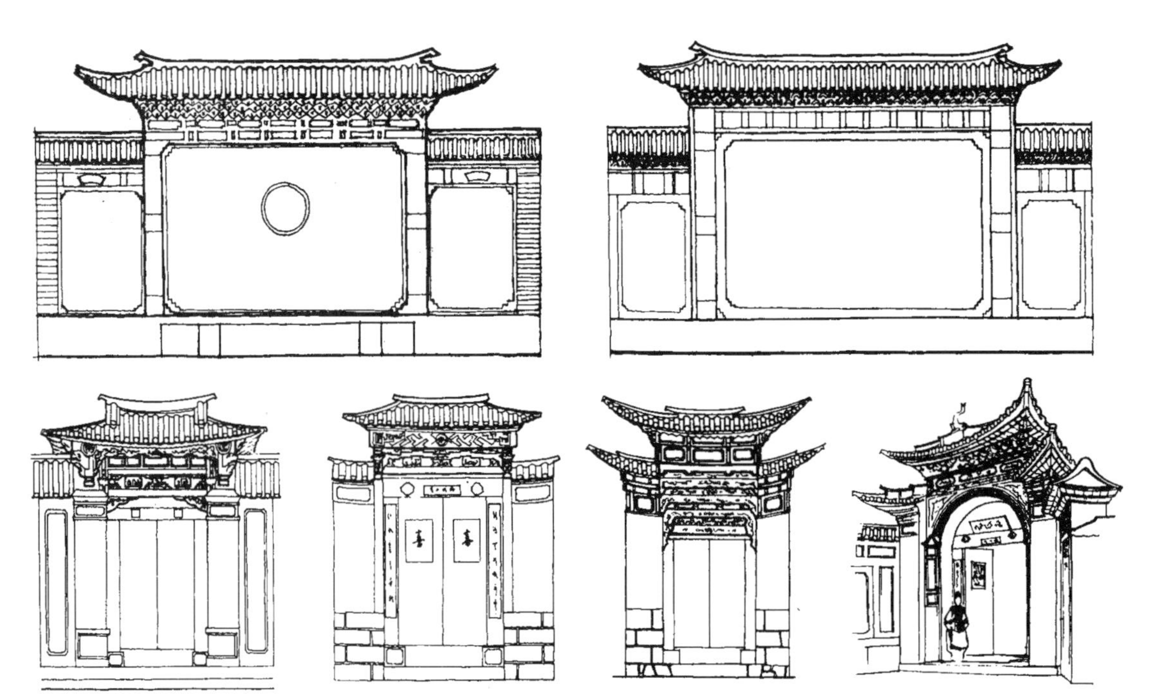

图 14–1–22　大理白族民居的照壁和大门（《云南民居》）

图 14-1-23　大理民居院内（萧默）

图 14-1-24　大理民居某宅大门（萧默）

图 14-1-25　院内地面镶嵌（萧默）

空处雕第二层云霞，再镂空刻第三层葡萄纹，第四层刻以连续“卍”字纹透空花格为地。所用刀具有四十多种。在廊子尽头和照壁上，普遍以条砖镶成以圆形主题为中心、周围绕着各种样式的框档，框内贴大理石或绘画题诗。廊子的天花也常用木枋拼成覆斗：四周斜下，隔成长方形框档；中部高起，隔成多个方形或八角形框档，框档内也贴大理石或绘画题诗（图 14-1-25 ~图 14-1-28）。

丽江、大理两地的民居也有不同。丽江多用悬山屋顶，出檐深远，第一层的外墙为实墙，第二层外墙都是木板壁，显得上轻下重，上薄下厚，秀美轻灵。在山墙面，上部的木板壁、深挑檐、长长的各式悬鱼，阴影错落，与下部实墙在材质、色彩和虚实上形成丰富的对比，十分动人。丽江多地震，这种处理显然有利于抗震。丽江城建在玉龙雪山下的盆地中央，城内清泉密布，石板路、小拱桥，颇有江南水乡之趣（图 14-1-29 ~图 14-1-35）。大理多风，以西风为主，从西面的雪山点苍山吹向东边洱海。大理城镇处在山、湖之间，无论城乡，住宅的正房都坐西向东，不似汉族民居以坐北朝南为尚，樊绰所谓“惟东西南北不取周正耳”可能正是指此。因为多风，都用硬山屋顶，挑

图 14-1-26　大理民居隔扇门（萧默）

图 14-1-27　丽江民居廊端墙（萧默）

图 14-1-28　大理民居廊端墙（萧默）

图 14-1-29　丽江街巷（萧默）

图 14-1-31　丽江民居山尖（萧默）

图 14-1-32　丽江民居山墙（萧默）

图 14-1-33　丽江民居山墙（萧默）

图 14-1-34　丽江民居山尖（萧默）

图 14-1-30　丽江（萧默）

图 14-1-35　丽江民居山墙

檐亦短，全部外墙都是实墙。但在房屋背面的墙面近檐处砌出许多框档，作横向装饰带。山墙之檐以石板挑出颇深，山尖除尖形外，或更高起作半圆形或多角形，类似简化了的马头山墙。在山墙的三角形部位以六角形薄平砖镶贴，三角形顶角以灰泥塑出各式适合图案（图 14-1-36 ~图 14-1-38）。

丽江木府是纳西族的重要建筑群。纳西族主要只有两姓，其一曰“木”，属统治者家族，其来源有二说，一说本意为“人”而拄一杖，即纳西象形文字东巴文的“人”字（“大”）再加一竖；另说为朱元璋赐姓，意为“朱”家的骨干；百姓则多姓“和”，原亦是东巴文，取象于头顶斗笠身背箩筐而手持一杖的人形侧影。木府的正式名称为“丽江军民府衙署”，即土司衙门，在城区南部，背负狮子山，坐西朝东，含有以东为尊的观念。东属木，是太阳升起的方向，故有此说。全府建于明洪武十五年（1382），现存建筑迭经修缮，由前院、后院和家院三部分组成。前院前有照壁、小河石桥和石牌坊，进府门后为一座三面廊庑包围的大院，中轴线上顺置议事厅、万卷楼和护法殿三座大殿。前后大殿平面矩形，中殿万卷楼二层，平面方形，明显模仿明朝皇宫，仅规模制度缩小。前殿左右有小楼，是前殿的陪衬。后院是花园，与前院以过街楼相接，不阻挡城内交通，院内有许多造型丰富的楼亭。家院则在前院北侧，由一些类同于民居的院子合成（图 14-1-39 ~图 14-1-49）。从各建筑上的匾额题字如“忠义”、“诚心报国”、“行化边徼”、“为国干城”等，处处都表达了对中央王朝的归顺，建筑风格同于内地宫殿而较为简淡素雅。明代著名旅行家徐霞客曾赞赏此府“宫室之丽，拟于王者”，并记述当时的丽江“民房群落，瓦屋栉比”。

距丽江不远的永宁，聚居着属于纳西族的摩梭人，至今还保留着某些母系氏族社会的风

图 14-1-36　大理民居山墙（张青山）

图 14-1-37　大理民居山墙（萧默）

图 14-1-38　大理民居山花（《云南民居》）

图 14-1-39　印在羊皮纸上的丽江木府（萧默）

图 14–1–40　丽江木府照壁（萧默）

图 14–1–41　木府石牌坊（萧默）

图 14–1–42　木府大门（萧默）

图 14–1–43　木府前殿“议事厅”（萧默）

图 14–1–44　木府后殿“法轮殿”（萧默）

图 14–1–45　木府中殿“万卷楼”（萧默）

图 14–1–46　木府议事厅内（萧默）

图 14–1–47　木府法轮殿内（萧默）

图 14–1–48　木府后园（萧默）

图 14–1–49　木府前殿前方左右小楼（萧默）

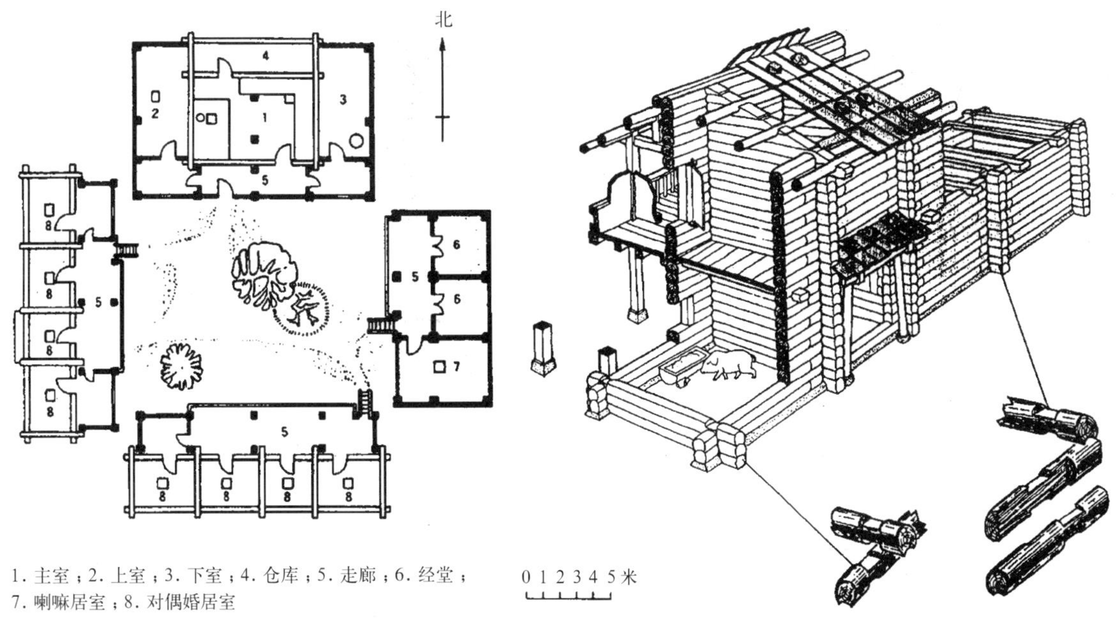

1. 主室；2. 上室；3. 下室；4. 仓库；5. 走廊；6. 经堂；7. 喇嘛居室；8. 对偶婚居室

图 14-1-50　永宁纳西摩梭人的井干式宅院（萧默）

俗，实行走婚制，男不娶女不嫁，子女住舅家。这里多森林，民居单体常用井干式结构，可建成为楼房，围成合院。楼下为畜圈，楼上隔成小间，就是女儿们和她们的男“阿注”（朋友）相聚的地方。院内有一座主屋，单层，内有多室，是祖母、老人、兄弟和儿童居住的地方（图14-1-50）。

第二节　云南傣族建筑

内地与云南现傣族聚居区发生政治联系的时间，最早可上溯至汉。中央王朝于西汉元封二年（前 109）在澜沧江以西建立政权；东汉管辖的范围已达滇西。元朝开始在傣族地区实行的土司制度，在明清得到进一步加强。政治上的紧密联系促进了内地先进文化和生产技术在傣族聚居区广泛传播，加快了傣族社会经济的发展速度。

傣族主要聚居地区的地理及气候条件不尽相同。西双版纳地势较平坦，河谷纵横，澜沧江穿插其间，气候温暖，资源丰富；德宏的地形介于平原与山地之间，地势变化较多，气候差异也较大；耿马及孟连则属丘陵地带。与这种自然条件相适应，傣族的农业生产以种植水稻为主、旱地则以农耕为辅，积累了比较丰富的农业生产经验，建立了比较完备的耕作体系和水利灌溉系统。傣族地区的手工业也比较发达，在纺织、竹器、制陶、酿酒等方面都有相当高的水平。傣族人民在长期的历史发展过程中，创造了灿烂的民族文化，在天文历算、文学和艺术等方面取得了瞩目的成就。傣历起源较早，此后又吸收了汉族干支纪时的历法和印度天文历法的某些成分并加改进而最后定型。傣文大约创制于 13 或 14 世纪，来源于古印度字母系统。傣族的文学和艺术成就主要表现在诗歌、舞蹈、民歌、器乐、绘画、雕刻等领域，尤以佛塔及佛寺的建筑、雕刻和绘画最具民族特色。

由于交通、地理和政治等方面的原因，居住在不同地域的傣族群众在文化发展上也有差异。总的来说，除接受汉族影响外，西双版纳受泰国、老挝等国文化影响较大，德宏与缅甸

① 张公谨．傣族文化研究[M]．吉林：吉林教育出版社，1986．

② 曹成章．傣族社会研究[M]．昆明：云南民族出版社，1988．

文化有较多联系，耿马、孟连则更多地接受汉族文化的影响。

傣族全民族的共同宗教是上座部佛教，是经由泰国、缅甸于公元6世纪左右传入的，[①]在傣族中的广泛流行则是在15世纪中叶，[②]至今占有绝对优势地位。傣语称上座部佛教为“沙瓦卡”(Savaka)、“沙斯那”(Sasana)或“布达沙斯那”(Budhasasana)，均来自印度巴利语。其经典也多用巴利文抄写，故也有人称之为巴利语系佛教。古代印度部派佛教包括上座部和大众部两大部分，各部分又分若干派。上座部由一批坚持佛陀原始教义的长老组成，鼓吹以解脱自身烦恼而得自利，自居为佛教正统；大众部则对原始教义持较为宽泛的理解，主张以菩提度人之道以利他人兼为自利。后来上座部在印度本土渐渐衰微，却在斯里兰卡得到极大发展，并以之为中心向东南亚扩散，流入傣族地区。人们习惯上将沿这条路径传播的上座部佛教称为南传上座部佛教。上座部佛教又称小乘佛教，但似乎略含贬义，傣族自己不称。

除了佛教，来源于百越时代的、在百越族群各族中普遍存在的原始宗教信仰在傣族中仍保持一定地位。傣族群众普遍接受万物有灵的多神崇拜，认为除了天、地、日、月、山、水、田地等自然神灵之外，还有家神、家族神、寨神、部落神等同时存在，由此而演化出对于建筑、村寨格局的诸多限定与禁忌。

由诸多文化因素造成，傣族尤其是聚居于西双版纳和德宏者，其建筑艺术显现的民族风情更为鲜明，取得了迥异于其他民族的特殊成就，丰富了中国建筑艺术的整体风貌。傣族建筑包括村寨、称作“竹楼”的干阑民居、佛寺与佛塔。尤以后两者最能体现傣族建筑艺术成就。

一、村寨

村寨是人类聚居的基本形式之一。与种植水稻的农业生产相适应，傣族村寨大都位于平原、水网或河谷地带。村寨选址的基本原则是距水源较近以便取水，不选在山口以防山洪，并有足够的平坦地段便于建造，以及易于防卫等，还受万物有灵观念的影响，常参用占卜的方式，与汉族风水相地之说有共通之处。一般在初步选择以后再进行占卜，如果地形条件比较理想而占卜结果不吉，则可占卜多次，直到结果满意为止，无非是希望借助巫术增强人们对村寨前途的信心。

西南某些少数民族在选择寨址和建寨活动中普遍表现出对“寨心”的特殊关注，同样源于原始宗教信仰，可能与大树崇拜观念有更多关系。

在第一章中我们已经说过，大树曾在人类生活中发生过极大作用，尤其对南方百越或百濮族群来说，他们居住的干阑建筑本来就是由远古的树居经过巢居逐渐发展来的。在树居和巢居时代，大树曾是原始人获得最低限度安全感的地方。遇到野兽或洪水，原始人首先想到的就是回到大树上去。人们逐渐把对大树的感情转化为原始的宗教观念，产生了大树崇拜和对“神树”的祭祀。即使早已脱离了树居和巢居，这种观念还是沉积下来。傣族传说《山神树的故事》就说，远古时洪水泛滥，人们因避居大树而逃脱了灾难，因而产生了对“神树”的祭祀。源于这种因素的大树崇拜，比较典型的，除傣族外还有侗族。西南各民族，即使其原始建筑未曾采用干阑，也因为树木在生活资源和对生活环境的重大作用，或受到其他民族的影响，也可能有大树崇拜观念，如苗族。

大树崇拜的具体体现有两种方式。其一，认定寨头的一至数株枝叶繁茂的大树，或寨边的某一树林，是神鬼居住的地方，称为保寨树或神树、神林，被加意保护，不准砍伐、系牛，甚至不许在此拾取柴草，有的并在此建有供奉的灵屋，或将公墓设在神林中。其二，认为在寨中有寨心神，保护全村人畜平安。西双版纳的傣族群众中传说，“村寨犹如一个人的身体，身体的心脏有一种灵魂，称为宰曼，或刚宰曼，它就生活在村落的中央部位”。[①]寨心一般位于村寨中部，或在寨中较开敞的广场中心或一角。傣、拉祜、布朗、佤族部分村寨的寨心常栽立五根或三根或仅一根短木桩，桩头稍加凿琢；有的还在木桩上建一小型亭子，或仅以一块石头或以篱笆围成的土台来代替。对寨心每年都要举行定期或不定期的全村祭祀，祈求全寨人畜兴旺、祛灾降福。遇有村寨成员的迁出迁入，也须首先祭祀寨心，以取得神的同意。因而寨心实际上又是村寨的祭祀中心。在寨心木桩上建造小亭的做法更可使我们想到原始巢居，其进一步发展可能与侗族村寨中心的“鼓楼”有关，将在以下阐述。壮族在寨心所立的“亭棚”，是一座覆以草顶或瓦顶的圆亭，里面供奉着农神，也与此相类（图14–2–1）。

对于大树的崇拜有时还推而及于屋内，如傣族和侗族居宅里的“中柱”，就具有神圣的意义，不得倚靠和挂物。

寨心的特殊意义及所处位置上的优势，使它自然成为全寨日常交往和公共议事的场所。这种交往活动，有助于加强群体意识，维系村寨成员的认同感，增强村寨的凝聚力。从这个意义上来说，将寨心称为村寨的灵魂也是恰如其分的，正如史前原始村落向心式布局的情况一样。事实上，这种观念在世界很多地方的原始村落或保留着原始习俗的民族村寨中，都可以发现。

除了寨心以外，西南许多少数民族还特别重视寨门的设立，傣族也是这样。傣族村寨一般不设寨墙，村寨的领域主要依靠寨门的暗示给以观念上的限定。寨门有时十分简单，只用两根立柱承托一根横木构成，村寨内外之间并无实际上的阻隔，但只要设立了寨门，就算是确定了村寨的范围。

可以肯定，寨门的这种重要作用也来源于原始宗教，人们相信恶鬼会给村寨带来灾难，必须把它们阻拒在外，寨门就承担了拦鬼的重任，它本身也就从普通的标志物转化为祭祀的对象了。也许正如英国人类学家布朗所说：“在原始社会，任何对社会生活有主要影响的事物都必然会成为仪式庆典（否定的或肯定）的对象，这种被表现，以至被固定下来的仪式的功能，就是使对仪式所祭祀的物体的社会价值的认识永恒化。”[②]所以，傣族每年都要祭祀和修补寨心和寨门，沿着建寨时划定的村寨边沿插木棍牵草绳与各寨门连结，作为象征性的寨墙，可看作是对早期寨门意义的重申。

德昂族在寨门上画刀或写上咒语，景颇族在寨门上刻龙齿纹，涂黑、红二色，用意都在驱除恶鬼。有的民族的寨门更为简单，仅用一根绳子横挂在寨口的两株大树上，绳上悬以各种法物如木刀、木枪或竹槊，以吓退恶鬼。有的寨门较为隆重，如哈尼族的寨门，称“龙巴门”，每年在旧寨门外建一新门，但旧门并不拆除，以至建寨较早者出现长列的寨门甬道。有的建成为正式的门屋，如壮族。侗族村寨还常以十分宏大的风雨桥兼为寨门。某些侗寨在春节前三天每晚由寨老率领全寨男青年绕

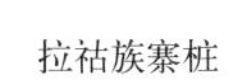
拉祜族寨桩

阿昌族寨桩

佤族寨桩

图14–2–1　云南少数民族村寨的寨心（《宗教美术意象》）

① 宋恩常．云南少数民族研究文集[M]．昆明：云南人民出版社，1986．

② (英) A.R．拉德克利夫–布朗．社会人类学方法[M]．夏建中译．济南：山东人民出版社，1988．

寨周游，用意在使青年人不忘村寨的边界（图14-2-2）。

这些民族，一般是在建寨之初首立寨心，然后定边界，树寨门，最后再建住屋。

傣族村寨布局的一般模式是以寨心为核心，设东西南北四个寨门，四门两两相连成十字，就是寨内的主要道路。单体住宅平行（或基本平行）排列在道路两侧，形成分区明确、主次分明的整体空间环境。西双版纳的住宅布置较密，德宏的较为疏朗。

在傣族村寨中，佛寺是最重要的公共建筑，所居位置对于村寨的布局具有决定性的影响。在西双版纳，佛寺常选建在村寨的主要入口处，布置在地势显要风景佳胜处，以其位置优势和高大体量成为整个村寨的视觉中心。如勐海曼贺佛寺在村东端入口处，面向广阔田野，由大路上坡抵寨，首先看到的是佛寺，然后由佛寺左右绕行入寨。景洪曼买佛寺也在主要入口处，居于寨街尽端的坡顶，居高临下，民居分列于中心寨街两旁，佛寺成为全寨美妙的景点。有时村寨后倚小山，佛寺也可能建在寨后的山上，如景洪曼菲龙寨，其佛寺和美丽的曼菲龙塔就在寨后100米处一座高数十米的小山顶上，从十几里外就能看到。滇西德宏一带的情况稍有不同，佛寺一般都在村寨中部或后部（由于佛寺均坐西向东，所以实际上是在寨西或西北），以其本身的体量与周围环境形成对比，从而建立起对村寨的控制优势，如瑞丽大等喊寨佛寺。

佛寺有时也设在寨心，在这种场合，寨心的核心作用由于得到佛教支持而大大增强。当佛寺不在寨心时，佛寺本身也许会形成另一个事实上的村寨中心，但这种事实上的村寨中心并不动摇寨心作为村寨灵魂所在地的特殊意义。

傣族村寨在总体布局上还特别重视绿化配置，整个村寨掩映在绿树丛中，色彩艳丽而又形体高大的寺院建筑引人注目，营造出一派既清新典雅又活泼明快的亚热带田园风情（图14-2-3、图14-2-4）。

拉祜族寨门的“连注绳”（《倭族之源——云南》）

西双版纳傣族寨门

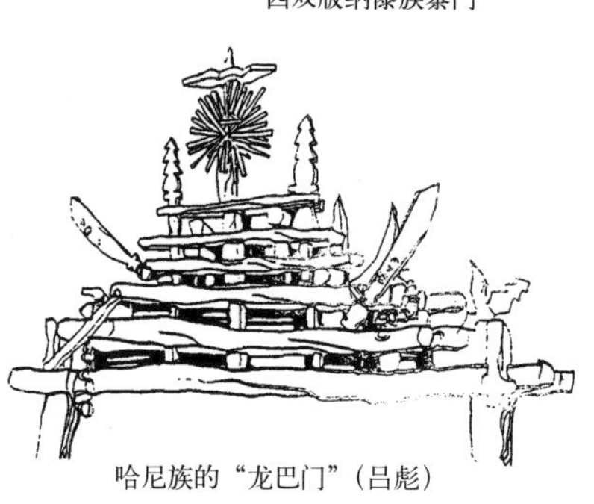

哈尼族的“龙巴门”（吕彪）

图14-2-2　云南少数民族村寨的寨门（杨昌鸣）

二、民居

傣族民居在结构形式、平面布局、外部造型、室内布置等许多方面都与内地汉族民居有较大区别，具有强烈的民族特征。

居住领域的限定

人类的居住领域，通常并不局限于宅屋本身，还要包括附属建筑及住宅周围一定范围的空间。以中国而论，人们对其居住领域的限定不外乎两种类型：一种是以汉族为代表的封闭性限定，另一种则是在少数民族地区常见的开放性限定。前者简单地说就是以四合院方式为主的院落式组合，即用房屋或院墙围合成的所谓“外实内虚”式的封闭性居住领域。后者利用单体宅屋本身的凝聚力，从观念上建立起对周围领域的控制，虽然有时也用一些简易的手段对其控制领域进行象征的而不是实质的围合，形成“外虚内实”式的组合，整个领域给人的感受仍是开放和易于接近的。

傣族对于居住领域的限定属于后者，其主要特征是尽可能扩展宅屋的使用空间和面积，将不同功能的房间结合在同一幢建筑之中，同时以周围的场地来弥补不足。在这种限定方式中，空间的主体是宅屋本身而不是院落，即使场地周围有栅篱等象征性限定，也并不妨碍住宅与住宅之间的对话。就单体而言，它是开放的、发散的，而从全寨来看，这些单体的互相接纳和对话恰好是建立整个村寨完整空间秩序的有利条件。对于更多依赖于血缘关系而不是宗法制度生活在一起的人们来说，这种便于交往的秩序是不可缺少的。此种格局与内地常见的高墙深院窄巷的差异，正是两种文化的反映。

在敞院中，虽常有与主屋分离的厨房、畜圈、谷仓等附属建筑，院内种植椰子、芭蕉、芒果和蔬菜，但以宅屋为中心的格局仍然维持着。德宏州瑞丽县的傣族围院较大，竹楼建于中央，院落划为前后两区，宅前从事家务及副业活动，宅后种植蔬菜果木。利用矮篱围成敞院，对防火和防止牲畜走失，也有其必要性。

在开放性限定中还有一个需要特别提到的元素，那就是在傣族住宅中常见的露天晒台（傣语称“展”）。晒台可以看作是宅屋的延伸部分，用来晾晒粮食和衣物，也可是室外工作场所，还兼作沐浴场，在此放置贮水罐。晒台又是家庭生活空间与村寨群体空间的中介，成为开放性限定的重要一环。

干阑

“竹楼”，在人们的习惯上就是傣族住宅的代称，实际是一种以竹子为主要建筑材料的干阑式建筑。所谓干阑，其实是对“人处其上，畜产居下”的居住建筑型式的通称。“干阑”一词，最早见于魏晋时期的汉文古籍。民族学的资料表明，这原本是百越族群壮侗语族诸族对房屋的共同称谓，汉文“干阑”或“干栏”乃

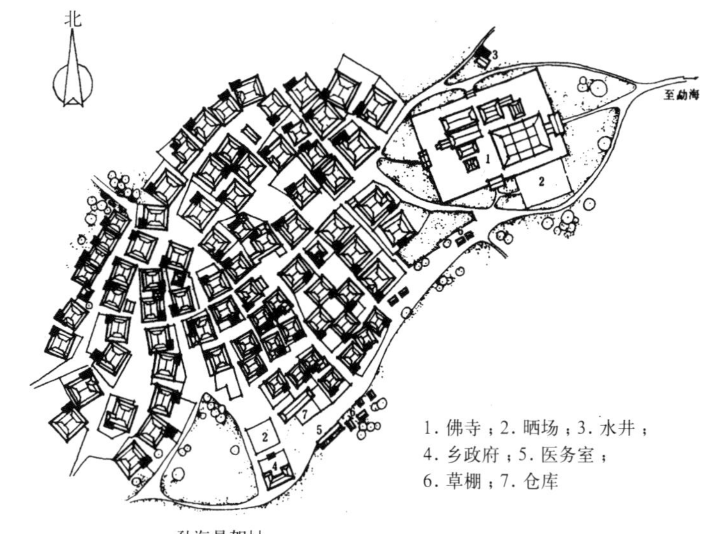

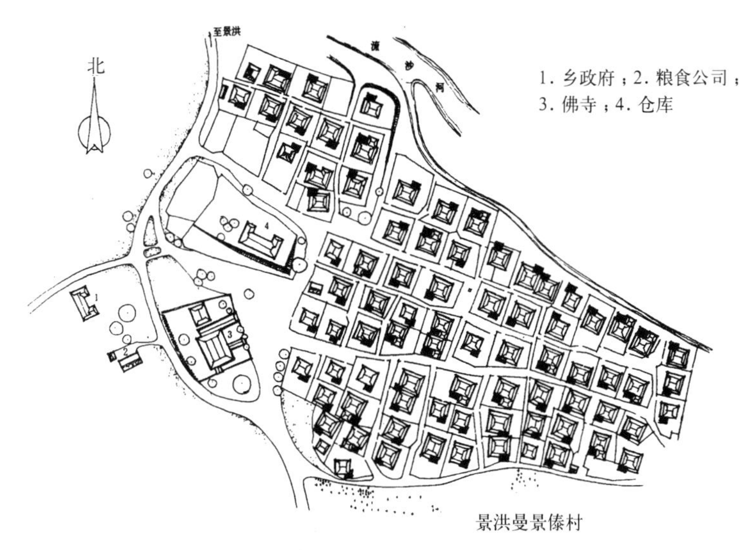

图 14-2-3 西双版纳傣族村寨（《云南民居》）

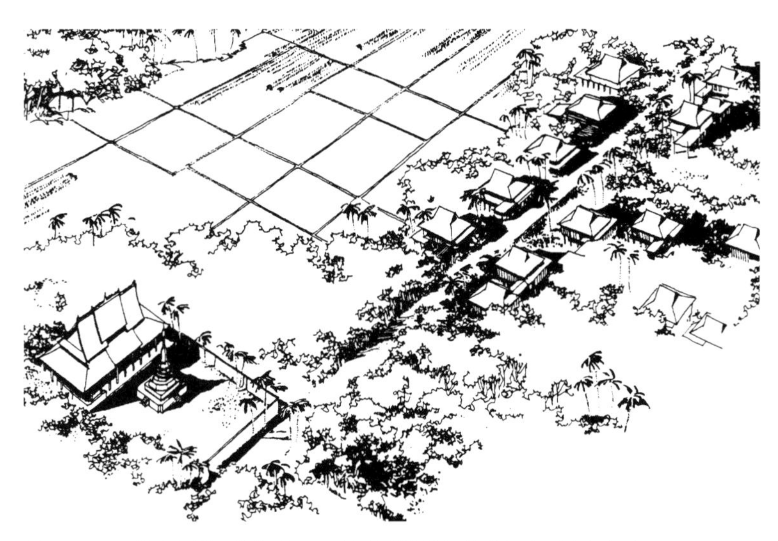

图 14-2-4 佛寺与村寨的关系——西双版纳橄榄坝曼听寨（《云南民居》）

是其音译。干阑或作阁阑、麻栏。

正如“史前建筑”章中所述，干阑显然是从巢居即树上结巢以居发展来的。“古者禽兽多而人民少，于是民皆巢居以避之，昼拾橡栗，暮栖木上，故命之曰‘有巢氏’之民。”（《庄子·盗跖篇》）“上古之世，人民少而禽兽众，人民不胜禽兽虫蛇，有圣人作，构木为巢，以避群害，而民悦之，使王天下，号之曰‘有巢氏’。”（《韩非·五蠹》）从遗址的发掘以及如“南越巢居，北朔穴居，避寒暑也”（晋·张华《博物志》）等文献记载中，可知主要出现在南方，尤其为百越或百濮族群所通用。早期的干阑似乎还带有巢居的痕迹，“依树积木，以居其上，名曰干阑。干阑大小，随其家口之数”（《北史·蛮僚传》）。后来逐渐向楼的形式发展，“山有毒草、沙虱、蝮蛇，人楼居，梯而上，名曰干阑”（《新唐书·南平僚传》）；“上设茅屋，下豢牛栅。栅上编竹为栈，不施椅桌床榻……考其所以然，盖地多虎狼，不如是则人畜皆不得安”；“民编竹苫茅两重，上以自处，下居鸡豕，谓之麻栏”，“子长娶妇，别栏而居”（宋·周去非《岭外代答》）；“（夷）所居皆竹楼，人处其上，畜产居下”（《西南夷风土记》）等记载。

据以上所引及有关建筑的滇文化文物，可知干阑在云南有很久远的历史，在古代是以竹构为主，上覆茅顶，这就是傣族等民族的住屋一直称“竹楼”的原因，事实上现在的很多傣族住屋，尤其在西双版纳，都已是木结构瓦顶建筑了。干阑有利于防避虫兽、洪水、潮湿，还能通风、散热，不用平整地基，减少土石方。这些都是南方建筑首先需要解决的问题。傣族聚居地区竹木茂盛，取材便利，竹楼自然成为占主导地位的住宅形式。但竹材有不耐久的缺点，因此用木材承重，用竹材作墙面地板及其他构件，并覆以瓦顶。这种改进了的做法，逐渐取代了真正的“竹楼”。

除百越族群和百濮族群外，属于氐羌族群的景颇族、部分哈尼族、拉祜族和傈僳族也采用干阑，但各族干阑又有不同（参见图1-3-10）。

景颇族聚居在滇西德宏沿边五县接近森林水源的山脊或山坡上，干阑为低楼式，楼面距地约0.6～1米。楼下不能使用，所以在某一端的山面以内留出畜养空间。干阑除承重柱、脊檩、檐檩使用木材外，余皆用竹。其最大的特点是采用长脊短檐倒梯形悬山屋顶。由于檐墙低、出檐大，长面不能出入，故以山面为入口。山面中柱外移，以承托长脊端部，常用粗大的木料。柱上悬挂牛头或兽骨，以炫耀其狩猎本领和财富。这些都与滇文化文物显示的做法完全一样，保留了较原始的干阑形式（参见图1-3-11）。

与分布地区的差异相应，傣族干阑民居也表现出某些地域性差别，主要反映在平面、外观及细部处理上。

民居的平面布局和造型

傣族宅屋属典型干阑式建筑，为高楼式，楼面离地约1.8～2.5米，利用“人处其上，畜产居下”的楼居方式增加使用面积。

干阑大多取集中式平面，即在一座屋顶下集中布置许多互相贯通的房间，居宅由起居待客的堂和家人寝卧的室两种主要部分组成。兼作半户外起居室用的“廊”和露天的晒台也很重要。此外，在西双版纳，常不设厨房，炊事即在堂屋里的火塘上进行。有时加以扩展，构成较复杂的平面，如将主屋的某个部分（堂屋或卧室）加以扩展构成曲尺形或凸字形平面。类似方式还表现在不同功能区域的扩展组合上，如将谷仓贴建于堂屋一侧，或接建于前廊外侧，也可利用晒台和走廊将二者组合起来。德宏州瑞丽地区则有附在宅后平房中的厨房。这两个傣族聚居区的住宅还另有一些不同之处。

西双版纳住宅 平面近于方形，每边约10

米，住宅由楼下登梯至“廊”，廊外连以晒台，由廊入门进入堂屋，设火塘，由堂屋转弯可至卧室。宅内无供神处。这种住宅的廊、堂屋、卧室三者呈“L”形布置，而以堂屋为转折点，可以说是入口在侧面的“前堂后室”。廊与楼梯相连，四周无墙，仅有重檐屋面遮阳避雨，明亮而通风，又为进入堂屋所必经，故又常称为“前廊”。其半封闭半开放的空间，成为室内室外的过渡。在廊的外檐处设靠背坐凳栏杆，廊面铺席，是日间乘凉、进餐、纺织、家务活动、待客的理想地方，成为堂屋的延伸，最富生活气息。晒台很简单，只是一方竹片铺成的平台，无栏杆，但亦不可或缺（图 14–2–5 ～图 14–2–7）。

图 14–2–5 西双版纳傣族民居剖透示意（《云南民居》）

全宅用木柱木梁构成，使用木或竹楼板和篾墙，外墙向外倾侧，不开窗。用陶土制带小钩的薄平瓦覆顶，也有少数草顶。屋顶类似歇山式，屋脊较短，坡度也较陡，分两折，上折比下折更陡。多半在下层以下又加一圈下檐，形成重檐，整座建筑完全覆于浓荫之中。檐端平直无角翘，没有什么装饰。这种形式的产生，并非刻意追求，而是对内部空间的自然顺应。将西双版纳的傣族住宅典型构架作一分解图示，可以发现它实际上是一个带有悬山式屋顶的主体空间加上一圈带披檐的附属空间组合而成的复合形式，只不过在其连接处作了相应的构造处理，使之过渡自然，一气呵成。

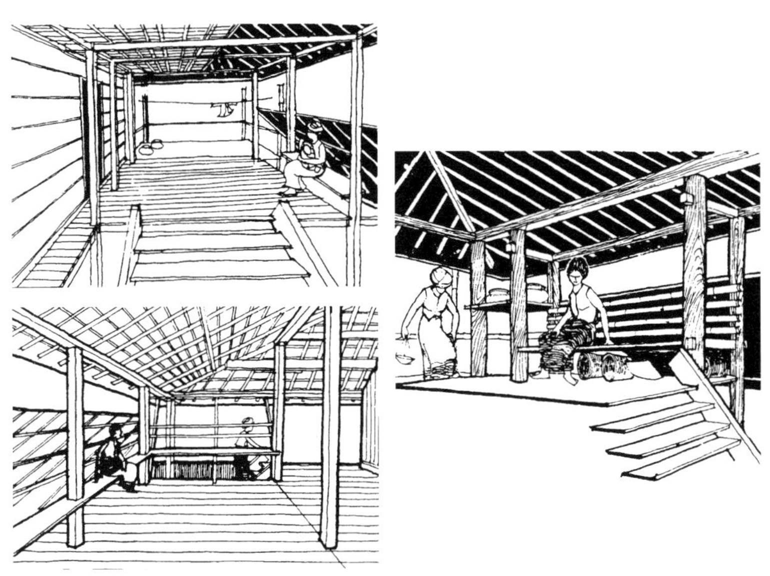

图 14–2–6 西双版纳傣族民居的前廊（《云南民居》）

干阑上有轮廓丰富的庞大屋顶，下为开敞的柱林，虚实对比强烈，坦然地表露功能和结构，朴素自然，光影错落，再加上绿化得很好的院子，极富情趣。

有时平面为曲尺形，两个歇山顶垂直穿插。又有的在方形平面附近另建谷仓而以晒台相联系（图 14–2–8、图 14–2–9）。

瑞丽住宅 通常由前面一座南北纵长矩形平面的干阑和紧接其后的横向平房组成。由南部登梯上至前廊，前廊更南接建晒台，北通堂屋。

图 14–2–7 西双版纳傣族民居（《中国传统建筑》）

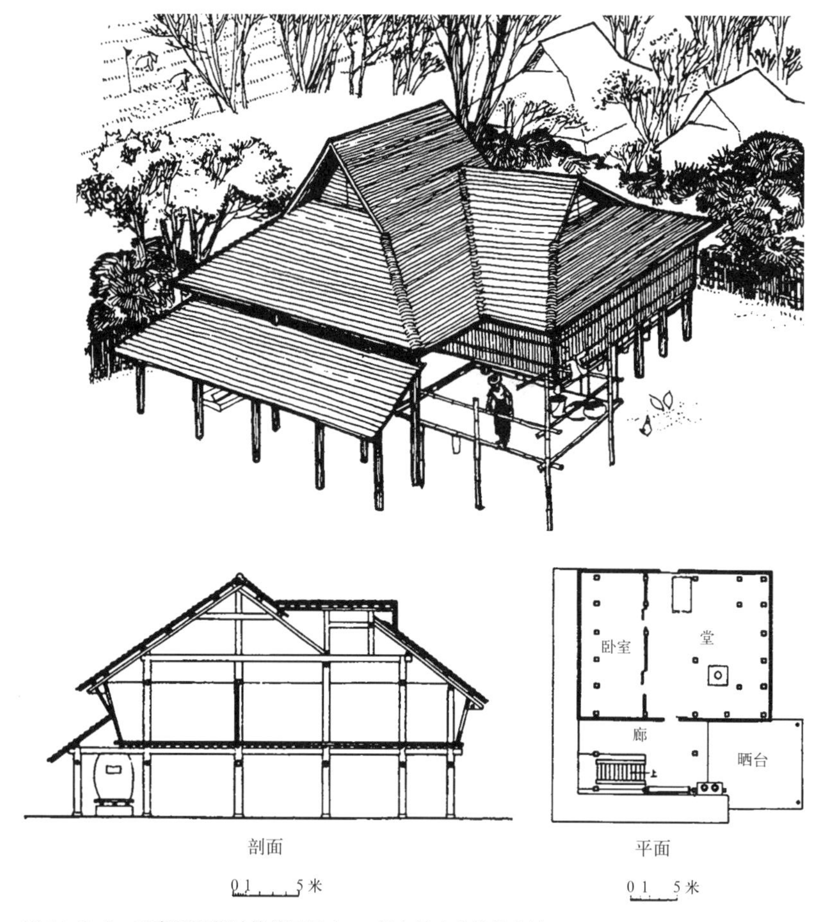

图 14–2–8　云南西双版纳傣族民居之一（《中国古代建筑史》）

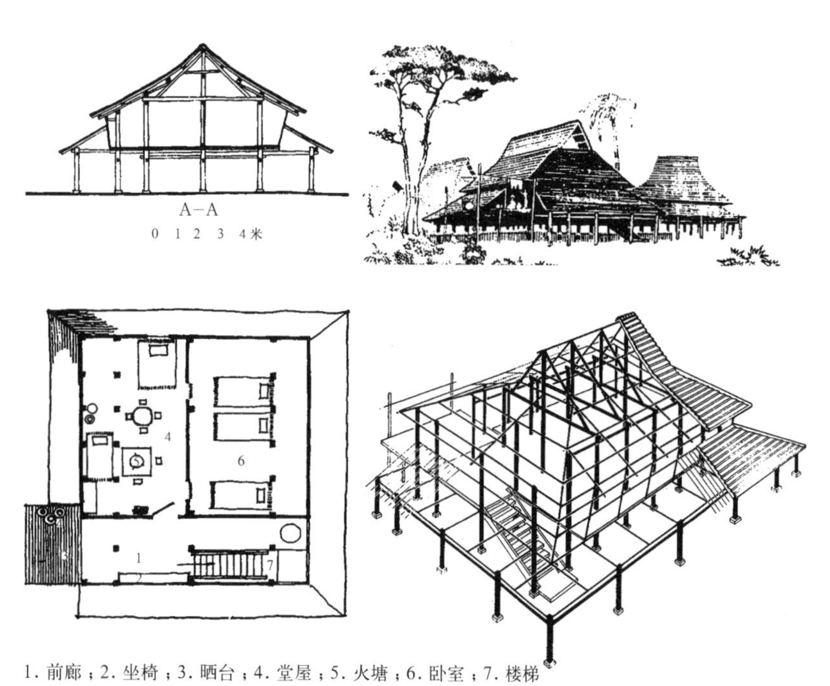

1. 前廊；2. 坐椅；3. 晒台；4. 堂屋；5. 火塘；6. 卧室；7. 楼梯

图 14–2–9　西双版纳傣族民居之二及结构示意（《中国古代建筑技术史》）

在堂屋一侧设神龛，供家神；再北分为东西二部，东为卧室，西置一梯，下通平房；平房用为厨房，由厨房转南是干阑下层。这样，晒台可充分利用阳光，堂屋有南北穿堂风，若左、右开窗，或在堂的西侧设阳台，通风更好；卧室可避西晒；厨房与干阑下层的米碓、粮囤、畜圈联系很好；厨房单独设置，使堂屋不受炊事烟火，平面设计合理而周详（图 14–2–10 ～图 14–2–12）。

这种平面，入口、堂屋、卧室三者呈前后串连关系，可称作“前堂后室”。此外还有一些变体，如在上述典型平面堂屋的一侧加建卧室数间，形成曲尺形平面，或典型平面的干阑后部墙与屋面为半圆形。

瑞丽盛产竹，旧时房屋的梁、柱、楼板和墙悉用竹，近时其承重构架已改用木。篾墙普遍利用竹篾两面肌理的不同，编织成各种图案，成为装饰。干阑屋顶为歇山，平房是悬山，均多覆茅草（图 14–2–13）。

火塘

傣族住宅的室内布置比较简洁，几乎没有家具，在楼上席地而坐。卧室亦无床，分帐而宿，不容外人进入。西双版纳的楼面常用的做法是将圆竹纵向剖开，再压平，用竹篾或藤条织成竹箦，铺在楼楞上。竹箦楼板据说还有另一功用，就是洪水泛滥时，可将其取下以减少浮力，待洪水消退再铺也很方便。德宏一带的傣族住宅则常在竹箦楼板上铺竹席，取其干净凉爽。

图 14–2–10　云南德宏傣族民居（《中国传统建筑》）

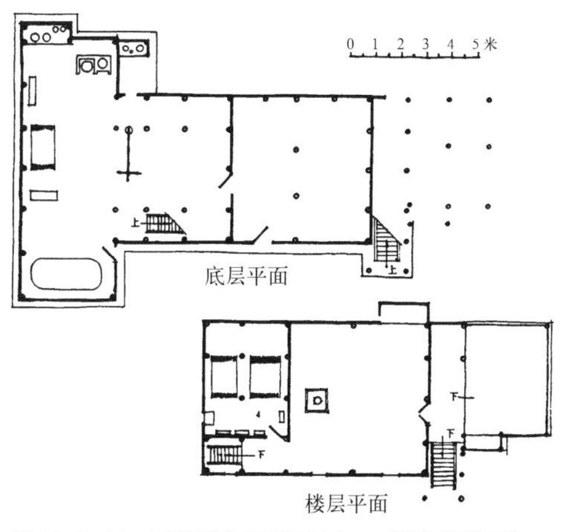

图 14–2–11　云南德宏傣族民居之一（《云南民居》）

图 14–2–12　德宏傣族民居之二（《云南民居》）

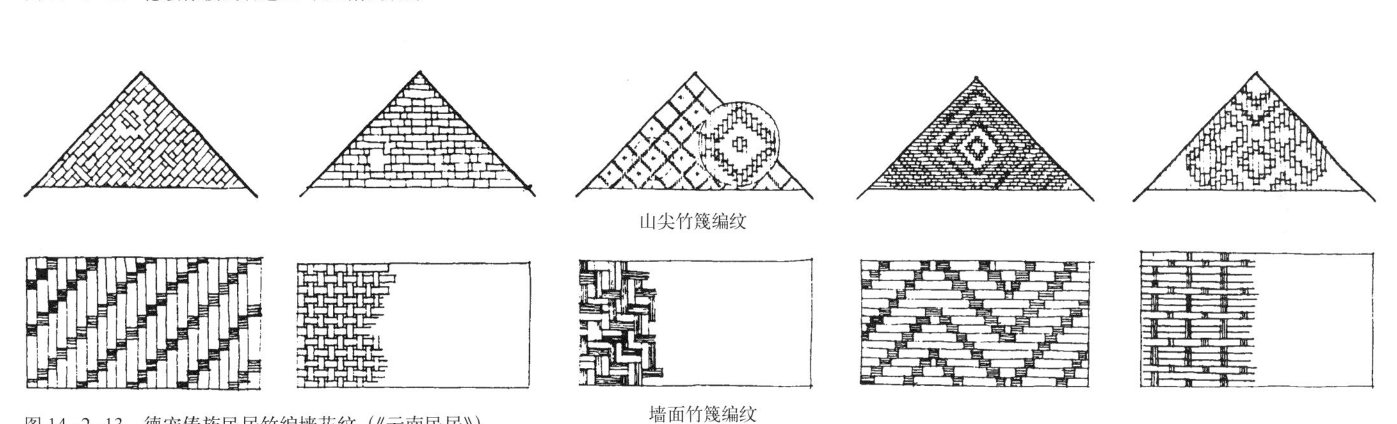

图 14–2–13　德宠傣族民居竹编墙花纹（《云南民居》）

火塘在傣族住宅中占有重要地位。火塘兼有炊事和室内供暖的功用，家人起居生活大都围绕火塘进行。因而火塘成为日常活动的中心，从而具有超出于纯物质功能的重要性。这一点可从傣族的“贺新房”仪式中得到证明。傣族群众盖好竹楼后的第一件大事就是十分慎重地安置火塘，操作者必须德高望重，材料也要仔细选择，位置选定在两根神柱之间，在安置的同时举行祭祀火塘神的仪式，祈求保佑全家幸福平安。只有相信获得了火塘神的保护，才能放心进入新居。

由依赖而崇拜，在傣族中又产生出许多火塘禁忌，例如，一旦安置好了火塘，就不能随便移动，包括支锅的三块石头也不能随意更换；

① 杨福泉，郑晓云．火塘文化录[M]．昆明：云南人民出版社，1991．

图 14-2-14　傣族民居起居间的火塘（《云南民居》）

确实需要移动或更换，必须选择吉日，同时翻盖房屋或更换楼梯，或在老人逝世举行仪式时更换。[①]滇西的傣族住宅，采暖火塘与炊事火塘分设，前者依然是家庭的中心。

围绕着火塘，男女主客须各依方位而坐（图14-2-14）。在不同的地区，对方位的规定有所不同。

三、佛寺与佛塔

南传上座部佛教遵照早期佛教经典，以十二因缘、五蕴和四谛来说明世界和人生，主张一切皆空，即人空、生空和我空；自我解脱和自我拯救的唯一途径就是以"赕"（布施）的具体行动来积累善因，证修来世而达正果。赕佛活动的场所佛寺和佛塔，是傣族人民最崇敬的建筑。

根据南传上座部佛教的戒律，要求每个男子少年时都必须出家一次，到寺院经历一段时间的僧侣生活，少则三月，多则几年十几年，然后可以自由还俗，终生为僧者甚少。笃信佛教的傣族群众，一生中经历的所有重要事件几乎都与佛寺有关。短期的僧侣生活往往是孩子们接受教育的唯一机会，人们不但在寺中赕佛，诵经，学习文化和艺术，还在寺中举行庆典，选举领袖，调解纠纷。换言之，佛寺不但是僧侣的住所和宗教活动的场所，也是普及教育的机构和公众的社会活动中心，兼有学校、图书馆和社区会堂等作用。人们与佛寺有很深的感情联系。上座部佛教的僧侣没有私人财产，每天要以"乞食"为生，更密切了僧侣与群众的日常交往。比起汉地寺院来，傣族佛寺与人们日常生活的关系密切得多，人们倾阖寨之力去建造，并引为本寨的骄傲。佛寺建筑无论在技术上还是艺术上都超过了一般居住建筑。但由于各寺多由各寨自建，规模一般都不太大，装修陈设也谈不上豪华，其建筑艺术性格更趋近于亲切质朴，不同于汉地佛寺的隆重辉煌，整饬深邃；也不同于藏蒙地区佛教建筑的恢宏粗犷，巍峨雄巨，而显得秀丽玲珑。傣族佛寺同傣族民居一样，也取"外虚内实"布局，佛寺内外空间融成一片，更多一种开旷明朗的风味，表现出傣族佛教建筑鲜明的艺术特色。

据统计，西双版纳地区80%左右的村寨都建有佛寺，少数村寨因经济原因暂时未建则与邻寨共用。傣族虽没有实行政教合一制度，但佛寺的组织系统与政权系统仍有一定关系，各寺的规模与政权级别相应。西双版纳地区的总佛寺设在"召片领"（又称宣慰，为地方性最高统治者）所在地宣慰街，称"洼笼"，即大佛寺，其主持长老也就是全西双版纳佛教的最高领袖；各勐（相当于县或乡）的"召勐"（政权机构）所在地也各有一所稍小的"洼笼"；基层的曼（村庄）有小佛寺；如果勐很大，在勐的洼笼与小佛寺之间还有相应的中心佛寺，设在较大的曼。德宏地区则有"御封佛爷"，由土司加封，授权管理全区佛寺。

佛寺

西双版纳的佛寺一般由佛殿、戒堂、佛塔、僧舍和鼓房组成。在德宏地区则另有泼水亭及供信徒远道拜佛时临时使用的住所。傣族佛寺布局与汉地佛寺不同，不取封闭院落周边向心方式，而是院墙低矮，或不设院墙，主要建筑佛殿位居中心。与汉地佛殿都以长向面为正面不同，多数以山面为正面。戒堂、佛塔和僧舍在佛殿左、右和后方随宜而设，似无定局。寺门常在佛殿山面入口前方，寺门和佛殿之间常以引廊相连。佛殿高大华丽，寺又多建在高处，使佛殿从很远就可看见，外向性格很强。

佛殿，傣语称"维罕"，是僧侣和信徒举行宗教典礼或其他重要仪式的场所。在傣族佛寺里，佛殿以其显要的位置、高大的体量、美丽的造型和装饰，确立了对整个庙宇的控制优势。

傣族佛殿有"落地"与"干阑"两种，前者多在西双版纳（临沧、思茅亦多），后者常见于滇西德宏地区。落地式佛殿大都置于台基之上，台基的高度似依佛寺的等级而不同，如西双版纳宣慰街的总洼笼就有很高的台基。在泰国和老挝，佛殿台基的高度随着时间的推移，越晚越高，但西双版纳的这种趋势并不明显。落地式佛殿与干阑住宅形成鲜明的对照，其中固然有强调佛殿与住宅性质差异的因素，更重要的可能还在于满足供奉巨大佛像的实际需要。在干阑式建筑的架空楼板上显然不宜设置过大过重的佛像。德宏地区之所以采用干阑式佛殿，与当地不塑大佛、主要供奉来自缅甸的小型玉佛不无关系。这种差异从一个侧面证明了云南傣族所信奉的佛教有两个不同的传播来源。

西双版纳佛寺　佛殿的平面大多为矩形，主轴线（矩形长轴）呈东西向（仅少数例外），佛像靠近西端，面向东方，这也是傣族佛寺与内地佛寺不同之点。据说佛陀在菩提树下成佛时即面朝东方，故有此制。佛殿长五至八间、宽四至六间。殿门在东山墙，因山墙有中柱，所以殿门不居山墙正中，一般偏向北侧。殿内有两列纵向内柱，上承六至九片进深两间的抬梁式梁架，覆悬山式平瓦屋顶。围绕此中心有一圈檐柱，檐柱和内柱间用抬梁式半屋架，四向覆单坡屋顶。上部悬山顶和下部单坡顶之间有错落，总体构成一座两段式歇山顶。这使我们想到，实际上汉式建筑的歇山顶在汉末魏晋最初出现的时候，也是由悬山和周围单坡拼合而成的。看来，这正是歇山顶产生的由来，在云南傣族地区可能更多保留了历史的痕迹。东南亚各国的佛殿屋顶，也与此相同。悬山顶沿纵向常有错落，被分成好几段，中间一段最高，左、右两段低下几十厘米；若分为五段，最端头的两段再次低下（图 14-2-15）。这种纵向分段的屋顶在晋宁出土的滇文化小铜屋 M3 ： 25 上也可以看到，同时，在东南亚许多国家也经常出现，应都是滇文化的延续。有时，最外两段屋顶在檐口又连到了一起。比较复杂的例子，下部单坡顶也随悬山顶分成好几段，有时在整个歇山顶周围再加一圈柱子，好似汉式建筑的"副阶"做法，整体成为重檐，

图 14-2-15　云南西双版纳某寺（张青山）

如宣慰街洼笼。歇山上段即悬山部分屋坡陡峭高峻，呈曲面，由檐口处以大约30°逐渐向上反翘，到屋脊时接近60°。悬山顶的山花面很大，多在此以斜撑加出一条披檐，此披檐也见于滇文化M12：26小铜屋。屋面覆陶土薄平瓦。作为装饰，沿正脊、垂脊和斜脊密立许多黄色琉璃做成的火焰状的“密打”、卷叶状的“密来”和正脊中央的塔形“帕萨”，在正脊端头还有各种形式的鸱吻和孔雀。檐端完全平直，不起翘。下段单坡顶部分梁架低矮，往往伸手可及，基本无举折和曲凹，为平直斜面，坡度也较缓。

此种屋顶的构架与汉式建筑基本相同，但更加简洁，没有复杂的斗栱和翼角，也没有雕饰以及侧脚、生起、推山、出际等等做法，仅仅依靠柱子的高低，就实现了屋顶形式的变化。

它的承重构架均为横向（矩形短向）梁架体系，构架沿纵向排列，仅端部梁架保留中柱。在这类佛殿中，外墙与梁架之间的关系有以下三种做法：一者边跨半屋架横梁的外端由砖砌外墙支撑，交接处常垫置石柱础或卵石，如景洪曼阁佛寺；二为将墙顶柱础或卵石改为短柱，目前所知最早者是景洪曼广佛寺；三为梁架负荷由柱子承载，外墙只起围护作用，以橄榄坝曼苏满佛寺为代表。前两种较多见，年代相对较早；第三种较少，出现的时间较晚。这种情况反映出西双版纳地区的傣族佛殿经历了一个从模仿泰国、老挝的佛殿到因地制宜加以改进的过程。

戒堂的外观与佛殿相似，但体量甚小，傣语称“布苏”、“波苏”或“务苏”，是高级僧侣定期讲经及新僧人受戒的场所，俗人不得随意入内，有时甚至禁止妇女在附近走动。戒堂的地位相当重要，常被作为区分佛寺等级的重要标志。按照规定，只有中心佛寺以上才有资格设置戒堂，低等级佛寺的僧侣必须到设有戒堂的较高等级的佛寺去受戒。

大多数戒堂的平面为矩形，其结构和屋顶形式与佛殿相似，但外界面较封闭，仅少数加有门廊，堂下有较高的须弥座。戒堂室内供奉小型佛像，有时在戒堂基础下面埋有“吉祥法轮石”，一般每边埋一块，中心埋一块。吉祥法轮石的数目也与佛寺等级有关，等级较高者数目较多，最多九块。在泰国和老挝，有时佛殿与戒堂外观上的区别并不特别明显，甚至只有戒堂而无佛殿，或者相反。在这种场合，究竟是佛殿还是戒堂，只能根据有无法轮石来辨别。

尽管西双版纳的戒堂的体量和位置都不如佛殿显赫，但在泰国早期南传上座部佛教寺院中，真正处于主导地位的却是戒堂和佛塔，佛殿只不过是一种附属建筑物，供僧侣居住和信徒使用。随着南传上座部佛教的普及，在信徒的心目中，寺院不再是少数僧侣独善其身的专有领域，而是大众与佛陀直接交流的场所。施主们捐献钱物，与其耗费在与自己关系不大的戒堂上，不如将可以自由出入的佛殿建造得更加宏大气派，于是戒堂逐渐让位于佛殿，而且加建了僧舍，观念的改变导致了建筑布局模式的转变。

僧舍即专供僧侣起居的集体宿舍，傣语称“轰”或“罕”。西双版纳一带的僧舍有干阑式和平房两种，前者与普通傣族民居几无二致，后者可能是较晚的改良形式。僧舍内部多不分隔，但有时也为高级僧侣专辟小室，还可留出一定的空间作为学经室。

西双版纳佛寺可举宣慰街洼笼寺、橄榄坝曼苏满寺和曼听寺为代表。此外，勐海景真寺也值得介绍。

宣慰街在景洪南、澜沧江西岸。洼笼寺是西双版纳的总寺，规模相对较大，建在高地上，

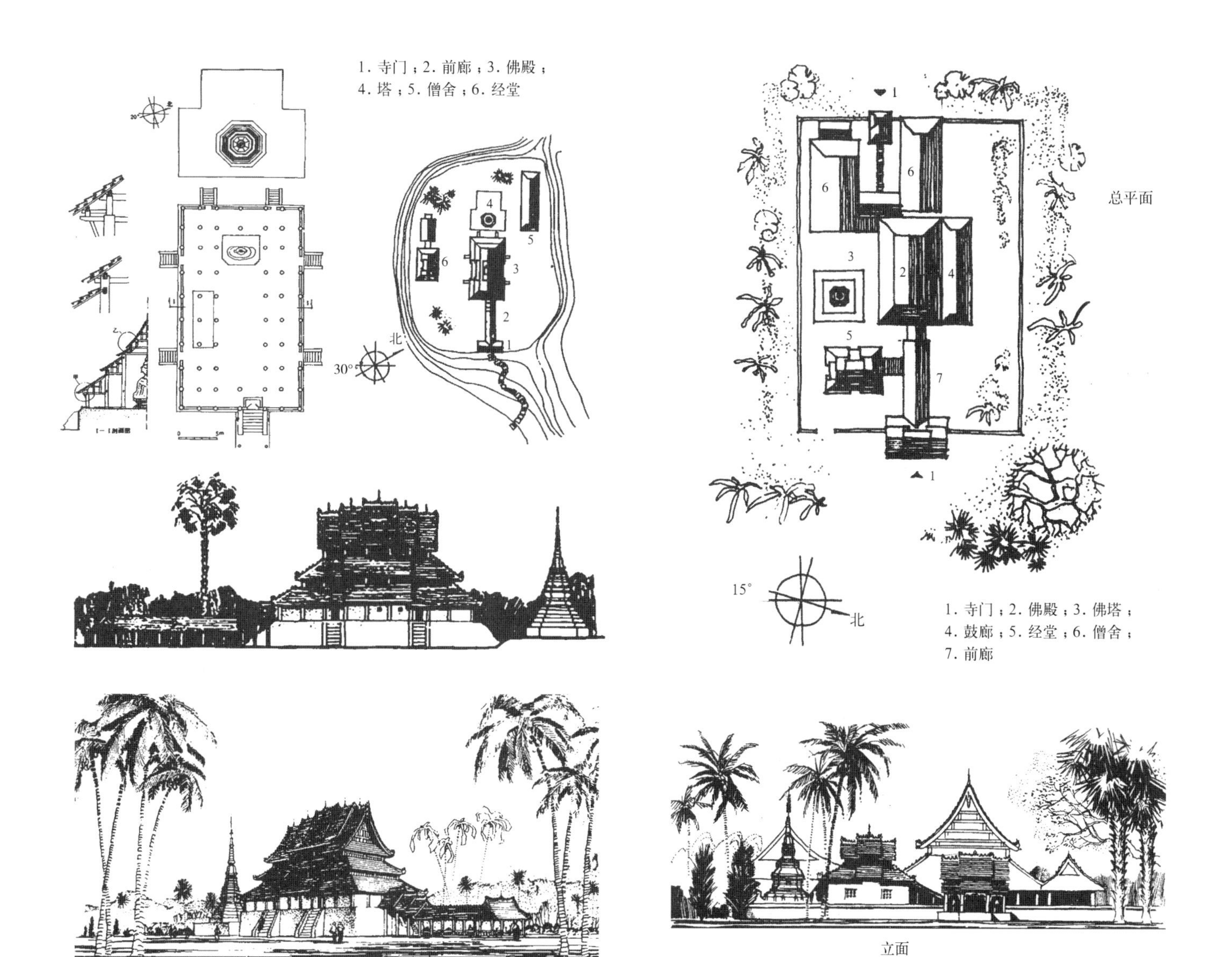

图 14–2–16　西双版纳宣慰街大佛寺（现已不存）（云南建筑）

图 14–2–17　西双版纳橄榄坝曼苏满佛寺（佛塔位置为原状）（《云南民居》）

很远就能看见。洼笼基地呈东西纵长的矩形，没有寺墙，布局较规整，寺门、长长的引廊、佛殿和佛塔，自东而西依次布置在东西向轴线上，戒堂在南侧，僧舍在西北角。佛殿有两圈内柱，故外观类于“重檐歇山”（其上部悬山顶与四周单坡顶有较大落差，如将悬山视为单独的屋顶，也可以说是三重檐）。悬山部分纵向分为五段，下面两个单坡顶分为三段，形象较丰富。佛殿下有较高的台基（图 14–2–16）。此寺现已不存。

曼苏满寺在景洪东南澜沧江东岸，寺墙低矮，寺门、引廊和佛殿自东而西依次布置在东西向矩形基地上，戒堂在佛殿之前、引廊之南，僧舍在殿后，另有后门通寺外。佛塔原在殿南，被戒堂遮挡，后拆迁于引廊之北，与戒堂、佛殿及寺门一起，构成一个生动美丽的不对称均衡构图（图 14–2–17 ～图 14–2–20）。

曼听寺与曼苏满寺邻近，其特点是佛殿以长向为正面，在傣族佛寺中比较少见。在殿前中轴线上建佛塔（图 14–2–21）。

戒堂除矩形平面外，也有方形、六角、八角和折角亚字形，如勐遮景真寺的戒堂，即为折角亚字。

景真寺建于 1701 年，建在一座小台地上，

图 14-2-18　西双版纳曼苏满寺（萧默）

图 14-2-21　西双版纳曼听寺（罗哲文）

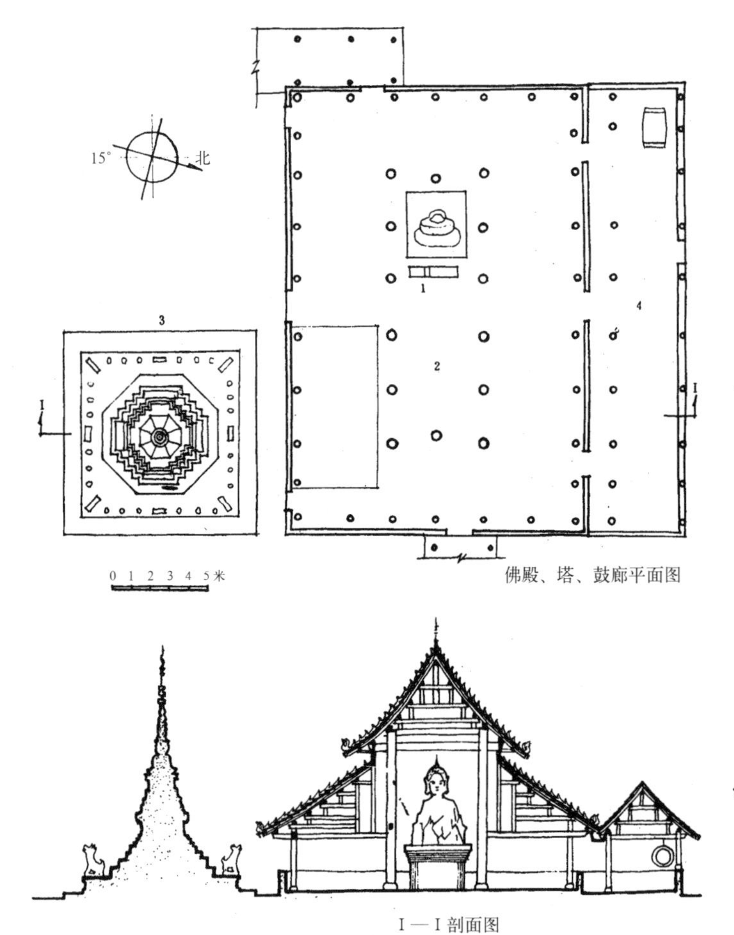

图 14-2-19　曼苏满寺大殿（《云南民居》）

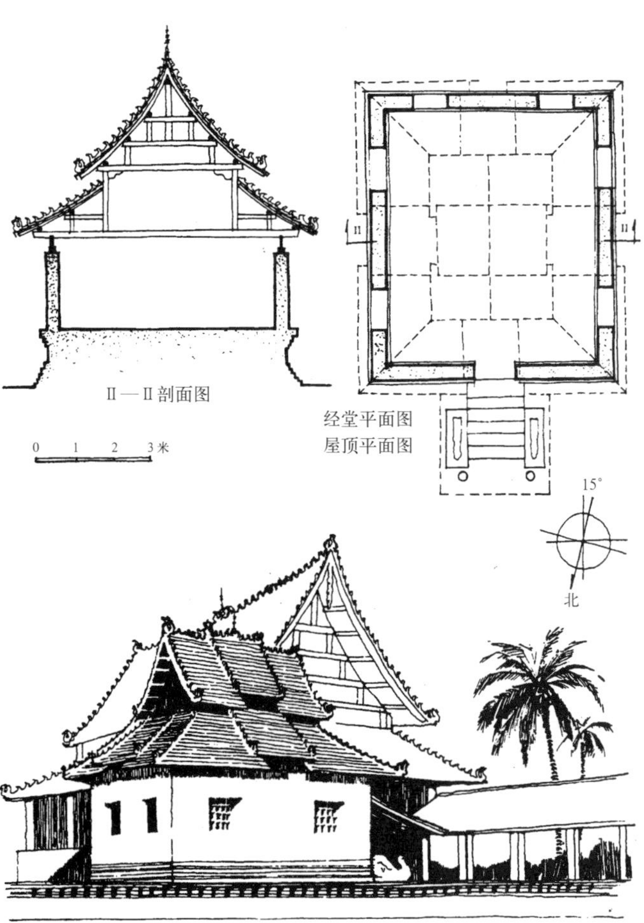

图 14-2-20　曼苏满寺戒堂（《云南民居》）

其佛殿上、下檐都分为五段，四面墙壁的外壁面有复杂的分划，并绘满壁画，十分华丽。景真寺的戒堂非常特殊，又名“八角亭”，造型美丽，是傣族建筑艺术成就的优秀代表作之一。此“亭”虽名为八角，但基座和亭身的平面实际是有16个阳角，12个阴角的折角亚字形。基座为砖砌须弥座，横向线脚甚密，高约2.5米。亭身亦砖砌，在四个正面设门，也有许多横向线脚。

屋顶极为特殊，是向八个方向呈放射状伸出的悬山式顶，山尖向外，自下而上、由大至小共叠落十层，形成状若锦鳞的由80座小屋顶组成的屋顶群，复杂的构造与较为简洁的基座、亭身形成强烈对比。屋顶由下而上的总轮廓呈凹曲线，向上的动态感很强，最后聚敛于金属刹盘，整个屋顶的动势通过高高的刹杆继续向上延伸，得到了充分渲染和强化。建筑色彩非常艳丽，基座和亭身刷土红色，上饰金色银色图案，镶嵌彩色玻璃。屋面为小平瓦，装饰着小金塔、禽兽和繁密的火焰状琉璃饰。全亭娇小玲珑，珠光宝气，在阳光照射下，宛如一朵初开的千瓣莲花，表现了傣族建筑匠师高度的造型才能和傣族人民对生活的热烈感情（图14–2–22、图14–2–23）。

佛殿内部地面光洁，有时涂红漆，多无天花。在柱梁或墙壁表面有名为“金水”的红、金二色彩画。做法是先全刷黑漆，再涂红漆，在红漆表面覆盖剪出图案的纸样后再刷金漆，最后取下纸样即成。红地金色图案多为植物和亭、塔。墙面也有用普通画法绘出的壁画，内容多是佛教故事，有很浓厚的泰国风格。殿外墙很低，只在墙头留出空隙透入光线，殿内幽暗，金色大佛闪烁在幡帜和“金水”之间，显出宗教的神秘气息（图14–2–24～图14–2–26）。

德宏佛寺　德宏佛寺与西双版纳的共同点颇多，如自由式外向开敞布局，佛殿东西长，佛像设在殿内西端面东，佛殿入口在殿东端，一般有长段引廊与寺门相连，寺内常有佛塔等。但也有许多不同，如佛殿的构成比较灵活，通常是将供佛、拜佛部分及僧侣经堂和起居部分组合成一个整体。各部分也可能处在不同屋顶之下，但内部有较大联系空间，可以走通。所以，德宏的佛殿与佛寺在某种意义上是同义词，这种布局显然受到缅甸佛寺的影响。德宏佛寺广泛采用干阑式，也是其特点之一。

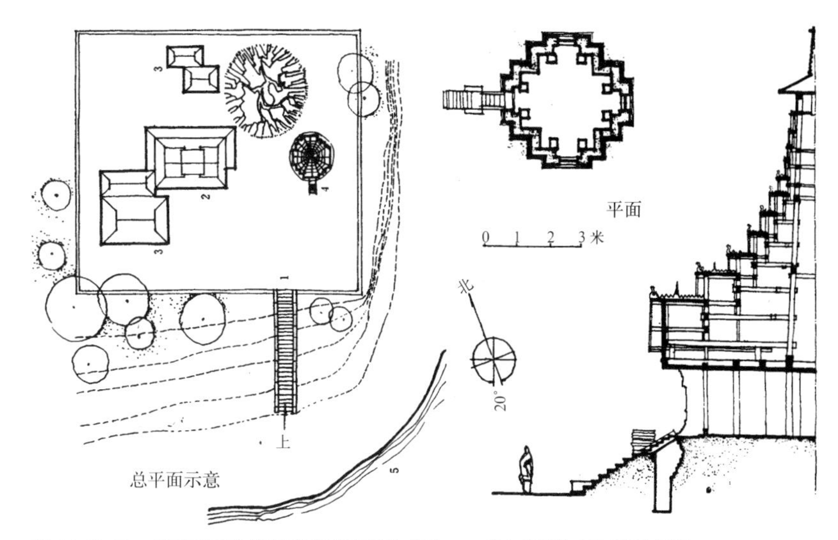

图14–2–22　西双版纳勐遮景真寺总平面及戒堂——“八角亭”（《云南民居》）

图14–2–23　西双版纳景真寺“八角亭”（明信片）

图14–2–24　“金水”壁画—孔雀舞（《云南民族民间艺术》）

图 14–2–25　壁画（上：人间地狱图；下：魔鬼巡夜图）（《云南民族民间艺术》）

图 14–2–26　西双版纳佛寺殿内（《云南民族民间艺术》）

总的来说，德宏佛寺的平面布局更加灵活，体形组合也更自由。木构架，木地板，木板或竹篾为墙，覆以铁皮波形瓦的二重或三重檐歇山屋顶，屋面无曲翘，坡度平缓，屋顶中央常重叠若干层气楼似的小屋顶及塔刹状装饰物。室内比较开敞明亮，内间佛台及陈设物往往施彩贴金、镶嵌玻璃镜片和宝石等为饰。不少佛寺显然受到汉式建筑的影响，殿堂覆瓦，有屋角起翘。

值得注意的是，在滇西傣族佛寺中，难以见到戒堂的踪迹。以上这些，都与缅甸的影响有关。缅甸南传上座部佛教寺院习惯采用集中式布局，即以一个通常与佛塔结合在一起的中央大厅来满足佛事活动的基本要求，不设戒堂，表现出与泰国布局模式的明显差异。

此外，在德宏佛寺中常有一些简易的干阑茅屋，供礼佛的俗家信徒临时居住，其余还有鼓房、泼水亭等，皆随宜布设。

现以瑞丽大等喊寺、潞西风平寺和菩提寺、沧源广允寺等为例，以概其余。大等喊寺的引廊很有特色，由跌落而重叠的一连串小屋顶组成。风平寺、菩提寺和广允寺的大殿显然受到汉式建筑影响，但仍以山面为主要立面。在山面常以屋顶的高下错落组成类似牌楼的形象（图 14–2–27 ~ 图 14–2–33）。此外，瑞丽贺赛寺也很不一般，寺内耸起两座高塔状楼阁，均五层，铁皮覆盖，各层都是十字歇山顶（图 14–2–34）。

佛塔

佛塔在南传上座部佛教寺院中占有十分重要的地位，常与佛寺同建一处，也有的单独建造。有无佛塔也成为佛寺等级的标志，只有中心佛寺或历史悠久的佛寺才建造佛塔。

傣族上座部佛教的佛塔数目可观，据不完全统计，仅西双版纳就不下百余座，德宏州和其他傣族聚居地也有不少，显示了傣族群众对佛塔的崇敬与重视。

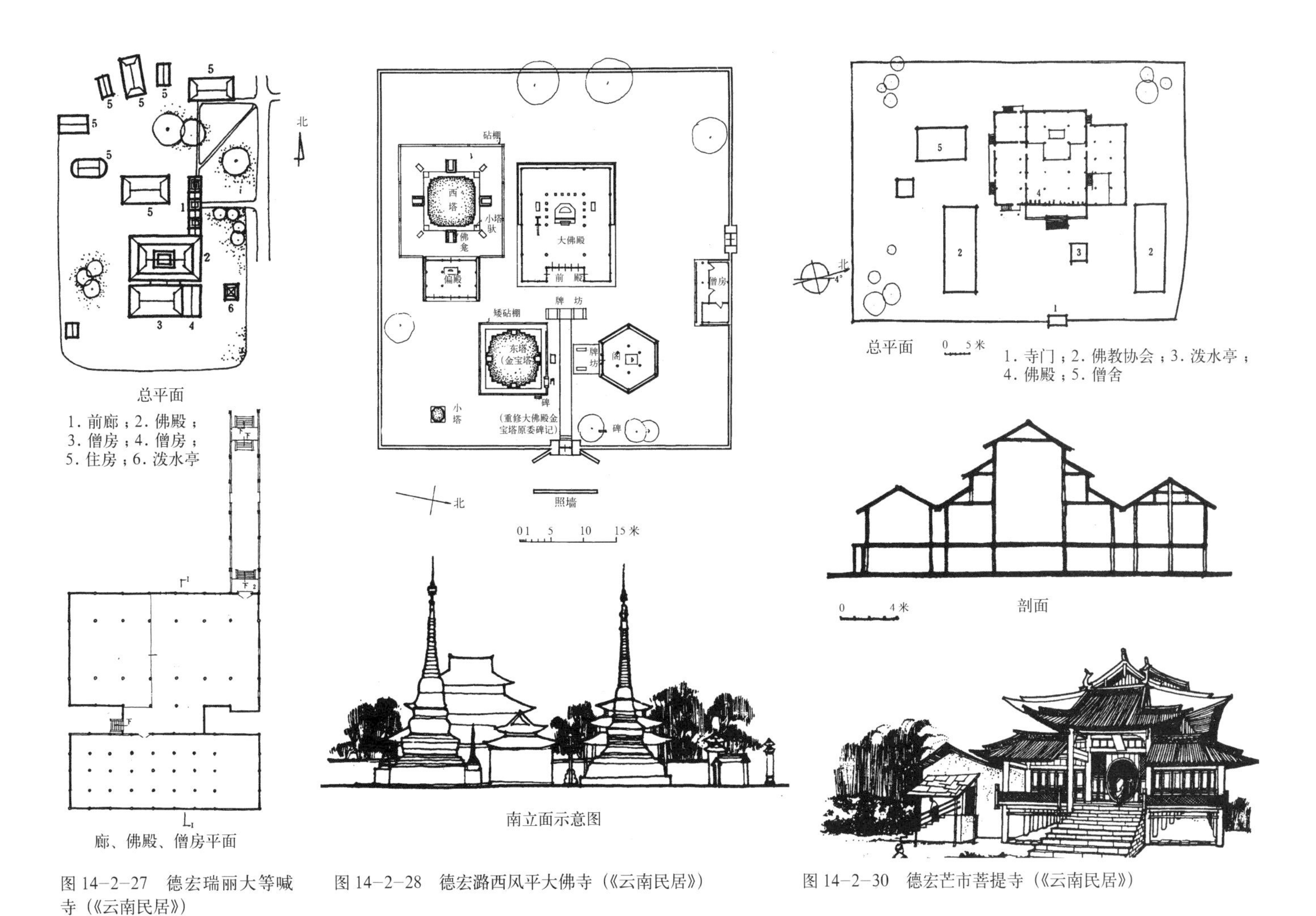

图 14-2-27　德宏瑞丽大等喊寺（《云南民居》）

图 14-2-28　德宏潞西风平大佛寺（《云南民居》）

图 14-2-30　德宏芒市菩提寺（《云南民居》）

图 14-2-29　风平大佛寺（张青山）

图 14-2-31　菩提寺大殿（杨谷生）

图 14-2-34　云南瑞丽贺赛寺（杨昌鸣）

图 14-2-32　菩提寺大殿内的玉佛（罗哲文）

图 14-2-33　沧源广允寺大殿（杨昌鸣）

图 14-2-35　西双版纳橄榄坝曼苏满寺佛塔（《云南民居》）

图 14-2-36　西双版纳勐海寺佛塔（《云南民居》）

图 14-2-37　西双版纳庄莫佛塔（杨昌鸣）

佛塔全是砖砌实心，表面抹灰浆，外涂白色或金色，从下至上大体可分基台、基座、塔身和塔刹四个部分。四个部分在形式和组合方式上的变化，构成了多样的形象。

所谓基台，是在夯土地面上用砖或石铺砌的一层平台，略高于地面，平面多为方形。在基台四隅常置有面向外的灰塑怪兽，四面有多个短柱承托花蕾。也有不设基台而直接在夯土地面上砌筑基座的做法。基座多为须弥座或类似须弥座的形式，高度及层数不等，在须弥座束腰处有时布置一些小佛龛或其他雕饰。有的基座由两三层素平阶梯组成。塔身多由叠置的二至四层须弥座组成，层层收小，平面多为折角亚字，也有方形、六角形、圆形等多种形状。塔身以上为覆钟形塔刹刹座，上承仰莲、花蕾、多层相轮和金属刹杆，杆上串以由金属环片组成的华盖，华盖常有多层，华盖之上以火焰宝珠或小塔之类的装饰物收顶。刹座以上之高约当全塔一半。全塔总轮廓似一长柄之铃，秀丽挺拔。

西双版纳曼苏满寺现存之塔为近年依原样易地重建之物，仍可作为代表。其基台为方形须弥座，通过折角亚字三层素平阶梯承托着由三层须弥座组成的塔身，每个须弥座各正面束腰部有小佛龛，以上覆置喇叭形刹座托起高高的塔尖，总高 13 米余（图 14-2-35）。

西双版纳勐海寺塔的塔身由两层类似须弥座的折角亚字体组成，各座相当于须弥座的束腰部特别加高并向外斜出，没有覆钟刹座，而相轮的圆锥体下部很粗，以与塔身自然连接，总体轮廓更多变化（图 14-2-36）。

西双版纳的庄莫塔，推断可能建于 16 世纪，在比例颇大的覆钟形下有两层圆形须弥座，很难说何为基座，何为塔身；如果将此两层须弥座都作为基座，覆钟形以上为塔顶，那就没有塔身了。在轮廓简洁而体量颇大的覆钟形上略作竖向划

图 14-2-38 西双版纳傣族群塔（张青山）

图 14-2-39 西双版纳大勐笼曼菲龙塔（萧默）

分和雕饰，丰富了构图（图 14-2-37）。

傣族佛塔最具特色的是一种群塔组合，即中央一座大塔，周围许多小塔，皆座落在同一基座上，如曼听佛寺位于大殿长面前方中轴线上的群塔，各塔塔身皆白，塔顶金色，造型、色彩简洁明快。西双版纳大勐笼曼菲龙寨后傣语称为“塔诺”的塔也是群塔。塔在几十米高的小山顶上，居于大勐笼盆地边缘，远在十几里外就能望见，丰富了全勐景观（图 14-2-38、图 14-2-39）。

曼菲龙塔建造年代不详，有的文献说它始建于公元 1204 年（南宋），现存之塔很有可能是后来重建的。全塔由九塔组合而成，共同坐落在圆形须弥座基座上。座下有两层低矮的基台，座上呈放射状有八个山面朝外的两坡顶小佛龛，龛下须弥座随龛身平面略向外凸出。以上九塔都是圆形平面，中央一塔最高，由三层逐层收小的须弥座组成塔身，在喇叭形刹座上由莲座和花蕾接锥状层层相轮，最上为塔刹串连的层层金属华盖，高刺入天，其余八塔只及中塔一半高，形象与主塔相似，只是塔身为单层须弥座。八座小塔与八个小龛对位，其间砌出船首形为过渡，寓意慈航普渡。全塔砖砌，抹灰，涂白，塔顶金色，通高 16 米余。仅小龛涂色，以红色为主，龛内贴彩色影塑。曼菲龙塔秀丽玲珑，精巧华美。“塔诺”意为“笋塔”，全塔亭亭玉立，确有出土春笋的意味，表现了傣族艺术家的卓越造型能力，是建筑艺术珍品。

德宏的佛塔与西双版纳大体相似，但体形更为修长高耸，塔顶之高所占比例更大，甚至占到全高三分之二。金属华盖的比例也很大，在阳光辉映下光彩夺目。群塔的规模也比西双版纳大，如瑞丽姐勒大金塔由大中小各 4 座共 16 座塔环绕一个 30 多米高的中心主塔。主塔塔身洁白，塔顶贴金。盈江曼勐町佛塔更是由几十座大小高低不同的小塔簇拥着中心主塔，金碧辉煌，蔚为壮观。傣族地区这种风格的佛塔甚多（图 14-2-40 ～图 14-2-45）。

总体而论，云南的南传上座部佛教建筑与泰、缅等国的佛教建筑有很深的关联，但在细

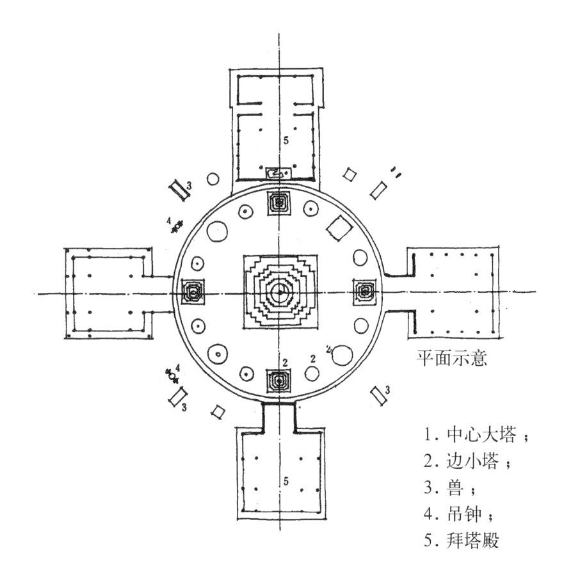

图 14-2-40　德宏州瑞丽姐勒村大金塔平、立面（《云南民居》）

图 14-2-41　瑞丽姐勒村大金塔（《中国古塔》）

图 14-2-43　潞西风平寺佛塔（罗哲文）

图 14-2-42　盈江曼勐町佛塔（《中国古塔》）

图 14-2-44　德宏州某塔（张青山）

图 14-2-45　德宏州的群塔（萧默）

部处理方面，云南与泰、缅相比也有不少差异，表明傣族人民具有吸收、融合、改造外来文化的能力。

第三节　黔桂侗族建筑

一、民居

同百越族群诸多民族一样，侗族民居仍为干阑式，但与云南边陲地区少数民族相比，侗族聚居地与汉族更加接近，其民居的构造和形式接受汉族影响也更多，水平较高，采用全木结构、穿斗屋架、悬山式顶青瓦屋面等。故所谓“干阑”，只是一种下层架空的建筑方式的统称，同为干阑，可以有不同的构造和样式。侗族干阑面阔多为三间，少数五间，一般是三层。底层架空，多有板壁围护，畜养牛豕和贮藏，有楼梯从此或直接从室外通至二层。二层是主要居住层，有较大堂屋、火塘间（厨房）和隔成小间的卧室。堂屋总有一面在半人高的木壁以上完全开敞，朝向视线开阔、景观良好的方向，这一部分称为前廊。除前廊外，堂屋平时没有太多实际用途，只是亲友来聚之所。真正用于日常全家围坐炊饮聚谈的地方是火塘间。侗乡风俗，在堂屋里不能堆置物品，认为不利于财富和人口的增加。堂屋多不装门，有门也总是敞开着，形同虚设，以示随时迎接财富和人口。但有门槛，且特高，以防财富外流。三层即屋顶层，有子女卧室和储藏间。

民居的形体处理自由而丰富，在悬山屋顶下，山面和长面常有一至两条披檐，披檐不必到头，更不必交圈，随时而止。二层常局部外挑成凸阁，上面也有披檐。披檐和凸阁与屋顶一起，形成多条横向阴影和体量凹凸。由于村寨处在地形变化的山坡，故建筑密度较高，相邻各宅逶迤上下，前后进退，总体轮廓活泼多变。侗寨倩影，绰约多姿，在清晨薄雾的笼罩下，衬以犬吠鸡鸣和水车咿呀，显出浓厚的诗情。

也同其他百越民族一样，村寨没有寨墙，只在入口处设寨门，对村寨领域略作界定，以加强同寨人的向心凝聚心理，阻止恶鬼进寨。寨门多是二层，方形，上覆重檐歇山屋顶（图14–3–1～图14–3–9）。

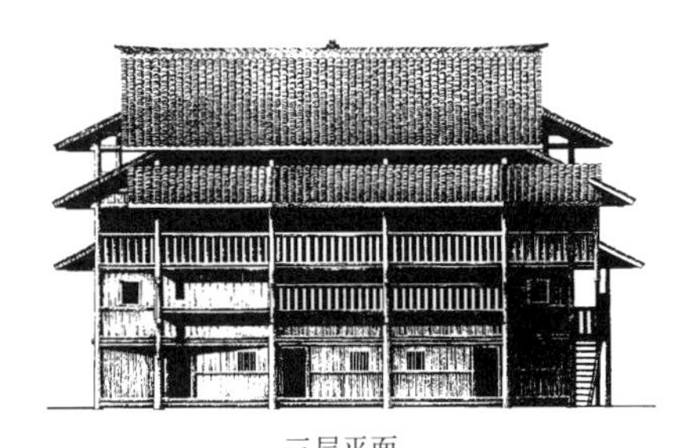

三层平面

图14–3–1　桂北侗族民居（之一）（《桂北民间建筑》）

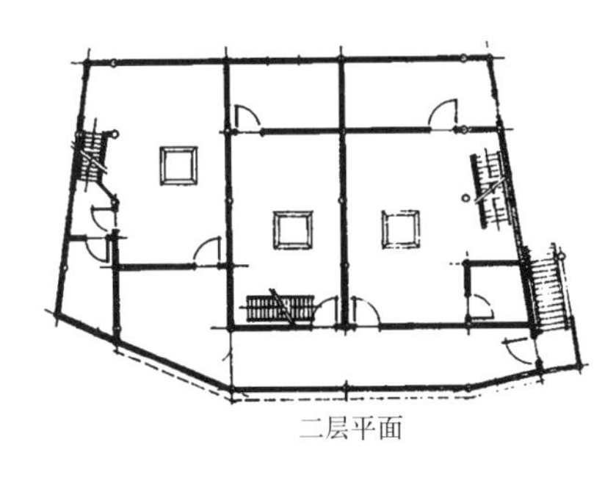

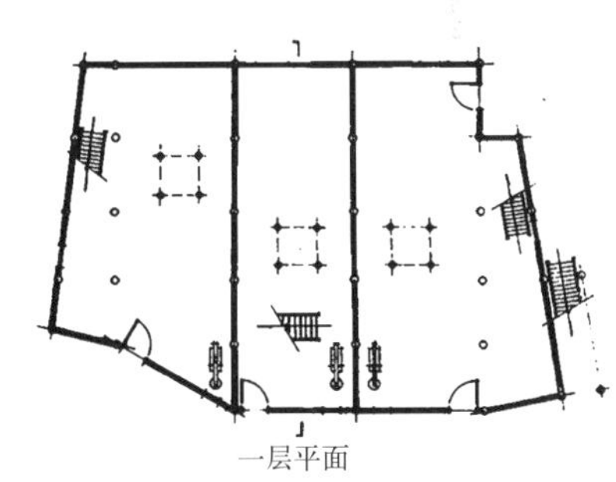

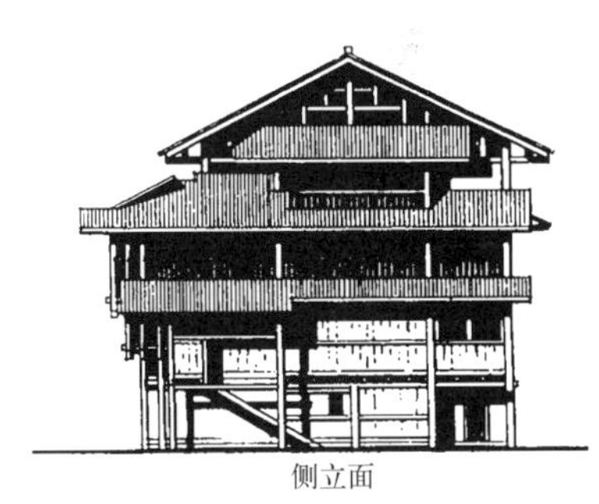

剖面

图14–3–2　桂北侗族民居之二（《桂北民间建筑》）

图 14-3-3　侗乡风情（萧默）

图 14-3-4　侗族村寨（北京古代建筑博物馆）

图 14-3-5　侗族村寨（张青山）

图 14-3-8　侗寨小景（萧默）

图 14-3-6　侗族村寨（萧默）

图 14-3-9　侗族村寨（萧默）

图 14-3-7　侗族村寨（萧默）

图 14–3–10 贵州苗族郎寨（萧默）

图 14–3–11 贵州苗族村寨（萧龙）

苗族、瑶族不属百越族系，但因与侗、壮等族居住地域邻近，自然条件相似，村寨和民居也大致相同（图 14–3–10、图 14–3–11）。

二、鼓楼

鼓楼是侗寨最引人注目的一种公共建筑。

与许多少数民族相同，侗族的私有观念不强，又在山区，平地十分宝贵，所以民居都是外向的，没有汉族住宅常见的围墙和院落。侗乡各家的交往以至全寨性的活动都较多，如歌舞庆典、议事、聚谈和日常社交等，都在寨子中心的公共空间鼓楼坪进行。所谓鼓楼坪，又称芦笙坪，即鼓楼前的一块平地，在坪上相对建造鼓楼和简朴的戏台，共同构成全寨社交中心。侗戏产生于清中叶，受汉族戏剧的影响很大，戏台应出现在侗戏产生以后。

鼓楼每寨必有，有的还不止一座。据调查，在集中了 58% 侗族人民的黔东南地区，现存鼓楼 300 多座，依此比例，全部侗族鼓楼当在 500 座以上。鼓楼的式样可分为塔式和厅式两种，以塔式居多。塔式鼓楼多落地建造，平面方形或八角形，也有六角形的，内部有四根通天大柱直通而上，柱间长凳围着中心火塘，外观密密层叠七八层甚至多至十一二层檐子，一般每檐收一尺，高差二尺半，出挑三尺。有的只是最下一两层檐子是方形，以上改为多角。复杂者最高处拔高成亭状。亭颇华丽，或为单檐或为重檐，多为八角攒尖或六角攒尖，偶有歇山，檐下用如意斗栱层层出挑，亭内雷公柱伸出为刹杆，串以钵罐构成葫芦状宝顶。塔式鼓楼形如密檐宝塔，总轮廓很像一株大树。顶部若为亭式，形成楼颈，轮廓更多变化，华丽丰富，颇似树冠。“楼”内其实并不分层，构架悉数可见，在顶部悬一大鼓，有独木梯上下，遇报警或集会大事击之，声闻数里。极少数塔式鼓楼为干阑式，与上述落地鼓楼基本相同，只是楼下有架空或部分架空的底层。厅堂式鼓楼比较简单，为经济实力不足的寨子所建，仅一层，近似普通厅堂，穿斗式结构，有时有重檐，有时中部也升起一亭。

增冲鼓楼在贵州从江增冲寨，是塔式鼓楼造型最佳的一座。楼平面八角，十一重檐，檐端略有上翘。顶部再升起重檐八角攒尖亭，二檐相距颇远，上檐比下檐收小颇显，檐角起翘更大。整体轮廓变化丰富，总高 20 余米，风格秀丽。据楼内乡规碑载，此楼建于清康熙十一年（1672），是贵州境内较早的一座（图 14–3–12）。

贵州榕江三宝鼓楼也是八角形，密檐达 19 层，形体瘦高，上面再耸起重檐高亭，整体轮廓呈明显的凹曲线，特别秀丽（图 14–3–13）。

图 14-3-12　贵州从江增冲鼓楼（《贵州古建筑》）

图 14-3-13　贵州榕江三宝鼓楼（资料光盘）

图 14-3-14　贵州从江高阡鼓楼（娄清）

图 14-3-15　贵州从江信地鼓楼（《贵州古建筑》）

图 14-3-16　贵州黎平纪堂鼓楼（娄清）

高阡鼓楼在从江高阡上寨，传建于清嘉庆初年（18 世纪末），形象与增冲鼓楼相近，但平面为六角，十二重檐，上有重檐六角攒尖亭，总高 23 米，是最高的一座鼓楼（图 14-3-14）。

信地鼓楼在从江信地宰友寨，始建于清乾隆二十六年（1761），经过多次维修。楼八角十二檐，檐端平直，顶部再升起单檐八角攒尖亭，檐端仍然平直，整体形象较为平实，总高约 20 米。信地鼓楼与相邻的风雨桥结合在一起，丰富了环境景观（图 14-3-15）。

贵州黎平纪堂寨有三座鼓楼，始建年代不明，据其中一楼内题记，知民国 16 年（1927）曾经维修。三座楼形式不太一样，有八角十檐的，上面升起八角攒尖顶；也有的八角八檐再耸起四角攒尖顶（图 14-3-16）。

马安鼓楼在桂北三江马安寨，平面方形，七重檐，逐层缩小，较为简单（图 14-3-17）。

大田鼓楼在三江大田寨，为现存甚少的干阑塔式鼓楼，方形，五层檐，不太高，比例粗短。楼下有干阑底层。

湖南通道侗族自治县的马田鼓楼据说是侗乡现存最大最古老的鼓楼，始建于清顺治间，距今已有 300 多年的历史。此楼下为厅堂式，面阔 19 米余，两层，中部高起密檐塔式，高近 20 米（图 14-3-18）个别鼓楼完全模仿汉式建筑，如贵州榕江车寨鼓楼，不做密檐，三层，各檐间距为一楼层高度。

鼓楼具有丰富的文化意义。严格说来，它并不是楼，而是单层多檐的大厅。“鼓楼”是汉族对它的称呼，侗语自称则为“堂瓦”或“堂卡”，“堂”意众人，“瓦”或“卡”意为说话，意思是公共议事厅；又称“播顺”，意为寨之魂。这两种称呼都表达出它的文化内涵。鼓楼不仅是有事击鼓聚众议事之所，平时无事，也是众乡老摆古论今，向儿孙辈灌输知识，或年轻人从歌师学歌，吹芦笙，姑娘们学绣花，以及冬天烤火、夏季歇凉的地方。每逢佳节，鼓楼坪更是热闹，跳芦笙舞，看侗戏，唱大歌，抢花炮，欢腾竟日。总之，鼓楼是聚汇多种功能于一体的公共社交中心。

关于鼓楼的起源已不可详考，最早的记载可见于明末邝露（1604 ~ 1650）《赤雅》描述的“罗汉楼”，又称“独脚楼”：“以大木一株埋地，作独脚楼，高百尺（或作“高数丈”），中烧五色瓦覆之，望之若锦鳞矣。扳男子歌唱饮噉，夜缘宿其上，以此自豪”。此应即鼓楼较早的形式。“扳”通“攀”，意为男人们攀附其上，歌呼欢饮，晚间甚至攀睡其上。这个记载使我们联想到鼓楼的起源，很可能与古越人遗留下来的大树崇拜有关。“罗汉”为侗语“男子”音意两译，以上记载又似透露古代鼓楼曾是男子聚会之所。

大树曾是初民们几乎唯一的安全庇护所，也是初民们在攫取经济时期聊可仰赖的生活来源，与人类远祖有着生死攸关的密切关系，人们由此产生了对大树的特殊感情。如前述，某些民族对于“寨心”的重视也是大树崇拜的体现。通常是在寨子的中心部位竖立一棵或几棵木桩，以之作为大树的象征。云南文山壮族村寨中心的“亭棚”，也叫“老人厅”，是一个草顶或瓦顶的圆亭，内置神农位，老人们常在此商量大事，祈求平安，在这里，木桩已转化为建筑了。

似可肯定，侗寨鼓楼也正是这种观念的体现，是崇拜对象大树的表征。侗族建筑水平较高，鼓楼造型奇丽，是这种观念的最有艺术性的具象化表现。

这个推论又可由以下事实所支持。与傣族及其他百越族系对寨心的重视相类，按侗乡习俗也必先建鼓楼再建住屋，认为有了鼓楼才有了“寨之魂”，表明它在人们心目中的崇高地位。有时鼓楼烧毁补建不及，也必临时砍一杉树立在鼓楼坪上代替。侗区盛产杉树，凡建鼓楼必须用杉，绝不采用它木，此民谚所谓“古杉为柱万代兴”。在侗乡，常可见到在巨杉下围以长凳，为休息聚谈之所，好比鼓楼的柱间长凳围着中心火塘的做法。侗族广泛流行的民间传说称鼓楼是照“杉树王”的样子建造的，那高耸的体形和层层多角水平屋檐，加上如树冠样的亭式屋顶，总体轮廓真的很像杉树。有人称鼓楼是“大树的纪念碑”，颇有道理。[①]

《赤雅》称当时的鼓楼为“独脚楼”，似也透露出从寨桩向鼓楼演变的发展踪迹。独脚楼式的鼓楼至今仍有个别珍贵的遗存，如贵州黎平述洞寨鼓楼，方形，七层，外观与其他塔式鼓楼相似，但楼内只有正中独柱直通到顶，不是普遍通行的四柱，当地人称它

图 14-3-17　广西三江马安寨鼓楼（张青山）

图 14-3-18　湖南通道马田鼓楼

① 萧潞．侗乡鼓楼—大树的纪念碑[N]．中国美术报，1985-8-31．

为“楼劳栋”，直译即独柱楼，也是独脚楼。当地乡老传说，祖先迁来之初，这里原有一株巨杉，人们在树下安置长凳，聚谈歇息，以后杉树枯死，乃在原地照杉树的样子建造了此楼。[①] 采用干阑方式的鼓楼现在已极少见，推测也是较早的形式。鼓楼大概是按如下序列演进的：相当于树居的寨桩——相当于巢居的凌空独脚楼、干阑式独柱楼或落地独柱楼——落地楼。这一演化足迹，正与干阑建筑从树居——巢居——干阑的发展序列相合。现存鼓楼的实际物质功能和精神功能，以及被尊为“寨之魂”的某种神圣意义，均与源自于氏族社会的原始信仰和社会生活密切相关。总之，除物质实用性的意义之外，鼓楼所具有的精神性意义更大，且何尝只是审美，实在是民族精神凝聚力的鲜明体现。鼓楼通常又是民主商讨全寨大事和解决人们日常纠纷之所，故而又是法的象征。基于鼓楼在精神上的重要性，必然在形象上成为全寨最突出的标志，侗乡规定，寨内所有居宅都不得高于鼓楼。

早期侗寨皆为血缘村落，家族合寨共居，鼓楼也就成为家族的标志，促使各家合力共建，于是各寨高楼竞起，以此相矜。当某一村寨由不同家族组成时，各家族即分别建造，但后来者的鼓楼应比先来者低，以示客不压主。如贵州从江高增寨杨姓家族较早，住在较高处，称上寨，鼓楼也高，称“父楼”；稍晚的吴姓住在较低处，称下寨，鼓楼也稍低，称“母楼”；坝寨在平地，地势最低，系由上下两寨分出，鼓楼也最低，称“子楼”。黎平纪堂寨也有三座鼓楼。黎平肇兴寨很大，有居民7000人，鼓楼最多，共五座，分称仁、义、礼、智、信五楼。

上述已足表明“鼓楼”之称并不合宜，其次，只以悬鼓来说，也是较晚近的事。最早谈到“楼”内有鼓者为明万历三年（1575）的官方文告《尝民册示》，“遣村头或百余家，或七八十家，三五十家，竖一高楼，上立一鼓，有事击鼓为号，群踊跃为要”，或许这正是鼓楼置鼓之始。清嘉庆有人在描述悬有长鼓的鼓楼时尚称其为“聚堂”，“诸寨共于高坦处建一楼，高数层，名聚堂，用一木杆，称数丈（尺），空其中，以悬于顶，名长鼓”（《黔记》）。“聚堂”意即侗语的“堂瓦”。《黔记》还说：“凡有不平之事，即登楼击之，各寨相闻，俱带长镖利刃，备牛待之。如无事而击鼓及有事击鼓不到者罚牛一只，以充公用”。鼓、楼并称的时间已很晚，多见于民国前后的部分地志中。在侗语对鼓楼的几种称谓中，都没有鼓的含义，如前举“堂瓦”、“播顺”等；此外如“百”或“奔”，意为堆垒或人多集中处；还有“耿”和“得卡”，是遮盖和聚集的意思，说明最初的鼓楼并不置鼓。但“鼓楼”一词现已通用，约定俗成，也就不必改动了。

至于最初的鼓楼产生于何时，只能说大树崇拜的体现者寨心木桩有可能始于原始社会，楼上悬鼓始于明晚期，而由木桩向建筑的转化应早于悬鼓之时。

建筑与写实性绘画、雕塑或戏剧、小说等不同，本质上不具有状物指事的功能，而是一种如音乐般以渲染某种情绪意境见长的表现性、抽象性艺术，但这并不妨碍在某种情况下偶尔采取象征手法，形象地表现某种具体事物。象征有两种，一为抽象的象征，乃将一些观念或数字如天圆地方、阴数阳数等纳入构图法则之中；一为具象的象征，或又可称为“仿生”手法，即建筑的形式与欲表现的具体事物形象之间存在着明显相似的关系，如鼓楼之仿生大树等。这两种象征手法在古代或现代建筑上均可见到，其恰当的运用有利于丰富建筑艺术的效果。但象征手法的运用须注意四点：一是建

① 普虹．独脚“罗汉楼”今古考[J]．贵州民族研究，1985(4)．

筑物的性质应与所象征的事物确有内在的联系，文质相应，内容与形式高度统一；二是建筑的形象确能使人联想到所欲表现的对象，不致含混隐晦，莫名所指；三是建筑形象又不能与现实物象太过形似，而应加以“建筑的”处理；最后，即使采用象征手法，建筑形象除了人文的和美的考虑外，仍应符合其物质上的使用功能和材料、结构的运用等内在的造型逻辑，使之自然合理，仿佛天造地设，非人工故意为之。从以上四点衡量，侗族鼓楼称得上是优秀的建筑艺术作品。

三、风雨桥

风雨桥又称廊桥、亭桥，就是在木平桥上建造长廊和楼亭等建筑。风雨桥早已有之，且不限于侗族。白居易《修香山寺记》就说到寺桥上有“桥廊七间”。敦煌唐代壁画和宋人李嵩绘《水殿招凉图》上的桥也有亭。现存的风雨桥多在南方各省如浙、闽、湘、桂、黔等，其中又以侗族地区分布最密，成就也最高，与鼓楼一起，表现出侗族建筑艺术的创造性。

侗区多河溪，几乎每寨都有桥，有的不只一座，是入寨的必经之路，都是风雨桥。风雨桥的结构是在石桥台石桥墩上先以多层圆木悬臂梁逐层相向挑出构成平桥，再在各桥台桥墩上建造形如塔式鼓楼的桥楼，楼间连以廊道，既可供行人遮风避雨，又可兼作寨门，更是村民游息聚谈之所。每逢盛节，外寨亲友来会，全寨人齐集桥头，盛装出迎，唱拦路歌，奉敬客酒，赛芦笙舞，显示了浓郁的民族风情。侗族称这种活动为“吃乡食”，又称“吃相思”。风雨桥的选址十分注意成景和得景，使之既能妆点大好河山，又能在桥内观赏到周围的美好景色。风雨桥又称花桥，廊桥或亭桥。“花桥”强调了它的观赏性，“廊桥”或“亭桥”则说明了其造型的主要特点。在侗区，作为村寨的骄傲，风雨桥都由各寨以极大热情合力共建。桥内有很多木匾，写满了出资出力者的姓名。

典型的风雨桥作对称构图，如二台一墩三楼或二台三墩五楼。若为前者，中楼作为全桥构图中心，平面方形，层数最多也最高，覆多角攒尖亭式屋顶；两座边楼为矩形平面，覆以歇山顶，是中楼的陪衬。若为五楼，中楼与边楼之间的二楼平面与中楼一致，也是方形，覆攒尖顶，但层数与高度与边楼相同，适成二者的过渡。桥廊连通各楼，廊檐在有楼处外伸，成为桥楼的附檐。廊两头常伸出在边楼以外，作为登桥下桥的出入口。在桥楼桥廊栏杆以下又加一重通长附檐，以保护桥下梁木。

地坪风雨桥在贵州黎平县城南100余公里的南江河上，全长56米，廊宽3.85米，初建于光绪二十年（1894)，1959年毁于火，1964年重建，为二台一墩三楼，中楼连附檐为方形五重檐加四角攒尖顶方亭，最高；其他二楼矩形，四檐，歇山顶（图14-3-19)。

最大也最著名的风雨桥是桂北三江县马安寨的程阳桥，又名永济桥，跨越在林溪河上。据桥头《永济桥序》碑云，林溪河平日清浅见底，但当仲夏之时，也常“洪波滚滚”，昔日无桥时，“靡不望洋兴叹”。此桥初建于1912年，两次被水冲毁又两次照原样修复，最近一次修复是80年代。程阳桥全长达78米，为二台三墩五楼，中楼最高，顶部冠以六角攒尖亭，下为方形三檐；左右二楼都是方形，四檐攒尖；最外两座边楼平面矩形，四檐歇山（图14-3-20、图14-3-21)。

以上二桥在桥栏下都有通长披檐，覆盖桥下四重梁木。四重梁都是巨大圆木，下两层由桥台桥墩逐层悬出，上两层为通跨平梁。

图 14-3-19　黎平地坪风雨桥（萧默）

图 14-3-20　广西三江程阳桥（萧默）

还有一些不对称的桥，如三江合龙桥，为二台二墩三楼，有一座边楼未建（图 14-3-22）。因地制宜，又有许多灵活的处理，如风雨桥的一端紧接鼓楼或连接寨门等（图 14-3-23、图 14-3-24，并见图 14-3-10）。

据侗族的解释，风雨桥除了上面说到的几种具体功用之外，还有“财留水走”的含意，应是受了汉族风水之说的影响。按“风水”的说法，水代表财，故水口须得“紧锁”，使水虽去而财留。侗族又称风雨桥为“回龙桥”，是“留得龙在”的意思。龙为吉祥保护之神。传说古时的桥都是平桥，洪水时节常有蟹精作怪，卷走行人，有小花龙与之相斗，战胜蟹精，人们从此将平桥改为风雨桥，并称为“回龙桥”以资纪念。这倒也透露出一点风雨桥起源的消息：平桥易被山洪冲毁，改为廊亭相连，加大桥墩负荷，也是保全之法。至于具体缘起于何时，就难以查考了。

与鼓楼一样，风雨桥也常是家族的象征。若一寨有几个家族，除分建几座鼓楼外，还要分建几座风雨桥。如贵州黎平肇兴寨有五个家族，即有五座鼓楼和五座风雨桥。桥、楼大多相邻，成为全寨的五个重点。

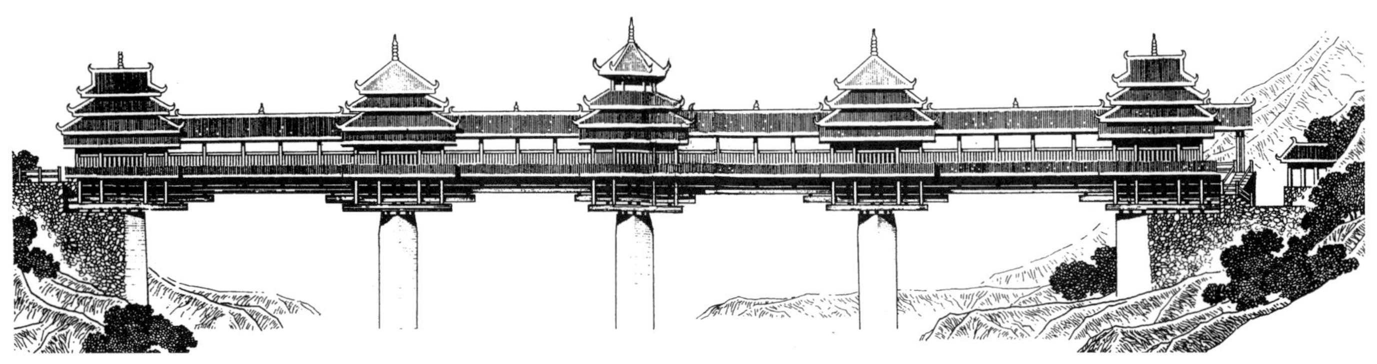
图 14-3-21　广西三江程阳桥立面（《桂北民间建筑》）

图 14–3–22　广西三江合龙桥（萧默）

图 14–3–23　鼓楼和风雨桥

图 14–3–24　风雨桥与寨门之结合（吴光正）

第五编

理性光辉

第十五章　建筑哲理

小引

遍察世界建筑，凡是成熟的建筑体系，都伴有成熟的哲学体系，其内涵包括人生观、审美心理、宇宙观和环境观等。甚至可以说，在某种程度上，建筑就是哲学的外化。譬如欧洲的教堂、伊斯兰的礼拜寺、印度的曼荼罗、日本的枯山水，均涵深刻的哲学意蕴。哲学使人们耽于遐想，产生种种向往，希望世界和生活能符合人们的理想。这种向往除了展现于哲学论述、文学作品和诸多艺术创作之中外，在建筑这个具有现实功用的巨大物质实体上，人们更是用尽心思，以实际的操作和行为方式，使其得以体现。

建筑艺术的哲理就是建筑艺术现象在哲学高度上的深层阐释。

建筑不但是一种物质产品，也是一种精神产品，要阐释建筑这样复杂的现象，不能仅仅关注于它的具体的物质的方面，尤其从建筑的文化或艺术的角度或层面而言，就更需要进行哲理的探究了。《考工记》说："天有时，地有气，材有美，工有巧。合此四者，然后可以为良。"所有"天、地、材"等自然的或物质的因素，最终都要靠"工"即人的整合，才能成其为建筑。既有人的因素掺杂其中，就必然会体现出人的思想和智慧。所以，英国著名建筑评论家罗杰·斯克鲁登在其《建筑美学》中就指出：建筑艺术与建筑美学问题"实际上是一个哲学问题"。

中国建筑独特的艺术风格和形式，除了建立在属于物质范畴如物质功能、物质条件或物质手段等因素的基础上以外，更是建立在属于精神范畴的中国人的哲学观念、审美心理、风俗习惯等基础之上的。比如，相对于建筑的时代风格、地域风格、民族风格的巨大不同来说，当然与属于物质因素的各地地理环境的差异有关，但其实差异相对有限，建筑艺术各种风格的显著差别，乃主要决定于建筑创造主体即人的精神状态的不同。又如，对于中国建筑重大的形式特征之一即木结构的持久应用问题，不少学者进行了探讨，提出过资源说、抗震说、小农经济说等种种观点。我们认为，要阐释这个问题，还必须从更广的角度去思考，把精神范畴的因素也考虑进去，可能正是后者才是更本质的原因。"只有从融汇了所有相关因素的文化整体的这一深度，才有希望作出有价值的判断"。[①]就是说，需要从各相关物质因素与人的精神状态共同构成的"文化合力"的角度，加以审视。

中华民族传统文化建立在坚固的实践理性基础之上，建筑与现实伦理秩序的关系特别密切，讨论中国建筑艺术哲理，就必然要涉及中国传统伦理观念。艺术是采取美的形式的情感表现，建筑艺术哲理也必将涉及中国传统的审美观和审美心理。建筑镶嵌在自然中，它们之间的关系又关乎中国人的自然观和宇宙观。总之，美与善、艺术与典章、哲学与道德、情感与理性、心理与伦理、理想与现实，这种种范畴，莫不都与建筑艺术密切相关。[②]故此，要深究中国建筑哲理，就必须把对象放回到产生它的社

① 萧默．建筑文化比较与心态[J]．时代建筑，1989(3)．

② 王世仁．理性与浪漫的交织[M]．北京：中国建筑工业出版社，1987．

会大文化背景之中，联系中国人的一整套思想观念去考察。

从先秦文献和考古资料得知，早在夏商周三代，中国人已开始了对建筑艺术层面的自觉追求，战国秦汉构成了建筑艺术哲理的基本框架，魏晋玄学和佛学对其进行了充实，宋明理学的兴起使其更加完善。但由于中国人的传统思维方式，侧重于宏观的整体把握，而少有微观的专门体察，所以古代并没有给我们留下有关建筑哲理的专门著作，但这并不说明中国古代缺乏甚至没有建筑哲理。我们要特别强调，不能简单化地对待这一问题，或认其贫乏粗略，或认其仅存于某些观念如“风水”迷信之中，不足与论，恰恰相反，中国传统建筑哲理丰富多彩，博大精深而缜密；甚至可以说，在很大程度上，达到了远超于世界其他建筑体系的宏阔、深刻与精微。它们大多散处于古代各种文化典籍之中。中国古代几乎所有的重要哲学学派儒、法、墨、老庄与道，以及阴阳、五行和风水等，都对中国建筑艺术哲理做出了自己的贡献。它们的理论侧重点有所不同，强调的方面也有区别，即便某一学派自身，在不同的场合也有不同的侧重，但宏观而论，它们又都共同产生于中国古代的大文化环境之中，其融汇相通之处更多,其中某些对立,与其说水火不容,毋宁说是互补互动相生相成，共同构成了中国建筑哲学的多元面貌。

关于这些课题，本书在夏商周章第三节已初步涉及，在本章中将再予全面阐述。叙述中将不按学派分列，而以所涉问题的性质为纲，加以综合评介。也许并不需要特别加以说明，我们在这里所研究的建筑哲理等理论，并不是今人的理论，仍然是古人自己的，只不过是由今人加以认识、归纳和表述罢了，仍然属于历史的范畴。

第一节　人伦之轨模

可能撰写于唐的《黄帝宅经》之序开宗明义就说：“夫宅者，乃是阴阳之枢纽，人伦之轨模”。可见建筑与社会伦理的关系，历来是中国人最重视的课题。

“善”是中国哲学探讨的最高范畴。尽管中国美学一开始就十分注意美与感官愉快、情感满足的重要联系，并不否认这种联系的合理性和重要性，但同时更强调的却是这种联系必须符合于伦理道德的“善”。所以中国历来强调艺术服务于正统的伦理道德观念的重要作用，高度强调美与善的统一。建筑艺术被拟人化了，被认为应该蕴有同人一样的高尚精神和道德情操。人们甚至把建筑体现的伦理观念列为评判建筑艺术高下的首要因素。建筑不仅要为人们的日常生活起居服务，满足物质功能的要求，更要以其特有的形式和手段，对伦理秩序起着形象、界定、明确、强调和烘托的作用。应该说，在中国的所有艺术门类中，建筑艺术的社会性是最强的。

一、人伦之善与建筑之美

“商俗尚鬼”，在有文字记载的殷商，对鬼神的绝对崇拜主宰着人的政治生活和精神世界。在“神道”的统治下，压抑了对“人道”的自觉，虽然对道德已有粗浅的认识，尚不可能创造出有理论、成体系的伦理思想。中国古代的伦理思想体系，是在西周正式诞生的。周革殷命，以周公为代表的西周奴隶主贵族思想家发展了殷代处于萌芽状态的伦理观念，以天命论为前提，根据维护宗法等级秩序的需要，提出了一套以“孝”为核心，道德与宗教、政治融为一体的思想体系，倡导“孝、友、恭、信、惠”等宗法道德规范，主张“修德配命”、

① 参见李泽厚，刘纲纪主编．中国美学史·第一卷[M]. 北京：中国社会科学出版社，1984.

“教德保民”，开始了中国伦理思想的发展历程。早熟的中国，其古代奴隶制是在没有彻底摧毁原始氏族组织的情况下形成的，于是就形成了生产资料所有制的王有形式，即所谓“溥天之下，莫非王土；率土之滨，莫非王臣”，以及劳动力（奴隶）的血缘族团性质。这样，西周就建立起宗法等级制，把父系氏族血缘关系与王位继承及“授民授疆土”的等级分封制结合，成为国家经济、政治结构的基本体制，是周天子用来作为“纲纪天下”，即“经国家、定社稷、序民人、利后嗣”（《左传》隐公十一年）的根本大法。对此，王国维在《殷周制度论》中曾有明确的概括：

周人制度之大异于商者，一曰立子立嫡之制，由是而生宗法及丧服之制，并由是而有封建子弟之制、君天子臣诸侯之制；二曰庙数之制；三曰同姓不婚之制。此数者因之所以纲纪天下……

周人创立的这三项制度，构成了西周宗法等级制的总体即所谓的“周礼”。建筑作为礼的主要内容之一，从此受到了规范和制约。作为建筑制度核心的建筑等级制也从此确立，凡建国（国都）之制、百工之制、茔墓之制等的制订，对后世建筑都产生了深远影响。

春秋战国，中国社会由奴隶制转变为封建制，思想领域出现了诸子蜂起，百家争鸣的局面。在伦理思想方面，围绕着道德作用、道德本源、人性与人的本质、义与利、道德准则、道德评价、道德修养等各种理论问题的探讨，出现了儒、墨、道、法等诸子的伦理理论。儒家伦理理论由孔子创立，孟子和荀子做了进一步的发挥和完善，建立了一个以“仁”为核心的、反映封建等级关系的、体现“爱有等差”的道德规范体系；强调道德义务，轻视功利目的，价值观具有明显的道义论倾向；强调并夸大道德的社会作用，在不同程度上又具有道德决定论的特点；并提出了一套道德修养方法。儒家伦理思想适应维护封建宗法等级制的需要，基本上反映了新兴地主阶级的利益，对后世影响最大。

儒家伦理思想充分肯定了个体与社会是能够而且应当统一的。儒家的理想国，是一个严格按照等级制度组织起来的社会，但又是一个人们彼此相亲相爱的社会。一方面，个体处在同他人和谐的关系之中，通过社会而得以存在；另一方面，社会又因为各个个体之间的和谐而得到安定和发展。在儒家看来，要实现这样一个理想的社会，首要问题是如何使每一个社会成员都具有纯洁高尚的道德情感。正因为这样，儒家把能够有力地影响人们伦理道德情感的审美和艺术活动摆在了极其重要的地位，视之为造就具有高尚道德情操的人的重要手段。《国语·楚语上》说：

灵王为章华之台，与伍举升焉，曰：‘台美夫？’对曰：‘臣闻国君服宠以为美，安民以为乐，听德以为聪，致远以为明。不闻其以土木之崇高、雕镂为美，而以金石匏竹之倡大、嚣庶为乐；不闻以观大、视侈、淫色以为明，而以察清浊为聪。’

伍举断然否定了以声色的感官享乐为美，即令宏大华丽的章华台，也不应以之为美。在他看来，只能以“服宠”为美，“安民”为乐，也就是以受天之禄，国泰民安为美。在这里，政治伦理道德上的善被说成美，美即是善，善即是美。[①]

善的主要内容包含“仁”与“义”，这是儒家政治伦理学说的中心。孔子认为“克己复礼为仁”、“仁者爱人”。孟子继承了孔子关于仁的思想，又提出了“义”。他说，“仁，人心也；义，人路也”，将仁和义结合起来。二者的关系就像阴阳刚柔一样相辅相成，“义者仁之节也，仁者义之本也”（《礼记·礼运》），仁是指人的善良博爱，义是指人的正直信用。儒家认为，只有博爱、信用、向善、明辨是非，才能达到一种以“礼仪”秩序治国的崇高境界。

这一政治伦理又是由“礼仪”来具体体现的，所以儒家把仁和礼也统一起来了。孔子说，“克己复礼为仁。一日克己复礼，天下归仁焉”，也就是为仁之爱人不能违背礼的规范，必须按照礼的规定去实行“爱人”。古代中国素称“礼仪之邦”，周代就有“吉、凶、宾、军、嘉”五礼，“以统百官，以谐万民”。《礼记·曲礼》说：

道德仁义，非礼不成；教训正俗，非礼不备；纷争讼辩，非礼不决；君臣上下，父子兄弟，非礼不定；宦学事师，非礼不亲；班朝治军，莅官行法，非礼威严不行；祷祠祭祀，供给鬼神，非礼不诚不庄。是以君子恭敬樽节退让以明礼。

的确，礼在古代中国是无处不在，无时不有的。儒家把流传下来的周代文献编辑成重要典籍《周礼》、《仪礼》和《礼记》，后人统称“三礼”。汉人加以图解，著有《三礼图》，宋·聂崇义进一步作出了《新定三礼图》。汉以后漫长的中国封建社会中，历代统治者都以“三礼”为基础，把儒学作为“修身齐家治国平天下”的规矩准绳。

礼制怎样才能建立起来呢？首先要正名分，辨等级，所谓“礼辨异”，即区别尊卑上下的差异。《论语·子路》述子路向孔子请教如何为政，孔子答道：“必也正名乎！……名不正，则言不顺；言不顺，则事不成，则礼乐不兴；礼乐不兴，则刑罚不中；刑罚不中，则民无所措手足。”正名分，辨等级，就要“正位”，所以，《周礼》开宗明义第一句话就是“惟王建国，辨方正位，体国经野，设官分职，以为民极”。王者建立都城，首先要确定宫室和各建筑的方向位置，摆正它们的等级地位，分划城中与郊野的疆域，分设官职，治理天下的臣民，使他们都能成为善良高尚的人。

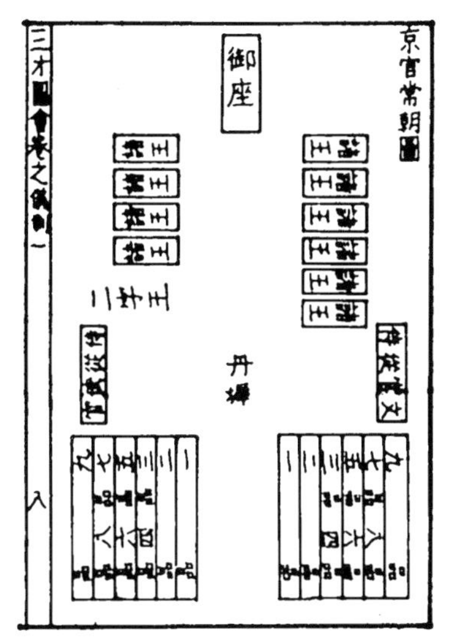

图 15-1-1　明《三才图会》中的“京官常朝图”（程建军）

这种礼仪观念进而扩充到衣食住行各个方面，成了贯穿约束古代中国人行为的主线。帝王上朝行政，是古代礼仪制度的典型例子，此可于《三才图会》释“京官常朝仪”的场面中得见一斑（图 15-1-1）：

凡朝班序立，公侯序于文武班首，次驸马，次伯。自一品以下各照品级，文东武西依次序立。风宪仪官居下朝北。纪事官居文武第一班之后，稍近上，便于观听，不许挽越。如有事奏，须要从班末行至。

如是等级森严，一丝不苟，如有僭越，必受纠察。这样以礼制等级为依据，宫廷建筑乃“各有司存，按为功绪……内裁宫寝之宜，外定庙朝之次，蝉联庶府，棋列百司”（《营造法式·序》）。如果以《三才图会》中的“京官常朝图”来对照一下北京紫禁城的建筑布局，就不难明白那井然有序、主次分明的建筑排列，正是礼制等级分明的产物。

二、建筑的礼制化

《乐记》是儒家又一部重要典籍，此处之“乐”不独指音乐而可以泛指艺术，所以《乐记》可以说也是一部涉及所有艺术的美学著作。它说：

“礼辨异，乐统同，礼乐之说，管乎人情矣！”这里的“统同”，就是指以艺术的功用，来维系全社会建立在“礼”的基础上的统一协同。建筑是人们创造的体量最大使用最多的产品。以建筑来明辨人们的身份等级，最为直接和便易。上至宫殿，下至民居，通过乐，都与“礼”发生了关系。是故王国维说：“都邑者，政治与文化之标征也”。[①]

无论从文献的记述，还是对实物的考察，中国古代城邑、宫殿、坛庙、府邸、民居、陵墓，以至佛寺、道观等建筑的内容、形制以及标准，都是由“礼”这个基本规范衍生出来的。清人任启运对此体会深刻，他在《朝庙宫室考》中说：“学礼而不知古人宫室之制，则其位次与夫升降出入，皆不可得而明，故宫室不可不考。”建筑竟成了学习考证前世礼制文化的实物。众所周知，记述建筑制度的《考工记》，就被视为一种礼制要籍而列入《周礼》之中。关于建筑的记载，常常被作为礼制的一部分，明确列入各朝代有关仪礼、典礼的著作之中。可见，在统治者看来，建筑的功用首先在其社会方面。社会需要、伦理礼制往往被放在第一位，物质功能却退居第二。中国古代建筑学，在这个意义上，也就是一种“社会建筑学”了。

中国人的人生观，把人和社会放在第一位。《老子》说：“道大，天大，地大，人亦大，域中有四大，而人居其一焉。”能与天地平起平坐的只有人，实际上是肯定了人在宇宙中的地位。儒家更是把现实的人生社会作为主要的对象，更加肯定人的价值。《礼记·礼运》说：“人者，其天地之德，阴阳之交，鬼神之会，五行之秀气也。”孔子更深有所指地叹曰：“不知生，焉知死？”“未能事人，焉能事鬼？”（《论语》）在注重社会人生的这一点上，中国古代建筑与西方建筑的区别十分明显。有人说，一部西方的建筑史其实就是一部神庙和教堂的建筑史，的确，西方人把神庙，教堂作为主要的建筑对象，注入了最多的技术和艺术心智。高大的石构神庙和教堂体现了神权凌驾一切的威势，占据了城市中最高最好的位置，成了所有建筑中最显赫者；“超人的巨大尺度，强烈的空间对比，神秘的光影变幻，出人意表的体形，骚动不安的气氛……把内心中的一切迷妄和狂热，幻想和茫然，都化成实在的视觉形象”，[②]正是西方以神学为中心的观念的物化反映。相反，中国建筑则以体现现实人间的统治秩序为最要，城市中以皇宫和官署为主，占据了最重要的位置，成就也最高。中国建筑也少有难以以人自身的尺度来理解的巨大体量，连那些超凡脱俗的佛寺和道观也都是以宜人的“遂生”的面目出现，一切都是易于理解的、平易近人的。这种观念，使中国人认为没有必要去追求那种只有石结构才可能造成的超人的体量，木结构已经完全可以满足人生的需要，这，成为中国木结构长期得以流行的重要原因之一。

中国古代建筑布局，以儒家上下之礼和男女之礼为基本构思。中国传统的男女概念与“阴阳”概念相通。宫殿中的“前朝后寝”、住宅中的“前堂后室”，既是阴阳之序，也是男女之礼的体现。作为一种制度，《周礼》、《礼记》和《仪礼》都对包括建筑在内的等级形式，以举例的方式做了原则规定。历代统治者莫不引经据典，并不断充实，越到后代越发精致，“宫室之制，自天子至于庶人，各有等差”（《唐会要》），在诸多方面体现了“礼者，天地之序也”、“夫宅者，乃是阴阳之枢纽，人伦之轨模”的追求。诸如：

城市制度：

（城）天子九里，公七里，侯五里，子男三里（《春秋典》）

城过百雉，国之害也，大都不过三之一，

① 王国维．殷周制度论[M]．上海：仓圣明智大学，民国初年．

② 萧默．从中西比较见中国古代建筑的艺术性格[J]．新建筑，1984(1)．

中五之一，小九之一（《左氏传》）

天子城高七雉，隅（城角）高九雉；公之城高五雉，隅高七雉；侯伯之城高三雉，隅高五雉（《考工记》疏）

宗庙制度：

天子七庙，三昭三穆，与太祖之庙而七；诸侯五庙，二昭二穆，与太祖之庙而五；大夫三庙，一昭一穆，与太祖之庙而三；士一庙。庶人祭于寝（《礼记》）

庙即宗庙，是古代帝王、诸侯、士、大夫祭祀祖宗的场所。天子七庙，太祖庙居中，以下按左昭右穆顺序排列。昭即父，穆即子，昭穆之间为父子关系。昭穆分立是先秦的宗庙制度，东汉以后，皇帝的太庙只立一座大庙，庙内分成小间，分祭各代神主（图15–1–2）。

堂阶制度：

天子之堂（台基之高）九尺，诸侯七尺，大夫五尺，士三尺（《礼记》）

屋舍制度：

王公以下屋舍不得重栱藻井，三品以上堂舍不得过五间九架，厅厦两头，门屋不得过五间五架；五品以上堂舍不得过三间五架，厅厦两头，门屋不得过三间五架，仍通作乌头大门；勋官各以本品：六品、七品以下堂舍，不得过三间五架，门屋不得过一间两架；非常参官不得造轴心舍及施悬鱼、对凤、瓦兽、通栿、乳栿装饰；……又公私第宅皆不得造阁临视人家。……又庶人所造堂舍，不得过三间四架，门屋一间两架，仍不得辄施装饰（《唐六典》）

厦两头是歇山式屋顶，间指建筑的开间，轴心舍即工字形平面，架指建筑进深方向屋檩之间的水平距离。一般情况下，架长是相等的。唐代以后，各代对宅舍都有类似的明文规定。

丧葬制度：

天子坟高三仞，诸侯半之，卿大夫八尺，士四尺、庶人无坟（《白虎通》）

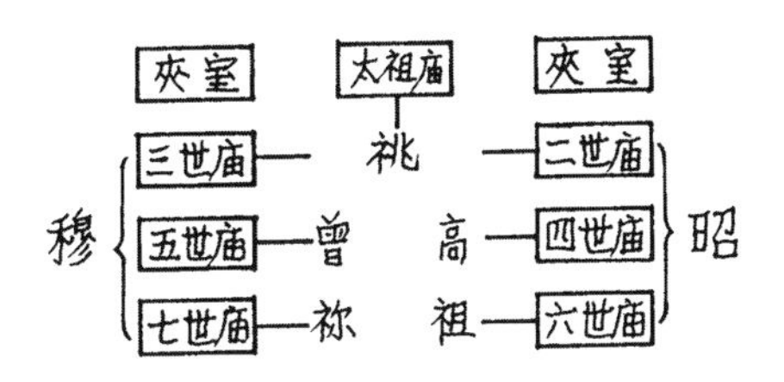

图15–1–2　周代天子七庙制度（程建军）

君葬用輴，四綍，二碑，御棺用羽葆；大夫用輴，二綍，二碑，御棺用茅；士葬用车，二綍，无碑（《礼记》）

輴是专门用来运载灵柩的车子，綍是引棺下葬的绳索，碑在此是指下棺之柱，常为木，羽葆则是用翠羽做的用来覆盖车或棺柩的华盖。古代对葬礼十分重视，唐代逐渐确立了墓前石刻制度。明代也很严谨，从公侯、一品至七品、庶人，对于如茔地大小、坟丘和围墙的有无或高度、石碑和石刻的有无、种类、高度和数目，都有详细规定。清代的墓葬制度更是等级森严。

这种秩序几乎无所不在，以服冕而论，先秦还有"天子龙衮，诸侯黼，大夫黻，士玄衣裳；天子之冕，朱绿藻，十有二旒，诸侯九，上大夫七，下大夫五，士三"；以建筑楹柱之色彩而论，还有"天子丹，诸侯黝，大夫苍，士黈"等制度。

礼的表现对于建筑来说除了量的规定以外，更主要的还是规划或总体布局模式。例如，对称是人类早就发现的一条重要构图规律，人在对事物的长期体察中，逐渐发现了对称轴具有统率全构图的重要作用，这个概念引入到人际关系，礼就可以纳入其中，故"中正无邪，礼之质也"（《乐记 · 乐论篇》）。"中正无邪"的建筑单体和群体布局，突出尊卑的差别与和谐的秩序，中轴线上的主要构图因素，具有尊严的效果。所以，中国建筑才这么重视对称的、择中的、尊卑分明的布局，并比起其他体系同样也采取对称组合的建筑来说，被赋予的在形式美意义之外更深刻的人文涵意。[1]反映此种观念的实例，我们已有大量介绍，此再以住宅为例展开论述。

① 萧默．从中西比较见中国古代建筑的艺术性格[J]. 新建筑，1984(1).

住宅是最基本最常见的建筑类型，也是其他建筑类型之本源。住宅是“家”的象征。汉代荀悦说：“天之本在家”（《申鉴·政体》）。在封建时代，生产关系和政治制度都建立在家庭基础之上。家庭就是封建社会的细胞，国家与家庭不过是大家与小家的关系，所以历代统治者对家庭的安定都十分重视。攘外必先安内，治国必先治家，故孝为天下先。宗族、家庭的伦理以孝悌为本，以维系家族内部的团结互助和行动一致，具体即以“三纲五常”（三纲：君为臣纲，父为子纲，夫为妻纲。五常：父义，母慈，兄友，弟恭，子孝）的精神为根据，制定出种种族规、家规、家礼和家法。住宅的设计就鲜明体现了这些家庭礼制。

宋司马光《涑水家仪》说：“凡为宫室（此指住宅），必辨内外，深宫固门。内外不共井，不共浴室，不共厕。男治外事，女治内事。男女昼无故不处私室，妇人无故不窥中门。男子夜行以烛。妇人有故出中门，必拥蔽其面。男仆非有缮修及有大故，不入中门，入中门，妇人必避之，不可避，亦必以袖遮其面。女仆无故不出中门，有故出中门，亦必拥蔽其面。”（亦

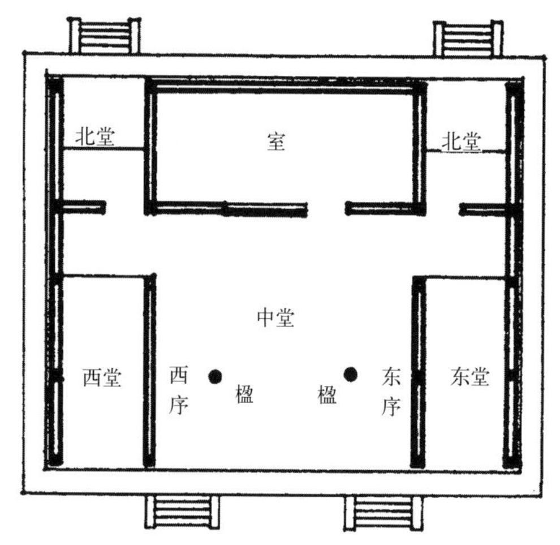

图 15-1-3　周代士大夫住宅（程建军）

见于宋《事林广记》）此番告诫，无非都是上下男女内外之大防，而用一道中门，把家庭各位成员的关系明确起来，建筑就是这样在礼仪伦理观念的支配下完成的。宋以前的“中门”，类似明清北京四合院住宅前院与主院之间的垂花门，也见于敦煌唐宋壁画。

周代士大夫的标准住宅形式，也是依礼仪来设计的：宅院四周绕以围墙，前有门塾，院中有前堂和中堂。堂开敞明亮，是聚会和待客之所，一家之长持之。堂后为室，较封闭幽暗，是家人寝宿之处。这便是后世所谓的“前堂后室”、“明堂暗室”的雏形。《礼仪·士婚礼》说：“妇洗在北堂。”北堂在东北角和西北角，是女主人处理内事之处。由此，后来人们称母亲为“北堂大人”。北堂后有专门出入的门户，以体现“男女不杂坐”、“男女授受不亲”的礼制思想（图 15-1-3）。

堂前设东西两阶，“凡与客入者，每门让于客。……主人入门而右，客入门而左，主人就东阶，客就西阶。主人与客让登，客从之。拾级聚足，连步以上。上于东阶，则先右足，上于西阶，则先左足”（《礼记·曲礼上》）。

在中堂两侧设东堂和西堂。中堂与东西两堂之间以序为屏，其后有夹室，“工人、士与梓人升自北堂”（《仪礼·大射仪》）。这种设计很巧妙，家人的活动及出入不会影响到堂的活动，满足了礼仪要求；客人造访，“左右屏而等，毋侧听，毋嗷应，毋淫视，毋怠荒”。

住宅建筑的功能与礼制在周代已融为一体。这种尚礼的住宅实际上成了后世合院式建筑设计的母本。王国维在《明堂庙寝通考》中说：“室者，宫室之始也，后世弥文，而扩其外面为堂，扩其旁而为房，或更扩堂之左右而为厢。”将原来集中的多功能建筑分离为单一功能的若干个单体建筑，组合成组群，北京现存清代的四合院住宅就是这样形成的。

其实中国的宫殿本就是住宅的放大，外朝内廷，前朝后寝，合乎“天地之道”、“阴阳之理”，也是礼制秩序的反映。

《营造法式》附录孙原湘跋曰：“从来制器尚象，圣人之道寓焉。……规矩准绳之用，所以示人以法天象地，邪正曲直之辨，故作宫室。”《易传》的阴阳天道，刚柔地道和仁义人道的合一，转化成了中国古代建筑的设计之道。以人为中心崇尚社会伦理道德的规划和设计思想，即建筑的礼制化、伦理化、秩序化、系统化，成了中国古代建筑设计的最高目标。反过来，建筑的礼制化又加强了礼制的效应，二者相得益彰，互为因果，成了中国古代建筑体系的第一个鲜明特色（图 15–1–4）。

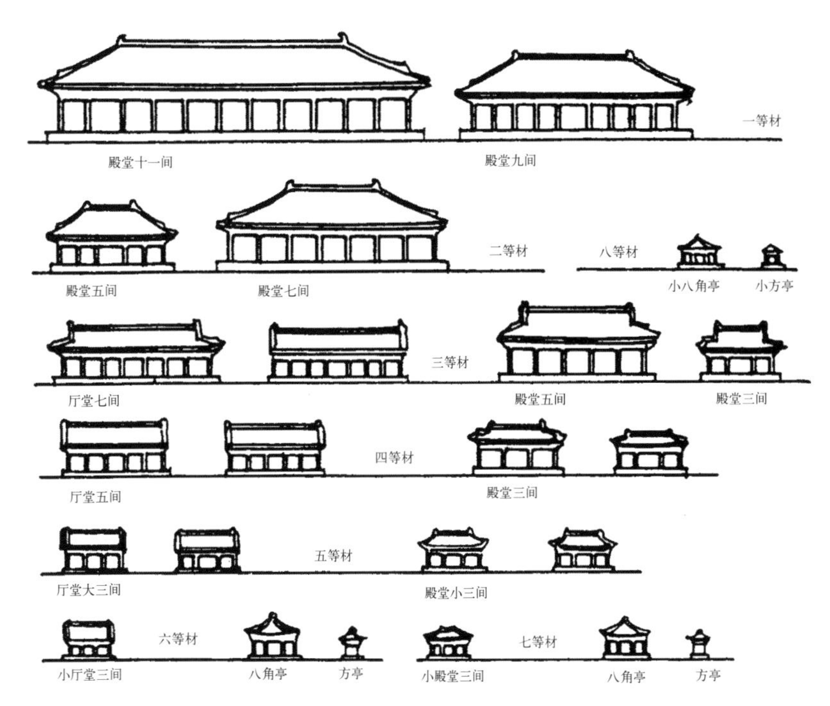

图 15–1–4　宋《营造法式》八等材适用的建筑形式（程建军）

建筑的礼制化为孔门儒家更加强调。柳诒徵在《中国文化史》中说：“孔子者中国文化之中心也，无孔子则无中国文化。自孔子以前数千年之文化赖孔子而传，自孔子以后数千年之文化赖孔子而开。”孔子的仁义礼制思想为历代统治者所倚重和利用，汉代而后，孔子学说成为国家政治生活的指导和人们交往的行为准则。关于“礼”，即使以重视人生现实为务的墨子，也没有否定过，《墨子》就说过“宫墙之高，足以别男女之礼。”

古代中国是一个礼制化的社会，悠悠千年，建筑中的礼制观念长盛不衰，深刻体现了这一文化精神。

第二节　大壮与适形

“大壮”思想与“适形”论，及与其相关的“便生”思想，是中国古代建筑艺术创作经常出现的观念，它们各有立论的依据，其主张看起来似乎大相径庭，其实体现为同一事物两个方面的对立统一。长期以来，二者的有机结合，相反相成，对于中国古代建筑艺术发挥着纲领性的作用。[①]

一、“大壮”

《易经》中有“大壮”一卦，其卦爻辞的原文，似与建筑渺不相涉。首先将建筑与“大壮”卦联系在一起的，是《易 · 系辞下》谈到圣人观象制器时所说的：“上古穴居而野处，后世圣人易之以宫室，上栋下宇，以待风雨，盖取诸大壮。”《周易》原本是推天道以明人事的卜筮之书，但在战国、秦汉，随着说易之书的纷然兴起，与当时流行的阴阳五行学说相结合，对易卦做出了许多新的解释，并将之用于卜筮以外的许多方面。

至于“大壮”的卦义与卦名，古代曾有多种解释，意义有很大出入。有的易学家，谈起《易 · 系辞下》中的大壮，多着眼于建筑“以待风雨”的物质意义，如清人陈梦雷《周易浅述》云：“栋，屋脊，承而上者；宇，椽也，垂而下者；故曰，上栋下宇。风雨动于上，栋宇覆于下，雷天之象，又取壮固之意。”其实，易经“大壮”的含义，主要并不在此。

① 本节系在王贵祥所著“‘大壮’和‘适形’——中国古代建筑艺术思想探微”（《美术史论》1985 年第 1 期）一文的基础上改写而成。

至迟春秋时，对于大壮卦的解释已有了精神方面的含义，如《左传》昭公三十二年有“雷乘乾曰大壮，天之道也”一语。这时的“大壮”，已有了阳刚、雄大、威壮的意思，可以抽象地表征一个事物的某种特征。战国成书的《周易·象传》更明确说：“大壮，大者壮也，刚以动，故壮”，这一理解与现在意义上的“大”与“壮”已十分接近，也与“雷乘乾”的卦象相当吻合。

据《周易·说卦传》，乾为天，震为雷，为龙，震在乾上，则大壮卦的卦象为雷在天上轰鸣，龙在天空升腾，其势大且壮也。初看起来，这一卦象与建筑并没有什么直接关系，其实正是古人借“大壮”一语以喻建筑的精神气质，蕴含了古人对于建筑的审美体验。

由于生产力的低下与科学知识的贫乏，先民对于雷、电等自然现象无从理解。他们怀着恐惧的心理，把震雷看作是上天在发怒，把闪电看作是苍龙在飞腾。当狂风暴雨夹杂着电闪雷鸣，铺天盖地袭来的时候，人们不知所措，战战兢兢，由恐惧而生敬畏，从中得到了某种险厉，雄阔，崇高，威壮与伟大的审美感受。

关于这方面的美学意义，在鲁迅译《艺术论》中有过形象的描述：“伴着激烈的暴风雨和咆哮的奔流，伴着迅雷的威猛的鸣动和眩人似的电光的闪烁，伴着爬来爬去的大密云的大雷雨，正如在原始时代一样，至今也还使人类的想象力惊奇。……当人们为恐怖所拘，躲在角落里，在那里发抖之间，他自然不能从美学底见地，来评价现象，但在人们毫无恐怖地观察着狂暴的自然力的时候，则爽快和勇壮的活泼泼的感情，能够怎样地将人们捉住，岂还有不知道的人么？”作者将之称为富于动态的有威力的美。

善于含蓄地表征事物，而又长于比兴的中国先哲们，将这一审美感受，作为品评建筑的艺术标准之一，以此来营造统治者的宫殿或陵墓，将它们建造得高大、华美、威严、险峻，并在建筑的门牖和屋顶上，装饰种种狞厉的兽面。于是雷霆万钧的大壮之势，就在巍峨嵯岈的建筑中显现出来了。

宫殿和陵墓何以必须取诸“大壮”，此种建筑艺术观的出发点是什么？对于这个问题，至少有两个方面的立论依据：一曰“非壮丽无以重威”，二曰“非礼弗履”。

“非壮丽无以重威”源于汉初萧何为高祖营造未央宫的一段故事，体现了他的建筑思想。宫殿是为统治者首先是为帝王营造的，帝者之宫，乃天子之居，“天子之居，必以众大之辞言之”，必以威壮之形出之，必以华丽之彩饰之，方能显出天子的威势，这就是萧何本意之所在。

中国古代建筑以宫殿的成就最高，历代宫殿营造，都是那一时代最重要的建筑活动，集中了当时最多的人力物力，代表了那一时代最高的艺术和技术水平。

从汉唐到明清，虽然建筑的形式和规模有不少变化，但在宫殿建筑，尤其在宫殿的主体、用以举行朝会的外朝部分，其追求大壮之势，却是一脉相承的。在这里，由劳动者创造的建筑，通过特定的艺术手段，异化为一种威力与权势的象征，竟是一种对劳动者的威慑力量。

“非礼弗履”则是就大壮卦的卦德而言的。卦德由卦象引申出来，用以阐发卦象蕴含的哲理。《周易·象传》谈大壮的卦德说：“雷在天上，大壮，君子以非礼弗履”。所谓“非礼弗履”，与“非礼勿视，非礼勿听，非礼勿言，非礼勿动”等是一样的，而包涵的内容似更广泛，不惟视听言动，更包括车服，饮食，乃至建筑，都必须遵循礼的规范。所谓“尊卑有分，上下有等，谓之礼……车服、旌旗、宫室、饮食，礼之具也”。大壮卦的此一精神，正与建筑的礼制精神相合。

二、“适形”与“便生”

春秋战国时期，诸侯列国竞夸土木之功，“高台榭，美宫室”成为一时的崇尚。以台而论，楚国的章华台，“楚王欲夸之，飨客章华之台，三休乃至于上”（《艺文类聚》卷六二）；齐国路寝之台甚高，以致齐景公登之“不能终而息乎陛”（《晏子春秋》）。由此可知，“大壮”思想成为人们品评建筑的主要标准，故而宫室台榭愈益高大、壮丽。与此同时，一种似乎与“大壮”思想大相径庭的建筑思想，渐渐滋生起来了，这就是贯穿中国古代建筑之始终的“适形论”。

适形论最初是由主张建筑“有度”开始的。《国语·楚语》所载伍举与楚灵王论美，曰：“夫美也者，上下，内外，小大，远近，皆无害焉，故曰美，……故先王之为台榭也，榭不过讲军实，台不过望氛祥，故榭度于大卒之居，台度于临观之高。”伍举的观点，即建筑要营造得有“度”，榭之大不过可供军卒居守，台之高不过可供人临眺，超过这种功能需要而过“度”的建筑，是不必要的。后来汉高祖“是何治宫室过度也”的质问，恐怕也是由此出发的。

孔子将这种主张发展为“卑宫室”的思想。

子曰：“禹，吾无间然矣，食而致孝乎鬼神，恶衣服而致美乎黻冕；卑宫室而尽力乎沟洫。”（《论语·泰伯》）孔子“卑宫室”的主张，成为数千年来儒学限制帝王宫室的理论根据。虽然他的话很含混，概念也颇不确定，且只着眼于道德规范，本身并没有更多的理论意义。但“曾经圣人手，议论安敢到”，历代帝王都奉之为符合正道的行为准则，即如以淫奢闻名的隋炀帝，也不得不在营建东都的诏书上声称：“今所营构，务以节俭，无令雕墙峻宇，复起于当今；欲使卑宫菲食，将贻于后世。”（《北史》卷十二）在宋·李明仲《营造法式》上，也冠以“卑宫菲食，淳风斯复”的文字。

孔子的思想，在墨子那里，似乎已有了适形论的萌芽，即“便于生”。

墨子曰：“古之民，未知为宫室时，就陵阜而居，穴而处，下润湿伤民，故圣王作为宫室。为宫室之法，曰：室高足以辟润湿，边足以圉风寒，上足以待雪霜雨露，宫墙之高，足以别男女之礼，谨此则止。是故圣王作为宫室，便于生，不以为观乐也。”（《墨子·辞过》）墨子对宫室建筑的台基高度、墙壁厚度、屋顶和院落四周围墙的高度，都提出了考虑的原则，符合基本生活的需要即可，仅此而已，不宜过之。

战国末年的《吕氏春秋》，将当时流行的阴阳五行学说注入于此种思想中，使之有了更多理论色彩：“室大则多阴，台高则多阳，多阴则蹷，多阳则痿，此阴阳不适之患也，是故先王不处大室，不为高台。……昔先王之为苑囿园池也，足以观望劳形而已矣；其为宫室台榭也，足以辟燥湿而已矣。”（《吕氏春秋·本生》）

在《易经》与《洪范》中，已有了原始的阴阳思想，阴阳五行学说使之系统化，并广泛用于解释当时社会生活的各个方面，当然也包括建筑。《易·系辞上》云：“是故阖户谓之坤，辟户谓之乾，一阖一辟谓之变，往来不穷谓之通。”乾坤者，阴阳也，全句的意思是说，室内以阴气为主，室外以阳气为主，只有使阴阳交汇往来不穷，阴与阳处于一种和谐的平衡中，才最适合人的居住。比如房屋过大，室内空间大而不当，阴气郁积，而阳气不达；台观过高，四周阳气围绕，室内阴气不足以抗衡，这些都将造成阴阳的失调，即所谓“阴阳不适之患”。

这里的阳气，可以理解为阳光，热的和干燥的空气；阴气可以理解为阴影，冷的潮湿的空气。实际上，《吕氏春秋》委婉地提出了，宫室建筑应适当注意综合解决采光，通风，隔热，防潮等问题。而要解决这些问题，在当时的条件下，首先需要将房屋的高度与室内空间的大小，控制在最适合人居住的尺度范围以内。

西汉大儒董仲舒集前人之大成，在《春秋繁露》中明确提出了“适形”的主张：“高台多阳，广室多阴，远天地之和也，故人弗为，适形而已矣”（《春秋繁露》卷十六），也就是“居处就其和”。他还强调：“天子之宫……故适形而正”。汉武帝接受了董仲舒“罢黜百家，独尊儒术”的建议，董仲舒也因此为后世儒生所尊崇。他的观点，无疑对后世有较大影响，以后的文献对他的这一主张多有引征，如《诗名物疏》：“董子云：天子之宫，右清庙，左凉室，前明堂，后路寝，四室者，足以避寒暑而不高大也。夫高室近阳，广室多阴，故室适形而止。”唐《艺文类聚》和宋《太平御览》都引了同样的话。《太平御览》作：“广室多阴，远天地之和也，故圣人弗为”。经过董仲舒之手，适形论便作为一种建筑思想、一种理论、一种品评的标准而被确定下来。“适形而止”比之墨子的“谨此则止”，更加明确、具体，也更加具有理论色彩。

适形论的核心是“和”与“适”。和者，天地之和，阴阳之和也。适者，大小之适，高低之适也。以适而求和，不适则安能有和。这一点颇与古代音乐思想相类。《乐论》也提倡和与适，“声出于和，和出于适，和、适，先王定乐由此而生”。

和与适的基本出发点是儒家的中庸，所谓：“居处就其和，劳佚居其中，寒暖无失适，饥饱无失平”（《春秋繁露》卷十六），不偏不过，不亏不盈，方为和适。而和适的理想状态，则是忘适之适，“忘足，履之适也；忘腰，带之适也；知忘是非，心之适也；不内变，不外从，事会之适也；始乎适而未尝不适者，忘适之适也”（《庄子·达生》）。建筑也是一样，人生活在建筑中，不应以其巨大、高峻而感觉空旷或压抑，不应以其幽广、阴暗而感觉迷茫和沉郁；不会因为居住在建筑之中而感受不到阳光、雨露、花草、树木、虫鸟的存在。人、建筑与大自然同在，这才是真正的和适、忘适之适。这一深深植根于中国古代哲学思想中的建筑艺术观，恐怕是对中国古代建筑以小体量的个体为基本元素、以由个体围合而成的院落为基本单元、以由若干院落组成的建筑组群为主要形式并数千年延绵不易的现象，作出的合理诠释。

中国古代建筑的适形而止，是以“度”为基础的。这里所说的“度”，不是一个抽象的概念，而是建筑物尺度、体量、形象处理方式及施工方式的重要参数。不同的建筑有不同的“度”，重要的、大的堂殿，其度也大；附属的建筑，其度也小。有了这种“度”，一个建筑群体乃至整座城市，是在统一中有所变化，在变化中又求得和谐统一的。如果说，《周易·考工记》中的“室中度以几，堂上度以筵，宫中度以寻，野度以步，涂度以轨”，是“度”的初级形式，那么宋《营造法式》中的“凡构屋之制，皆以材为祖，材有八等，度屋之大小因而用之。……凡屋宇之高深、名物之短长，曲直举折之势、规矩绳墨之宜，皆以所用材之分，以为制度焉”，就是“度”的成熟形式了。

除了上述因阴阳之调和而达于“适”的思想而外，适形论的另一个理论基础就是“便生”。中国人不同于西方人，后者将冥冥中的上帝奉为至高无上的造物，把为侍奉上帝而建造的教堂，视为最高等级的建筑；而中国人认为，人是万物的灵长，人世的君王是至高无上的，是生活的最高主宰。所以，为人世君王建造的宫室，是所有建筑中最高等级的，即使佛寺，道观，也莫能与之比肩。既然最高等级的建筑，仍然为现世的人所使用，则建筑的基本要义，也就应当是“便生”了。建筑既立足于便生，适形论也就有了更坚实的基础。

便生思想的提出，至迟不晚于春秋战国

时的墨子。墨子提出的“便于生”，可以从两方面理解，一是便生人，即便于现世的人；二是便生活，即便于居住者的生活，当然这生活不过是“辟润湿，圉风寒，待雪霜雨露”等最基本的物质生活需要。隋炀帝杨广在营造东都洛阳的诏书中,也提到了“便生”与“适形”,“夫宫室之制，本以便生人；上栋下宇，足以避风露。高台广厦,岂曰适形？”(《北史》卷十二）至少，隋炀帝在口头上也承认适形论与便生思想。

便生思想主要就居住建筑而言。中国古代的居住建筑概念相当广泛，从皇帝的寝宫到衙署的内宅，从寺庙的方丈院到村野的农舍，等级千差万别，但就如何符合于便生与适形，其间却不乏相通之处。从陕西岐山商末周初四合院宫室（宗庙？）遗址、四川成都汉画像砖上的田字形住宅院落，到明清北京四合院，从黄土高原的生土建筑到江南水乡的宅院，尽管形式不同，艺术风格各异，但在造型原则、空间尺度、建筑体量以及室内空间与院落空间的穿插组合上，都十分相近。居住建筑，不外是以小体量的居室，围合为一进或多进院落，院中植以花草树木，形成一个个环境宜人的，充满自然活力的，丰富的生活空间。

中国古代衙署、寺观，比之普通的居宅，大体布局原则也是一样。衙署也包括官吏邸宅。寺观在人们心目中，也不过是神的住所而已。有些寺庙为了显示神的威势,也须用一些“大壮”的处理手法，但一般均逊于帝王宫殿。

大壮与适形显然强调了不同的方面，却不是互相孤立，而是互相渗透的，是既对立又统一的一对范畴，是封建统治者之“重威”与“便生”两个方面的需求在建筑艺术上辩证的表现；恰如帝王们的服饰，一方面希望穿着舒适、轻软、方便，另一方面，为着维护尊严，又不得不服以宽大肥厚，绣龙缀凤的龙袍，冠以镶金错玉的沉重冠冕。以宫殿而言，其外朝部分以“大壮”为主导思想，而内廷部分就是便生思想与适形论的适用范围了。唐代宫殿气势宏伟，但在宫内的后寝，不仅有水光潋滟、曲廊环绕的园林，还有模仿唐代里坊居民住宅、富于生活气息的山池院。南内兴庆宫，更以院落穿插丰富、园林气氛浓郁而冠于西京。穿过明清紫禁城的外朝三大殿，一过乾清门进入后三宫，建筑与空间尺度骤然变小，环境和气氛也比较适合人的居住。而东，西两路的储秀宫、翊坤宫、钟粹宫之类，比后三宫更加小巧；宁静的院落、低矮的阶基、幽曲的廊庑、宜人的室内空间，与北京四合院住宅无大差异。

即使同一座建筑，也有着大壮与适形的结合。即便以适形为主，也可渗入大壮；以大壮为主，也可渗入适形。以四合院住宅为例，总体以适形为主导，但为了突出夫权和父权，全宅分作前部的附院与后部的主院，在主院中，正房、耳房、厢房，又有等级的不同。皇宫的后寝，总体也以适形为主导，但为维护帝后的尊严，位于中轴线上的正宫，比嫔妃所居各宫要高大严肃得多。即使嫔妃宫院，也都各有轴线，形成严整的布局，不可有逾越礼制的表现。皇宫外朝以“大壮”为主导,“非壮丽无以重威”是它的艺术构思主题，但这种大壮的气势，主要是靠巨大的院落空间与起伏跌宕的前导空间造成的,就建筑本身而言，尺度虽然巨大，但与人的尺度相比，较之西方建筑，还未曾大到不能协调的地步;而建筑周围小尺度的台阶、栏杆、日晷、嘉量，乃至大殿内部由宝座、屏风围成的小空间，以及宝座周围的小尺度陈设装饰，都使它的建筑环境在雄大壮丽的威势下，仍渗透出某种适形、宜人的气氛。大壮与适形，正是在这些精心的处理中，达到了恰当而和谐的统一。

概而言之，重威与大壮思想更富于浪漫色彩，给人以雄伟壮阔的美；而便生与适形，则更富于亲近人的现实精神，予人以绚丽而细腻的美。两种倾向相反的艺术趣味，在中国古代建筑中，竟结合得如此完美，以至看不出任何牵强的痕迹，亦可见中国古代建筑艺术性格之深沉。唯中国古代建筑有此一独特的艺术魅力，既不像埃及金字塔那样，以巨大的物质重压，使人感觉到自己的渺小；也不像欧洲洛可可教堂，以琐细而繁缛的处理，使人沉溺于奢糜。人们从中国古代建筑领略到的，是一种充满自信的端正和谐、庄敬醇酽的美。

中国古代许多学派都在这个问题上提出过见解，儒家从凸显建筑体现人间尊卑秩序的精神功能出发，更多强调宫殿与都城的“大壮”；法、墨等家则从重视建筑的物质功能出发，更多谈到“适形”与“便生”。如本书第二章叙及代表法家观点的《管子》所言，都城之大应主要根据耕地和人口的多少而定，选址主要应考虑到土地肥沃、用水方便，同时避免水灾；城市和建筑的规划也不必追求对称均衡，主要在于适用，“不求其美”、“不求其大”，足以“避燥湿寒暑而已”。墨家从朴素的节用观点出发，建筑观念与法家相近，认为只要适用，“谨此则止，费财劳力不加利者不为也”。

从今天的观点看来，实际上，建筑是一种存在着两重性的复杂事物。孔子对此早有认识，所以正是他，在强调建筑的精神性内容的同时，又第一次明确提出了“卑宫室”的主张。为了封建秩序的长治久安，主张君王节制克己，宽厚惠民，故“礼，与其奢也，宁俭”，“仁者爱人”，“节用而爱人，使民以时”，“罕兴力役，无夺农时，如是则国富矣”。孔子追求的是一种普遍和谐，应该说，他的认识比其他诸子更为深刻，也更加全面。

中国的思想界特别看重辩证法。在农耕社会中，自然界的变化给人印象深刻，由此涵养了中国人关于变易与应付变易的深沉观念。《周易》的“易”，也就是变易的意思。故一切极端的主张，一般为中国人所不取。中国的思想界又十分重视现实人生，“不知生，焉知死”，体现了优秀的人本主义。人生也充满着变易，所以人们从来就没有把建筑看成是永恒的东西。梁思成说：“盖中国自始即未有如古埃及刻意求永久不灭之工程，欲以人工与自然物体竞永存之实。且既安于新陈代谢之理，以自然生灭之定律，视建筑且如被服舆马，时得而更，未尝患原物之久暂，无使其永不残破之野心。”[①]故所谓大壮和适形，都以现实人生作为最后的准绳，而绝不过度。这样的建筑，似乎并不需要用坚强的石头来建造，而“罕兴力役，无夺农时”的农本主义思想，更排斥了那种需要耗费大量人力物力的石结构存在的必要性，前已述及，这就是中国建筑长期以来以木结构为本位的重要原因。

日本传统建筑受中国建筑影响极大，同样不过分强调建筑的巨丽和永久，“在日本人的脑袋里，房屋是不知何时就要重建的东西”。[②]在日本，一直存在着定期重建神社的传统，如伊势神宫的“式年迁宫”，就是每隔二十年重建一次的制度。

而在西方，宗教神学一统天下，与中国帝王和王朝的频繁更替大相径庭。神是永恒的，采用耐久的石材建造宏壮巨大的神庙、教堂，永恒的神祇与永恒的建筑同在，是为西方建筑的追求。于是，“木头的历史”和“石头的历史”，也就这样地写成了。

第三节　老庄风神

老、庄学派所持一种“道法自然”的审美态度及“贵柔”思想，对中国建筑也颇有影响，不仅表现在艺术风格上，对建筑长期采用木结构也有着潜在的作用。

① 梁思成．梁思成文集·第三集[M]．北京：中国建筑工业出版社，1982．

②（日）樋口清之．日本人的可能性[M]．

一、“道法自然”与“贵柔”

老子，姓李名耳，又称老聃，春秋楚国人，生活时代与孔子相近。老子的美学思想并不着眼于美或艺术与社会的关系，而是由一种审美态度即由“道”的自然无为的观念出发，来探究个体生命如何求得自由发展。在这方面，显示了超越儒家的深刻哲学思辨意义。所谓“道”，可以理解为不以人的意志为转移的客观的自然规律，具有“独立不改，周行而不殆”的永恒的本体性意义。“道生一，一生二，二生三，三生万物”，是一切的本源，故“人法地，地法天，天法道，道法自然”。“道”的本身，就是“莫之命而常自然”的。

老子认为原始氏族社会崩溃之后的一切罪恶现象，都是由文明的发展所引起的。他把人类在物质和精神文明上所做的一切努力和追求，都看作是逆反自然的人为的活动，以致从根本上破坏了原始社会那种天然合理的素朴状态。所以，要消除各种不合理现象，就需要事事纯任自然，像自然那样“无为”，甚至极端化到“绝圣弃智”的地步。在老子看来，这样的结果可以同自然一样生就万物，成就一切，自由快乐地生活，也就是所谓“无为而治”、“无为而无不为”。从老子根本取消了人的自觉努力和人的能动作用来说，无疑是消极的，但老子看到了人必须顺应自然，若企图改变或破坏自然就只能遭到失败，又包含着十分明智的道理。因此“无为而无不为”含有对必然和自然的某种合理见解，在中国思想史上产生了深远影响。

出于这种理解，老子的哲学精神特别显出尚柔、主静、贵无的特点。他说：

人之生也柔弱，其死也坚强。万物草木之生也柔脆，其死也枯槁。故民坚强者死之徒，柔弱者生之徒。是以兵强则灭，木强则折。坚强处下，柔弱处上（《老子·七十六章》）

天下莫柔弱于水，而攻坚强者莫能胜，其无以易之。弱之胜强，柔之胜刚，天下莫不知，莫能行。是以圣人云：受国之垢，是谓社稷主，受国不祥，是为天下王（《老子·七十八章》）

这段话通过种种现象来强调：一味强硬必将失败，温和柔韧才是生活的正途，遇事刚硬是下策，柔和才是上策，心胸宽阔、忍辱负重，才能成为圣王。尽管老子在这里把“柔弱胜刚强”的道理绝对化了，但这种“贵柔”的思想却极富辩证的哲理意义。

老子的哲学思想同他的美学思想不可分地渗透在一起，在老子看来，“道”的自然无为的原则支配着宇宙万物，也是美和艺术的欣赏与创造必须遵循的原则。

老子立足于对文明社会的批判来研究美与艺术问题，他处处关注社会中的种种内在矛盾，使得在老子的那些看似虚无主义、相对主义的言论后面，包含有强烈的辩证的批判精神。在矛盾对立转化中去观察美与艺术，是老子美学的显著特征。

庄子名周，战国宋国人，继承并发展了老子“道法自然”的精神。“重生”、“养生”、“保身”是贯彻《庄子》全书的基本思想。他从“道”的无限与自由，推出了人的无限与自由，即将永恒的大自然无意识、无目的却又合乎规律的运动作为人效法的榜样，主张人也应该过着“无知无欲”的生活。庄子较之老子，更加带有相对主义和宿命论色彩。但庄子对于个体自由和无限的追求，对生活保持一种超然于利害得失之上的情感和态度，恰好带有审美活动的特征。超出眼前狭隘的功利，肯定个体自由的价值，正是审美活动所要求的。

庄子哲学提倡“万物与我为一”的自由境界，认为这种境界即是最高的美，那就是不仅要从对象上，而且要从对象与主体之间所构成的某种境界上去考察美。在中国美学中占有重要地位的“意境”说，其渊源即在庄子。

老、庄思想的前身是隐士思想，通过老、庄将其发展为一种哲学体系。在后来的封建社会中，处“山林之远”的知识分子，固然要用老庄的“超世绝俗”，时时抚慰自己；即使身在“庙堂之上”，也需要老庄思想内蕴深沉的韬晦，以保全自己。

在任何历史时代，都有不得志的人，一个人的一生，总会遇到不如意的事。老庄哲学并不能使不得志者得志、不如意者如意，却能给人创造一种精神境界，使这些问题得以“消解”。它不能解决问题，却能取消问题，而人生之中总有些问题是不可能解决而只能取消的。因而，从诸如园林、处于名山胜境中的寺观以及山野民居当中，我们就不难发现老庄的影子。即使在“庙堂”一类建筑中，从某些局部或片断，也可以找到老庄的痕迹。

例如，中国建筑特别强调与自然的协调，而不强调与自然对比，不倾向于大刀阔斧地改造自然，这一气质倾向，就受到了老庄思想虽属隐性实则强大的影响。

《世说新语》记刘伶放达，裸形坐屋中，客有问之者，答曰：“我以天地为栋宇，屋室为裈衣，诸君何事，入我裈中？”这个回答，似觉诡辩无礼，但“以天地为栋宇”一语，却正道出了“万物与我为一”这一源自于老庄的哲学精神，并成为很大一部分中国人生活态度的重要一面。把天地拉近人心，自然与人直接交流，融合相亲。所以，中国的建筑群才会有那么多的室外空间。在“以天地为栋宇”或“万物与我为一”的观点看来，这个在西方建筑中原本与人无关无涉的室外空间，就变得与人直接相亲的了。中国建筑从不把自然排斥在外，而是要纳入其中；人生活在建筑中，这“建筑”既指实在的屋宇，也包括“以天地为栋宇”的自然。就建筑群和群外的自然而言，中国建筑不恣意突出自己而造成与自然的对立，所以建筑与自然的关系是融洽的，平静的，故古寺之于深山应曰“藏”，而不会筑成突兀而暴露的欧洲式城堡。主动地把自己与自然融合在一起，实际上是对自身的另一种肯定：寺既藏于深山，寺也就成了深山的一部分，“托体同山阿”，更加辽阔，更加不朽。[①]

这一精神在园林中更显突出。中国园林一方面中得心源，强调抒发情趣；一方面外师造化，状物写景：曲折的池岸、弯曲的小径、用美丽的天然石头堆成的峰峦涧谷，其中房屋自由多变，仿佛是大自然动人的一角，构成一幅立体的山水图卷。

只要我们把“法自然”、“贵柔”即亲近自然、尊重自然的品质，与西方建筑中那种强调与自然的对比，显示人的刚强力量并征服自然的精神相比较，中国建筑的气质就更为鲜明了。

老子之“贵柔”对中国建筑木结构的长期应用，也可能有关。先秦时代以木结构为主的建筑体系已基本形成，至汉而趋向成熟，老子的“贵柔”，通过对人的整体思维的影响，对此就发生过隐性的作用。

这里，我们仍然要强调所谓“文化合力”的作用，即中国建筑这种“法自然”与“贵柔”的精神，虽然可以说是老庄发生了主要影响，但儒家对人生和文艺的各种主张同样起了很大的作用。儒家的美学典籍《乐记》对于人与自然的和谐就曾明确指出：“大乐与天地同和”，“乐者，天地之和也”。天地本身乃一大调和，艺术——“乐”就应该体现出这种调和。“乐者为同，……同则相亲”，人只有与自然相亲，那么，体现自然万物之大调和的“乐”才能唤起人与人之间相亲的感情。孔子对于艺术又力倡所谓“温柔敦厚”的风格，感情不要过于张扬，巧智不要过于显现。他赞扬《诗经》说：“一言以蔽

① 萧默．从中西比较见中国古代建筑的艺术性格[J]．新建筑，1984(1).

之，曰：‘思无邪’”，“温柔敦厚，《诗》教也。”《礼记》也说：“温柔敦厚而不愚，则深于《诗》者也。”荀子所谓“谨慎而无斗怒，是以百举不过也”（《荀子·臣道》），亦同此意。总之，儒家追求的普遍和谐，与老庄一起，决定了中国艺术包括建筑艺术的总体风格趋于平和、宁静、含蓄、内向的气质。[①]

二、刚柔相济

中国的哲学史有两大辩证法系统：即老子开创的尚柔、主静、贵无的系统和《易传》开创的尚刚、主动、贵有的系统。前者提倡“无为而无不为”，柔弱胜刚强，后者则刚好相反，主张“天行健，君子以自强不息”的刚健有为。两者相互补充，并行不悖地指导着古人的思维方式和行为准则。基于所谓“文化合力”的原理，其在中国建筑史上的表现，即为“刚柔相济”。

地震是一种“刚强”的外力，是建筑的一大敌害。仅先秦文献记录的西北、华北的毁坏性大地震，就有近百次之多。自秦始皇统一至东汉张衡的三百多年间，《史记》、《汉书》等史籍中的地震记载就有四十四条。张衡在世的六十一年就经历了十二次，促使他发明了世界第一台地震监测仪器——候风地动仪。人们在频繁的地震破坏中积累了经验，认识到木结构远比砖石结构更利于抵御地震。尽管在东汉以前就已出现了砖石结构，但中国人仍然长期沿用木结构，防震也是原因之一。

汉代是木结构体系趋向成熟的时期。木材是一种质轻而柔的材料，木构架的所有节点均以榫卯结合，具有较强的柔性，在外力的作用下容易变形，又有恢复的能力。木构架采用均衡对称的柱网，配合富于柔性的斗栱，以及唐以后出现的檐柱侧脚和生起等做法，形成了一个具有相当柔性（可变有限刚度）的整体框架。当地震袭来时，建筑通过自身的变形消能作用，可以大大减弱地震力的破坏。[②]

在古代西方，破坏性地震也频频发生。但与中国不同的是，那里的地震常伴随着火山的爆发，大量的火山灰遇到地中海经常带来的大量雨水，便凝结成像石头一样坚固的材料。受其启发，古罗马人早在公元前 2 世纪就发明和使用了天然混凝土。公元前 22 年，古罗马建筑学家维特鲁威的《建筑十书》就有专章论述用作建筑材料的火山灰。依靠这种材料，西方人在两河流域早已有之的砖砌拱券的启发下，创造了大跨度混凝土砌石拱券技术，以形成巨大的空间，由此发展了以石结构为主的建筑体系。西方人之所以选择石材，还反映了他们强调人的独立存在、“以刚克刚”和以征服自然为己任的世界观。

柔性结构是中国人的创造。经过长期的实践，人们已经将“柔”的作用提到了哲学的高度。但建筑的实践证明，“柔”也必须合度，并且只有与“刚”结合起来，刚柔相济，才能臻于完美。《易经》说：“一阴一阳之谓道”，“立地之道，曰柔与刚”，就是上述观点的哲学表述。这一点，尤其在高大的建筑中更见重要，应县释迦塔是体现这一设计思想的优秀范例。

木塔八角，高达 67 米，全塔依结构为 9 层，五个明层，四个暗层。每层都是各具梁柱、斗栱的完整构架。明层通过柱子、斗栱、梁枋，联结成一个以矩形框架为主、结构学上称为“静不定结构”的柔性结构层，具有一定的变形能力。暗层则在内柱之间和内外角之间加设不同方向的斜撑，形成以三角形构架为主的被称为“静定结构”的刚性结构层。这样，一刚一柔，刚柔相济，重重叠叠，相得益彰，可以有效地抵御风和地震的突发性外力，在千年之久的漫长岁月中，屡经狂风骤雨和强烈地震的考验，至今仍完好屹立。可以想象，

① 萧默．从中西比较见中国古代建筑的艺术性格 [J]. 新建筑，1984(1).

② 萧岚．试谈中国古代建筑的抗震措施 [M]// 中国建筑学会建筑历史学术委员会．建筑历史与理论·第 3 辑．南京：江苏人民出版社，1984.

如果不是刚柔相济，构架全是柔性或全是刚性，必不克臻于此。

南方不少地方的木结构殿堂，平面中间的梁架常采用柔性较强的抬梁式，两端山墙则是刚性较强的穿斗式，边刚中柔，外刚内柔，同样是刚柔相济。整体既有一定柔性，又获得了较大的活动空间。这种方式，在东南沿海地区更为多见。这里的地质构造不够稳定，兼有海洋性气候，不仅地震时有发生，还经常遭受台风的袭击（图 15–3–1、图 15–3–2）。

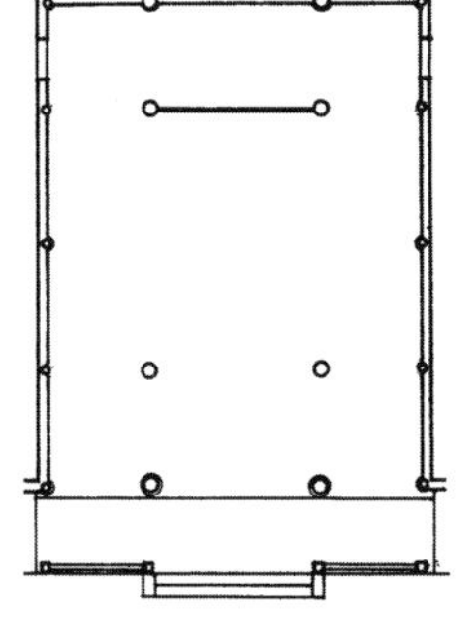

图 15–3–1　福建莆田元妙观东岳殿平面图（程建军）

“刚柔相济”思想对建筑的影响也不仅在于结构方面，在建筑艺术风格方面更有卓绝的展现：殿堂中平直坚实的基座与凹曲飘逸的屋顶；皇宫中前朝的雄阔与后寝的错综；府第中厅堂的严谨与宅园的自由；环境中山势的宏伟与水态的媚柔；甚至在建筑装饰中，彩画的金黄红紫显现的热烈与青蓝碧绿呈现之秀美……都是刚柔相济的种种表现。刚与柔，相互衬托，相互补充，相得益彰，古代建筑艺术整体的完美，也就这样造成了。

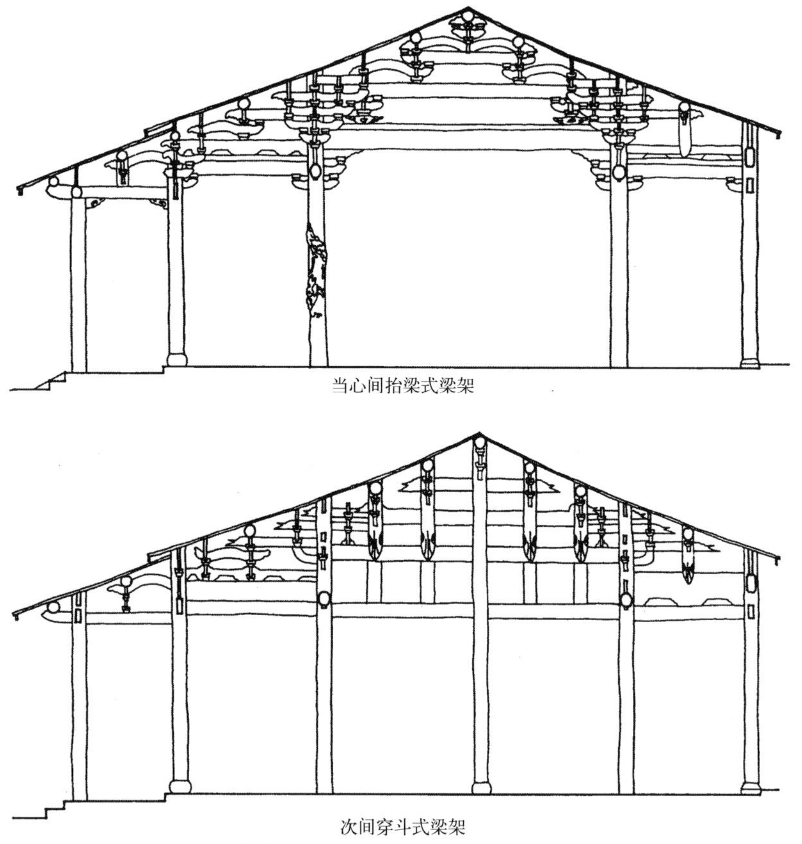

图 15–3–2　东岳殿梁架（程建军）

第四节　宇宙模式

说到中国人的宇宙观，首先要谈到的是《周易》。《周易》的一个鲜明特点，就是企图对包含自然、社会、人类的历史发展等范围极广泛的问题作出总体的概括和说明，建立起一个宇宙模式。这个模式的建立有如下前提：天与人是相通的、一致的，自然本身的运动变化规律也就是人类在活动中应当遵循的规律。适应自然，按照自然的规律去行事，是《周易》的根本思想。《易传》把阴阳的互相组合和互相作用看成是万物生成变化的始基，而阴阳的平衡统一是自然和人类社会能够获得和谐发展的根本条件，只有这种平衡统一，才能给世界带来安宁和快乐。这些观念是中国美学最重要的哲学基础之一。

与《周易》哲学相比，儒家由于在纯思辨方面缺乏充分的发展，其美学主要是与政治伦理学联系在一起，很少有哲学的论证。道家虽然在哲学思辨上优于儒家，但又显得过于远离现实、过于抽象，而致玄虚神秘，其美学与哲学的关系又多隐而不显。只有《周易》，既有哲学上深刻的思辨，又未陷入于难以把握的玄虚，其表达方式也具体、确定和系统得多。[①]

《周易》包括《易经》和《易传》两部分，前者成书于西周初，原是一本有关占筮的书，实际上又是充满深刻思想的哲学著作；后者是对前者的解释，成书于战国。历代对于周易的研究，形成易学。易学在战国融汇了阴阳学说，两汉又接纳了五行学说，而其核心则与儒家同源，故儒家将其列为“四书五经”之首。在易学的发展过程中，终于冲破了有神论的樊篱，

① 李泽厚，刘纲纪主编．中国美学史·第一卷[M]. 北京：中国社会科学出版社，1984.

形成以阴阳变易的法则说明一切事物发展变化的一种哲学。探讨周易对于建筑的作用，应从先天八卦与阴阳哲理和后天八卦与五行月令两个方面入手。

一、先天八卦与阴阳哲理

中国传统哲学作为哲理图式而影响到建筑的，莫过于易经八卦和阴阳哲理。为了表述这种哲理，聪明的古人绘出了八卦图式。八卦图式是古人依据八卦的象、数、理，与空间方位、时间顺序配合而成，是八卦体系的形象化。据《易传·说卦传》，八卦图式可分为先天八卦和后天八卦两种。

天地定位，山泽通气，雷风相薄，水火不相射，八卦相错，数往者顺，知来者逆，是故，易逆数也（《易传·说卦传》）

这便是先天八卦，传说系伏羲氏所造，故又叫伏羲八卦。其中“数往者顺”意指欲明过去的事理可以顺着推算；“知来者逆”是欲晓将来的事理可以逆着推知；“易逆数也”则表明易经的主要功用是逆推来事。宋代学者依据上述内容，画出了先天八卦图，图中相对的各卦卦象组成的阴阳爻恰好相反，以此表明八卦中天与地、山与泽、雷与风、水与火等四对矛盾及其变化。先天八卦的方位是这样安排的：乾南坤北，离东坎西，震东北，巽西南，兑东南，艮西北。由一至四逆时针方向，顺序为乾、兑、离、震四卦。乾象征天，在最上方，亦即南方。由五至八顺时针方向，顺序为巽、坎、艮、坤四卦。坤象征地，在最下方，亦即北方（古代中国方位坐标是上南下北，左东右西，与现今习惯相反）。这个顺序除反映卦的两两相对外，还反映了阴阳爻由多到少的变化，以及八卦与太极图的内在逻辑关系。先天八卦图中的天与地、山与泽、雷与风、水与火，一一阴阳相对，形成了自然界的两大范畴，于是，阴阳刚柔相荡，万物生机蓬勃，乃有万千气象，充分体现了古人“一阴一阳之谓道”（《易传》），阴阳相辅相成、对立统一的朴素辩证思想（图 15-4-1）。

先天八卦建立在阴阳观念的基础之上，阴阳观念则是中国古代哲学中一对带根本性的重要范畴。早在商代，阴阳观念就随同生产的进步和天文、气象、阴阳合历、建筑选址等早期自然科学的发展而孕育萌芽了。在甲骨文中已有大量称晴天为“阳日”，阴天是“不阳日”或“晦日”的记载，阴、阳二字均已出现。古代人们对自然现象长期观察，看到日来月往、昼夜更替、寒暖晴雨、男女老幼等种种两极及其变化，很自然就产生了阴和阳两者的概念。古人认为，阴和阳是两种对立着的自然力量。公元前 8 世纪的西周末年，伯阳父就曾用阴阳来解释地震的成因。他认为，阴阳这两种巨大的自然力量藏伏于大地之内，当它们不能协调运行时，便会引起地震。

在古人的概念中，天为阳，地为阴；日为阳，月为阴；火为阳，水为阴；相对动者为阳，相对静者为阴。总之，阳总是代表着积极、进取、刚强等特性和具有这些特性的事物或现象；阴则总是代表着消极、退守、柔弱的特性和

图 15-4-1 先天八卦（程建军）

具有这些特性的事物或现象。一般地说，凡是活动的、外在的、上升的、温热的、明亮的、亢进的，统属于阳的范畴；凡是沉静的、内在的、下降的、寒冷的、晦暗的、衰减的，统属于阴的范畴（见下表）。阴阳的观念在古人思想中是根深蒂固的。直到今天,人们仍常以“阳刚之美”和“阴柔之美”来形容两种截然不同的美学风格。

这种阴阳观念，既把阴阳看作是物质本身固有的属性，又看作是引起事物发展变化的两种对立的因素。《易传·说卦传》云：“观变于阴阳而立卦，发挥于刚柔而生爻。”意思是说，各种卦的变化都起源于阴和阳的对立，阴阳柔刚作用的发挥是事物变化的根据。认为自然界的一切事物不仅都存在着阴和阳两个方面，并且由于阴阳的运动变化，对立统一地推动着事物的发展变化，故“阴阳者，天地之道也，万物之纲纪,变化之父母,生杀之本始”（《素问·阴阳应象》）。阴和阳是宇宙的根本，阴阳的对立统一是天地万物运动变化的总规律。

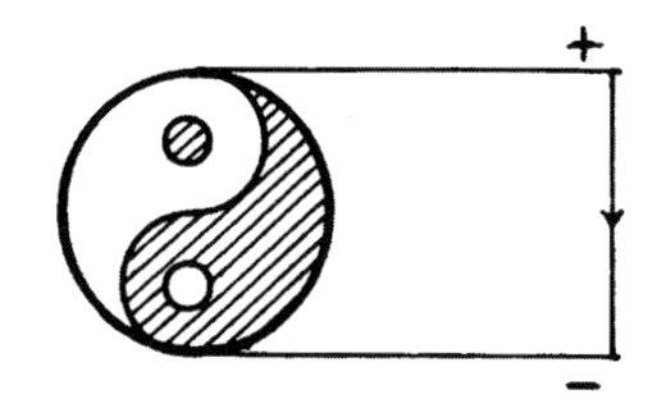

图 15−4−2 太极图—阴阳的对立统一（程建军）

但是，阴阳二者的对立关系又不是绝对的，两者在一定条件下也可以相互转化，故阴中有阳，阳中有阴。《朱子语类》说：“譬如阴阳，阴中有阳，阳中有阴，阳极生阴，阴极生阳，所以神化无穷。”所谓“日中则昃（音 ze，太阳倾斜），月盈则食”，就是这个意思。太极图十分形象地表达了阴阳在运动变化中的对立统一关系。图中黑色的阴和白色的阳是均衡对称的，但并不是静止的，而各以对方的存在为自身存在的前提，在无休止的运动变化中保持着动态的平衡。图中的圆点暗示着：在这两种力量的内部，早就孕育着各自对立面的种子（图 15−4−2）。

图 15−4−3 三阴三阳运转次序（程建军）

古人认为，阴阳还具有层次性，如火与水的相对，火温热向上，本属阳的范畴，水凉静润下，本属阴的范畴，但火自身有强的火，弱的火，故又可细分为阳火与阴火，同样，水也可再分为阳水与阴水。“阴阳之气，各有多少，故曰三阴三阳也”（《素问·天元纪》）。一般情况下，古人根据阴阳之气的多寡，把阴阳又各分为三个层次：

阳：少阳（一阳）、阳明（二阳）、太阳（三阳）

阴：厥阴（一阴）、少阴（二阴）、太阴（三阴）

三阴三阳的分划与转换反映了古人对事物由量变到质变过程的认识（图 15−4−3）。

附表：事物的阴阳属性

阳性	天	日	明	热	硬	南	上	左	圆	男	奇	主动	理性
阴性	地	月	暗	冷	软	北	下	右	方	女	偶	被动	感性

总之，先天八卦所反映的阴阳论是古代中国人的一种宇宙观，用它来认识和阐释自然现象，并进一步指导人们的社会实践活动。可以说在古代中国的所有领域，都深受这种宇宙观的影响，建筑领域自然也被囊括其中。

北京明清宫城紫禁城即其典型一例。

以乾清门前为界将宫城划为南北两区，南为外朝属阳，北为内廷属阴。南区主要建筑为三大殿。太和殿最南，是举行大朝会的地方，最重要，规模最大，体制也最崇，采用重檐庑殿顶，可谓“阳中之阳”（太阳）。保和殿最北，供举行殿试和宴会，重檐歇山顶，是“阳中之阴”（少阳）。太和、保和之间的中和殿，是皇帝在太和殿行礼前后休息的地方，方形攒尖顶，体现阴阳之和，是谓“中和”，可谓“中阳”（阳明）。三大殿均冠有“和”字，是体现天地阴阳和谐、万物有序、国泰民安的恰当用词。“和为贵”，反映了统治者的政治观点以及对权力的绝对自信。

向北进中路乾清门至内廷，也有三座大殿，称之为三大宫。它们的形式与前朝三殿相同而尺度明显缩小，仿佛前者的复现。乾清宫和坤宁宫，为内廷的正殿和正寝，是皇帝、皇后的正式起居场所。在《周易》八卦中，乾为天，坤即地，乾清、坤宁法天象地，于是“天地定位”，前者为“阴中之阳”（厥阴），后者为“阴中之阴”（太阴）。两宫之间的交泰殿意指天地交泰，阴阳和平，是谓“中阴”（少阴）。三大宫的命名也与《周易》卦名卦义有关：“乾清”出自乾卦，《彖传》说：“大哉乾元，万物资始，乃统天。”《象传》说：“天行健（乾），君子以自强不息。”；“坤宁”出自坤卦，《彖传》说：“至哉坤元，万物资生，乃顺承天。”《象传》说：“地势坤，君子以厚德载物”；“交泰”出自泰卦，泰是由乾卦和坤卦合成，乾下坤上，乾内坤外。《彖传》曰：“泰，小往大来吉亨，则是天地交而万物通也，上下交而其志同也，内阳而外阴，内健而外顺。”《象传》说：“天地交泰，后以财成天地之道，辅相天地之宜，以左右民。”

天为阳，地为阴，天地之道即阴阳之道，天地交泰，阴阳合和，万物有序寓意其中。明代赵献可在《医贯·玄元肤论》中论及人体阴阳平衡时，竟也举紫禁城规划为例：“……盍不观之朝廷乎，皇极殿（太和殿明代原称皇极），是王向阳出治之所也；乾清宫，是王向晦晏息之所也。”

东、西两个方向也有阴阳的区别。东方是太阳升起的地方，为阳，五行中属木，为春，在农业生产“生、长、化、收、藏”的五个过程中属“生”。西方为阴、属金、为秋，在生产过程中中属“收”。所以，在紫禁城南北中轴线之东，就布置了与“阳”有关的建筑，如皇太子居住的宫殿、太子讲学的文华殿，以及乾隆时建的南三所（其他皇子们的居所），代表为生长中的状态。中轴线以西则安排了与“阴”有关的建筑，如皇太后、皇后和宫妃居住的寿安宫、寿康宫、慈宁宫等。如是东居太子，西息宫妃，男左女右，阳左阴右，以求得协调。这种意象，其实在宫殿中早有传统，如西汉长安长乐宫前殿之西的长信宫，置长信、长秋等四座大殿，居太后。《三辅黄图》记此云：“后宫在西，秋之象也，秋主信，故宫殿皆以长信长秋为名”。唐长安在正朝大宫太极宫之东有东宫，居太子；西有掖庭宫，居后妃，均此。

又如，紫禁城的前方，东有太庙法阳象天，西设社稷坛法阴象地（图 15-4-4）。

阳又象征为成长与生命（这可能是乾隆为太上皇时所居的宁寿宫也置于东部的原因），阴又象征为衰落与死亡，前者与文事相近，后者与武事有关，故“君子居则贵左（东），用兵则贵右（西）”（《老子》），宫廷大典时的百官排列，亦为文臣列于左、武将立于右。与此相应，紫禁城内的文华殿位左，武英殿位右。以至于太和殿广场前的钟楼列于左、鼓楼列于右，皆与阴阳有关。这里应该加一点说明：钟声悠扬，鼓声震厉，若仅从此而言，不妨将前者归属于阴，后者为阳。但古人却从另外一个角度，即综合两种声音对人的作用，给予了不同的定位，即钟声的宁静平和，认为宜于生，故属阳；而鼓声的动荡震厉，使人振奋，常用之激励军人，而军武之事，必有死伤，故属阴。鸣金收兵，击鼓进兵（“伐鼓而攻之”），就是古人的一种军事信号。

甚至在建筑小品或陈设的布局上，也体现了阴阳：太和殿前的月台上左陈日晷以司天，右置嘉量以司地，前者定天文历法，后者制度量衡，皆符左主天道属阳，右主地道属阴的观念。

有趣的是，紫禁城这个阴阳分区的规划构思与先天八卦的阴阳卦爻的排列完全一致。先天八卦图初爻所组成的内圈，从坤卦左行，表示冬至一阳初生，起于北方；从乾卦右行，表示夏至一阴初生，起于南方。八个初爻左边皆为阳爻，右边皆为阴爻。以中爻而论，南半部兑、乾、巽、坎四卦的中爻均是阳爻，北半部艮、坤、震、离四卦的中爻均为阴爻。从日月运行来说，前者表示白昼太阳从东方升起，经南天而到西方落下，后者表示太阳从西方落入地平后的黑夜。从寒热交替来说，南方温热为阳，北方寒凉为阴。就每卦全部三爻来说，从震卦左行至乾，是阳爻从少到多，自初阳到阳极的变化；从巽卦左行至坤，则是阳爻逐渐减少，阴爻逐渐增多，自初阴到阴极的变化。这是一个左阳右阴、春秋交替的过程。以上这些，都完全符合自然的规律。

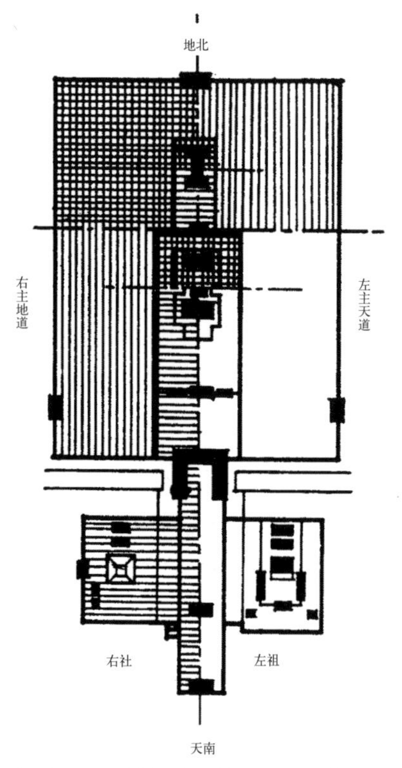

图 15-4-4　符合天地之道的紫禁城（程建军）

扩而大之，整个北京城的规划都有先天八卦图式的影子。

北京以皇城为中心，紫禁城作为皇城的核心居于全城正中，以此象征天帝所居的“紫微垣”（星宿名）。紫禁城南有午门，北有玄武门（玄武属北，后避清玄烨讳，改神武门），东有日精门，西有月华门。紫禁城与皇城之间，南面的端门，名称来自紫微垣的“正门”。皇城南门曰天安门，北门称地安门。在都城之南方和东方设天坛、日坛，北方和西方设地坛和月坛。这种天南地北日东月西的布局，都与先天八卦图式一一呼应。

位于都城西北的清漪园（颐和园前身），清初原拟在万寿山上建一高塔，将近完工却被乾隆下令拆除，公开的理由是西北不宜建塔，大约也是根据艮方宜陷的观念。即西北属艮，艮为“山”，山高耸，故宜令陷而取平，求与东南平衡。

总之，先天八卦所表征的天南地北、乾男坤女、日月运行、寒热交替、季候变化等等的阴阳世界观及其图式构成，在紫禁城和北京的规划与设计中都有相当典型的体现。

在传统医学中，以“阴”、“阳”来辩证病情的例子更多，医病的过程，就是所谓“协阴调阳”的过程。阴阳观念贯穿在古代几乎所有的实践领域，古代建筑师把阴阳宇宙观与宗法礼制结合起来，就成了指导规划和建筑实践的理论。

在阴阳宇宙观的建筑设计思想指导下产生的建筑模式，具有普遍意义，不仅宫殿如是，凡宗祠民居、坛庙陵墓、衙署会馆，以至寺庙道观等建筑组群或单体，皆大体不出其右，不过随具体情况的不同略有变通而已。

祠庙寺观的布局也有“前堂后寝”（汾阴后土祠、曲阜孔庙、泰安岱庙、登封中岳庙，都是其典型。佛寺道观有许多也大致同此）。许多佛寺还多在东南方向有高耸的建筑，东南属兑，兑为泽，泽低下，故宜令高而与西北平衡。这些建筑组群中左钟楼右鼓楼的布置，也是它的体现。就连大门前的一对石狮子也是雄踞左弄绣球，雌踞右抚幼狮。民居中“前堂后室”，前堂男子主外，后室女子持内。衙署中前为大堂后为内宅……如此等等，不一而足，皆符合“万物负阴而抱阳，冲气以为和”（《老子·四十二章》）之理。此种规划的群体，自然也就具有确定的中心和明显的中轴线，均齐对称、有机有序，呈现出系列空间的变化，既予人心理和视觉上稳定、平衡的美的感受，又充分体现了封建宗法礼制的观念和内容。

二、后天八卦与法天象地

英国学者李约瑟曾深有感触地说：“再也没有其他地方表现得像中国人那样热心于体现他们伟大的设想：人不能离开大自然的原则。这个人并不是可以从社会中分割出来的人，皇宫、庙宇等重大建筑自然不在话下，城乡中不论集中的或者散布于田庄中的住宅，也都经常地出现一种宇宙的图案的感觉，以及作为方向，节令、风向和星宿的象征主义。”[①]

中国建筑对于宇宙图案的象征主义，主要是从如后天八卦、五行和月令图式等观念演化出来的。

后天八卦、五行与月令图式

《易传·说卦传》叙后天八卦说：

帝出乎震，齐乎巽，相见乎离，致役乎坤，说（悦）言乎兑，战乎乾，劳乎坎，成言乎艮。万物出乎震，震，东方也。齐乎巽，巽，东南也，齐也者，言万物之洁齐也。离也者，明也，万物皆相见，南方之卦也，圣人南面而听天下，向明而治，盖取诸此也。坤也者，地也，万物皆致养焉，故曰致役乎坤。兑，正秋也，万物之所说（悦）也，故曰说言乎兑。战乎乾，乾，西北之卦也，言阴阳相薄也。坎者水也，正北方之卦也，劳卦也，万物之所归也，故曰劳乎坎。艮，东北之卦也，万物之所成，终而所成始也，故曰成言乎艮。

这便是所谓“后天八卦”，又叫文王八卦。“帝”指天之主宰，也指太阳。“帝出乎震”，震为东方，是太阳升起的地方。宋代学者依据这段叙述绘出了后天八卦图。后天八卦图的方位与先天八卦不一样，是离卦在南，坎卦位北，震卦位东，兑卦居西，乾卦在西北，艮卦在东北，巽卦位东南，坤卦位西南，其排列依方位的东南西北顺时针方向布置。引文说“兑，正秋也”，即西方象征为秋天；相应地，东方象征为春天，南方为夏天，北方为冬天。这种方位与五行学说完全相合。所以，后天八卦图式与下述五行学说的五行图式和月令图式内容完全吻合，把方位和自然变化所遵循的季节时序联系在一起了。八卦的所谓“后天”，就是遵循自然变化的意思，“先天”则指的是在自然变化之间加以引导。“先天而天不违，后天而奉天时”，即指天人协调一致，这是《周易》所强调的“天人合一”

① 转引自李允鉌．华夏意匠[M]．香港：广角镜出版社，1984．

的世界观，也正是月令图式的基调。与先天八卦的阴阳对立统一的图式不同，后天八卦图式是以四方（空间）和四时（时间）的时空协调的秩序为基础的，而与五行图式颇为相似（图15–4–5）。

五行学说产生于战国时期的五行家，原是一种朴素的宇宙系统论。“五行”指金、木、水、火、土等五种物质。五行学说认为世界万物都是由这五种基本物质组成的，自然界的各种事物和现象的发展变化，也都是这五种物质不断运动和相互作用的结果。

五行学说主要以五行的“生”、“克”规律来说明事物之间的相互生助和相互克制的关系。后来，五行学说把自然界的各种事物和现象做了广泛的研究和联系，并用“取类比象”的方法，按照事物的不同性质、作用和形态，将世间万事万物包括时间季节，都分别归属于金、木、水、火、土等五“行”之中，借以阐释自然环境现象和人体器官甚至情感之间的关系，结果

图 15–4–5　后天八卦图（程建军）

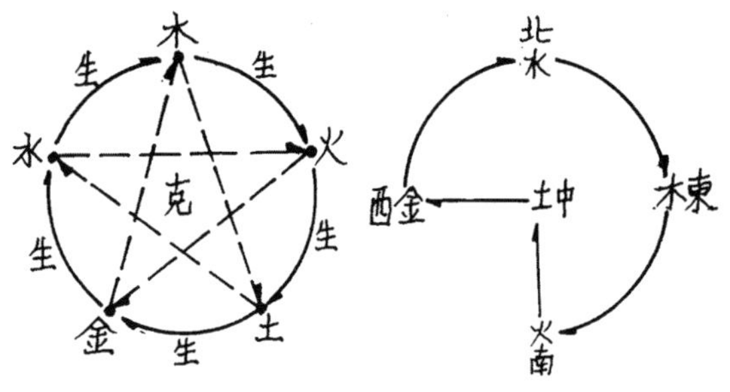

图 15–4–6　五行生克方位图（程建军）

不免使五行学说原本朴素的唯物观转向神秘化了。五行学说在发展中，又与阴阳家的阴阳学说相融，形成了阴阳五行说，对古代中国人的思想影响十分巨大（图 15–4–6）。

所谓“月令图式”，简单地说，是指世上万事万物按方位和时序循环协调变化的一种宇宙图式或称世界图式，是古代中国人的一种思维模式。

月令图式也产生于战国的阴阳五行家。最早记载月令图式的是秦相吕不韦编纂的《吕氏春秋》，其中有以十二个月分成的“十二纪”，每一纪的第一篇专讲某个月的天象、气候及相关的其他方面的情况，包括帝王衣食住行的一切，如位置、车乘甚至服饰的颜色等。如《吕氏春秋 · 孟春纪第一》：“孟春之月，日在营室，昏参中，旦尾中，其日甲乙，其帝太皋，其神句芒，其虫鳞，其音角，律中太簇，其数八，其味酸，其臭膻，其祀户，祭先脾。东风解冻，蛰虫始振，鱼上冰，獭祭鱼，候雁北。天子居青阳左个，乘鸾辂，驾苍龙，载青旗，衣青衣，服青玉，食麦与羊，其疏以达。”

古人云：“古往今来谓之宙，四方上下谓之宇”（《淮南子·齐俗训》）。宙是时间，宇是空间。时间，有一年的春夏秋冬四季、十二个月和一天的十二个时辰。空间，有东南西北四面八方，天地上下前后左右六合。月令体系首先以春季配东方，夏季配南方，秋季配西方，冬季配北方。时间的四季和空间的四方相配合，成为时空合一、法天象地、宇宙一体的宏阔图式。后来，又将许多事物类比于四时四方，形成了万物时空合一的图式— 一个普遍的宇宙体系。

月令体系在比较系统地总结了四季节气变化与农业生产的密切关系的经验基础上，进一步对此种关系作了理论的解释，使其具有了丰富的哲学意义。月令图式与阴阳五行有着相同的时空构成意识，两者很快便融合起来，使阴

阳五行说得到进一步的丰富和发展。从下表中我们可以略见中国古人把五行与月令图式相结合所做的事物分类。

附表：事物的五行属性

五行	木	火	土	金	水
五季	春	夏	长夏	秋	冬

到了汉代，月令图式经过淮南王刘安《淮南子》的记述和汉儒董仲舒的发挥而广为流传。汉代人把《吕氏春秋》“十二纪”的第一篇编入《礼记》,称为“月令”,从而正式成为儒家的经典。在主要反映法家思想的《管子》一书中,《四时》、《幼官》等篇，也有与月令相似的内容。在汉代以后漫长的封建社会中，月令图式一直给予中国人的思维方式以重要的影响（图 15–4–7）。

月令图式的时空一体模式是对自然规律的总结，而人们建立这个图式的目的在于为社会指出一条正确的道路，那就是人的一切活动一定要与自然规律相协调。怎样协调呢?《易传·文言传》回答说：“夫大人者，与天地合其德，与日月合其明，与四时合其序，与鬼神合其吉凶。先天而天不违，后天而奉天时，天且不违，而况乎人乎？”

所言“先天而天不违，后天而奉天时”，天人协调，天人合一，成了月令图式的基调。

“天人合一”是中国哲学的一个根本观点，它含有两层意思：一是主张人与自然的协调；二是认为人的德性与天的德性是相通的。前者是唯物主义的科学观点，后者则是董仲舒“天人感应”、“人副天数”，天、地、人三位一体的唯心主义的谶纬之说，其中也不乏“天命观”的流露。

作为一种思维方式或理想，月令图式在很大程度上规范和指导着中国古代建筑的规划和设计构思，进而成为一种设计理论和构图依据，而贯穿于中国古代建筑的时空中。所以，才有了上面李约瑟关于“宇宙的图案”的一番议论。

月令建筑图式　月令图式在建筑中的反映就是“月令建筑图式”，尤其在礼制建筑中表现得更为突出，在都城规划和某些重大建筑中也有体现。现仅以先秦明堂、明清天坛、秦都咸阳以及某些楼阁为例略作阐释。

明堂　明堂的历史十分悠久，其雏形应产生于夏代，当时称为“世室”，是宫殿与祭祀建筑混沌未分的一种建筑形式，属王者所有。本书夏商周章所述偃师二里头宫殿遗址，就颇符合古籍中“世室”的形制。明堂在殷称“重屋”，周以后才改称明堂。据传三代明堂的形式“有盖而无四方”、“茅茨土阶”，大概十分简陋。战国以后，明堂在月令图式的指导下，极尽法天象地之能事，十分复杂，至两汉，已登峰造极，是月令建筑图式最典型的实例。

关于明堂的形制，古人多有论述。《淮南子·泰族》说：“昔者王帝论之灌政施政，必用三五：仰取象于天，俯取法于地，中取法于人。乃立明堂之朝，行明堂之令，以调阴阳气氛，以合四时之节。俯视地理，以制度量，中考乎人德，以制礼乐，行仪之道，以制人伦。因除暴乱之祸，以治之纲纪也。”这便是明堂设置的意图和设计指导思想。

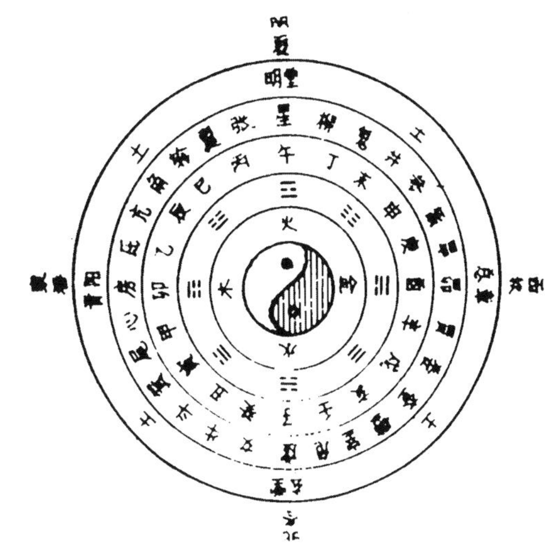

图 15–4–7　月令图式示意（程建军）

帝王行明堂之令施政，如何才能与天地自然相和谐，或者说，明堂取什么样的形式才能达到“调阴阳气氛，合四时之节”的目的呢？《礼记·月令》对此回答说：

孟春，天子居青阳左个，仲春，居青阳太庙，季春，居青阳右个；孟夏，居明堂左个，仲夏，居明堂太庙，季夏，居明堂右个。中央土，居太庙太室。孟秋，居总章左个，仲秋，居总章太庙，季秋，居总章右个；孟冬，居玄堂左个，仲冬，居玄堂太庙，季冬，居玄堂右个。

青阳、明堂、总章、玄堂等四个太庙是明堂东南西北四正的庙堂；左、右“个”是毗邻各庙堂的左、右夹室。这样，帝王依据十二个月的时序，循着东南西北的方位来变换居住和施政的位置，以取得与自然变化的同步，并以此证明帝王的政令是秉承天意，正确无瑕的（图15–4–8）。

当生产从游牧、渔猎的方式发展到以农业为主以后，人们必然能够从生产实践中逐渐认识到，五谷的生长与不同季节气候变化的密切关系。以后，又加进上述出于五行学说和月令图式的将时序与方位联系起来的观念，进一步构筑了时序、方位相协调的时空架构。为了求得风调雨顺、五谷丰登，需要对不同方向、不同季节、不同月份、不同神祇进行祈祷祭祀。如果这个祭祀场所的时空形式和祭祀的内容有某种对应的关联呼应，它赋予祭祀仪式的气氛就会更加浓厚。所以，《淮南子·主术训》说：“昔者神农之治天下也，……甘雨时降，五谷蕃植。春生夏长，秋收冬藏，月省时考，岁终献功，以时尝谷，祀于明堂。明堂之制，有盖而无四方，风雨不能袭，寒暑不能伤。迁延而入之。”据此，明堂是按时序季节和空间方位进行祭祀的场地，同时又是天子布施政教的地方。因其兼有“明政教”、“明诸侯尊卑”的功能，又“向明而治”，才称为“明堂”。帝王对明堂的设置和设计莫不十分重视。

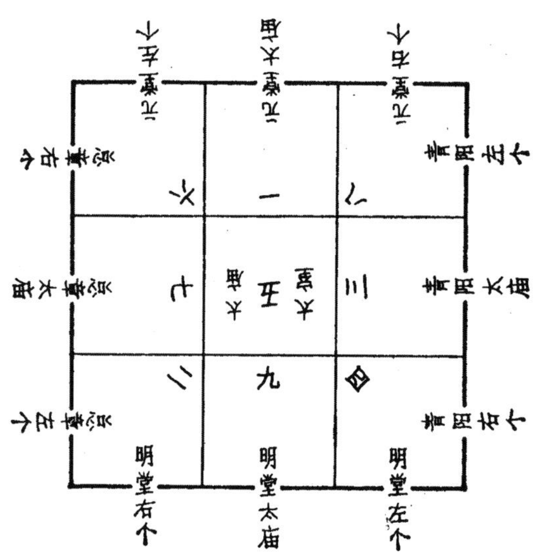

图15–4–8 《礼记》明堂九宫图（程建军）

《大戴礼记》说：“明堂九室而有八牖。宫室之饰，圆者象天，方者则地也。明堂者，上圆下方。东汉蔡邑《明堂论》云：堂方一百四十四尺，屋榍圆径二百一十六尺，通天屋径九丈，太室方六丈，八达，九室，十二宫，三十六户，七十二牖，户皆外设。通天屋高八十一尺，二十八柱布四方，堂高三尺，外广二十四丈，四周以水。”

《后汉书·祭祀志》说：明堂的形式是上为圆形以象天圆，下面平面方形以法地方。八个窗子通八风，四面通达师法四季，九个堂室象天下九州，十二堂室仿十二个月份……

北魏贾思勰对明堂制度讲得更清楚：明堂平面方一百四十四尺，象坤卦的策数；屋的圆径二百一十六尺，与乾卦的策数同。太庙太室方六丈，取老阴数，室径九丈，取老阳数；九个堂室象九州大地；屋高八十一尺，取自古黄钟吕的九九之数。周边二十八根柱子，象法二十八星宿，外围周长二十四丈，模仿一年的二十四节气等，不一而足。

可见，明堂的平面布置、立面形式、外观体型和空间分划，均是“宇宙的图案”的象征。

1956年，考古工作者发掘出汉长安城南郊王莽礼制建筑群遗址，其中一处即为西汉明堂。其第一层东南西北各面的中央，分设青阳、明堂、总章、玄堂等金木水火四室（即四个“太庙”）。据复原，顶层正中为太室，即土室。东南西北四个“太庙”的左右均各有“个”，四面合共十二室，即“十二堂法十二月”，与《礼记·月令》的明堂形制相符。遗址建筑群总体外围环圆形水沟，据称这是所谓“辟雍”的形制。辟雍是古代儒者讲习礼仪的地方，“圜水曰辟雍”，所以这座明堂，实为合明堂、辟雍为一的建筑。

关于明堂的形制，西汉时已议论纷纷，有所谓五室、四堂与九室、十二堂等不同说法。古文学派立论于《考工记》，坚持五室之说。今文学派则以《大戴礼记·盛德》为据，力主九室之议。至于“上圆下方”，有的理解为方形平面上盖圆形屋顶，也有的理解为“中方外圆”。①在此我们只想强调，作为一种设计思想，明堂确实涵有对于宇宙图案的象征意义。

北京天坛 北京天坛由明初天地坛演变而来，所以内外两重坛墙都被造成南方北圆的形式，以象天圆地方；是以“天圆地方”的“象”来体现“天地”的涵义，故有人称之为“天地墙”。

除了“象”以外，通过“数”的手段，表出“理”的象征，进一步强调“天”的意义，在天坛也很有体现。

初建于明，又在清乾隆十四年（1749）扩建的圜丘，是一座用汉白玉砌成的三层圆形石台，为皇帝祭天之所，又称祭天台或拜天台。因圜丘的性质，古人认为它的尺寸只能使用“天数”，不得掺杂一个“地数”。为了满足这个要求，同时得到合乎建筑美的造型，其全部尺度都采用了所谓“鸳鸯尺”的丈量办法。所谓“鸳鸯尺”，就是古尺今尺的合称：用古尺丈量水平方向，如三层台面的直径；用今尺丈量垂直方向，如三层坛台的高度。

所谓“天数”，就是阳数，即奇数。“九”是天数之极，所以圜丘尺度除广用奇数外，所有的石板、栏板及台阶等多与“九”有关。坛作圆形，三层，每层四向出陛（台阶）各九级。最高一层台面的直径是九丈，名“一九”；中间一层台面直径十五丈，名“三五”；最下一层台面直径二十一丈，名“三七”。这个丈量法，把一、三、五、七、九等阳数全用进去了。三层台面直径的总和是四十五丈，为“九五”，也是两个阳数，并符合《周易》所说“九五……飞龙在天，利见大人”之兆。

据《周易》一切所生最终都要归结为“太极”的说法，墁砌坛台时在坛台中央嵌砌的一块圆形台板叫做“太极石”，又叫“天心石”，象征此为天之中心，也是万物的发源。太极石外围砌一圈扇形石板，共九块，名为“一九”；第二圈石板十八块，名“二九”，……直到第九圈，有石板八十一块，取名“九九”。“九九”为阳极之重，故为重阳，又合黄钟之数。总计第一层台面，除太极石外，共有石板四百零五块，由五九四十五个九递加而成。九圈石板，也符合天有九重之说。

到了清代，连各层石栏板数也有了规定。《大清会典事例》说：上层每面栏板十八块，由二九组成，四面共七十二块，为八九；中层每面栏板二十七块，由三九组成，四面共一百零八块，为十二个九；下层每面栏板四十五块，由五九组成，四面共一百八十块，为二十个九；上中下三层台面的栏板总数三百六十块，正与周天三百六十度之数相合。但实际上，因为匠师们在建造时还要从造型美角度考虑栏杆的尺度等，没有完全符合上述规定，而是上层每面九块，共三十六块；中层每面十八块，共七十二块；下层每面二十七块，共一百零八块，仍都符合天数。三层栏板总数二百一十六块，

① 李泽厚，刘纲纪主编．中国美学史·第一卷[M]．北京：中国社会科学出版社，1984．

① 陈江风 . 天文与人文[M]. 北京：国际文化出版公司，1988.

又恰好合“乾之策”之数。

圜丘之外的圆形周垣，象征天界，其外再围以方形壝墙，以拟地表。方圆之间，天覆地载的意象就这样造成了。

关于天坛祈年殿的数理象征意义，如表征四季、十二月、十二时辰和二十四节气等，都已在明清章中提及，此处再加补充：殿高九丈九尺，天数之极，无以复加。殿顶周长三十丈，代表一月的三十天；殿顶四周三十六根短柱，代表三十六“天罡”；金光灿灿的鎏金宝顶，则象征皇帝恩泽四被，一统天下。

秦都咸阳　秦王政建立了中国第一个中央集权的大一统封建王朝，自号始皇帝，乃在战国秦国都城咸阳的基础上大兴土木，其规划也颇有取则于“宇宙图案”的迹象。《史记·天官书》说：“众星列布，体生于地，精成于天，列居错峙，各有所属，在野象物，在朝象官，在人象事。”这种天人相应的观念在秦都规划中就有所体现。

《三辅黄图》记咸阳说：始皇“二十七年作信宫渭南，已而更命信宫为极庙，象天极，自极庙道骊山。……始皇穷极奢侈，筑咸阳宫，因北陵营殿，端门四达，以则紫宫，象帝居。渭水贯都，以象天汉；横桥南渡，以法牵牛。”《史记·秦始皇本纪》载：“三十五年，……于是始皇以为咸阳人多，先王之宫廷小，……乃营作朝宫渭南上林苑中，先作前殿阿房，……为复道，自阿房渡渭，属之咸阳，以象天极阁道绝汉抵营室也。”

文中的“天极”、“端门”、“紫宫”、“阁道”、“天汉”、“营室”以及“牵牛”等，都是天象星宿的名称。信宫因其前殿名阿房，后来又称阿房宫，象天极。于是咸阳的布局呈现出这样壮丽而浪漫的景色：沿着北原高亢的地势营造殿宇，宫门四达，以此为中心，建造了象征“天帝常居”的“紫微宫”；渭水自西向东横穿都城，恰似银河亘空而过；河上架筑横桥，与“阁道”相映，把渭水南北宫阙苑囿连为一体，像“鹊桥”，牛郎织女得以团聚；筑阿房宫以象“离宫”（即营室星，在古代天文学中又被称为“离宫”）。广而言之，秦将天下分三十六郡，则似群星灿烂，拱卫北极。咸阳的平面布局和空间结构成了天体运行的缩影，每年十月，天象与咸阳布局吻合，此时天上的“银河”与地下的渭河相互重叠，“离宫”与阿房宫同经呼应，“阁道”与经由横桥抵达阿房前殿的复道交相辉映，使人置身于一个天、地、人三才一体的神奇世界。秦朝就是以十月这个天地吻合的吉兆作为岁首的。①

不仅城市宫苑如此，陵墓亦不例外。据记载，始皇陵“以水银为百川江河大海，机相灌输，上具天文，下具地理”，“天为穹窿，上设星宿，以象天汉银河；下百物阜就，以象地上万物”，又是一个宇宙的缩影。以后各代墓室，也都常可见于室顶绘画星象图。

秦都这种与天同构的宏伟图像，充分显示了秦帝国与日同辉的博大胸怀，是中央集权思想在都城建设上的反映。难怪当年刘邦兵临咸阳，初见秦都壮丽，要发出“大丈夫当如此”的感叹了！

黄鹤楼和天一阁　黄鹤楼在武昌蛇山黄鹄矶上，与岳阳的岳阳楼、南昌的滕王阁并称为“江南三大名楼”，又以历史悠久、楼姿雄伟而居诸楼之首，享有“天下绝景”的盛誉。

黄鹤楼相传初建于三国吴黄武二年（223），仙人王子安驾黄鹤到此，后人乃以此楼为志，名以“黄鹤”。也有说楼名乃得于地名。楼落成后屡毁屡建，唐代记载颇多，宋、元、明绘画中都曾描绘过当时黄鹤楼的形象，各有不同。宋画上的黄鹤楼雄峙在紧邻城墙的高台上，下瞰长江。人们最后见到的古代实物是清同治七年（1868）重建的，近代已毁，现又重建，已退离江边。

同治年的黄鹤楼高踞城垣之上，背山面江，

楼三层，总高32米许。其构思也有许多源于古代宇宙哲学的象征意义，如平面为十字形，四方而八角，分别法四象、法八卦。明三层象天地人三才，暗六层喻六爻。三层三檐，出角入角，每层十二角，下层十二角法十二纪，中层法十二月，上层法十二辰。平面檐柱二十八根象二十八宿，内柱四根表四维。三层上下共有斗栱三百六十朵，合周天三百六十度；大小屋脊七十二条，合全年七十二候。攒尖楼顶耸立紫铜宝顶，由三层组成，表上中下三元。宝顶加上四面牌楼屋脊正中的小顶，合为五岳，又含五行之意。[①] 其高度九丈七尺五寸是用了九、七、五三个阳数，宽、深均四丈八尺，是用了四、八两个阴数（图15-4-9）。

宁波天一阁为私家藏书楼。古代书籍多用绢帛或宣纸制成，最忌受潮和火烧。防潮的主要措施是抬高建筑台基，并恒以楼阁为佳，前后开窗使空气流通，故“束之高阁”，自古已然。防火主要是隔离火源，附近应备水池，建筑宜使用砖石等耐火材料。使用砖石结构的藏书建筑，北京清建皇史宬可为一例（图15-4-10）。

除了这些物质性的措施以外，古人还有一种纯意念的表达“防火”希求的方式。比如，因为传说中的龙能行云吐雾，降雨灭火，所以古代建筑常以龙吻为饰；有的以水生植物作为装饰，如荷蕖、水草等，将天花处理成藻井也具有同样的涵义。天一阁在这些方面都有所表现。

天一阁建于明嘉靖时即公元1561年前后。楼二层，硬山顶，木结构，下层供阅览和收藏石刻，上层列柜藏书。南北两面开窗，东西两山墙采用封火山墙，以防邻屋火患蔓延。

但是，天一阁一反古代建筑奇数开间的通例，而采用偶数，为六开间；其取名“天一”也深有含意，应都与所谓“河图”不无关系。

“河图”与“洛书”是古老的中国文化之谜。传说伏羲得天下时，黄河中有龙马驮了一张图献给他，伏羲氏据此画出八卦，此图即为河图。《易 · 系辞》说：“天一、地二；天三、地四；天五、地六；天七、地八；天九、地十……凡天地之数五十有五，此所以成变化而行鬼神也。”此“五十五”便是河图之数，其图像由一至十个点组成，白点表示阳数，黑点表示阴数。关于这个排列方式，汉人杨雄在《太玄 · 玄图篇》中解释说：“一与六共宗居于北，二与七为朋而居乎南，三与八同道而居乎东，四与九为友而居乎西，五与十相守而居乎中。一六为水，为北方，为冬日；二七为火，为南方，为夏日；三八为木，为东方，为春日；四九为金，为西方，为秋日；五十为土，为中央，为四维。”这段话说明了河图数列与方位、节令的关系。河图数列与五行结合而成五行相生。河图每个方位所

① 张子安．清同治黄鹤楼的构思与形制[J]．华中建筑，1985(2)．

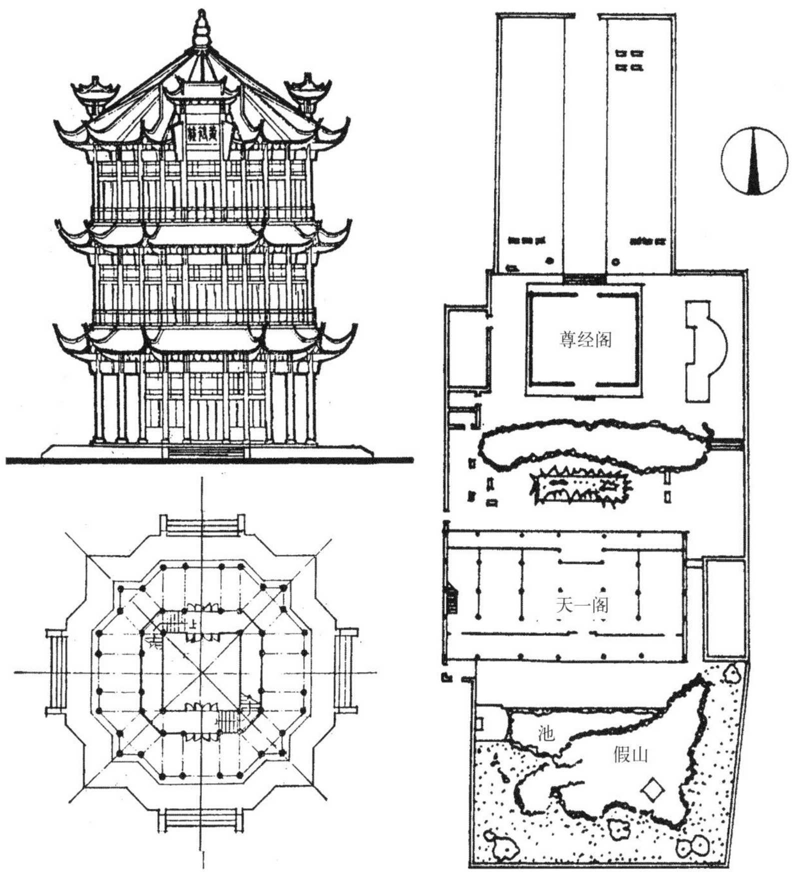

图15-4-9　清同治间的黄鹤楼（程建军）

图15-4-10　浙江宁波天一阁总平面（程建军）

配的数都是一奇一偶，寓天地相配、阴阳和平之意。图中天数一和地数六同在北方，北方五行属水。天数又叫生数，地数又叫成数，天生地成，所以《易经》说："天一生水，地六成之。"按五行生克，水是火的克星，藏书楼设计为六开间，并取名"天一"，即寓消火灭灾之意。此外，房屋的高低深广，以及书橱的尺寸，也都含有"六"数，都是这一观念的产物（图 15–4–11）。

清代皇帝鉴于天一阁蕴含的哲理，下令模仿天一阁建筑了紫禁城文渊阁、圆明园文源阁、承德避暑山庄文津阁等七座藏书阁。除了所有楼阁的阁名均与文化、历史和水有关外，也全都是六开间。"智者乐水，仁者乐山"，在中国人的观念中，"水"还是智慧的象征，而"六"为成水之数，故除了天一阁等藏书楼尚"六"外，古代文昌塔、奎星楼等也多取六角形平面，而与佛塔和一般风水塔常用的四角或八角形平面不同。

古代的这种宇宙观，从整体和宏观指导着建筑的规划与设计，通过哲理、数理的形物象征，企图展现人与自然的种种联系，深切感受自然的力量，表达人们对人类社会与宇宙世界和谐统一、长生共存以及国泰民安等理想追求，增加了建筑的文化内涵，具有一定的艺术作用。同时，在"阴阳"、"五行"、"八卦"或"月令"这种种对称图式指导下所形成的规划与建筑形式，也给人一种有机有序、端庄稳定的美感。但另一方面，由于古代科学技术水平的限制，原本朴素的哲学观并未走上科学的道路，相反，传统哲学中的唯心主义成分不断增加，使中国建筑在取得辉煌艺术成就的同时，也一定程度上陷入了神秘主义的渊薮，成为创作的羁绊。

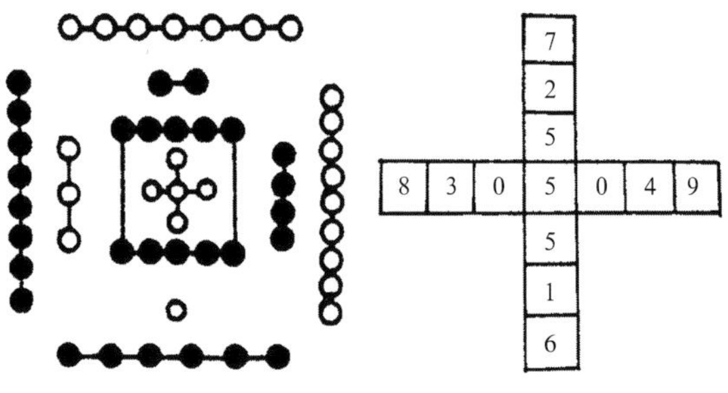

图 15–4–11 "河图"（程建军）

同时，建筑的艺术感染力，终究仍来自其艺术造型，包括总体布局和单体建筑对符合于所谓"美的规律"的追求，而种种数理象征手法，不过是一种心理上的补充而已。

第五节　建筑环境观——"风水"

中国哲学的天人合一观念，虽充满了不一定都切合实际的比附和浓厚的神秘色彩，但重要的是它朴素地意识到了人与自然环境的交融统一。在中国古人的观念中，这个统一被认为是与美的本质直接相关的。"智者乐水，仁者乐山"，人们常把自然看作是主体的道德象征，道家则把自然看作是对人的自由的肯定，是主体得以逍遥无为于其中的一个无比美好的世界。山水画论中的"山性即我性，山情即我情"等等，都明确肯定了人与他所处自然环境的和谐。[①]

说到中国的建筑环境观，必定要谈到"风水"。它是建筑环境观的具体体现，也是中国传统建筑艺术理论最具个性的重要组成之一。

一、风水学概说

风水学说是中国古代与建筑环境规划有关的一门学问，主要内容是为选择建造地点而对地形、地貌、景观、气候、生态等各环境要素进行综合评价的原则，提出建筑规划和设计的一些指导性意见，说明哪些是应该追求的、哪些是应该禁忌的。掌握这门学问并以此为职业的人称为风水家。

① 本节材料主要取自程建军，孔尚朴．风水与建筑[M]．南昌：江西科技出版社，1992．

“风水”一词来源于郭璞《葬经》中所云“气乘风则散，界水则止”一语。即与地脉、地形有关的“生气”。生气宜聚而不散，与风和水的关系最大——忌风喜水。故风要藏，水要聚，只有“藏风得水”，生气才能旺盛。风水家称良好的建筑环境用地为“风水宝地”，认为这样的地方必定生气旺盛。

可以说，风水学说远源于人类早期的择地定居。早自旧新石器时代之交，采集狩猎的攫取经济被农耕畜牧的生产经济替代之际，开始了相对稳定的定居生活，需要注意对居地环境的选择。从裴李岗、半坡和姜寨等原始村落，或大地湾的大房子、东山咀的祭坛等公共建筑，已可见出新石器时代人们对选址的考虑。这种经验的长期积累，到先秦已发展为相地术。相地术又称堪舆术，是古代中国流行的一种有关相宅相墓的方法，指导人们如何去选择住宅和坟墓的位置、朝向，以及确定营造的时间。相地术以后发展为风水术，一定程度上影响着建筑的规划布局和设计施工，主要在民间，其次在官方，广为流传，影响深远。

相地术起初仅涉及宅邑的选址和定向，理论和方法都比较简单，其中不乏朴素的科学成分，主要是有关地形地貌气候环境等因素与居住条件协调等方面的经验总结与运用。汉代，在《易经》玄学及董仲舒“天人感应”等谶纬学说的影响下，朴素的相地术又与阴阳五行、八卦干支结合在一起，为其发展奠定了哲学基础，并确立了其逻辑演绎方法。

早期称“风水”为“堪舆”。“堪”通“勘”，有勘察之意；“舆”本指车厢，有负载之意，引喻为疆土、道路和方向；“堪舆”的原意是勘察土地和预测前景，即相地和占卜。《史记》：“(汉) 孝武帝时聚会占家问之，某日可取 (娶) 妇乎？五行家曰可，堪舆家曰不可，建除家曰不吉，丛辰家曰大凶，历家曰小凶，……辩讼不决”，可见堪舆属古代占家的流派之一。据研究，当时堪舆家主要是根据天文与地理的对应关系来占卜吉凶的，与《易经》之“仰观天文，俯察地理”相应，故许慎之《淮南子》注曰：“堪，天道也；舆，地道也”。张晏也认为“堪舆，天地总名也”(《汉书 · 扬雄传》)，认为堪舆是门涉及天地、范围广泛的学问。只因古相地术的相当部分内容与堪舆术有关，后来“堪舆”也逐渐成为“相地”的代称了。

宋以后程朱理学兴起，堪舆的理论也日臻复杂，已不仅着眼于山川形势，藏风得水等方面，而更与占卜、宅主“命相”、“黄道吉日”和方位理气等穿凿附会、荒诞不经的观念结合，乃显出更多迷信色彩，在某种意义上已堕落成骗术了。

相地术理论建立在古代中国哲学所谓“气”的概念上。古人认为宇宙由“气”生成。《淮南子 · 天文训》说：“天地未形，……故曰太始。太始生虚廓，虚廓生宇宙，宇宙生元气，元气有涯垠。清阳者薄靡而为天，重浊者凝滞而为地。”大意是说，天地未形成之前只是一个“无”，从“无”中生出“太始元气”，元气有轻有重，轻者上升为天，重者下降为地。这重的气和轻的气便是阴、阳二气。《管子 · 枢言》说：“道之在天者，日也；其在人者，心也。故曰：有气则生，无气则死，生者以其气。”这种认识来源于人体必需呼吸的事实，人活气行，人死气绝。由此又推类及于万物，认为世上万物都是“气”的生化，天上的星辰，地上的五谷和人的福寿夭祸，均与“气”有极大关系。

“气”于风水学至关重要，风水的全部理论和方法都是围绕着“聚气”这个问题展开的。其至有人说，若能认识“气”，也就理解了风水的全部。

堪舆术的书每每要对“气”发一通议论。郭璞《葬经》开篇就说：

葬者乘生气也。夫阴阳二气，噫而为风，

升而为云，降而为雨，行乎地中而为生气。生气行乎地中，发而生乎万物。人受体于父母，本骸受气，遗体得阴，盖生者气之聚，凝结者成为骨，死而独留。故葬者反气内骨，以荫所生之道也。

他认为死人遗骨是生气凝结之物，选一个聚气的地方下葬，以与“地气”相通，就能保证遗骨不朽，死者的灵魂便会得到安慰并庇护生者。古代的洗骨葬证明古人确有这种认识。如东南沿海的百越民族，人殁须葬埋两次，第一次只将尸体简单埋下，叫做“凶葬”，待若干年尸体腐烂，再拣出其骨洗净装入陶缸内，择地选吉日再次入葬，叫做“吉葬”。基于这种对“气”的认识，古人选择居处和葬处必择“生气”旺盛之地。这种地方的生气与地脉、地形有关，又因“气乘风则散，界水则止”而与风与水的关系最大。“藏风得水”，“藏风聚气”，生气才能旺盛。清人范宜宾进一步解释说：“无水则风到气散，有水则气止而风无，故风水二字为地学之最重。而其中以得水之地为上等，以藏风之地为次等。”意思是说近水且靠山背风，方能生机盎然。堪舆家以风和水这两大要素概括这个理论，使后世“风水”成为堪舆的俗称。

堪舆除称相地、风水外，还有许多别称，如青乌、青囊、地理、相宅、卜地、卜宅、图宅、图墓、葬术等等。青乌之典出自《史记·轩辕本纪》：“黄帝始划野分州，有青乌子善相地理，帝问之以制经。”《旧唐书·经籍志》则说青乌子为汉代相地家，传著有《青乌子》三卷行世。“青囊”则出于古人常以青色囊袋盛装相地术书（有“青囊妙计”之说，后又常讹为“锦囊妙计”）。“相”的意思是察看、审定，故择地又称相地。“图”的古义是斟酌、图谋。营宅建墓乃大事，所以要深思熟虑，详细计划。

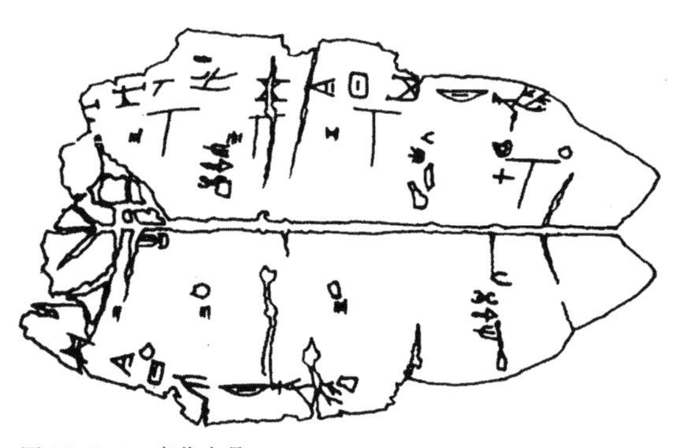

图 15-5-1　商代卜骨

二、风水学沿革

很难确切说出相地术形成的年代，因为从早期朴素的选地活动发展到较具系统的相地术，应经过了相当长的时间，况且也难以用准确的定义把两者严格区分开来。

如前述，早在新石器时代，人们就有了择地而居的实践，有文字记载的相地则可追溯到公元前 10 世纪殷人的甲骨占卜。殷人迷信，凡遇大事都要占卜，方法是将龟甲或动物肩胛骨钻凿成眼，烧灼凿眼出现裂纹，称为兆文，再观察兆文走向和形状以判断吉凶，最后将结论刻于甲骨上，称为卜辞，作为行事的参考（图 15-5-1）。

甲骨文中有大量关于建筑的卜辞，如作邑、作寨、作宗庙、作宫室、作墉、作覆等。作邑就是筑城。商代甲骨卜辞中关于作邑的记载如：

己卯卜，争贞：王作邑，帝若，我从，兹唐（《乙》570）

庚午卜，丙贞：王勿作邑在兹，帝若?

庚午卜，丙贞：王作邑，帝若?

八月。贞：王作邑，帝若？八月（《丙》86）

“争”、“丙”都是占卜者的名；“贞”义为问；“若”表示允许。“我从，兹唐”，谓顺从上帝的意旨在唐这个地方修建城邑。以上卜辞，均是殷王修建城邑，卜问于上帝以定吉凶之辞。

这便是所谓“卜居”或“卜地”。《商书·盘庚》记盘庚都于殷的训话说：“天其永我命于兹新邑”，意谓天帝将授命我们在此建新邑。

周人也曾多次迁都和营建新邑，见于史的有公刘迁豳、古公迁岐山、成王营洛邑等。与殷俗相同，周人亦曾反复卜问而后决定。《书经·周书·召诰》曰：“惟二月既望，越六日乙未。王朝步自周，则至丰。惟太保先周上相宅，越若来。三月，唯丙午朏（音 fei，月出之日），越三日，太保朝至洛，卜宅，厥既得卜，则经营。”这是说，周成王于二月十一日（乙未）早晨，自镐京来到丰京。太保（召公）则在周公之前，先行到洛（今洛阳）勘察。至三月初三丙午新月初现，又过了三天，太保乃于清晨来到洛地占卜，结果一卜得吉，才开始营建洛邑（图 15–5–2）。[①]

由此可见，远在商周之际，人们已经十分重视居住环境的选择。一国之首邑，更当慎重其事，必由王公贵族携术士前往相地，而后方能决定。但在有关相地营邑的早期文献中，虽然卜地的过程往往流露出对鬼神上帝的畏惧与顺从，而决策仍偏重于实际的情况，并非完全依据占卜。一般庶民就更是从方便生计上考虑了。所以，商周时这种带有巫术色彩的相地只能算是“前风水阶段”，以后才逐渐演化出一套系统的相地理论和方法，“堪舆”或“风水”的称谓方可成立。

至春秋战国，中国古代天文学、地理学有了长足进步，哲学思想空前活跃，学术气氛浓厚，八卦、阴阳、五行、元气诸说方兴未艾，儒、法、老庄、墨等百家争鸣。春秋五霸、战国七雄，竞相筑城，掀起了中国城市建设的高潮。这个时期出现的《考工记》、《管子》、《周礼》等著作，总结了城市建设的经验，提出或制订了建国（都城）、营国制度及城市的选址理论。这些成果，都为堪舆理论的发展奠定了理论和实践的基础。

史籍中有不少堪舆家的故事。战国秦惠王之弟名疾，据说生前选定渭南章台之东为葬地，预言：“后百岁，是当有天子之宫夹我墓。”至汉果有“长乐宫在其东，未央宫在其西，武库正当其墓”（《史记·樗里子列传》）。后人认为他所相定的墓址位于宫殿之间，能造福子孙后代。若果有其事，也不过是他所选的地点自然条件好，同样受到后世宫殿规划者的青睐罢了。“疾”是渭南樗里乡人，人称“樗里子”，后世地理家因此奉他为祖。《史记》还有许多类似的故事，类皆杜撰之语。

两汉，以阴阳五行学说为基础的“月令图式”宇宙观形成。阐释事物发展变化的阴阳、五行、八卦，表明时间和空间方位的四方、四时、天干、地支、律令，以及作为代数运算的一系列神秘数字，围绕着阴阳五行原理相互联系，构成了一个宇宙万物时空合一的庞大体系。阴阳五行

图 15–5–2　清《钦定书经图说》“太保相宅图”

① 詹鄞鑫．古代相地术 [J]．文史知识，1988(3)．

的滥觞又使玄学大为盛行，董仲舒大肆宣扬“天人感应”、“人符天数”等谶纬之说，致使各种谶纬迷信如龟占、筮占、星占、相术、求仙等盛极一时，堪舆理论也因而日趋成熟，同时愈发变得玄奥神秘。东汉光武帝刘秀好其术，京内学者更兴风播浪，其风日炽。

到东汉，堪舆术已发展到家喻户晓的地步，因而引起了唯物主义思想家的抨击，王充在《论衡》中就多次对之进行过批驳。《论衡·四讳》说：“俗有大讳四：一曰讳西益宅，西益宅谓之不祥，不祥必有死亡，相惧以此，故世莫敢西益宅。……夫宅之四面皆地也，三面不谓之凶，益西面独谓不祥，何哉？西益宅，何伤于地体，何害于宅神？西益不祥，损之能善乎？西益不祥，东益能吉乎？”“西益宅”指向西扩建宅室，“讳”为忌讳而不敢行。这在当时大概已成为相宅的一条原则，所以遭到了王充的犀利批判。《论衡·诘术》还提到了一种“五音相宅”的荒诞做法，即将阴阳五行的五音用于相宅：依主人姓的发音属于宫、商、角、徵、羽哪一类，来确定住宅的朝向。

汉代堪舆术又与“黄道”发生了关系。黄道本指太阳一年运行的大圆轨迹，根据太阳在黄道上的位置可确定四时季节。后来，四时的确定又掺进了占验吉凶的迷信，产生了黄历。风水与黄历结合，就同时间的吉凶概念化成一体了。《论衡·谏时》就记录了关于这方面忌讳的情况：“世俗起土兴工，岁月有所食，所食之地，必有死者。假令太岁在子，岁食于酉，正月建寅，月食于巳，子寅地兴功，则酉巳之家见食矣。”这里“太岁”是黄历纪年所用值岁干支的别名；如逢甲子年，甲子即是“太岁”。因习惯上只重视“岁阴”（指十二地支），故有“太岁在子”之说。古代中国人把东南西北分成十二等分，以十二地支或十二辰命名，刻在方形的木盘上，表示大地的方位，称为地盘；又把二十八宿、北斗星等天上的主要星象刻在圆形木盘上，以示天体的运动，作为天盘。天盘在上，地盘在下，天盘的圆心有轴，立于地盘中心，可以随天体的运行转动天盘。这样就可以根据它来确定天体运行与大地方位之间的关系，利用空间与时间的配合推定吉凶，这种仪器称为“式盘”，因其流行于汉代，又称为“汉式”。用式盘推算吉凶叫“演式”。汉代堪舆家认为，动土兴功要考虑天体如日（黄道）、月（月建）、太岁等的运行情况。《论衡》这段话的意思是说：按照堪舆的说法，假若动土营建的年和月是太岁在子之年，月建在寅之月，而又在地上子位寅位动土，那酉位巳位的居民岂不就遭殃了。这就是人们熟知的所谓“太岁头上动土”，是古人把相地与观天相结合、方位与时间相结合而产生的禁忌。不过，这种牵强附会的禁忌实在与自然毫无关系（图15-5-3）。

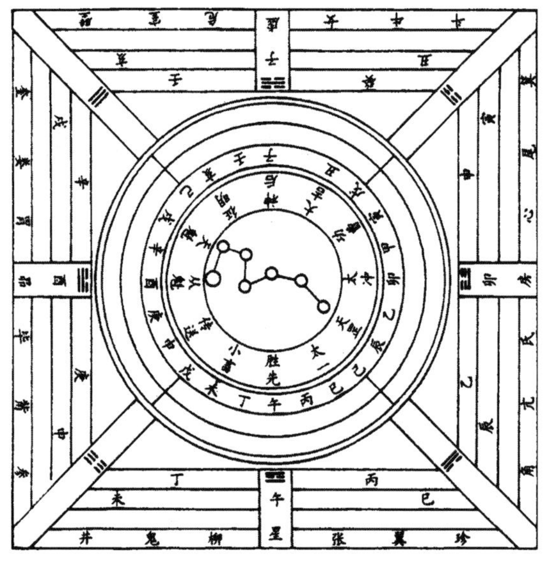

图15-5-3 汉代式盘（王盱墓出土）（程建军）

汉代出现了一批堪舆术的专著，如《堪舆金匮》、《宫宅地形》、《周公卜宅经》、《图宅术》、《神农教田相土耕种》、《大衍元基》等。除《神农教田相土耕种》可能包含一些农业生产经验外，大概都是迷信占很大成分的术数书。《汉书·艺文志》著录的《堪舆金匮》十四卷，《宫宅地形》二十卷，皆已失传，无从窥其内容。据考，这两部书可能是后世风水之“理法”与“形法”两大体系理论分野的最早论著。[①]

大约从秦汉开始，堪舆术扩展了先秦相地术中的迷信成分，加入了许多谶纬内容，原本比较朴素的相地术因而走向歧途。比如认为阴宅（坟墓）环境好坏会关系到子孙前途，于是帝王贵族的墓葬被特别重视，并累土为坟，且增益为陵，一反战国以前“墓而不坟”的葬制。又与阴阳五行八卦干支等理论结合以占验吉凶，或把姓氏与五音、人事同天体运行进行了貌似严密实则无谓的联系，产生了诸如“五音相宅”和因“黄道”、“太岁”、“月建”等而起的各种忌讳，等等，都是风水堕入迷信的标志。

梁启超在《中国学术思想变迁之大势》中，对堪舆术及其他方术在东汉和三国盛行的情况作了概括：

自西京儒者翼奉、睦孟、胡向、匡衡、龚胜之徒，既已盛说五行，夸言谶纬，及光武好之，其流愈甚。东京儒者张衡、郎觊，最称名家，襄楷、蔡邕、扬厚等亦斑斑焉。于是所谓风角、遁甲、七政、元气、六日、七分、逢占、日者、挺专、须臾、孤虚、云气诸术，盛行于时。后汉书方术列传所载者三十三人，皆此类也。然其术至三国而大显，始俨然有势力于社会，若费长房、于吉、管辂、左慈辈，尤其著者也。其后郭璞著葬书注青囊，为后世堪舆家之祖。而稽康亦有《难宅无论吉凶论》，则其风水说之盛行可知。

看来东汉至三国许多文化人都参与了堪舆风水之事，连大科学家张衡也参加了进来，对风水理论的成熟起了颇大作用。认为风水（堪舆之后期称谓）成熟于汉代大概不会有太大的错误，堪舆术或风水术从此可以称为风水学了。

魏晋隋唐时期，南北文化与外来文化大融汇。魏时管辂的《管氏地理指蒙》，晋人郭璞的《葬经》，南北朝王征的《黄帝宅经》，均是风水学中较重要的著述。南北朝的玄学兴盛与山水美学的发展，把风水学又向前推进了一步。唐代，由于佛教流布已广，源自印度佛教的吉凶占验观念也与风水学结合在一起。佛教的轮回转世、因果报应之说深入人心，悔恶除罪，修德祈福，作善作恶定有果报，或报之现身、或报之来世、或报之子孙，这些观念都被风水所采纳，与图谶迷信融为一体。唐代著名风水学家杨筠松所著《青囊奥旨》自成一家之言，对后世影响很大。甚至著名天文学家一行也著有与风水有关的《六壬类集》、《六壬立成大全钤》一类著作。《通志略·艺文略》中列举了二十几种与“式”有关的书籍。但经过汉代王充、唐代吕才等的批判，汉代那套“五音相宅”至唐逐渐式微，风水家中以“演式”见长者，唐时也趋于没落（图15–5–4）。

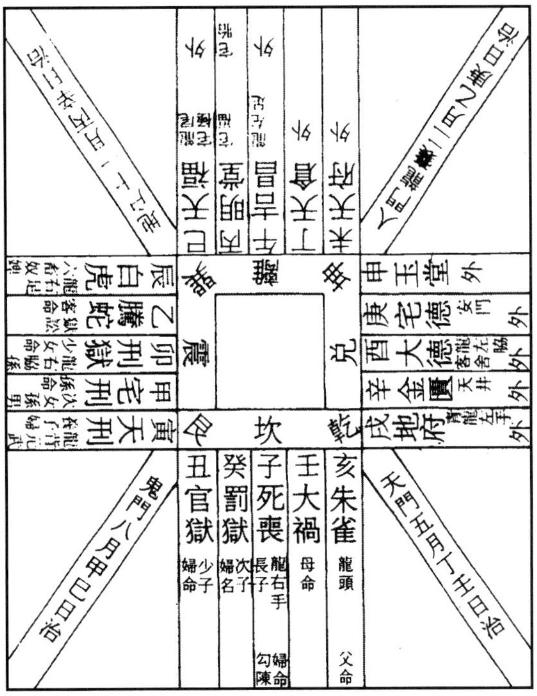

图 15–5–4 《黄帝宅经》“阳宅图”（程建军）

① 何晓昕．风水探源[M]．南京：东南大学出版社，1990．

唐代道教大兴，道教中那些“俗文化”的东西如炼丹服食等事，甚至使得赫赫有名的唐太宗李世民和唐高宗李治，都因长期服用“金丹”而致汞中毒死亡。

道教是中国土生土长的宗教，起源于民间信仰，含有大量俗文化内容。凡殷商的鬼神崇拜、战国的神仙信仰、先秦的天人感应，以及汉代黄老精气之说和谶纬等宗教色彩浓厚的东西，都是道教神学体系的思想源泉。所崇奉的天神地祇仙人，也都由历代相沿流传而来。道教乐生重生，期望“得道”成仙不死而“长视久生”。道士们积极寻求使人长寿的方法，就是所谓道功道术。强调形神相融，生道合一，认为欲长生则须安神固形、性命双修，于是乃有所谓性功和命功。性功修心，命功炼形，所以道教所行养生之术极多，如外丹，内丹、服气、吐纳、胎息、服饵、辟谷、存思、导引、行蹻、动功等等，无术不行，把古代流行的养生之术统统吸取进来，并加以宗教的解释与发挥。它又很重视形式，凡古代巫祝占卜、祈祷，方士候神、求仙诸事，也靡不为其所承袭，从而发展出一套神秘的符咒和仪式，如书符招仙，符箓斋醮之类，役使鬼神，呼风唤雨，禳灾去祸。这些迷信的观念和道术，对于风水影响颇大，无论就观念还是形式，风水的迷信成分都进一步加强了。

魏晋至唐代包括唐以后，风水学的特点之一就是对葬地的选择越来越强调，风水著作的内容也多与阴宅墓葬有关，并多以《葬经》命名。除了延续阴阳五行天人感应诸法之外，又十分重视审察山川形势，讲究宫宅或墓穴的方位、向背、排列位置等。已发掘的唐代墓葬，其形制和埋葬习俗如葬地选择、墓区地面建筑、葬式和随葬明器等，多根据当时风水家的规定来安排。

宋元以来，理学、心学成为哲学思想的主流。周敦颐《太极图说》的太极图和阴阳八卦图式及其理论阐释，被风水家吸收发挥。此时指南针罗盘已广泛应用，促使风水的“理气”内容更加繁复而风靡。《册府元龟》的《明地理篇》都是讲相宅相墓之事。北宋司马光的《司马氏书仪》谈到了风水在当时蔓延的情况：

世俗信葬师之说，既择年月日时，又择山水形势，以为子孙贫富贵贱，贤愚寿夭，尽系于此。又葬师所有之书，人人异同，此以为吉，彼以为凶，争论纷纭，无时可决。其尸柩或寄僧寺，或委远方，至有终身不葬，甚或子孙衰替，忘失处所，遂弃捐不葬者。

人们认为按风水之说选葬，可以发家致富，把它看成如同经营生意的长线投资，专为人看风水的“葬师”、“阴阳先生”也成了一种职业。为维护职业的利益，葬师们各立门户，各有师承，学理互不相通，甚至相互排斥。宋以后战乱迭起，金、元对风水的迷信更甚，山西就曾屡次修订刻印风水术书《地理新书》。

到了明、清，风水似乎更受到了社会上层以至朝廷的青睐。明清两朝相继建立了庞大的帝陵区，风水的运用达到顶峰。此时风水仍重视山川形势，风水书也常以“地理”命名，如萧克的《地理正宗》、徐善继的《地理人子须知》、蒋平阶补传的《地理辨证》、叶九升的《地理大成》等。此外，重要的著作还有缪希雍的《葬经翼》、刘基的《堪舆漫兴》。

在阳宅（住宅）方面，受理学和心学的影响，明代以后各流派大多摒弃门户之见，而直接采用八卦方位和阴阳五行生克的原理，以及一系列吉凶术语，定出堪舆九星及其吉凶，形成了以四吉四凶确定房、门、床、灶方位的方法和完整的理论体系。其时又陆续刊印了《阳宅撮要》、《八宅明镜》、《金光斗临经》、《阳宅三要》、《阳宅十书》等书，使阳宅术广泛流传。

起初，风水只是以口授心传的方式传播，

后来才刻印书籍流行，不过多受皇家官府严格控制，成为秘抄对象。其后明清皇家大兴风水，官方编纂的《永乐大典》、《四库全书》、《古今图书集成》等大型类书都收录了较多风水书著，使风水理论趋向公开化、正规化和“合理化”。上行下效，民间风水书籍也刊印迭出，风水之事愈演愈烈，《清史稿》著录的风水书竟达二百二十卷之多，可见其风之炽。

三、风水流派及分布

早期风水术主要发生并分布于陕、豫、晋一带。南北文化的交融，带动了风水学的流传，宋代以后，尤以赣、皖、苏、浙、闽、粤及台湾等江南和岭南地区更加活跃。考其原因，可能与以下几点有关：晋室南渡、安史之乱、宋金战争，使得中原人民大批南迁，风水术也随之南传；江南和岭南地区，古属吴越荆楚之邦，原本就巫风炽盛，风水学的传播具有较适宜的文化土壤；南方多山多水，地形多变，风水学中重视山川形势的“形法”理论更易大显身手；两宋以来，程朱理学和王阳明的心学在南方影响较大，地理学、天文学和建筑学都有很大发展；气候湿热的南方疫病较多，建房时特别注重择地，也有利于风水的盛行。此外，江南偏安之地，六朝以后经济逐渐发达，唐宋时已成全国首富之区，具有雄厚的物质经济基础，上层人士为求好风水，一掷千金，不足为惜，相互攀比，渐成风气。

通过对各时代著名风水家的统计，可以绘出一组“堪舆名流时空分布图”，一瞰各代风水流行的大致情形。总之，越到后来风水在南方越加流行。需要说明，图上西南一带没有著名风水家，但并不表示风水未在西南流行，事实上，甚至在西南、中南的诸多少数民族中，也同样流行从汉族传去的风水。影响所及，更达到如越南等东南亚国家。朝鲜半岛也流行风水，清代更盛，大约主要是从中国东南传入的。

风水学的理论流派，虽门户各异，仍可大别为“形势”、“理气”两大家。丁芮朴在《风水祛惑》中说：“风水之术，大抵不出形势、方位两家。言形势者，今谓之峦体；言方位者，今谓之理气。”

这两派大约在公元3世纪分别形成，以后又都在南方成熟。两派也常相互补充，以进一步完善各自的体系。但到了明清，形势派较理气派更为流行，这大概是因为形势派的主张具有比较直观外在的形状感受特征，并结合进一定的物质功能，更容易被人们理解与接受。形势派和理气派中，又都有注重房屋营建的“阳宅”派与注重坟墓营建的“阴宅”派的区别。

形法派

源自陕西的形势派又称形法派，其理论主要着眼于自然环境土地山脉河流的走向、形状、形势和数量等。唐以后，这一派活动的根据地在江西，由唐末的杨筠松光大之，故又称江西派。对此派的主张，清人赵翼在《陔余丛考》中作了简明的概括：“后世为其术者分为二宗……一曰江西之法，肇于赣州杨筠松、曾文迪、赖大有、谢子逸辈，其为说主于形势，原其所起，既其所止，以定向位，专指龙、穴、砂、水之相配。”

阳宅形法所涉及的问题主要有以下四个方面：

（一）住宅的外部环境。主要关心的是建筑周围环境的山势水流等地形地貌的“形势”，譬如宅后是否有山峰（来龙）依托；左右是否有山峦（砂山，分称青龙、白虎）围护；左近是否傍河，右近是否靠路；住宅所在的基地（明堂）是否宽广；正门前是否有水流横过（水道最好向外侧弧凸，谓之“冠带水”），或是乱石挡道，或是水流直射；正门是否正对山峦（案山），远处是否有更大山峰（朝山），等等。

（二）住宅的外部形象。即住宅的外观体形和空间形象，如一所住宅内各建筑前后高低搭配关系是否妥当，或基地是否规整，或房屋平面是设计成矩形的还是工字形的等。形势派风水家言“百尺为形，千尺为势”，百尺约当今23～35米，是适合近观的合宜距离，千尺为230～350米，是眼力所及观其大势的合宜距离。对建筑形象，从“形”与“势”这两个方面都要讲求完美。

（三）住宅的内部格局。关心平面布局的使用功能和内部空间等问题，譬如卧室厨房厕所的位置是否妥当，室内采光通风是否合适，室内空间使用是否方便，等等。

（四）住宅的尺度和比例。如二楼不得比一楼高，同一层的各房门尺寸应该一致，以及诸如此类等有关形式和比例的问题。

阳宅形法的基本观点，历代没有太大差异。明清形法常用的经典依据，大抵是明代刊行的《阳宅十书》、《阳宅会心集》、《鲁班营造正式》和清代刊行的《鲁班经》。其中有关建筑选址、建筑环境和建筑规划布局及设计的，均为风水家所熟悉，而有关建筑结构构造和施工技术的，主要为工匠所运用。

《阳宅十书》在建筑营建经验及民间习俗的基础上，将流行于世被认为是“吉”或“凶”的宅外形势，归纳出一百多种情况，作为选择环境的依据，成为一种约定俗成的民间规范。明《三才图会》和清代大型类书《古今图书集成》均收录有相同的内容。这一百多种情况主要讨论了住宅周围的地形地貌、山脉水流的形态和走向，道路的方向、形状、位置，宅基地的形状，住宅的格局和高低向背，邻近建筑物的性质、方位和距离，以至树木的种类、位置和形态等。例如，宅基地平面规整者或建筑空间与形式均衡者，多为吉宅；若附近有坟墓、庙宇、监狱，或建筑空间与形式凌乱，就是凶宅。其实，凡被认为吉宅者，多有利于充分提高基地的面积使用率，利于布局和使用的方便，亦比较美观，心理感觉较为愉快；凡被认为凶宅者，就不具备这些条件。附近的坟墓、庙宇和监狱，有的“阴气”太盛，有的不符合一般人的常规生活，都给心理造成压力。总的说来，不论是宅内形法还是宅外形法，其吉凶标准的制订，多是综合气候、环境、景观、适用以及宗法伦理、营建技术，还有艺术审美、心理感受和风俗习惯等诸多因素，加以经验的总结。简而言之，适用、美观便是吉，否则便是凶，其实颇有合理之处。故而，风水中的形势派虽然也掺杂有神学巫术等迷信内容，但并非其主流（图15–5–5）。

理法派

源于中原的理气派又称理法派，原称图宅术，后来兴盛于福建，故称福建派。这一派主要强调八卦干支阴阳五行的生克关系和方位的重要性，依靠罗盘，侧重建筑的方位“理气”的推演。对此，《陔余丛考》说：“一曰屋宅之法，始于闽中，至宋王伋乃大行其说，生于星卦，阳山阳向，阴山阴向，纯取五星八卦，以定生克之理。”

理气派早期流行的阳宅理法，主要如“五音相宅”等，后世则主要是关于住宅的朝向，房、门、床、灶等的位置与方向，“压白尺法”和“门光尺法”的运用，以及与宅主的生辰八字的搭配关系等内容，较形法复杂，迷信成分相当多，多为风水骗子所用，也是风水学的主要糟粕所在。它的主要“理论”依据是以易经八卦和阴阳五行等为基础的“游年八宅”，又叫“八宅明镜”。理法家根据八卦把住宅分为两个系统：一是坎离震巽，称为东四宅；一是乾坤艮兑，称为西四宅，这便是“宅卦”。又用洛书九宫和六十甲子以“三元命卦”的方法，根据主人的

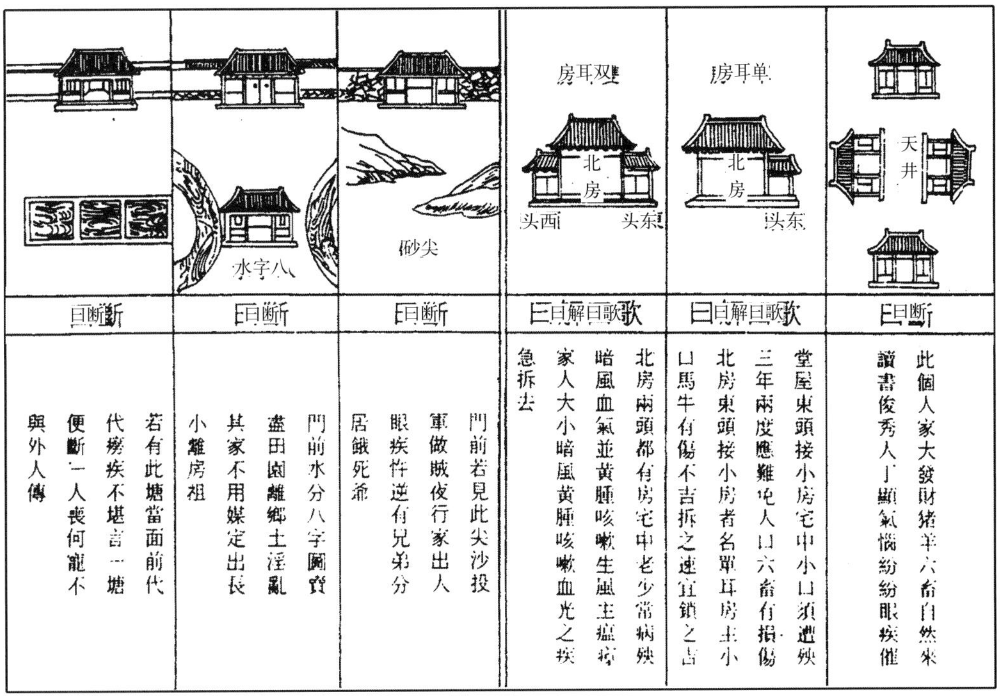

	八字水	尖砂	双耳房 北房 西头 东头	单耳房 北房 东头	天井
斷曰	斷曰	斷曰	歌曰解曰	歌曰解曰	斷曰
若有此塘當面前代代癆疾不堪言一塘便斷一人喪何寵不與外人傳	門前水分八字圖寶盡田園離鄉土淫亂其家不用媒定出長小離房祖	門前若見此尖沙投軍做賊夜行家出人眼疾忤逆有兄弟分居餓死希	北房兩頭都有房宅中老少常病殃暗風血氣並黃腫咳嗽生風主瘟疫家人大小暗風黃腫咳嗽血光之疾急拆去	堂屋東頭接小房宅中小口須遭殃三年兩度應難免人口六畜有損傷北房東頭接小房者名單耳房主小口馬牛有傷不吉拆之速宜鎖之吉	此個人家大發財豬羊六畜自然來讀書俊秀人丁顯氣惱紛紛眼疾催

图 15–5–5 《阳宅十书》中的住宅规范（程建军）

生辰推出主人的“命卦”。理法家认为主人“命卦”与“宅卦”配合相宜与否，是决定吉凶的大前提。在这个大前提下，还要考察每个房宅的具体方位。具体的方位有八个，依据后天八卦定出，以宅主命卦与八个方位的五行生克关系相配合，得出最后的吉凶判断。这里有八种住宅图式，即为“八宅明镜”。每一图式的八个方位分别有四吉（伏位、生气、延年、天医）、四凶（五鬼、六煞、祸害、绝命）两类，最后依此确定建筑的朝向、大门的位置和方向，以及灶、床、厕等的位置，以取得最佳的“气”。

但实际上，在我们所做的大量民居调查中，绝大多数住宅的朝向和布局仍都是以气候、地形地貌、使用功能等为主要依据确定的。一般人对理法家的那一套，即便相信也还是莫名其妙。所以，即使在理法盛行的地区，当宅主命卦的吉方朝向与建筑依实际需要确定的朝向不一致时，大多数情况也只是将大门开向吉方，或者采取一些“厌胜”、“避邪”的简单措施以为补救而已，求得心理上的安全感，并不全然遵行。

受理法的影响，民间还流传着所谓“压白”、“门光”、“九天玄女”等种种“尺法”，它们对古代建筑也产生了一定影响。这些尺法也很繁琐，在此只能简单提及。

压白尺法流传于民间，是一种确定建筑尺度的推算方法，是易经八卦、阴阳五行、洛书九宫、纳甲之说、木工尺度和建筑设计的大杂烩，迷信成分很大。它把木工尺度与九星图的各星宫相配，尺度便有了一白、二黑、三碧、四绿、五黄、六白、七赤、八白、九紫之分。其中的三白星属于吉星，尺度合白便吉，此即所谓“压白”。九紫又认为是小吉，也可以用，合称即“紫白”尺法。压白尺法又分“尺白”和“寸白”，分别决定尺和寸，以确定房屋整体空间尺度，如高度、面宽和进深。一般说来，佛寺道观及大型民居尺白、寸白都用，普通民居只讲究寸白。《鲁班经》就只涉及寸白。无论尺白、寸白，总的原则都是要“压白”。为方便记忆，又编成口诀，分天父卦和地母卦，前者用于垂直向度，后者用于水平向度。关于压白尺法，在南宋陈元靓《事林广记》，清《鲁班经》及李斗《工段营造录》中都有记述。据调查，压白尺法的流布范围颇大，大致与宋以后堪舆名流空间分布情况相一致。近代仍有流行（图 15–5–6）。[①]

门光尺是用来量度裁定门户尺度的一种用尺。古人认为按此尺丈量确定的门户，将会给住家带来好运，光宗耀祖，故名。门光尺一尺分作八寸，每寸上写有表明吉凶意义的文字及其相应的谶纬用语，所以又称“八字尺”。《鲁班营造正式》和《鲁班经》中又称“鲁班尺”、“鲁班真尺”，有的书则称“鲁班周尺”。

《鲁班营造正式》和《鲁班经》关于鲁班尺有如下记载，并附有图。

鲁班尺乃有曲尺一尺四寸四分；其尺间有八寸，一寸准曲尺一寸八分；内有财、病、离、义、官、劫、害、吉也。凡人造门，用依尺法也。

财义官吉为吉，病离劫害为凶。由上又可知八寸门光尺与十寸曲尺（长同营造尺）之间的换算关系。以明清营造尺长 32 厘米计算：

一门光尺 = 1.44 营造尺 = 46.08 厘米

一门光寸 = 1.44 营造尺 /8 = 1.8 营造寸 = 5.76 厘米（图 15–5–7）。

故宫博物院现存一把门光尺，长 46 厘米，与 46.08 厘米的推算相差无几。除《鲁班经》外，已知最早记载鲁班尺的文献是南宋的《事林广记》，在《阳宅十书》、《鲁班寸白集》、《工段营造录》、《工程做法则例》中也有关于鲁班尺的记述。据研究，《鲁班经》主要流行于长江下游和东南地区，[②] 明清时因官方在江南一带征调大批工匠进京供役，遂将流行于民间的门光尺法也带到了北京，以致影响到皇家建筑。清工部《工程做法则例》卷四十一装修做法中，就开列出了一百二十四种按门光尺裁定的门口尺寸，分为“添财门”、“义顺门”、“官禄门”、“福德门”四大系。通过逐一推算，证明其所列吉门尺寸确系由门光尺排出的（图 15–5–8）。[③]

稍事留意，不难发现门光尺的吉凶排列颇为有趣，即两端的一、八寸和中间的四、五寸为吉（二、三寸和六、七寸为凶），就是说吉凶的排列是对称的，显然存在着一个整尺与半尺的模数关系。尺寸无论从财字或吉字起量，吉门恒为吉，凶门恒为凶。而模数对于建筑的设计或施工都是有用的。

① 程建军．中国古代建筑与周易哲学[M]. 吉林：吉林教育出版社，1991.

② 郭湖生．关于《鲁班营造正式》和《鲁班经》[M]//“建筑史专辑”委员会．科技史文集·第七集．上海：上海科学技术出版社，1981.

③ 程建军．关于门光尺[J]. 古建园林技术，1991(1).

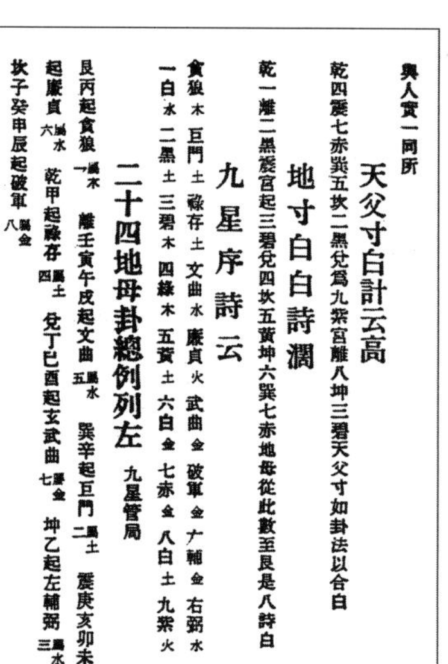

與人賓一同所

天父寸白計云高

乾四震七赤巽五坎二黑兌爲九紫宫離八坤三碧天父寸如卦法以合白

地寸白詩潤

乾一離二黑震宫起三碧兌四坎五黄坤六巽七赤地母從此數至艮是八詩白

九星序詩云

貪狼木 巨門土 祿存土 文曲水 廉貞火 武曲金 破軍金 广輔金 右弼水

一白水 二黑土 三碧木 四綠木 五黃土 六白金 七赤金 八白土 九紫火

二十四地母卦總例列左 九星管局

艮丙起貪狼一屬木 離壬寅午戌起文曲五屬水 巽辛起巨門二屬土 震庚亥卯未

起廉貞六屬水 乾甲起祿存四屬土 兌丁巳酉起玄武曲七屬金 坤乙起左輔弼三屬水

坎子癸申辰起破軍八屬金

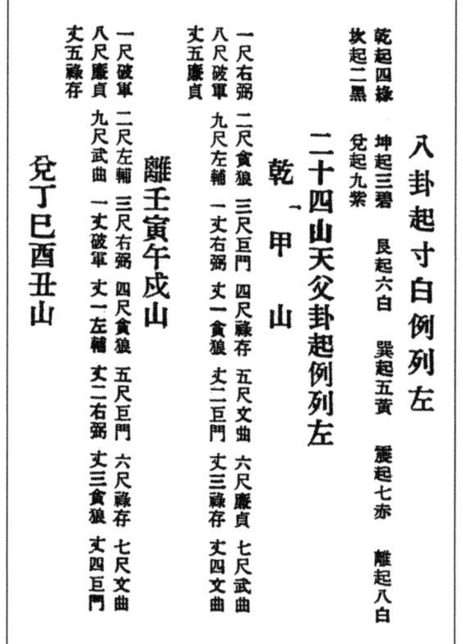

八卦起寸白例列左

乾起四綠 坤起三碧 艮起六白 巽起五黃 震起七赤 離起八白

坎起二黑 兌起九紫

二十四山天父卦起例列左

乾 甲 山

一尺右弼 二尺貪狼 三尺巨門 四尺祿存 五尺文曲 六尺廉貞 七尺武曲

八尺破軍 九尺左輔 一丈右弼 丈一貪狼 丈二巨門 丈三祿存 丈四文曲

丈五廉貞

離壬寅午戌山

一尺破軍 二尺左輔 三尺右弼 四尺貪狼 五尺巨門 六尺祿存 七尺文曲

八尺廉貞 九尺武曲 一丈破軍 丈一左輔 丈二右弼 丈三貪狼 丈四巨門

丈五祿存

兌丁巳酉丑山

图 15–5–6 《鲁班寸白集》中的压白尺法口诀（程建军）

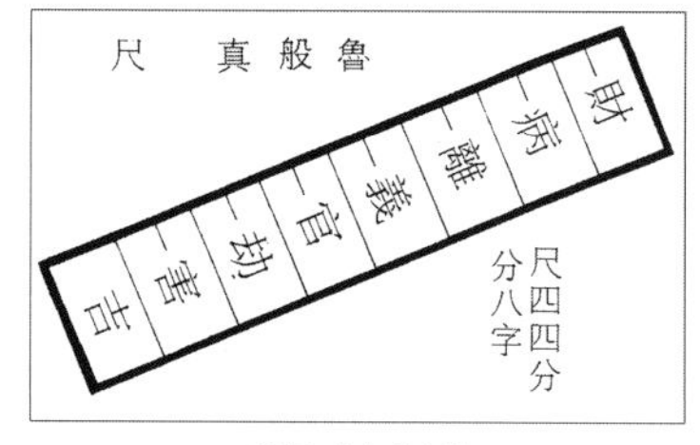

真尺（八字尺）

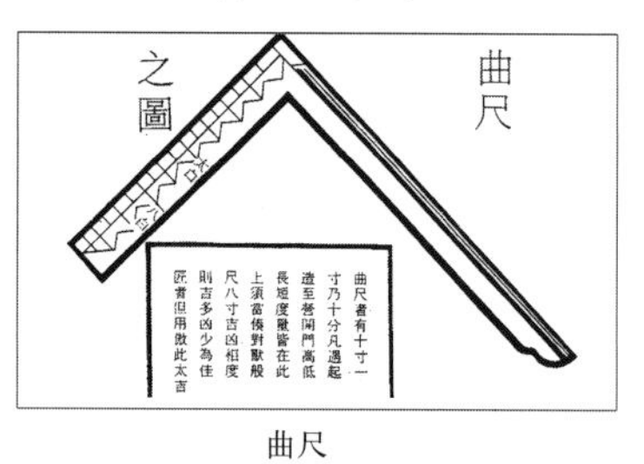

曲尺

图 15–5–7 《鲁班营造正式》中的尺（程建军）

从根本上说，建筑的整体尺度或门户尺度应根据人活动的实际需要来确定，但在古时，人们往往还需要一种依托于神灵或准神灵系统的神秘力量，充当精神的寄托。所以，尽管此类“尺法”表现出深浓的迷信色彩，但在建筑设计及营作的长期实践中，在不妨碍使用的前提之下，仍然得以长期流行。甚至某些科学成分也以神学的面目出现，这是中国文化的特色之一。比如木工师常说：“街门二尺八，死活一齐搭”，即住宅的大门宽二尺八寸（按门光尺约合今130厘米），家庭婚丧用的较大器具如轿舆棺材等均可通过，就是从实际生活的需要出发的。而八寸又合乎压白尺法之“八白”，也合乎门光尺法的吉利之数（八寸从财字起量合“吉”，从吉字起量合“财”），实际的需要与心理的平衡就这样融合到一起了。

此外，匠师们所熟悉的各种尺法，也常是他们某种生存斗争的手段。明中叶以后，风水日益深入民间，风水师在房屋的选址定向，布局、设置、施工择日等重要问题上，有着举足轻重的地位。木工匠师为了保障自身的权益，相应发展了风水师无从过问的种种尺法，以与往往难以对付的业主和风水师抗衡。所谓尺法，在此已经不只是建筑学的问题，而发展成了社会学的课题。宋杨文公《谈苑》就记载说：造屋主人不恤匠者，则匠人以法压主人。“木上锐下壮，乃削大就小倒植之，如是者凶。以皂角木作门关，如是者凶。”

工匠们就是这样，以种种手段维护自身的权益。至于各种尺法系统的不一，则是出于同行竞争的需要。

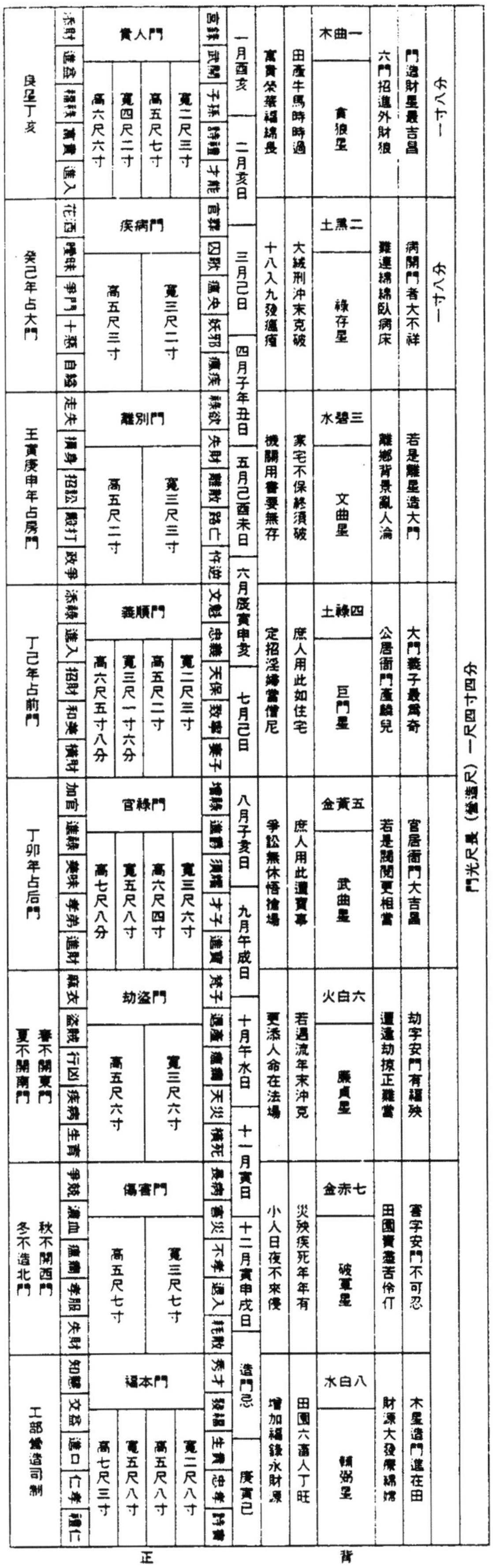

图15-5-8　清工部营造司制门光尺（程建军）

四、“风水宝地”模式及其科学与艺术价值

从以上简述已足概见，风水观念体系庞大，瑕瑜互见，鱼龙混杂，其中多有荒诞不经之处，但主要在形势派的理论中，毕竟仍包含了古人一些独到的关于环境选择的合理见解，融进了几千年来人们的智慧和经验，不容一笔抹杀者，所谓“风水宝地”，即是其重要体现。

对建筑环境的选择和评价，经历了一个很长的认识过程。长期的农业实践，先人们积累了有关气候、物候、水文、山脉和土壤的地理知识，战国前后出现的《山海经》和《禹贡》，是中国最早的区域地理学著作，皆以山为纲，对范围广大的全国地域，就其位置、山系、水系、动植物和矿产资源，进行了归纳总结。汉代的《水经》和北魏郦道元的《水经注》，又促进了水文地理学的发展。此前此后的科学成果均为形势派风水家所吸收。他们在选择建筑环境时，不仅考虑到宏观的山水体系走向、围合、大小远近，也考虑到微观地形、水文和小气候的作用；既重视生态环境的物质质量，又注意山形水态的美的内涵。通过长期的实践总结，风水学建立了一套完整而独特的环境（吉凶）综合评价系统，形成了一套完全中国式的环境评价标准和选择方法。这些方法运用在城市、村落、寺观和住宅的选址上，取得了不少好的结果。早在西汉时，晁错就主张边地建城应“相其阴阳之和，尝其水泉之味，审其土地之宜，观其草土之饶，然后营邑立城”（《汉书·晁错传》）。这种从整体环境着眼，综合考虑各种客观因素的辩证思维，在很大程度上也为风水家尤其是其中的形势派所继承。

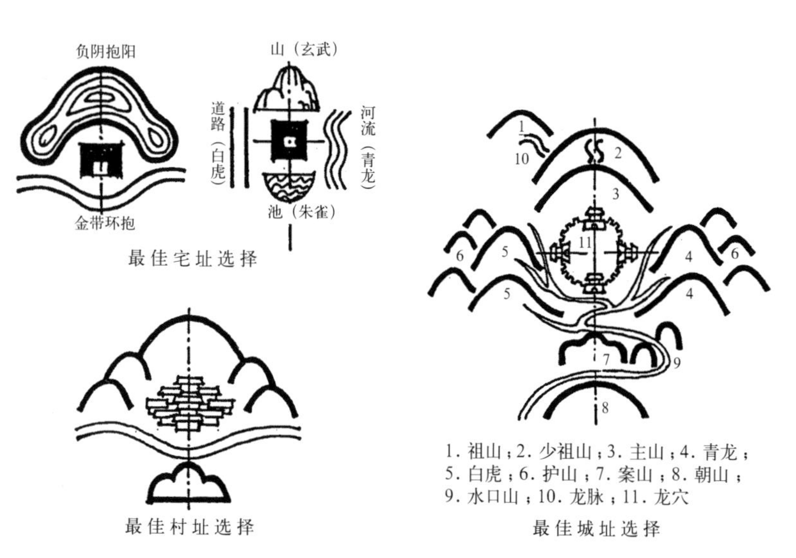

图 15–5–9　最佳宅址、村址与城址“风水宝地”模式

简单说来，形势派总括了中国山脉水系和中国气候的大概，结合如御寒纳阳、生态平衡等实际功能和例如环境心理、山水形态等审美效应，概括出了一个所谓“风水宝地”的环境模式。这个理想的模式，大致是一种背山面水，左右围护的格局：建筑基址坐北向南，背后有高大“座山”为之依托，又称“主山”；更北应有连绵峰峦为远障，谓之“来龙”；左右有称为“砂山”或“辅弼”的低丘岭阜环抱围护，左称“青龙”，右称“白虎”；青龙与白虎，又最好不要完全对称，青龙应稍高或长，白虎稍低而短，谓之“龙抬头”（此又与前述东南属兑，应使稍高相合）；在这种三面环抱如太师椅的环境中，应该是开阔舒展的平坦广地，谓之“明堂”，建筑基地在焉；明堂前应有池塘或河流蜿蜒流过，池塘岸线或河流水道最好向南凸出，称“冠带水”，可保大水时明堂无冲击之虞；隔水则有近丘为“案”，远山为“朝”，以相呼应。整个环境应林木葱郁，河水清明，人文淳朴，呈现盎然的生机，如此，即为生气旺盛的“风水宝地”（图 15–5–9）。

即以现代建筑环境科学和审美观点来审视，所谓的风水宝地仍是相当理想的环境，此种理论显然具有科学性并符合艺术原理：基地坐北朝南，可以取得良好的日照条件；北面高大的山岭成为阻挡冬季北来寒风的屏障，也是建筑的绝妙背景；前方低临水面，利于接纳夏季南来的

凉风，并取得生活用水，也便于排污、灌溉农田，改善小气候；基地南低北高有一定坡度，可避免洪涝灾害；左右围护低丘，易于形成较稳定的局部小气候，也使环境具有了相对的外部闭锁性，构成可识别空间，造成空间的安全感和均衡感，并对建筑起着拱卫和烘托作用；青龙稍高可使夕阳停驻时间较长，白虎较低利于不遮挡夕阳对“明堂”的照射，又使环境不过于对称而显生动；前方的朝、案之山，成为建筑的恰当对景，以收缩视线，强调人与自然的尺度对应关系，加强了建筑与环境的沟通，两者因而融为有机的一体；案近朝远，形成景观的层次；植被茂盛，说明基地具有良好的土壤和生态环境，没有病虫灾害；山脉绵长，证明地质条件稳定；来水源长，表示用水充足等等。总之，这种适合位于北半球的中国的气候特点和自给自足小农经济生产方式的环境，理所当然成为一种约定俗成的理想择地模式了，只要不是过于拘执（如东屋略高于西屋，以符“龙抬头”之象者），显然具有科学和审美的正面意义。

［清］样式雷：《东陵风水形势图》。光绪元年为同治帝的惠陵选址时绘制，以写意山水画法表现东陵风水来龙去脉的形势，在所选勘双山峪、松树沟、成子峪、宝椅山等四处风水吉地中，最后由慈禧指定双山峪为陵址。

图 15-5-10　清“样式雷”绘《东陵风水形势图》（王其亨）

正是在这种科学和艺术的基础上，千百年的建筑环境规划取得了令人瞩目的成就，现存的北京紫禁城、明十三陵、遵化清东陵、易县清西陵，以及众多的城镇、寺庙、村庄和其他陵墓，都是成功的例证。紫禁城的基地原本没有太大变化，只是按照风水模式，以人工加以改造；在北面堆筑景山，南面开通两条金水河，河道也恰在天安门前和太和门前向南凸出。以下再以清东陵为例，加以论析。

清东陵是清皇朝的陵寝，在京东燕山南麓遵化马兰关附近，北依昌瑞山，南屏金星山，东傍鲇鱼关，西依黄花山。整个陵区划分为前圈、后龙两大部分。仅昌瑞山主峰以南的前圈，总面积就有 48 平方公里，有陵寝十四处，葬一百五十多人。昌瑞山是燕山山脉分支，东西走向，蜿蜒起伏，岗峦秀丽，气象万千。东陵的各座陵寝在昌瑞山南麓傍山起墓，顺应地势布局，每座陵寝的后面都有一座山峰，以为各陵座山，形成“龙蟠凤翥”之势。陵区之南以金星山为朝，更远又有烟炖、天台两山对峙，中间为天然关隘龙门口，来自分水岭的河流左环右绕，前拱后卫。由陵寝南望，日照阔野，平川似毯，北瞻则重峦如涌，万绿无际。整个陵区好似一幅绮丽的山水画卷，幽美感人，真可谓风水家所推崇的“乾坤聚秀之区，阴阳和会之所”（图 15-5-10、图 15-5-11）。[①]

清廷对陵寝的选址十分重视，“国家定制，登极后选建万年基地，总以地臻全美为重，不在宫殿壮丽以侈观瞻”（见道光二年宣宗诏）。葬地必选山川形胜之地，比德于天地，求令名之永垂，以崇高优雅的山川之美，来激发和寄托对先人的缅怀和敬仰。在清陵的选址、规划

① 于善浦．清东陵大观[M]．石家庄：河北人民出版社，1985．

① 王其亨．清陵地宫研究（未刊稿）.1986.

② 转引自李允鉌．华夏意匠[M]. 香港：广角镜出版社，1984.

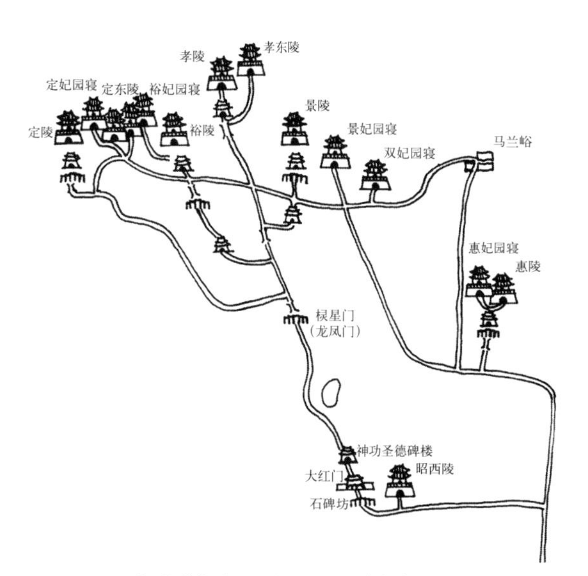

图 15-5-11　河北遵化清东陵各陵位置示意(《中国古建筑大系》)

布局和设计施工的整个经营过程中，都着力追求建筑与山川形势的有机结合，创造出一个气壮山河，魅力无穷和充满纪念气氛的空间环境。关于东陵的情况，在本书第八章中已有过介绍。东陵有一条规模气势极其可观的中轴线，长达6公里，整个陵区以顺治孝陵为构图中心，孝陵就布置在金星山和昌瑞山主峰之间的这条轴线的北端，再向北延伸，以昌瑞主峰为座山，气势方得以有力的收束。在神道碑亭以后的中轴两侧近旁，又有众多对称布置的建筑为之衬托。整体气势非常宏阔，层次丰富（图 15-5-12、图 15-5-13）。[①]

前朝、后座和两翼诸山，形成左右均衡、四面围合、相对封闭的空间。在这个空间中，诸山的体量大小，位置远近及其呼应朝揖，烘托出一个结体分明，收敛向心的氛围。座山是整个环境的背景和衬托，案山、朝山是近处和远处的对景，视线皆有所归。从陵区的神道诸门，无论由门内还是门外前望，都有恰到好处的景观。诸山重峦叠嶂的层次，予人以景观的丰富感和深度感。蜿蜒起伏的山峦，曲柔秀媚的河流，葱郁茂密的植被，加上错落有致的建筑，共同编织成一个景色明丽，充满生气的环境。这种种自然景象，通过人心的通感，使大自然也仿佛赋具了人性，乃产生出诸如尊卑、主次、拱卫等意象，进一步显出天地精气之所锺，风云际会，道出人天同在、永恒相生之真意。李约瑟在游览和研究过明清的皇陵后，由衷地赞叹说：“皇陵在中国建筑形制上是一个重大的成就，它整个图案的内容也许就是整个建筑部分与风景相结合的最伟大的例子。在门楼上可以欣赏到整个山谷的景色。在有机的平面上深思其庄严的景象，其间所有的建筑都和风景融汇在一起，一种人民的智慧由建筑师和建筑者的技巧很好地表达出来。”（图 15-5-14、图 15-5-15）[②]

图 15-5-12　清东陵乾隆裕陵图（程建军）

有必要指出，除帝宫帝陵名刹巨观外，许

多实际存在的尤其是一般百姓所能拥有的环境，往往并不如此理想。经常可以见到的建筑，位置朝向和布局，多以实际需要为准，或只采取某些通融的措施以求吉利，并未拘泥于风水的规定。但也确有过某些过于拘泥的情况，如过于强调座山朝山的关系，以致处于山北的村落竟也全部面北开门，长期处于恶劣的环境之中。

除了陵墓，风水的实践也用于其他建筑，并对建筑艺术的创造起过有益的作用。

中国传统建筑，强调中轴对称，左右构图均衡。对构图形式的研究表明，在一个完美的构图中，形状、方向、位置诸因素之间的关系都达到了如此确定的程度，以至于不允许有任何草率的变动，具有必然性的特征。而不完美的构图，如建筑组群前高后低，体形杂乱无章，甚至大门两扇门扉宽窄不同，其组成成分，显出一种力图改变自己形状或位置的趋势，以达到一种更加适合于整体结构的状态，故看上去是偶然的和短暂的，因此也是病弱的。视觉心理学的研究成果告诉我们，均衡本身是人所需要的，因为它能使人称心和愉快。风水学的观念也认为，建筑平面的方正，体形的对称或均衡，环境格局的完备无缺，都是吉利的表现，反之则是凶煞的兆头，正符合艺术构图和视觉心理学的要求，同时也与主次尊卑等礼制观念吻合。只是风水学把这些结论都用神学的观念和“吉”、“凶”等术语来表述罢了，而察其本质，其实并无神秘之处。

对风水理论在这方面的作用，在此我们再以某些佛寺的风水构图为例补充说明。

台怀镇位于群山环抱的佛教胜地五台山之腹，在千姿百态的寺庙建筑群中，高高耸峙着一座大白塔，素身金顶，与背后（北）灵鹫峰上华丽的菩萨顶建筑群相映生辉，十分引人注目。大白塔所在的寺院叫塔院寺，坐北向南，南向开阔，西边近处有一道山梁围护（白虎砂

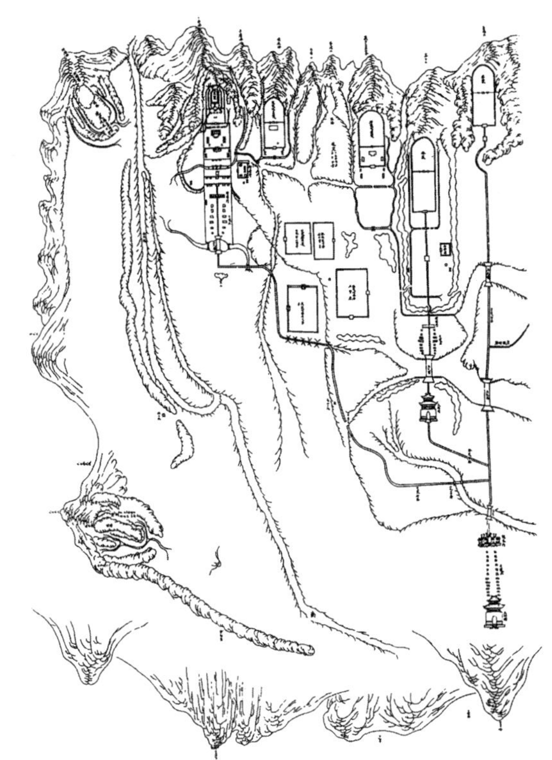

图右孝陵以金星山为回视底景，图左定陵前对天台山两峰之间

图 15-5-13　清样式雷绘“（东陵）定陵神路地盘样”（王其亨）

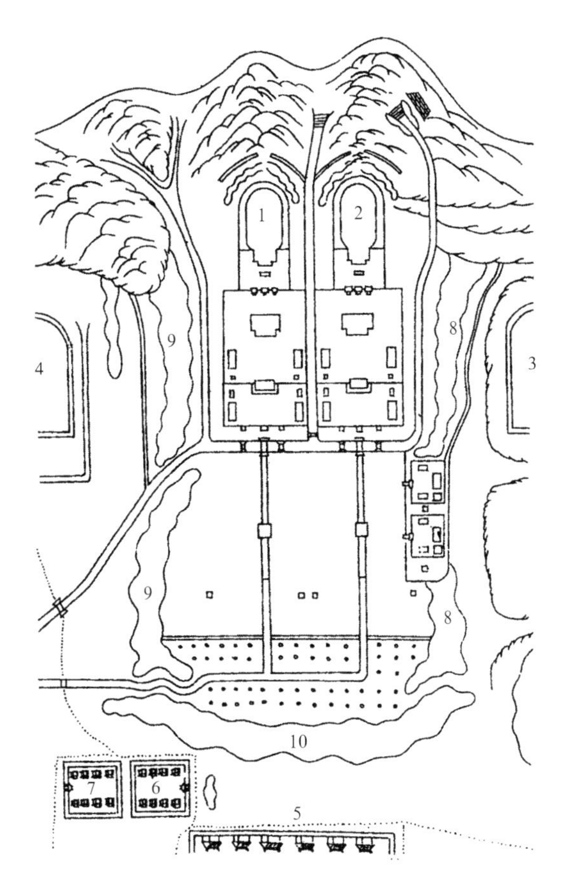

1. 普祥峪定东陵；2. 菩陀峪定东陵；3. 裕陵妃园寝；4. 定陵妃园寝；5. 裕陵大圈；6. 裕陵小圈；7. 定陵小圈；8. 东砂山；9. 西砂山；10. 南砂山

图 15-5-14　样式雷绘（东陵）普祥峪菩陀峪（王其亨）

山），而东面的山峰却距离很远，若以白塔为中心，显得西重东轻。于是，它与一般寺庙不同，在寺院外面东偏南的方向加建了一座叫“青龙楼”的高大建筑，状如城楼。塔院寺虽有南向正门，但实际上多从东南方向以长甬道通过青龙楼出入，青龙楼具有实际的大门作用。全寺景观西有山梁，中有白塔，东有巨楼，东西达到了巧妙的均衡。西白虎、东青龙，在风水观念指导下的这一安排，弥补了自然环境的缺憾。

塔院寺北邻的显通寺，在东南方也建有高大的钟楼，同样兼作大门，景观上与青龙楼起着相同的作用。又如远在浙江东海里的普陀山东麓法雨寺，寺北寺西皆山，寺南寺东开阔并接连大海，在寺东南隅也有一座兼作寺门形如城楼的高楼，显然也起到了平衡景观的作用。这类例子在中国各类建筑中举不胜举，如各城各镇的风水塔，作为景观，或作为城镇对景，或弥补山形之不足，或镇守“水口”，远道而来的航船很远就可以看到它们，成为城镇的标志。

综上，无论从优化生态环境的角度，或美化建筑环境的角度，风水家对于“风水宝地”或对于空间构图均衡的追求，与我们今天的追求并无悖谬。传统哲学的天人合一和风水理论中人与自然的“气”的合一，与今天强调的人类与自然协调发展、建筑与环境相互关照的观念也颇有相通之处。在某种程度上，古代中国和现代的环境学说，只是表述方式和表述语言有所不同罢了。

当现代西方人把目光转向东方以后，他们惊奇地发现，在中国这片神奇的土地上，对于建筑与环境，早已有了如此深邃的见解和如此卓越的成就。

至于风水学中的迷信糟粕，本质上与风水的本意，即对于完美和美的追求是完全无关的，理应彻底摈弃。[①]

① 本章其他参考资料：（英）罗杰·斯克鲁登著．建筑美学[M]. 刘先觉译．北京：中国建筑工业出版社,1992;朱贻庭主编．中国传统伦理思想史[M]. 上海：华东师范大学出版社，1989；冯友兰．中国哲学史新编[M]. 北京：人民出版社，1984. 陈遵妫．中国天文学史[M]. 上海：上海人民出版社，1984. 贺业钜．考工记营国制度研究[M]. 北京：中国建筑工业出版社，1985；杨宽．中国古代陵寝制度史研究[M]. 上海：古籍出版社，1985.

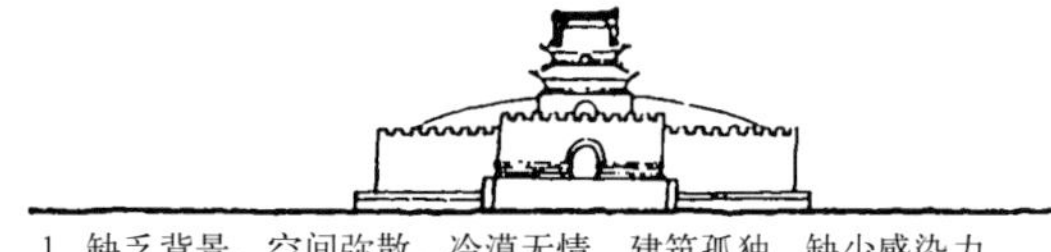
1. 缺乏背景，空间弥散，冷漠无情，建筑孤独，缺少感染力。

2. 后龙使背景空间产生敛聚性，收束视线，有较好的感受效果。

3. 两翼砂山使建筑环境空间敛聚性更强，环抱有情，也是“聚巧形以履势”，空间感受效果更趋完美。

4. 砂山不宜过高、过近。过高则压，过近则逼，使外部空间心理感受失于局促压抑。

5. 左右砂山过远过低，会削弱敛聚性，而至感受疏散失“情”——合理的空间心理尺度与艺术感染力。

图 15-5-15 建筑与座山、砂山的关系（王其亨）

第十六章　外部空间

小引

某一幢建筑，由墙壁、屋顶和门窗等实体要素以及它们所围合的内部空间所造成；某一组建筑，则由各幢建筑及它们所围合的庭院空间所造成。建筑的艺术形象及其艺术氛围，都是通过实体要素及内、外部空间显现出来的。研究中国建筑艺术的发展历史，不对中国建筑的空间与形体造型，从理论的高度进行一番推求，就很难对其深厚的艺术内涵做出准确的评价。

一般意义的建筑艺术研究，多强调其实体的造型，诸如体型、体量、立面、部件和装饰。若从更本质的方面着眼，实在应该从实体和空间两个方面同样着力，对于中国传统建筑而言，尤应重视其空间意匠的经营。

先哲老子，早已对建筑空间与实体两者的辩证关系有了深刻的认识：

三十辐共一毂，当其无，有车之用；埏埴以为器，当其无，有器之用；凿户牖以为室，当其无，有室之用。故有之以为利，无之以为用。

（老子《道德经》第十一章）

在这里，老子以有、无、利、用相辅相成的关系，来分析轮辐，器皿与建筑的空间与实体的关系。“有”只是用来构成“无”的手段，“无”才是真正有用的。在《道德经》中，还提出了“有无相生，难易相成，長短相较，高下相倾，音声相合，前后相随”等一整套辩证统一的哲学范畴。其“有无相生”，也适用于建筑的空间与实体。

在老子的观念中，无的部分，或建筑的虚空部分，具有更重要的作用。建筑也正是有了这虚空的“无”，才可以用作避雨遮风的居室，或祀天地、祭鬼神的祠庙坛台，或运筹天下、号令四方的殿堂，或以其虚空来衬托实体的庭院。

如果说，西方古典建筑，更注意于外在形体的造型与装饰，及结构的“坚固”，更注重于建筑体量的高大，着力于结构的改进，同时也更热衷于风格的更新，使得西方的建筑史，呈现了起伏跌宕的面貌。西方建筑又比较重视单体建筑内部空间的创造，它是三度的，有着长、宽、高的明确尺寸，更具立体感。建筑的外部造型，也更具雕塑感。中国建筑恰恰相反，其建筑匠思，当不着意于建筑实体部分的坚固久远与华美豪奢，而更重视空间与实体的相互协调。由于古人一整套天人合一的宇宙观和自然观，中国建筑更着意于建筑沿着水平方向延展的群体组合和由群体所围合的空间（庭院）的经营。可以说，“群”是中国建筑艺术的灵魂。中国建筑给人以平面展开的印象，其庭院空间是露天的，二度的，只有长、宽两个尺度；在中国人的观念中，这种主要体现为庭院的、相对于单体而言可称之为“外部空间”的空间，就围墙所限定的整个建筑群而言，又成了内部空间了。其单体的内部空间则比较简单。换句话说，中国人在实践中，表现出对建筑的实体部分有意弱化的倾向，而对于由建筑群体组合构成的外部空间的追求，则有着比较浓厚的兴趣。总之，中国人在建筑的群体组合上更见用心。

① 梁思成．中国古代建筑史六稿绪论[M]// 中国建筑学会建筑历史学术委员会．建筑历史与理论·第三辑．南京：江苏人民出版社，1984.

② 梁思成．中国建筑史[M]．梁思成文集第三卷．北京：中国建筑工业出版社，1984.

③ 萧默．从中西比较见中国古代建筑的艺术性格[J]．新建筑，1984(1).

如果我们可以称西方建筑是“雕塑式”，中国建筑就是“绘画式”的了。中国的建筑空间，确实具有如中国画一般的气质。梁思成在谈到中国与西方建筑的区别时就说过：“一般地说，一座欧洲建筑，如同欧洲的画一样，是可以一览无遗的；中国的任何一处建筑，都像一幅中国的手卷画，手卷画必须一段段地逐渐展开看过去，不可能同时全部看到。走进一所中国房屋，也只能从一个庭院走进另一个庭院，必须全部走完，才能全部看完。”[①]梁先生还说：中国建筑“与欧洲建筑所予人印象，独立于空旷之周围中者大异。中国建筑之完整印象，必须并与其院落观之。”[②]

这里说的“欧洲的画”其实也是雕塑式的，注重于立体感，仔细描绘了对象的体积和阴影，“再现”对象的实体形象。中国画并不注意于对象实体的再现，却更重于找到对象与自己心灵相通的那一点，然后通过飞灵流动的线，把它“表现”出来。[③]总之，这种在二度平面上展开的一个一个庭院及其组合，恐怕就是中国建筑空间之变化无穷的奥妙所在。当然，如上所言只是从最宽泛的角度对中西两种建筑风格进行宏观概括，如果具体到每一建筑的单体造型，中国建筑也并没有放弃对具有雕塑美的体形体量的追求。

要阐释上述中国建筑空间特性的由来，有必要追溯到中国人空间观的产生过程。

第一节　空间观念缘起

人们对其赖以生存的空间的认识，有一个从具体到抽象，再由抽象到具体的过程。每一个民族，在其原始时期，由于不同的空间体验，而萌生、积淀了不同的空间观念，渐渐在民族的潜意识中，形成某些相对固定的空间模式，并深刻影响着这一民族建筑空间的创造。

上古三代时期，展示给人们的是一个中央为虚空的空间图式。

中国人最早认识空间，是从太阳的朝起夕落开始的。“日出而作，日入而息”的上古先民，在每日的劳作与相应的祭仪中，渐渐注意了日出与日落的方位，久而久之，人们将太阳升起的方位称为“东”，将太阳落下的方位称为“西”。

根据文献记载，上古时代夏族和商族曾并存生活了很长的时间。夏人注重参星的观测，商人则较注重于商星的观测。古诗上有“人生不相见，动如参与商”，这两颗星一东一西，此出彼没，永不相遇。夏人与商人的星象观测，强化了东、西两个方位概念，从而逐渐演化出一种巫术礼仪形式。在甲骨文中就记载了祭祀“东母”和“西母”两位方位神的仪式。在后来的文化演绎中，她们成了“东王公”和“西王母”，西王母甚至具有了仅次于至上神的神位。据学者的研究，迄今尚未发现有“南母”或“北母”的称呼，这似乎暗示着，初民们最早的空间方位观念是由东和西构成的。

东和西为人们提供了一个线状的二方位中间为虚空的空间观，也提供了一个神秘的数字“二”，与之相对应的一系列二方位概念，深刻地影响着人们的原始意识。人们从天与地，上与下，前与后等直觉的空间观念中，渐渐萌生了二元论思想。由此衍生的阴阳、否泰、刚柔、雌雄、黑白、损益等哲学观念，深刻地影响了中国传统文化的各个层面。在古代中国人看来，二是一个具有广泛覆盖性和包容性的空间数字。

在以后的观念发展中，又逐渐形成一个平面四方位的概念，人们意识到除了东、西之外，还有南、北两个方位。东西南北是一个平面的空间图式。

对平面四方位空间的认识，至迟不晚于甲骨文时代，甲骨文中有关于四方、四风及其祭祀方式的记述。有趣的是，凡对四方与四风进行祭祀的卜辞中，总要重复一二三四几个数字：

辛亥卜，内贞：帝（禘）于北方曰勹，风曰殴，來年。一二三四。

辛亥卜，内贞：帝（禘）于南曰芫，凤（风）曰乞，來年。一二三四。

贞：帝（禘）于东方曰析，凤（风）曰劦，來年。一二三四。

贞：帝（禘）于西方曰彝，凤（风）曰彝，來年。一二三四。

——《甲骨文合集》（14294）[1]

在这里，数字与方位形成一种神秘的契合。

在对空间方位感知的同时，人们又感觉到了空间与时间的关联，由东西与晨昏的关系，渐渐地将东方与代表生命与活力的春天相关联，而将西方与代表垂暮与消沉的秋天相联系，接着，将南方与夏日，将北方与寒冬，一一建立了对应的联系，使四方与四时相对应，因而也使四这个数字具有了某种神秘的意义（图 16–1–1）。

《尚书·尧典》还透露，在更早的上古尧时，人们就已经产生了四时、四方，乃至四风的相互关系，如帝尧分命羲仲、羲叔、和仲、和叔等叔仲四人，领四时，宅四方，合四风，御四民，使方位、时间和社会政治都纳入一个统一的空间图式。

在进一步的空间认识中，人们又意识到了“八”的存在，这也是一个平面展开的空间图式。即在东西南北四个基本方位之间，增加了东南、东北、西南、西北四个亚方位。由四方衍生的八方，以后成为中国人观念中能够涵盖平面展开的空间图式所有方位的代表。所谓天有八极，地有八方，就是它的反映。由此，“八”也就成了一个重要的神秘数字。

位于六经之首的《周易》，产生在春秋以前，为中国经书难解之最，连孔子也为之韦编三绝。正是在《周易》中，最早提出了中间为虚空的平面空间图式。周易的核心是“八卦”，有所谓伏羲演先天八卦，文王演后天八卦的说法，先天八卦与后天八卦虽然在卦位的排列上有很大不同，但都是按八个正方位布列、中央为虚空的图式。《周易·系辞传》更明确提出：

易有太极，是生两仪，两仪生四象，四象生八卦。

显然，周易作者的空间思考，是沿着无（太极）、二（两仪）、四（四象）、八（八卦）等中空的平面空间图式延展的。

平面八方位的空间，除了在“八卦”观念中得到体现以外，也见于楚人的天由八柱支撑的思想。

人们对于空间观念的感悟，并没有纯然停留在平面上，而是渐渐地将天、地或上、下的方位，与平面展开的空间方位东南西北或前后左右组合在一起，终于形成了立体空间的图式，其代表性的神秘数字是“六”，中国人的所谓“六合”，即是这一空间图式的衍生。关于“六”，《管子》曾谈到：

昔者黄帝得蚩尤而明於天道；得大常而察于地利；得屠龙而辨于东方；得祝融而辨于南方；

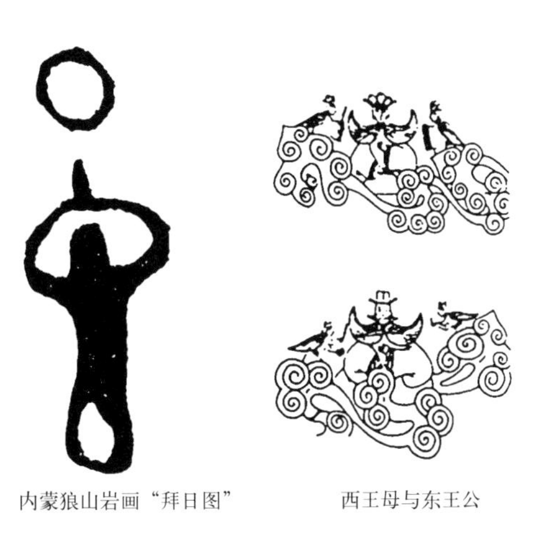

内蒙狼山岩画“拜日图”　　西王母与东王公

汉滇人贮器（含中心与四方）

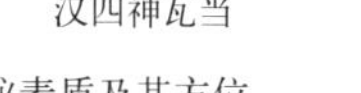

汉四神瓦当

图 16–1–1　神秘素质及其方位

[1] 转引自（美）艾兰．龟之谜——商代神话、祭祀、艺术和宇宙观研究[M]．汪涛译．北京：机械工业出版社，2011．

得大封而辨于西方；得后土而辨于北方。黄帝得六相而天地治，神明至。

由此可见，黄帝设六相，而天地四方备焉，则黄帝的空间图式已演化为包括天地在内的“六方”或“六合”了。

如上所述的空间观念与图式，有一个十分重要的特征，即是由神秘数字二、四，或八、六等所代表的偶数方位所界定的线状的、平面的或立体的空间图式，其内部都是“虚空”的。

人们在对外在空间的感悟中，也有一个自我意识的觉醒过程，渐渐地将自我加入到空间图式之中。从直觉中，人们意识到，外在的空间，无论是线状的、平面的，还是立体的，都是从体验该空间的人的自身出发的，人其实居于任一空间图式的中心地位，没有人的参与，就无从谈起前后、左右和上下。于是，这一中空的纯客观的空间观念开始发生了变化，变化的根据，就是对本体“一”的认识与重视，这大约产生于春秋战国时代。

老子生活在春秋时代，他在《道德经》第四十二章写道：

道生一，一生二，二生三，三生万物。万物负阴而抱阳，冲气以为和。

老子提出的是一个以“一”为本的空间图式。一为本体，本体之拥持为二，本体与二之合则为三，三为最基本的空间单元。老子进一步解释了这一空间图式，即“万物负阴而抱阳”。负阴抱阳，物在其中，而负阴抱阳之物，当为空间之中心即本体的所在。阴阳者，容器也；本一者，器中之物也。屈原《天问》中所谓：“阴阳三合，何本何化？”当也是这个意思。管子说：“一者本也，二者器也，三者充也。”（《管子》卷十四）似乎是对老子空间图式最好的说明。一为本，即本体之所在。二为器，器者，容器也，恐怕就是“本一”所负之阴与所抱之阳组成的空间。三为充，将“本一”置入中空的“器”中以“充”之，则为由主客体合成的完整的空间图式。

作为本体的人的介入，使古代中国人的空间观产生了一个巨大的飞跃。在诸多外在方位之间，人这个本体所在的方位，是以“中”为代表的，中心的概念就应运而生了。

其实，在任何一种文化中，都有强烈的“中心”的观念，并影响到该文化建筑空间的创造。米·埃利亚德在谈论宗教的神圣空间时说到：“没有事先的定向，什么事也不能开始，什么事也不能做。而且任何一种定向都意味着需要一个固定的点。正是由于这个原因，宗教信徒才总是试图在‘世界的中心’确定他的住所。”埃利亚德举出了一些不同文化的例子，来证明这种“中心”观念的普遍性。比如，罗马人认为，罗马的中央曾是一个孔洞，称为Mundus，被解释为地球的肚脐，而“每个拥有一个mundus的城市都被认为是坐落在世界的中心，即坐落在大地的肚脐上的”。在伊朗，“宇宙被想象为中间有个像肚脐眼那样的大孔道的六辐车轮。……‘伊朗国’是世界的中心和心脏；因而，在所有其他的国家中它是最宝贵的”。在犹太人那里，圣城耶路撒冷被看作“人世上离天最近的地方”，不仅在平面上是地理世界的中心，而且在垂直线上也是上界与下界的中心。[①]

在中国人的空间观念中，“中心”同样具有十分重要的地位。周人将天下四方按矩形环状放射的空间模式，分为五个层次，称为五服。其中央为王服，为天子所居，由此向外，逐层为霸服、野服、蛮服和荒服。《山海经》中的地理描述，也以神话的形式，曲折反映了这种五方五服的地理空间概念。《管子》卷十八明确提出了“天子中而处”，《吕氏春秋》并将之具体化为“都城居天下之中，宫城居都城之中，庙居宫城之中”。《周礼·考工记》中所描述的周

① 均见（美）米·埃利亚德．神秘主义·巫术与文化风尚[M]．宋立道，鲁奇译．北京：光明日报出版社，1990．

王城，即是一个以宫城为中心向四周以方状平面铺开的空间模式布局（图 16–1–2）。

可以想象，这种普遍存在的关于“中心”的思想，应当是观察者自身体验到的。《吕氏春秋》谈到了观察者的这种特殊体验：“东面望者，不见西墙；南乡（向）视者，不见北方”。惟有人居于中央，才能明了上下四方的相对关系，以人为本位的空间观念从此建立，甚至影响到中国人强固的人本主义思想的建立，成为贯穿中国文化的一条哲学主线。

由于“中”的确立，代表空间图式的神秘数字系列也发生了变化。人们意识到作为人本体代表的“一”的存在，以“二”为代表的线状空间，加上这个“一”，就确定了包括主客体在内的最基本的三个方位，如东、中、西，前、中、后，上、中、下。由此，“三”就成了代表这个空间图式的神秘数字。

“三”这个数字在各种文化中是如此重要，以至于在几乎所有的宗教文化中，都存在神圣的“三位一体”的概念，包括古埃及文化、古印度文化、基督教文化，以及中国儒教和道教文化。只是其他文化中的三位一体观念淡化了“人”作为本体的存在，而带有纯粹宗教神学的意味。而中国人以儒学为本的三位一体概念，以天、地、人三才的形式，保留着人们最初感觉到的以人为“中”的空间体验，并将这种体验以人本主义的观念，贯穿到中国文化的各个方面，甚至如董仲舒对“王”字的解释也是这样。他说：“古之造文者，三画而连其中者，通其道也，取天、地与人之中以为贯，而参通之，非王者孰能当？”（《春秋繁露》卷十一）。

从线性空间引申到平面空间，人们在四个方位之间或在平面八方位的基础之上。加入了人的本体的“中”，即发展出“五”或“九”的空间图式。关于九方位的观念，在中国体现最鲜明的莫如“井”字形的构图，这方面可以举出大量的例证（图 16–1–3）。发展到立体的空间图式，人们在由上下与四方组成的六合空间中，加入了“中央”，也意识到“七”的空间图式。

人们对于空间的领悟，有一个十分漫长的过程，对此，卡西勒做过深入的研究。卡西勒不相信人类靠着最初的感觉印象，就能够分辨上、下、前、后、左、右、中等空间方位。他

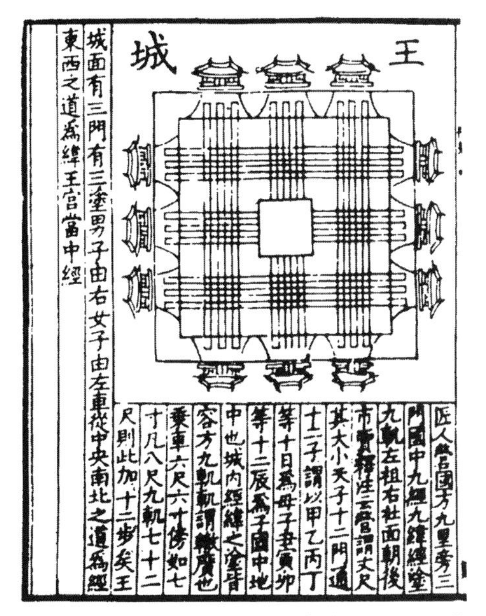

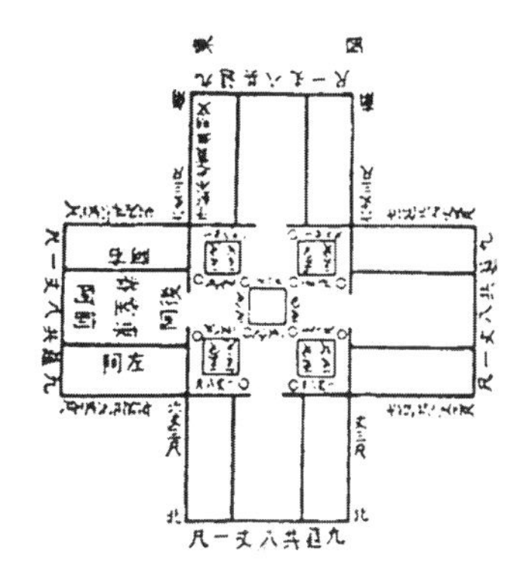

图 16–1–2　王城（左）与明堂（右）体现了共同的平面方位（明《三才图会》）

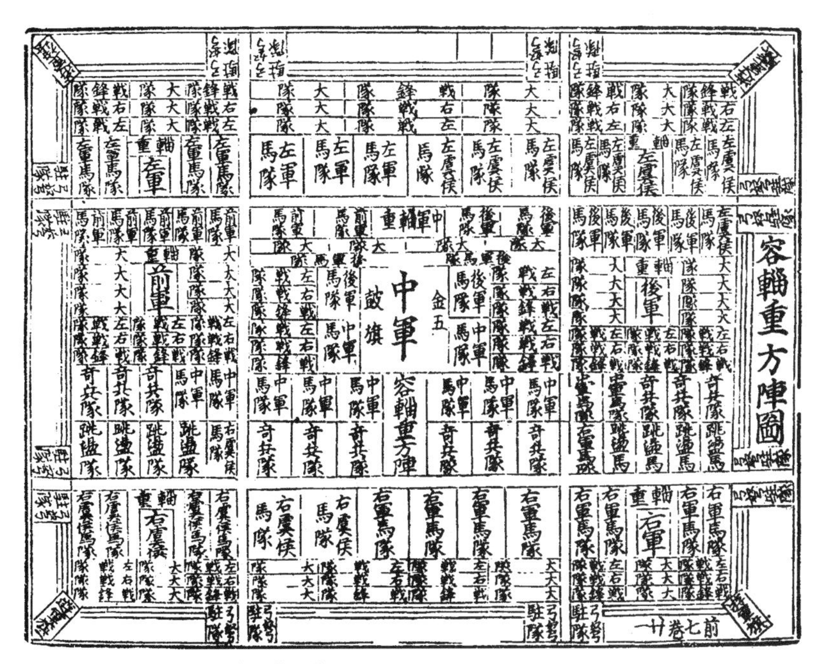

图 16–1–3　体现平面九方位的军阵

① 刘大基 . 人类文化及生命形式 : 恩 · 卡西勒、苏珊 · 朗格研究 [M]. 北京 : 中国社会科学出版社, 1990.

② 叶舒宪 . 中国神话哲学 [M]. 北京 : 中国社会科学出版社, 1992.

③ 叶舒宪 . 中国神话哲学 [M]. 北京 : 中国社会科学出版社, 1992.

认为，反映人类空间观念的“每一个数字，几乎都与神话的巫术的崇拜与禁忌有关。……人类学资料显示 : 在神话与巫术中，人们对数都有着一种神圣的恐惧感，而大多数巫术都是数的巫术”。卡西勒更具体地指出，无论在北美印第安人的宗教中、澳大利亚的土著神话中，还是在中国的神话思想中，“四”这个数字，都与宇宙的普遍形式东、西、南、北四个方向有关，而“五和七则分别在四上加了一个中和上、下，它们都是在部落或宗族进行祭祀活动中得以确定的”。[①]

第二节　空间图式的文化抉择

中国人的空间观念是在线状的二方位中间为虚空的二度平面体系即东、中、西上展开的。相比之下，西方人的空间则更多体现了上、中、下三度垂直体系的特点。似乎可以从文化基因的这一根本层次，推其缘由，探寻不同空间图式的文化抉择。

希伯来人一开始就确立了以上帝为主导的七方位立体空间观，上帝七日创世之说，以及在旧约中比比皆是的有关圣数“七”的记述，包括所罗门王用七年时间建成辉煌的耶路撒冷圣殿，都透露了这一点。值得注意的是，犹太文化，以及后来的基督教文化，都承认上帝的至高无上，期待着人对上帝的天国的最后回归。人们仰望苍穹，时时盼望着自己的灵魂最终能够进入天国的乐园。因此，在犹太人以及基督徒的观念中，强化了垂直系统的空间系列。人们最初造巴别塔(《旧约全书》创世纪第十一章)，以及后来造摩西圣殿，造所罗门圣殿，造基督教堂，归根结底，都是想创造一个能够顺利到达天国的门和路。人们最恐惧的，则是最终得不到上帝的赦宥，使灵魂堕入地狱的深渊。

正是这一强烈的观念，固化了西方人对垂直系统的空间观的强调，使人们对表征垂直系统的七方位立体空间图式取得认同。这不仅表现在西方人对“七”这个数的重视上，还表现为西方建筑更注意立体的效果，更着意于向上、向下的发展方面。

从文献中，我们发现，中国人对空间的认识，在上古三代时期，展示给人们的是一个平面空间图式，同时也有对垂直系统空间的意识。这在庄子的学说中反映较多，如他对天地上下和“六极”的强调。庄子极言南北，罕言东西，而南、北二字，在古人的概念中，又常借称为天地，所谓“天南地北”，这可以从侧面说明“神话宇宙模式中的垂直系统，在庄子的思想中占据着主导地位”。[②]庄子神话中所表述的空间图式，“六极”的概念也十分明确。他说 :“在太极之先而不为高，在六极之下不为深。”(《庄子 · 大宗师》) 提出的是太极和六极。太极者，混沌也，高居于玄冥之上也，先于创世之初也。六极者，天地四方也，宇宙秩序也。六极之下则为幽冥之地，深不可测也。庄子又说 :“予方将与造物者为人厌，则又乘夫莽眇之鸟，以出六极之外而游，无何有之乡，以处广埌之野。”(《庄子·应帝王》) 这是何等的气魄，在这里，庄子的欲出六极之外，须乘莽眇之鸟，立体的垂直方向的空间体系表述得相当清楚了。

先秦文献的四极、八极概念，显然是就平面上分布的大地四方或八方而言的，但无论是六极、四极还是八极，都没有“中”的地位。已如前述，春秋战国以后，人们才开始在空间图式中加入了人本体方位“中央”，由是对“七”这一神秘数字给予了相当的肯定，这从民间传说中关于“七夕”或七七四十九天修炼等观念中得到反映。中国传统中，尤其是荆楚文化中，曾有七天创世的神话传说，与犹太系统中上帝七日创世说不谋而合。[③]

以上说明，最初的中国人在存在平面系统

空间观念的同时，也存在垂直系统的空间观。但重要的是，在以后实际的文化发展中，七方位的立体空间观念，并没有在中国得到发展，而备受儒家青睐的五方位或九方位的平面空间观念最后被确立。平面的、以人为中央的空间观终于占据了主导地位。

这是一种文化的抉择，当人们的空间意识逐渐觉醒，并最终清晰地认识到天地四方和人的本体的存在时，他们需要对已经积淀在意识中的诸多空间观念加以整理，并选择一种最切合本民族特点的观念，加以深化，并使之外延到文化的各个领域。不同的选择，最终确定了不同的文化结构。

这一抉择，是与儒学在中国思想界的巨大作用分不开的。在法家著作《尸子》一书中，对四方、四时和四德已有了一个简略的说明："天地四方曰宇，往古来今曰宙"，这是中国人的时空统一论；接着，又指明了东方为春为忠，南方为夏为乐，西方为秋为礼，北方为冬为信。方位、时间与人道中之忠乐礼信，就这样综合而成为一个中空的四方位平面空间图式。在《孔子集语》中，这种天道与人道结合的关系，又发展成一个含中的五方位平面空间图式。孔子认为，东方为仁，为震；西方为义，为兑；南方为礼，为离；北方为信，为坎。然而，"四方之义，皆统于中央，故乾坤艮巽，位在四维，中央所以绳四方，行也，智之决也，故中央为智"。孔子将最能表征人的主体意义的"智"作为中央，将规范人的行为的仁义礼信作为四维，昭示了在五方位空间图式中，人是居于中央的本体。

其实，在公元前的一千年间，中国人与希伯来人一样，都已经形成强烈的唯一神的思想。在希伯来人那里，唯一神是上帝耶和华，而对于周秦时代的中国人，则是至上的天或帝，也称上帝。但在以后的发展中，与西方人的选择相反，尽管中国人一直没有完全放弃对上界的追求，如夸父逐日、嫦娥奔月等神话想象以及魏襄王造中天之台、汉武帝造通天台等实践尝试，但是以人本为先而务实的中国人，最终还是选择了"绝地天通"，心甘情愿地立足于现实的大地。

所谓"绝地天通"，是中国古代文化中十分有趣的一幕。传说上古时代，神人交叉混杂，为了使人们明确认识到自己的卑微，避免人神混杂，帝"乃命重黎，绝地天通，罔有降格"，其意在于阻断神与人的自由交往，这与犹太神话中上帝发现人类建造通天之巴别塔，乃变乱人们的语言使建塔之业功亏一篑的故事，可谓异曲同工。只是西方人并没有因此而中止了对上界的追求，而中国人则以知天安命的务实态度来对待这一切。孔子"不语怪力乱神"，经常以"未能事人，焉能事鬼？"和"不知生，安知死？"等语句积极地提醒人们注意人事。郑国人子产亦明言："天道远，人道迩，（天道）非所及也。"（《春秋左传》昭公十八年）表示了同样的态度。

"绝地天通"观念，莫如在佛塔类建筑中体现得最为鲜明了。在西方或伊斯兰建筑体系也有塔形建筑，一味强调垂直竖高的体形，直指苍穹，仿佛要升腾到上帝的脚下；塔身封闭，一般不可登临眺览。而中国的塔却在总体竖高的体形中，用许多水平层（各层腰檐和平座）大大弱化了一味升腾的意象。塔身一般可以登临，透过窗子和平座，可以时时回顾大地，人与人的现实生活所依存的大地一刻也不分离。①

此外，主要在老庄哲学和道家文化中，还表现出一种强烈的对坤柔精神的强调，所谓"知雄守雌"，"知白守黑"。这种对坤柔的强调，也体现在平面五方位体系中以人为本体的中央，渐渐演化为象征坤柔的地或土，而使人居之，即以土居中的空间图式。正是这一态度，进一

① 萧默．从中西比较见中国古代建筑的艺术性格[J]．新建筑，1984(1)．

① 萧默．从中西比较见中国古代建筑的艺术性格[J]．新建筑，1984(1)．

② 杨鸿勋．初论二里头宫室的复原问题兼论“夏后氏世室”形制[M]// 杨鸿勋．建筑考古学论文集．北京：文物出版社，1987．

步淡化了人们对七方位立体空间观的认同，也淡化了对天的阳刚宏大、空阔玄远意境的追求，而突出了对五方位或九方位的平面延续的空间观，肯定了对大地或土的依赖。在对于建筑美的创造上，不仅从整体上倾向于与大地的亲和，也从单体造型上强调柔美的风格，如反宇凹曲线和凹曲面的广泛应用，都反映了以坤柔为主要特征的中国古代建筑文化的基础。

这种文化抉择，具有不同寻常的意义，最终成为中国建筑空间观的强固基因。

第三节　外部空间的三种模式

中国人既然对平面系统的空间图式作了意义重大的抉择，中国建筑的空间也就主要地沿着平面而展开了，它采取了庭院的形式，建筑的空间，主要也就体现为庭院空间。对于庭院的虚实相生的布局，主要有三种基本模式：第一种常用在带有神秘象征意义的、需要更加突出主体的场合，有十字轴线，庭院正中高大的建筑主体是构图中心，势态向四面扩张，四周的构图因素远比它低小，四面围合，势态向中心收缩，并与中心取得均衡，可谓外虚内实，可称为明堂式；第二种应用最多，单体建筑沿庭院周边布设，其中一面（经常是北面）的建筑最大最高，势态向内向前，是构图主体，其他建筑三面围绕，势态与之相抗而取得均衡，庭院中心则没有建筑，可称之为外实内虚，或可名之为四合院式；以上两种都属于规整式，另外还有一种自由式空间格局，主要表现在园林中。①

一、明堂式

中国历史上记述最多且争论最久的建筑，恐怕就是明堂了。明堂是一种合祭祀、政教两种功能为一体的礼制性建筑，相传最早由黄帝创建，称为“合宫”，历三代都有所建造，夏称“世室”，商称“重屋”，周称“明堂”。

黄帝合宫的形式，已不甚了了。记载中最早的明堂布局为夏世室，有所谓“五室”之称：“夏后氏世室，堂修二七，广四修一。五室。”据近人研究，这里说的“五室”，结合有关世室的“一堂”、“四旁”、“两夹”的记载，以及可能属于夏晚期的偃师二里头宫殿遗址柱网布局，可能与“堂”、“旁”、“夹”等房间共处于一栋长方形殿堂之中，还不是十字轴线对称的格局。②

关于殷商重屋，记载说“殷人重屋，堂修七寻，堂崇二尺，四阿重屋。”其平面形制颇难判断。殷人属古东夷集团，在空间观念上，似乎倾向于七方位的立体空间图式，似可推断，殷人也并不十分追求属于平面空间图式的、具有十字轴线的五室或九室的平面布局。与夏人同为北方华夏人后裔的周人，其明堂五室为：“周人明堂，度九尺之筵，东西九筵，南北七筵，堂崇一筵。五室，凡室二筵”。这时的明堂，据《太平御览》中所引《礼记·明堂阴阳录》，已可肯定采用了十字对称的布局方式：

明堂之制，周旋以水，水行左旋以象天，内有太室象紫宫，南出明堂象太微，西出总章象玉潢，北出玄堂象营室，东出青阳象天市。

显然是东南西北中十字轴线布局。这里的紫宫，太微，玉潢，营室，天市，都是天界的星垣。以地上建筑的五室象征天上的五座星垣，显然是比照天界来创制地上的平面五方位空间。

明堂的这种布局，可能与五行观念有关。五行学说始载于战国邹衍，周明堂的五室和邹衍记载的五行，都应当是在上古先民逐渐确立了平面四方位或平面五方位的空间图式观念的基础上形成的。五行学说创立以后，人们解释明堂，就多以五行、五方、五时、五色来应会，去做“天人相应”的工作了。

明堂之为五室，是在某种巫术礼仪中形成并逐渐确定下来的。在殷商甲骨卜辞中，已可以看到这种巫术礼仪的痕迹。卜辞所记商代宫寝建制，除中室或大室外，已有关于四方四室的记述。据近人研究：“《明堂月令》言，天子春居青阳，夏居明堂，秋居总章，冬居玄堂。随着时令推移而异其居室的方位，近世学者多疑出晚周阴阳家言；今以甲骨文证之，知周王随时异室的制度，正自商王春、夏、秋、冬分居四方四室的祭仪演变而成，这也是‘周因于殷礼’的一端。”[①]

《明堂月令》出于《吕氏春秋》，其中说，天子由孟春月始，按照太阳在天空中的位置，选择不同的居室；着不同颜色的服装；食不同口味的食物，听不同的音乐，祭不同的神祇，办理不同的政务，在十二个月内住完五个方位的各个房间。这显然是一种带有巫术祭祀仪式性质的起居方式，而天子本人，就是一个大祭司。

《墨子·迎敌祠》中记载的军事巫术祭仪，也与明堂布局相类，采以四方、四色、四牲的方式。类似的巫术礼仪还可见于古老的太子诞礼，是遵循平面五方位的空间图式来进行的。[②]

五方位的空间图式，因五行学说的确定，以后又渗透到生活的各个方面，如用五行来解释天文、地理及人体等。以五行五方象五岳，五岳中的中岳嵩山有两座主峰，称“太室”、“少室”，显然借用了建筑用词。太者大也，太室的本意正是明堂居于中央的大房间，即大室。明堂的五室与五方的五岳，建立起了一种对应关系，或者说，在古人的观念中，天下四方本来就是一座超尺度的巨大明堂。

在明堂的建设史上，还曾出现有五室和九室的争论，特别是在汉魏唐宋间，就这一问题聚讼千年，始终未能有一个明确的结论。

早在周易偶数系列的空间图式中，由基本的平面四方位图式，插入四个亚方位，已形成了平面八方位的空间图式。随着平面五方位的空间模式的确立，平面九方位空间模式，也日益被看重。据《吕氏春秋》：“天有九野，地有九州，上有九山，山有九塞，泽有九薮，风有八等，水有六川。”比照天界的分野，地上亦分为豫、冀、兖、青、徐、扬、荆、雍、幽等九州。在九州九野的分划基础上，以农业为本的周秦先民，又比照天界与地界的平面九方位空间格局，将地上的农田分为“井”字方格，即井田制的田亩形式。郭沫若对此论述说：“古代必然有过豆腐干方式的田制，才能够产生得出这样四方四正，规整划分的田字”，“那样规整划分的田地，从某一局部看来，是和井字很相仿佛的”。[③]

由井田的分划，又演绎出里邑和国的制度。所谓国，就是国都，《考工记》记述周国都王城规划说：“匠人营国，方九里，旁三门，国中九经九纬，经涂九轨。左祖右社，面朝后市，市朝一夫”，显然是一个按照平面九方位空间图式分划的井字形平面布局，值得注意的是，其中心部分，实际上可能是一个由“面朝后市，左祖右社”四个主要方位与中央的宫殿所组成的典型的平面五方位空间格局。

里邑又称闾邑、闾里，即唐代的里坊，是一种由纵横相交的街巷分划的城市街区，与方整的井田格局也十分相像（图 16–3–1）。

隋唐对于明堂形制的争论，已集中在五室、九室之别。隋宇文恺曾作明堂模型：“下为玄堂，堂有五室，上为圆观，观有四门”（《隋书·宇文恺传》）。“重檐复庙，五房四达，丈尺规矩，皆有准凭。”（《隋书·礼仪志》）。显然是一个五室的格局。有唐一代，仅由武则天在洛阳建立了一座明堂，既非五室，亦非九室，是一座外为三重楼阁、内有中心柱通贯上下、周有水环的伟大建筑。

① 丁山．中国古代宗教与神话考[M]．上海：龙门联合书局，1961．

② 贾谊新书·胎教所引古青史氏记载有关太子出生的悬弧礼、射礼等礼仪中，在“迎敌祠”的四方四牲之外，又增加了中央方位，已是十分典型的平面五方位空间图式。

③ 郭沫若．古代研究的自我批判[M]// 郭沫若．郭沫若全集·历史编·第2卷·十批判书．北京：人民出版社，2010．

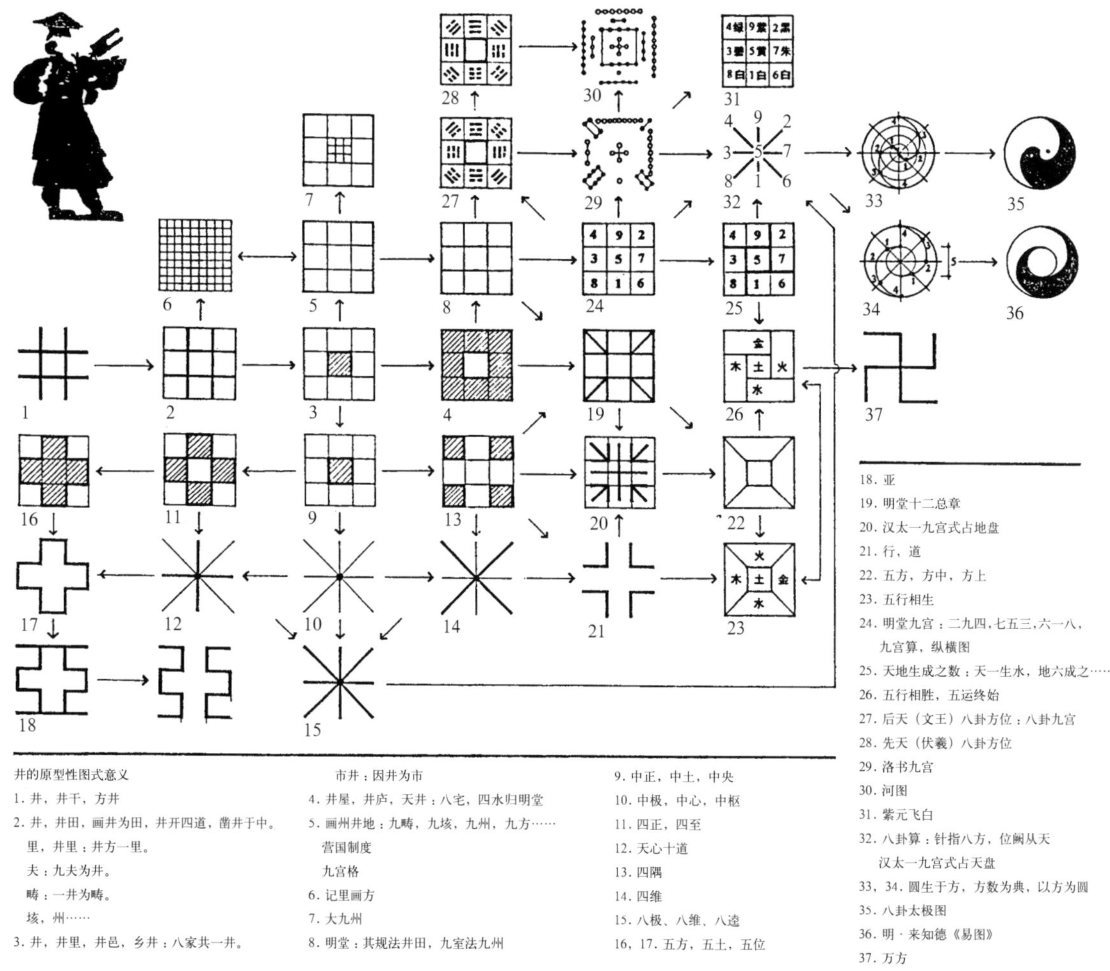

图 16–3–1 “井”的原型性图示意义（王其亨）

实际上，五室与九室的空间观本质上是一致的，都符合平面分布的五方位格局，以期同五方、五色、五行、四时、四神等宇宙时空模式相吻合，使人的建筑与宇宙的空间、时间达成某种契合。九室只不过进一步丰富了五室的四隅（图 16–3–2）。

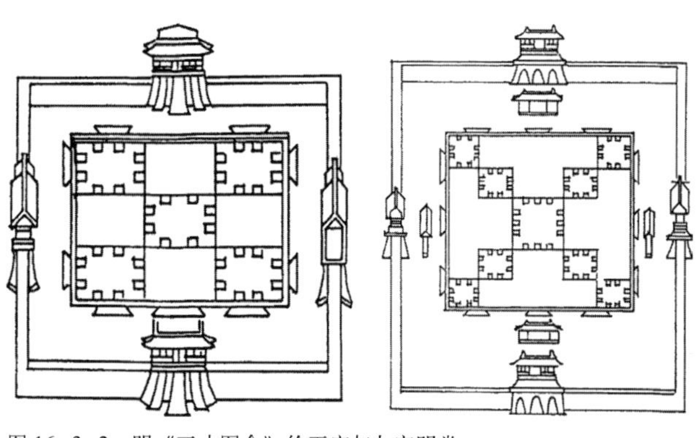

图 16–3–2 明《三才图会》绘五室与九室明堂

出现在明堂上的典型平面五方位空间图式，现存最早的遗址是西汉长安南郊（今西安西郊大土门村）元始四年（公元 4 年）所建的“明堂辟雍”。根据考古发掘与复原设计，这是一座中心为筑夯土台的高大建筑，夯土台四周为室或堂，及左右“个”或“夹”。中央夯土台顶为大方室，即太室，其四隅各有一个小室。在中心高大建筑四周，有方形围墙环绕，四面各有一门，墙内四隅各有一座曲尺形低小群房，面向中心。整体组合内实外虚，有十字轴线，呈向心式（参见图 3–4–2、图 3–4–3）。[①]

汉长安南郊还有王莽九庙建筑群见存，组群中的十二座形制相仿的建筑，都与上述明堂辟雍类似，也都有十字轴线，四面对称。[②]

在九庙四门位置发掘的瓦当，其上纹样不

① 王世仁．汉长安南郊礼制建筑（大土门村遗址）原状的推测 [J]. 考古，1963(9).

② 中国科学院考古研究所汉城发掘队．汉长安南郊礼制建筑遗址发掘简报 [J]. 考古，1960(7).

同，东门青龙、西门白虎、南门朱雀、北门玄武，显然是以四神表示方位，说明这组建筑，不仅在平面上，而且在象征意义上，与五方、五色等五行学说密切相关。

类似的内实外虚实例，也常见于其他建筑，如战国盛行的高台、汉代坞壁、汉唐陵墓，以至明清天坛圜丘，还有某些园林和寺庙的局部如颐和园佛香阁等。南朝初有一种称为魂瓶或谷仓罐的随葬品，盛行于南方，多为青瓷器，在瓶顶堆塑出一组楼阁建筑群，布局也属明堂式：多在一个平台上布置有十字轴线四面对称的组群，中央为一个四坡顶的大室，四隅各一小室。平台以下，四隅设四个角楼，前后为三重檐楼阁，左右建筑类似门阙（图 16–3–3）。

武威东汉墓出土的陶楼院明器，平面方形，四周围墙，墙内居中是一座高耸的望楼，墙上四隅各有一座角楼，也是十字对称内虚外实格局（参见图 3–6–17）。[①]类似的例子，还有广州出土的东汉晚期称之为陶城府其实也是坞壁的明器，平面也是方形，四周绕以高大墙垣，墙上四隅设角楼（参见图 3–6–19）。

四川新繁出土的一块画像砖，细致记录了汉代一个市场的布局。市方形，四面围墙，各开一门，其布局大意正与《三辅黄图》所称的汉代市场"方市阓门"相合，门内市街纵横相交呈十字形，在市中心即十字交点上建市楼，楼上悬鼓（参见图 3–1–4）。[②]

隋唐长安城中的东市、西市，有井字形街道，将一个方正的平面分为类似九宫格的九个方形区域，市门四达，以象征四方贸易的畅通和繁荣。《魏都赋》中的："廓三市而开阓，藉平逵而九达"，说明曹魏的市街也采取了类似的布局方式。此外，如宋画《金明池夺标图》中的圆形水殿、宋画《黄鹤楼图》中的黄鹤楼，都是类似明堂式的布局。

明堂式布局具有十字轴线，中心对称，着意于在东西南北几个主要方位上的均衡处理，

汉明器

东晋魂瓶

图 16–3–3　明堂式布局

图 16–3–4　汉规矩方圆镜表达的四方八位（王贵祥）

即十字轴线基本处于均衡的地位，不很突出纵轴线。位于组团中央的建筑，在明堂为太室，在市街为市楼，在坞壁是望楼，在颐和园是佛香阁，都是空间构图的中心与视觉焦点，势态向四周放射。四周建筑都是它的陪衬，势态向中心收束，达到自身的平衡。这样的处理，使建筑的空间与外在的宇宙形成某种心理上的同构关系，从而达到"天人合一"的理想境界。

在某种情况下，明堂式也有变体，如唐长安大明宫麟德殿。麟德殿一区四周以低矮回廊环绕，回廊院正中是一座由四殿合成的巨大建筑，虽然以纵轴线为主、不是中心对称而是轴对称，但其强调中心主体的意图仍十分明显。汉唐至北宋帝王陵墓，在陵丘四周建方形围墙，四面辟门，有十字轴线，属明堂式，但常在南门外布置长长的神道，整体上纵轴比横轴突出，也是明堂式的变体。

这种平面五方位的空间图式，还反映在装饰图案上，典型的如瓦当纹饰。许多汉代瓦当

① 甘博文．甘肃武威雷台东汉墓清理简报 [J]．文物，1972(2)．

② 以上所举汉代各例，均可参见本书第三章。

① 陕西周原考古队．陕西岐山凤雏村西周建筑基址发掘简报[J]. 文物，1979(10).

在圆形当面上用十字线道分成四个区域，十字的交点有一个圆形乳突，基本构图属平面五方位布局。类似的纹样见于汉代铜镜，如规矩四神镜、规矩五灵镜等。据学者们的研究，这些镜饰都具有宇宙模式的象征意义（图 16–3–4）。

以明堂为典型代表的平面五方位空间布局，反映了中国建筑空间构图的基本原则：重视群体的组合及平面上的展开，不过分追求单体的兀然突立和垂直方向的延伸。对建筑组团中央主体的强调与突出，似乎使人感到自身的本体意识也加强了，显然与欧洲中世纪教堂的空间意匠大相径庭。

二、四合院式

与平面五方位或平面九方位空间图式相应，基于平面四方位的空间图式在中国建筑中渐渐推衍，固化为又一种常用的基本空间布局方式，即四合院式。它与明堂式一样，也都源自古人的平面式空间观念，同样体现了中国建筑空间构图原则，即重视群体组合和平面展开，不追求单体的孤立和垂直的延伸。

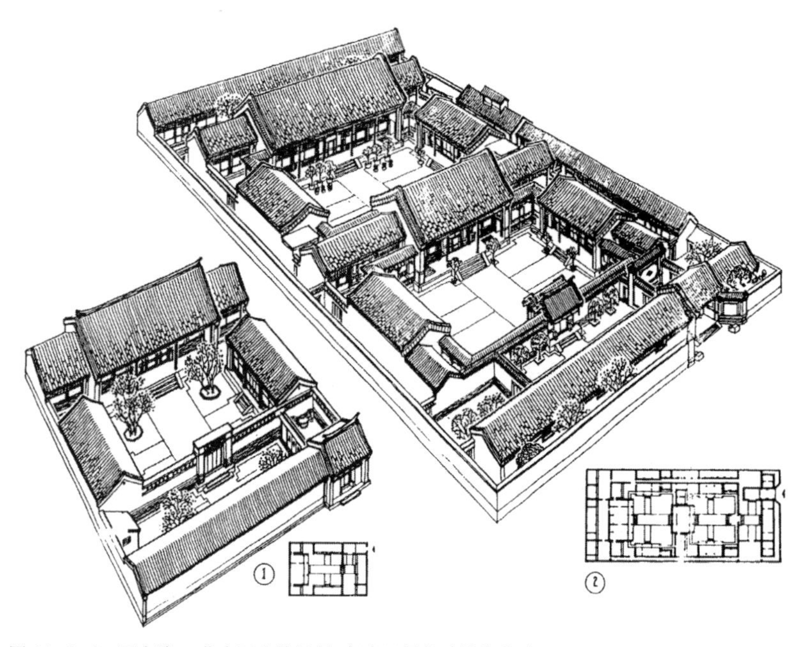

图 16–3–5 四合院 – 北京四合院民居（《中国居住建筑简史》）

典型的四合院式空间布局的特点是中央虚空，建筑布置在四周，围成院落，外实内虚。其起源也很古老，现存最早的实例见于陕西岐山的先周（时属早商）宫殿（宗庙？）遗址（参见图 2–2–7）。[①]四合院式使用的时间很久远，可以说贯穿于整个中国古代建筑史的始终，岐山之例与晚近的四合院民居或天井民居，布局的原则并无二致（图 16–3–5）。

四合院式在民居中使用得非常普遍。北方四合院式住宅，院落比较宽大，直接简称“四合院”。南方也有许多四合院。但有些住宅院落比较狭小，又由四面楼房围成，空间相当迫促，所以常不称“院”，而称“天井”。

四合院式住宅的基本单元是一座在四个方向都有房屋围合的庭院，这些房屋面向院落中心的方向常有前廊连接，可以走通。由于中国地处北半球，坐北向南的房间可得到充足阳光，也可避免北来寒风，所以，除非地形地势特别不利，一般情况下，四合院式民居都是坐北向南的；以北房为正房，东、西房为厢房，南面为倒座，在南面东南角或正中开大门。正房、厢房和倒座房的地位等次有差。这样，与明堂式平面的纵横轴线基本处于均衡的状态不同，四合院式平面更强调纵轴线，所以，四合院式平面布局不是完然自足不再扩展的，如果需要，可以把几个基本单元沿纵轴线串接起来，成为几进。或更在左右各加一条纵轴线，也是多进，形成更大的建筑群。

四合院式住宅也有一些变体，如只有北、东、西三面有房，南面为院墙和大门，称为三合院（图 16–3–6）；或者只在北、东两面或北、西两面建房，其他两面都是院墙，成为二合院。

除了一般民间住宅以外，宫廷、衙署、府邸和寺观，也大量采用了四合院式空间组合。当然，由于它们的规模一般都比较大，所以通常都是前后串连几进或更分为左中右三路。

在这样由众多四合院组合而成的大型组群中，各院的地位和规模并不等同，居于中路核心的院落更大，有时比其他院落大出很多，是统率整个院落群的中心。这个院落的布局方式也与一般四合院略有不同：不仅在院落四周建房，在院落内部也常建有房屋，而且是全组群最主要的建筑，称为大殿。可能还不止一座，分前殿和后殿，或前、中、后三殿。现存主要建造于元代以后的较大型寺观就多是如此。若单就在在院落内部布置建筑这一点而言，也可以说这种院落是四合院的一种变体，即介乎四合院式与明堂式之间，或者说介乎外实内虚式与外虚内实式之间。这样的院落在大型建筑组群中用得更多，从唐宋敦煌壁画和其他一些资料如金代汾阴后土祠庙貌图碑(参见图6–3–44)等可以知道，这种院落，除沿周边布置有房屋外，在周边房屋之间经常有通长的回廊，把它们联系起来，称为回廊院。以后，回廊院仍有使用，只是不如唐宋的普遍。

最早的回廊院式建筑空间，见于可能是夏晚期的河南偃师二里头两处宫殿建筑遗址，其基本空间特征是周围回廊环绕中央主殿，前廊上有门殿，与主殿构成纵向主导轴线。主殿前的院庭广阔，反映了实用型的建筑组群较注意于主导方向（而在更重象征意义的礼仪性建筑组群中，为了应合建筑与宇宙的同构关系，则淡化了主导方位，采用明堂式）。

在敦煌唐宋壁画中，在院落内部建造主要房屋的布局方式也有出现在住宅之中者。

以这种组群方式形成的突出中央的庭院序列，渐渐形成一种定式，唐宋以后在宫殿建筑中沿用，如记载中的唐长安太极宫、已进行过考古发掘的唐洛阳宫，以及宋汴梁宫城、金中都宫城、元大都宫城，直至明清北京紫禁城的宫殿建筑群，都是这样。紫禁城的前朝三大殿和后寝三大宫（也是大殿），是沿主轴线前后布置的两个回廊院式空间组团，它们是整个紫禁城空间组织的核心与中枢。山西繁峙岩山寺南殿西壁金代壁画佛传图中所展示的宫殿建筑群，也使用了回廊院（参见图6–2–3）。

由于地形的原因，四合院式布局前后各院的纵轴线常不是一条通长的直线，有时在方向上略作转折或略有错位，多见于山坡地段的寺观实例。

三、自由式

古代中国建筑的自由式建筑组群主要运用在三种场合，一是古典园林建筑，二是某些民居尤其南方民居，三是在某些特殊的宗教建筑群中（图16–3–7）。

古典园林建筑的观念与古代道家思想特别有关。道家向有“道法自然”一说，中国古典园林则以“写仿自然”为其空间和造型创意的

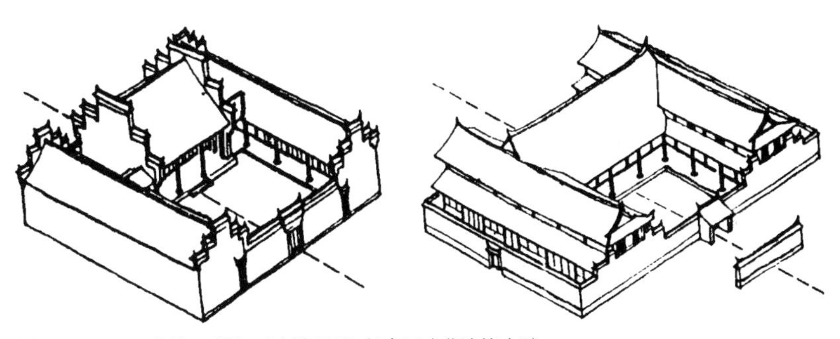

图16–3–6 三合院－浙江三合院民居（《中国古代建筑史》）

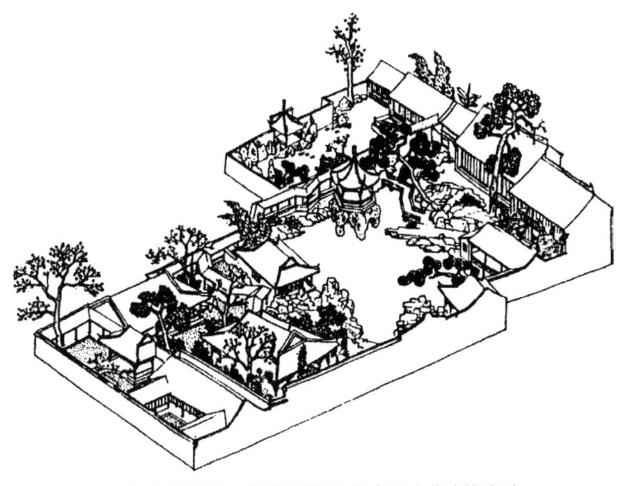

图16–3–7 自由式布局－苏州网师园（《中国古代建筑史》）

基础。所谓“虽由人作，宛自天开”，正是基于这样一种艺术思维。事实上，中国古典园林的构图元素很多，如天然或人工堆叠的山峦、石矶、洞穴，蜿蜒多变的水面，千姿百态的林木、花卉，甚或草间虫吟、枝头鸟鸣、檐角修竹、池畔残荷等，皆可以作为园林景观的构成要素。园林中的建筑，更是园林空间与造型构图所必不可少。园林建筑以造型多样、布局随宜为特征。在私家园林尤其是江南或岭南私家园林中，都不采用贯通全群的轴线处理。建筑由曲廊、折桥、敞轩、水榭、山亭、花厅、月台等组成，空间婉曲细腻，步移景异，富于自然多变的趣味。私家园林可能在个别的小区域也有轴线，但很不明显。皇家园林尺度较大，虽在某些局部采用轴线，但全园仍然转折穿插，充满变化。如北京颐和园东宫门内的宫殿区，虽有纵贯的轴线，但只及于本区，并不贯通全园，与园内其他部分的轴线形成交错穿插的关系。建筑物的布置及空间展示，在规则严正中，也显出较为活泼的风格。

自由式空间与造型，在民居建筑中也比较多见。中国民居建筑因地方、民族的差异而形式多样，如浙江民居、云南民居、徽州民居、山西民居等，各个不同，其中既有四合院式组合，也有自由式。就村镇形态而言，则更多自由随宜的布局。各少数民族的住宅，如藏族、维吾尔族和傣族等少数民族，与汉族建筑有不同的文化传承，多无所谓轴线，更是自由式的。与汉族建筑关系较为深厚的一些民族，既有四合院式，也有自由式，前者多见于如纳西族、白族，后者如侗族、壮族等。

传统中国寺庙多是对称、规则的布局。但藏传佛教的寺庙——喇嘛庙，布局与汉地寺庙全然不同，西藏、青海、甘肃及四川的藏式喇嘛庙自不待言，即使中土地区以汉式为主的汉藏混合式喇嘛庙，也多在寺内某些局部作自由式的空间与造型处理，承德普陀宗乘之庙与须弥福寿之庙是典型的例证。在傣族地区流行的上座部佛教寺庙，也更多自由式意味。

如上述，中国建筑以院落为主要形式的群体布局，其基本空间模式主要是明堂式、四合院式和自由式，前两种又都各有变体，通过它们及其变体，以多种方式进行组合，可以呈现出十分多样化的面貌。比如某些建筑组群，整体上纵轴线十分突出，但在某些重要局部，则采取纵横轴线并重的明堂式，如北京天坛的圜丘和祈年殿，与各自的院墙一起，即分别组成明堂式。它们处于包括皇穹宇和丹陛桥在内的大纵轴线的南北两端，就全群来说，纵轴线的作用却得到了加强。颐和园佛香阁处在南起昆明湖边的排云坊、排云门，北迄万寿山顶众香界的一条明显的纵轴线近北端处，轴线上有一系列四合院式院落，但佛香阁本身包括它的回廊在内，却是明堂式的。而颐和园全园，又作自由式。其他园林也有这种情形，往往以规整严谨四合院式的对称布置，作为起居、飨宴的处所，而全园总体及园内观赏性建筑仍为自由式。河北承德的普宁寺和普乐寺也都强调纵轴线，但位于纵轴线末端的大乘阁和旭光阁则都是明堂式。

需要指出，自由式的所谓“自由”并不是绝对的。自然虽无定式，却有定法，故师从自然的“自由”也自有其法则。其法微妙，其理精深，所以，自由式的空间构图，要取得成功，可能比属于规则式的明堂式或四合院式要更加艰难了。

源出于中国人特殊空间观念的群体空间构图，是中国建筑有异于西方和世界其他建筑体系的重大特色之一。在西方或伊斯兰建筑，虽然也有院落式的布局，但无论是在观念的缘起上，文化内涵的性质及其深刻性、普遍性、多样性和重要性上，都与中国建筑不能并论。

四、南北轴向的空间延伸

中国建筑强调南北方向的纵轴线，空间在这个方向上延伸，这不仅是就四合院式布局而言，在某些以明堂式布局为主的建筑上也有一定体现，即使自由式的园林，也不免布置一些以南北纵轴为主的小院。大而至于中国的城市，包括都城和郡县，都以主干街道和重点建筑形成纵横轴线，而以南北纵轴为主。陵墓也是这样。

在建筑创作中把握主导空间方向，是任何一种建筑文化都会遇到的问题，一旦某种观念性的东西确定下来，主导方向就会作为一种约定俗成的东西，在建筑创造活动中起到重要的作用。

在南北流向的尼罗河两岸生息繁衍的古埃及人，深刻注意到太阳每日由东到西的运行轨道。他们把太阳的朝起夕落，理解为出生入死的完整过程，死亡又是在太阳西沉以后的那一个世界的再生。因此，在尼罗河西岸为死去的法老建造的金字塔陵寝，就循着太阳的轨道，垂直于尼罗河，呈东西方向布局。法老的灵柩，沿尼罗河运到岸边，从岸边由东向西进入一个狭长的甬道，直通陵庙，象征着法老像太阳一样，由东向西走过生命与死亡之路。这样，很自然地形成了古埃及神庙、金字塔和崖墓，以东西方向为主导的建筑方位概念。

基督教文化的主导方向也是东西，但方向恰与埃及相反，教堂一般坐东朝西。主要入口在纵轴线西端，圣坛布置在东端，使自西而东进入教堂的信徒们，礼拜时能够面对由教堂东端半圆形窗户透入的朝阳。在中世纪玻璃镶嵌的巨大窗子透入的光线，正好满足了信徒们对天国彼岸与上帝“真光”的向往与追求，人们对上帝的信仰与由上古遗存下来的对太阳的崇拜在这里合而为一了。

伊斯兰清真寺强调信众礼拜时面向圣城麦加的克尔白大寺，所以凡是位于麦加东面的，就坐西向东，麦加西边的则坐东向西。

东西向在中国文化中，也曾占有一定的地位。中国古代曾有过以日出方向东方为尊的传统，但与基督教相反，建筑坐西向东。这种习俗，在契丹族的辽代建筑中仍可见到，而在汉族，这一习俗渐变成了一种室内布局方式，如东西向的居室，卧榻设在西间，人们的日常起居均朝向东方，可见于清张惠言据周《仪礼》所绘《仪礼图》中先秦士大夫住宅的内室。直到晚近，这种室内布置方式仍然可见。由北朝至唐，棺椁也多置于墓室西部。

至于傣族佛寺，大殿的纵轴坐西向东，其原因与上座部佛教的宗教观念有关（见本书第十四章）。

十分值得注意的是，在建筑外部空间组织中，中国人逐渐发展出了一种北面为尊、以南北纵轴为主导方向的观念，从而对中国建筑的空间组群布局，产生了重要影响。

对南北方位的认知与重视，至迟不晚于商周。《诗经 · 小雅 · 大东》曰：“维南有箕，不可以簸扬；维北有斗，不可以挹酒浆。”这里的“斗”是指北斗七星。生活在北半球，以农业为主要生产方式的中国古代先民，很早就注意到北斗七星特殊的重要性，并以之观察四季的变化，如《大戴礼记 · 夏小正》：“正月初昏，斗柄悬于下；六月初昏，斗柄正在上。”又如《冠子》：“斗柄指东，天下皆春；斗柄指南，天下皆夏；斗柄指西，天下皆秋；斗柄指北，天下皆冬。”

由于农业文明判断季节对北斗七星的仰赖，北斗七星的地位日益提高，《史记 · 天官书》中就称，“斗为帝车”。山东省嘉祥县汉代武梁祠画像石上，有帝王端坐在由北斗七星组成的云车之上的形象（图 16–3–8、图 16–3–9）。

北斗星有一个特点，每天要在北天空中心

图 16–3–8　清代版画“孔子拜斗图”（王贵祥）

旋转一周，在旋转过程中，天枢星与天璇星的连线始终指向永远不动的北极星。在中国古代天人合一观念的促引下，北斗星与北极星被赋予了某种社会政治的涵义。《论语》：“子曰：为政以德，譬如北辰，居其所，而众星拱之。”人们逐渐以居于北天空“众星拱之”的北辰为尊，而衍生出地面上以北为尊的观念。于是，天子“南面为君”，子民则“面北称臣”。

《太平御览》所引《礼记·明堂阴阳录》对明堂五室的描述，恰恰也是依据北天空的星象分布而为象征：以中央太室象紫宫，南面明堂象太微，西面总章象玉潢，北方玄堂象营室，东出青阳象天市。紫宫（即紫微）、太微、天市都是星名，合称三垣，营室也是星名，它们都在北天空。古语中潢与衡通，玉潢可能是指北斗七星中的第二星玉衡。可以看出，作为宇宙模式象征的明堂五室，分别体象北天空环绕北极星的五个星垣。

图 16–3–9　汉代石刻“斗为帝车图”（王贵祥）

我们还知道，在中国古代天象学中，以北斗七星为中心，环绕着它的还有东南西北二十八宿，每宿由七组星组成，由此形成一个以北斗为中心的平面五方位空间体系。古人“俯察天地，品类群生”，在与农业关系无比紧密的古代天象学中，北极与北斗既然有如此特殊的地位，在尚保留原始自然神崇拜意识的古人头脑中，自然就有了以北为尊的方位观念。

对南北方位的强调，及在建筑空间组织中对南北轴线的突出，还受到北半球和中国自然气候的影响：太阳在南，夏季多凉爽的东南风，冬季多寒冷的西北风，建筑群坐北朝南，则夏凉冬暖。

除了以上两种诠释外，中国古人的传统阴阳观念大概也起了作用。阴阳观念是一个二元线性图式，《老子·道德经》所谓：“万物负阴而抱阳，冲气以为和”，在中国，以南向的年日照时间最长，人们习惯上把山南水北朝南的斜坡地带称为阳，反之则称为阴。负阴抱阳的建筑组合，很自然地是沿着南北向纵轴线布局的。

不论是河南偃师二里头晚夏的两座宫室遗址，还是偃师尸乡沟早商西亳城址，或是陕西岐山晚商先周四合院遗址，都可以看到，建筑中强调南北轴线的传统已经开始形成。古籍所载的西周宫殿，为外朝、治朝、燕朝三个沿纵深布置的空间层次。这个纵深空间组合，肯定也是南北向的，此由《周礼 · 秋宫》亦可窥知一二。它说 ：“小司寇掌外朝之政，以致万民而询焉……其位，王南乡（向），三公及州长百姓北面，群臣西面，群吏东面”。秦咸阳朝宫阿房前殿的建造，甚至将建筑组群的南北轴线与自然山川结合在一起，“先作前殿阿房，……周驰为阁道，自殿下直抵南山，表南山之巅以为阙”（《史记 · 秦始皇本纪》）。把咸阳以南的秦岭诸峰，直接拿来表作宫殿的门阙，其空间的气魄，是何等的雄阔。咸阳宫殿的建设，还“为复道，自阿房渡渭，属之咸阳，以象天极。阁道绝汉抵营室也”。推而可知，对星象的观察与模仿，或以星象进行建筑定位，是秦代建筑活动必不可少的环节。由敦煌唐宋壁画数百处大型寺庙建筑群、《戒坛图经》所绘唐代律宗寺院、宋《平江图》碑中所绘府衙建筑、明清北京紫禁城宫殿建筑群、现存明清各地民居，以及本书所提及的几乎所有建筑群实例，都表现了坐北向南的特征（图 16–3–10）。

至于东西轴线，除了在某些明堂式建筑布局中，出于宇宙同构的意识略有与南北向轴线差可比拟的地位外，在绝大多数建筑组群中，只具有局部的构图作用，一般情况下并不具有总体的意义。

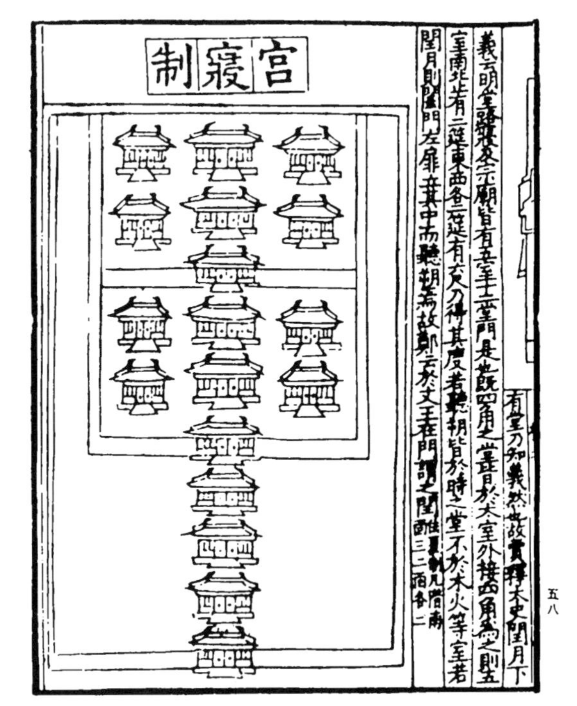

图 16–3–10　古代宫寝的主导方位与轴线（王贵祥）

第四节　外部空间设计

在空间观念已经建立，空间图式已经抉择，空间的组织模式也已初定以后，外部空间的具体设计就成了重要的课题了。

已如前述，在中国，以组群布局的方式在平面上展开，比以单体建筑的形式向竖向延伸更受到重视，诸如城市、宫殿、坛庙、寺观、陵寝、皇家园林等大规模建筑组群的外部空间设计，因此而得到极大的发展。从群体到单体，从整体到局部，都十分注重体量尺度的合理控制，讲究空间程序的巧妙组织，使组群既能在远观时以整体性的宏大气势和魄力，体现特定的性格，也能在近观时以单体、局部和细节构成的多姿多彩，予人以亲切细腻的感受，更能以各空间层次和景物的生动变化，造成连续出现的富涵审美情趣的知觉群。无数优秀的作品表明，中国建筑的外部空间设计，已达到了极高的艺术水平。

中国古代建筑的这一突出特色和卓越成就，经历了数千年的发展，从建筑文化的角度加以审视，既是高度注重现实人生、具有实用理性取向的文化精神的表现，也受到融汇了宇宙观、人生观和审美理想的天人合一观念的影响 ；而历代哲匠丰富的建筑创作活动及其系统而精审的建筑外部空间设计理论与方法，也是直接推进这一历程达到有容乃大境地的源头活水。

事实上，在中国古代，很早就已拥有发展较大体量建筑的技术实力。文献记载和遗存的许多“竣极天工”的高台、明堂、佛塔、佛楼等，就是它的体现。但这些竖向发展且体量超人的建筑，往往都是娱神、求仙、礼佛的“神的空间”，或借以炫耀皇权神授的威势。作为宗教性彼岸世界的崇拜物或现实世界的对立物和补充物出现的这类建筑，由于中国文化更重视现实人生而具有实用理性精神的制约，未曾得到西方那种宗教迷狂式的膨胀性发展，故尺度超人的大体量的和向上发展的建筑终究只占了中国建筑很小的比重。

建造大尺度、大体量建筑的技术实力，在很多曾长期领先于世界、被誉为古代工程技术奇迹的大跨度结构原型上也有充分显示。例如隋代赵州安济桥采用的敞肩圆弧石拱券结构，弧跨达 37 米（直径比这还要大得多），其结构技术水平，并不在同时期欧洲建筑之下。宋汴梁的木构虹桥和与之相近现在浙闽等地仍大量存在的木桥，采用叠梁拱式结构，跨度最大达 42 米。本来，运用这些大跨结构技术来覆盖巨大的空间，构筑大尺度大体量的建筑，即使不是举手之劳，也应该是可以做到的，然而无论文献记载或实物遗存，都未曾有过这种巨大室内空间的踪影。正如《吕氏春秋》所说：“室大则多阴，台高则多阳，多阴则蹷，多阳则痿，此阴阳不适之患也。是故先王不处大室，不为高台。”董仲舒《春秋繁露》也说：“高台多阳，广室多阴，远天地之和也，故人弗为，适中而已矣。”是不为也，非不能也，显然，中国古代这种强烈的实用和理性的价值取向，限定或阻绝了大尺度、大体量的建筑和巨大室内空间的发展。天尊地卑，中国虽然并不乏“欲与天公试比高”的意念，但最终的选择，却不是与“天”的对抗，而是与“天”的亲和，甘心依附于大地之上。

建筑空间在平面上展开，也同木结构的发展相关。安济桥的例子，已显示出建造高大体量的石结构的能力，但人们还是普遍选择了不易形成巨构的木结构。木结构的发展很早就迈进了标准化、模数化和预制装配化的阶段，使单体建筑的设计大大简化，空间的总体布局处理得以成为设计的重点。哲匠们专注于此，薪火相传，最终能以敏锐而准确的尺度感和娴熟的艺术技巧，灵活而妥善地运用各种建筑体型，结合自然景观环境，进行建筑组群的空间组织处理，而达到极高造诣。

如后文将要着重谈到的那样，古代哲匠凭借十分丰富的创作经验和审美体验，在深刻认识和把握了人的空间行为和知觉心理规律的基础上，很早就掌握了组群性建筑外部空间构成及其感知过程的一系列本质特征和内在规律，经过缜密的归纳和综合，尤其是理论思维的深刻抽象和精辟概括，并汲取融汇了古代科学、哲学、美学、伦理学等方面的精华，形成了内涵丰富、系统而科学，同时具有很强实践价值的独特设计理论体系，推动组群艺术达到炉火纯青的境界。

建筑外部空间设计，就是运用建筑形体及其他环境景观构成要素如地形地貌、山水植被以及自然界的光、色等，以连贯的程序，多视点地进行空间组合，使体量、尺度、造型以至质地、肌理等方面和大小高卑、远近离合、主从虚实、阴阳动静等变化，都能适合人的生理和心理要求，在感受效果特别是视觉感受效果上，引起审美的愉悦。中国古代的建筑外部空间设计理论，就是有关空间组合处理技巧的规律性的概括抽象，其表述方式，则植根于传统文化的深厚土壤，鲜明显现出长于整体思维的辩证哲理、表述精炼的民族特色。

从有关文献记载和包括田野考古发现在内的大量具体实例，中国古代建筑外部空间设计理论，大体同步于独特的建筑体系形成的历史，曾经历过长期的探索和不断充实、提高的进程。概略地说，经过商周时期的酝酿，至少在春秋战国时代，就已形成了雏形性的被称为“形体之法”（汉晋之际称“形法”）的基本体系。后世流行的更为严整的风水“形势”说，则是“形体之法”或“形法”的传承发展而臻于成熟的结果。此外，模数与数的象征，也是外部空间设计的重要原则和方法。

一、“形体之法”

商朝遗文《尚书 · 盘庚》记载三千三百年前商王盘庚迁殷事，提到“盘庚既迁，奠阙攸居，乃正阙位”。其中的“乃正阙位”，同于后来《周礼》和《考工记》屡屡说到的“辨方正位”，实际即指城市宫室的规划布局。

《尚书 · 召诰》记载了周灭商以后洛邑的选址规划：“惟太保先周公相宅。……阙既得卜，则经营。……攻位于洛汭。”其中“相宅”和“卜”就是选址，“位”就是“辨方正位”即规划设计，“攻”就是实施。这篇西周初的官方文告还同时提到“周公乃朝用书”。“书”即规划设计说明书，内容大致如《左传》所回顾的“士弥营成周，计丈数，揣高卑，度厚薄，仞沟洫，物土方，议远弥，量事期，计徒庸，虑材用，书糇粮，以令役于诸侯”（《左传·昭公三十二年》）。此外，记载周公向成王汇报洛邑的选址规划工作的《尚书 · 洛诰》，又提到“伻来以图，及献卜”。其中“伻”（音 beng）就是规划，“图”就是规划设计图。

值得重视的是，在这个时期，在城市和宫室苑囿的规划设计中，对建筑外部空间已有了明确的审美追求。像商王都城，殷墟甲骨文就直称为“大邑商”、“天邑商”，《诗经》的《商颂·殷武》更赞美“商邑翼翼，四方之极”。《诗经》中的《大雅 · 绵》讴歌了周文王祖父古公亶父率族迁居岐山经营都城宫室的辉煌业绩，历历如绘地描述了“乃疆乃理”的规划建设，也直接抒发了人们对建筑的艺术审美感受：“作庙翼翼”是说宗庙的端庄，“皋门有伉”是说城门的高大，“应门将将”是说王宫大门的堂皇，等等。又如颂扬周宣王新宫的《小雅 · 斯干》，也反映了当时的建筑观念：选址时，注重自然环境生态良好和景观优美；规划中，讲究人与自然的两情融洽；在关切建筑结构的坚固安全、防卫功能完善的同时，也十分重视建筑艺术形象的亲切优美，还把建筑审美同人的情感和心性道德修养联系起来，强调建筑艺术的精神功能。其中写道：“如跂斯翼，如矢斯棘，如鸟斯革，如翚斯飞，君子攸跻。殖殖其庭，有觉其楹，哙哙其正，哕哕其冥，君子攸宁。”[①]这些著名的章句一直为后世传诵，是中国古代建筑审美心态的表徵。

迄至春秋战国，由于生产力的发展和技术的进步，社会政治的深刻变化，伴随着理性精神的高扬、学术思想的空前活跃和繁荣，建筑包括其组群外部空间的审美，得到了理论升华，已具有显著的美学意义。

《左传 · 昭公二十年》记齐晏婴在遄台上对齐景公阐发以“和”为美的道理，说：“清浊、大小、短长、疾徐、哀乐、刚柔、迟速、高下、周疏，以相济也。”是指出：包括建筑艺术形式美规律在内的“和”美的本质，就在于多样性的对立统一，在于“相济”即协调各对立因素，达到合目的性、合规律性的相互联系和运动变化。这种对“和”美的追求，同时也包括了明确的社会价值取向，就是应当能够感化和陶冶人的心性情志，促使人趋向于“善”。《左传·襄公二十九年》述吴国公子季札应鲁襄公邀请“观于周乐”后所谈的感受，就反映了这一点。季札赞美《颂》说：“至矣哉！直而不倨，曲而不屈，弥而不逼，远而不携，迁而不淫，复而不厌，哀而不愁，乐而不荒，用而不匮，广而不宣，施而不费，取而不贪，处而不底，行而不流，五声和，八风平，节有度，守有序，盛德之所

① “其屋像人正襟肃立，棱角像飞箭样笔直，其势如飞鸟展翅，屋檐像野鸡样飞舞，君子登上巍峨的大宇。院庭严严正正，梁柱高大矗立，亮堂堂的白天，静幽幽的夜晚，君子多么安谧。”译据王宁主编《评析本白话十三经》并略改。

同也。”

“和”美，是建筑艺术的一种重要的审美标准。对此，与晏婴同时的楚国伍举，向楚灵王就建筑审美的取向有一番议论，他说“臣……不闻其以土木之崇高、雕镂为美，……不闻其以观大、视侈、淫色以为明……夫美也者，上下，内外，小大、远近皆无害焉，故曰美……故先王之为台榭也，榭不过讲军实，台不过望氛祥，故榭度于大卒之居，台度于临观之高。”（《国语·楚语上》）伍举的论述，是中国最早的关于建筑美的定义，其中清晰地反映出，在关注现实人生、具有强烈实用理性精神的古人那里，对建筑空间艺术中诸如“上下，内外，小大、远近”等构成要素在审美观照中的合宜尺度，给予了深切重视，主张以适合人的生理、心理、伦理的需要为目的，以合宜于人及人际情感交流的亲切尺度，来创造合乎“人情”的建筑空间环境，求取艺术上的成功，而不主张超人的尺度夸张。与伍举同时，周景王的卿士单穆公，也从人的知觉生理和心理的角度批评了过度的感官刺激的危害，指出：“夫目之察度也，不过步武尺寸之间；其察色也，不过墨丈寻常之间……夫乐不过以听耳，而美不过以观目。若听乐而震，观美而眩，患莫甚焉。夫耳目，心之枢机也，故必听和而视正。听和则聪，视正则明。”（《国语·周语下》）

十分注重建筑审美的孔子也这样评价“善居室”：“始有，苟合矣；少有，苟完矣；富有，苟美矣。”（《论语·子路》）所谓“富有”、“完美”，也就是后来《孟子·尽心下》强调的“充实之谓美”。孔子更强调礼在建筑中的作用，建筑的规模应“得其度”而不能过度。他说：“以之居处有礼，故长幼辨也；以之闺门之内有礼，故三族和也；以之朝廷有礼，故官爵序也……是故宫室得其度”（《礼记·燕居》）。唐孔颖达解释说：“宫室得其度者，度谓制度，高下大小，得其依礼之度数。”孔子又明确提出“礼之用，和为贵”。建筑的体量和尺度，都应当体现“礼”的秩序，以臻于“和”。

以尚俭著称的墨子更倡言建筑尺度的权衡应“便于生”，在《墨子·辞过》中已有表述，《吕氏春秋·本生》又有阐发，汉董仲舒集前人之大成，在《春秋繁露》中提出“适中”和“适形”的主张。此已于上章有所阐述。

单穆公所说的“察度”和“察色”也涉及人际情感交流所需要的一种富有亲切感的空间尺度，这也是当时居室普遍采用的尺度，并具有模数的性质。如《仪礼·公食大夫礼》载：“司宫具几与蒲筵，常；加萑席，寻。”东汉郑玄注曰：“丈六尺曰常，半常曰寻。”《礼记·曲礼》述居室会客礼仪时也提到：“布席，席间函丈。”郑玄注：“函犹容也。讲问宜相对，容丈，足以指画也。”《礼记·文王世子》又说：“远近间三席，可以问，终则负墙。”唐孔颖达注：“席制广三尺三寸三分之一，三席则函一丈，可以指画而问也。问终则退就后席，负墙而坐。”这种模数性的尺度概念，在如《墨子·辞过》“美食方丈”、《孟子·尽心下》“食前方丈”、《晏子春秋·内篇·问下》“食味方丈”等，也都有所反映，都是指适于人居和人际交流的不过分大的空间尺度。《庄子·让王》和《淮南子·原道训》又提到“环堵之室”，东汉高诱说：“堵，长一丈，高一丈；面环一堵，为方一丈，故曰环堵。”唐陈玄英：“犹方丈之室也。”东汉王充说：“宅以一丈之地以为内”（《论衡·别通》），即是以“人形一丈，正形也”为标准而权衡的。以合于人体尺度并具有亲切感的“方丈”、“丈室”、“室”或“间”为基础，构成多开间的建筑，进而组成大型建筑、宅院，或更大规模的建筑群，于是有了“百尺”、“百堵”、“千尺”之类的衡量建筑外部空间的重要尺度概念，如《大雅·绵》的“百堵皆兴”，《小雅·斯干》“筑室百堵”，《韩非子·喻老》“百尺之室”等。

以人体为基础构成的建筑规划设计模数方法的进一步扩展，就形成了“形体之法”。所谓“形体之法”，就是土地和都邑规划设计的方法。《周礼·地官·遂人》说：“以土地之图经田野、造县鄙形体之法。”郑玄注：“经、形体，皆谓制分界也。”

至少在周代，规划设计制度已成体系，详略不同地记载在《周礼》、《逸周书》、《考工记》等典籍中。其中既注重建筑的礼制性意义，也注重艺术审美价值，通过制度性的模数尺度体系，来指导和控制规划设计实践。《周礼·夏官·量人》说：“量人掌建国之法，以分国为九州，营国城郭、营后宫、量市朝道巷门渠、造都邑亦如之。”郑玄释曰：“建，立也。立国有旧法式，若《匠人职》云。”所谓“旧法式”和《匠人职》，是指《考工记·匠人》记载的周代规划设计制度，包括“匠人建国”测定水平和方位的方法、“匠人为沟洫”有关水利和道路建设及各类屋面排水坡度等制度、“匠人营国”有关周王城、诸侯国都以及称为“都”的宗室和卿大夫采邑城等三级城市建设体制，还有宫室建筑形制和规划设计方法等。如：

匠人营国，方九里，旁三门。国中九经九纬，经涂九轨。左祖右社，面朝后市，市朝一夫。

夏后氏世室，堂修二七，广四修一；五室，三四步，四三尺；九阶；四旁两夹窗，白盛；门堂三之二，室三之一。殷人重屋，堂修七寻，堂崇三尺，四阿重屋。周人明堂，度九尺之筵，东西九筵，南北七筵，堂崇一筵，五室，凡室二筵。

室中度以几，堂上度以筵，宫中度以寻，野度以步，涂度于轨。庙门容大扃七个，闱门容小扃叁个。路门不容乘车之五个，应门二辙叁个。

内有九室，九嫔居之；外有九室，九卿朝焉。九分其国以为九分，九卿治之。

王宫门阿之制五雉，宫隅之制七雉，城隅之制九雉。

经涂九轨，环涂七轨，野涂五轨。

门阿之制以为都城之制。宫隅之制以为诸侯之城制。环涂以为诸侯经涂，野涂以为都经涂。

这些中国古代建筑史上耳熟能详的规划设计制度，通常即称“营国制度”。

郑玄特别说明：“营，谓丈尺其大小。”唐代贾公彦解释说：“云丈尺，据高下而言；云大小，据远近而说也。”就是说，除了诸如王城的前朝后市、左祖右社的规划布局等具体形态特征外，建筑规划设计的尺度、尤其建筑组群布局空间尺度的合理控制，及其相应的制度体系，同样也是“营国制度”考虑的问题。

“营国制度”以周天子王城和宫室的形制、规模、尺度和布局等规定为基础，诸侯国都与宗室、卿大夫的采邑则相应递降，以“自上以下，降杀以两”的制度规定，体现了宗法礼制的尊卑等级观念。

所有这一切都是以尺、丈和几、筵、寻、步、轨、雉等尺度单位来控制而实施的，本质上也是以人体为基准从居室推衍到建筑外部空间的模数方法。

除此而外，作为“旧法式”的营国制度，在具体的规划设计中还借鉴运用了井田规划即“画井为田”的井字型或九宫格经纬系统的方法。典型者如王城规划的井字形格网，实际是以“夫”为基本单位，以经涂、纬涂为坐标，以中经涂、中纬涂为坐标轴线构成的。

这一经纬坐标方格网系统在实践中的发展和广泛运用，甚至被奉为经典而予以诠释与实施，还形成了中国古代制图学“计里画方”的传统。在都市规划、大规模建筑组群的平面布局、竖向设计及局部构成比例推敲中，都曾运用了这种系统而达极高造诣。甚至在古代天文图、军阵图、书法、绘画、博弈以及占式之类的“数术”中，也不难发现其影响。

二、“千尺为势，百尺为形”

“千尺为势，百尺为形”是汉以后建筑外部空间设计理论。

早在先秦诸子著述中，就有了“形”和“势”的概念，如《管子》中的《形势》、《形势解》诸篇，《孙子》中的《形篇》、《势篇》等。“形”，有形式、形状、形象、表现等意义，“势”则有姿势、态势、趋势、威势等意义。形与势比较，形还具有个体、局部、细节、近切的涵义，势则具有群体、总体、宏观、远大的意义。

《考工记》记载的“百工”职责，就首先推重“审曲面势，以饬五材，以辨民器”的设计方法，对不同工种还有更具体的要求。如属于“攻木之工”的“轮人”，即要求“察车之道……自轮始”，“望（远望）而视其轮，欲其幂尔而下迤（曲度均匀，两旁微向下斜）也；进（近察）而视之，欲其微至（着地面积小）也。无所取之，取诸圜也（没有它法，只有车轮溜圆才能达到）。望其幅，欲其揱尔而纤（由粗渐细）也；进而视之，欲其肉称（丰润匀称）也；无所取之，取诸易直也。望其毂，欲其眼（突出）也；进而视之，欲其帱之廉（蒙覆之革见棱见角）也；无所取之，取诸急（包裹紧密）也。”特别强调远以观势、近以察形的技巧。再如“攻皮之工”的“鲍人”，也有“望而视之”、“进而握之”等细致程序。

正是基于这种实践，在建筑规划设计方面形成了“形体之法”即“形法”，在“大举九州之势以立城廓室舍形”（《汉书·艺文志》）的论述中又引入了“势”的观念并与“形”相联系。在当时有关建筑规划设计的专门性术书中，形和势的概念，已经明确应用。据班固所记，形法家的著述有《国朝》七卷、《宫宅地形》二十卷，以及传世至今被公认为古代地理学典籍的《山海经》十三篇（图16-4-1）。

汉代形法家关于建筑“形势说”的具体论述，因术书亡佚而难究其详，好在与其一脉相承的后世风水流派“形势宗”有丰富的论述，尚可据以追溯其迹。同时，形法家影响所及，在汉代的许多反映建筑意匠的诗赋中，也留下了明显的印迹。

被赞誉“数术穷天地，制作侔造化”的东汉学者张衡，传世有《西京赋》、《东京赋》等，首写长安、洛阳的选址规划，言及“审曲面势”等种种意象，就不啻为“大举九州之势以立城郭室舍形”的表现。张衡的《冢赋》更一向被后世“形势宗”风水家评为“自述上下岗陇之状”、“寻龙捉脉”相度陵墓风水的名赋。其中既生动描绘了陵墓选址、营造及诸多艺境追求的情节，对陵墓组群的外部空间构成，也特别强调：“宅兆之形，规矩之制，睎而望之方以丽，

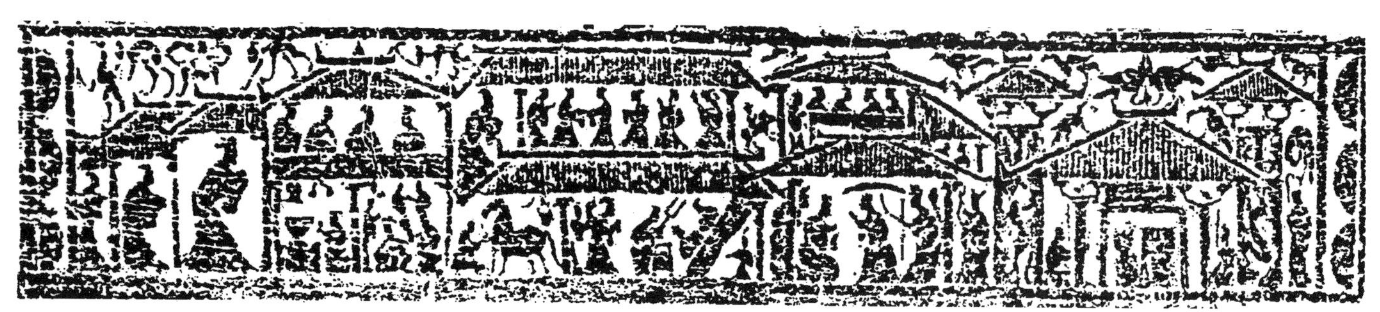
图16-4-1　汉画像石“势合形离”的建筑群（王其亨）

践而行之巧以广”，表达了远近行止不同而巧于变化的视觉感受。这与更早的西汉王褒《甘泉赋》描绘建筑群外部空间所说的“却而望之，郁乎似积云；就而察之，霸乎若太山”，似异曲而同工。

这种远观近察的建筑审美观照方法，对其他艺术也有影响，例如书法，崔瑗的《草书势》就说：“是故远而望之，若注岸崩涯；就而察之，即一画不可移。”蔡邕的《篆势》也有“远而望之”、“迫而视之”的描述。他的《隶势》更径直以建筑组群外部空间远势近形的审美意象来比喻：“若钟琚设帐，庭燎飞烟；崭岩崔嵯，高下属连。似崇台重宇，增云冠山。远而望之，若飞龙在天；迫而察之，心乱目眩，奇姿谲诞，不可胜原。”

曹魏何晏《景福殿赋》描写了一座大型宫殿建筑群，也颇为注重建筑外部空间的艺术处理及远近行止不同的感受效果，如云：“远而望之，若摛朱霞而耀天文；迫而察之，若仰崇山而戴垂云”。他还借用“形”与“势”有关局部与整体的不同涵义写道：“枅梧重叠，势合形离”，虽只是描绘檐下斗栱，却明白描述了构件形体虽各自独立，结构上却保持着整体统一的状态。

正是在丰富的建筑创作和审美体验的实践基础上，对建筑环境景观中空间构成方面诸如高下大小、远近离合、主从虚实、整体局部、动静阴阳等视觉感受及内在规律，逐步认识与把握，并导向理论思维，终于衍出了一套内涵丰富，并颇具哲理性的理论，这就是源自汉代而见诸魏晋尤其后世风水“形势宗”有关著述中的“形势说”。

风水形势说的有关理论，主要围绕着“形”和“势”的基本概念展开，规范了二者不同涵义和不同的空间尺度限界，陈明了它们相反相成、对立统一和相互转化的辩证关系及相应处理技巧。为免繁冗，略以传世较早的风水要籍如《管氏地理指蒙》、《郭璞古本葬经·内篇》等，摘录有关其要旨的一些论述如下：

“远为势，近为形；势言其大者，形言其小者”。

“势居乎粗，形在乎细”。

“势可远观，形须近察”。

“远以观势，虽略而真；近以认形，虽约而博”。

“千尺为势，百尺为形”。

“千尺为势，非数里以外之势；百尺为形，非昆虫草木之形”。

“形者势之积，势者形之崇”。

“势之积，犹积气成天，积形成势也”。

“势为形之大者，形为势之小者”。

“形即在势之内，势即在形之中”。

“来势为本，住形为末”。

“势如根本，形如蕊英；英华则实固，根远则干荣”。

“形乘势来”。

“形以势得。无形而势，势之突兀；无势而形，形之诡忒”。

“驻远势以环形，聚巧形而展势”。

“四势之于气概，三形之于精神。一经一纬，相济而相因；千态万状，相类而相生”。

“精神（形）、气概（势），以见其远近大小之不同……臻于妙也”。

“至哉！形势之相异也，远近行止之不同，心目之大观也”。

“于大者远者之中求其小者近者，于小者近者之外求其远者大者，则势与形胥得之矣”。

“动静阴阳，……移步换形，相生为用”。

“势止形就，形结势薄；势欲其伸，形欲其缩”。

“势与形顺者吉”。

“势来形止、前亲后倚者为吉”。

“形势相登，则为昌炽之佳城”。

“势远形深者，气之府也；势促形散者，气之衰也”。

“形全势就者，气之旺也”。

归纳如上论述，风水形势说显然包含如下一些基本层次。

一、形与势的基本概念：

形，盖指近观的、小的、个体性的、局部性的，细节性的空间构成及其视觉效果。

势，盖指远观的、大的、群体性的、总体性的、轮廓性的空间构成及其视觉效果。

二、形与势的基本尺度，即空间构成的平面（进深与面阔）、立面（高度）及观赏视距等方面的基本控制尺度：

形，一般以百尺为准，非纤芥之形。

势，一般以千尺为率，非过远之势。

三、形与势的基本关系

在组群性空间中，形与势共存，而统筹其关系，则尤须强调以势为本，以势统形，即以空间构成在群体和整体上的大格局及其远观效果，并以其气魄或性格特色立意，进而通盘权衡，再展开个体、局部，作细节性空间设计和近观效果处理。

四、形与势的时空转换

形与势的概念及尺度限定，基因于空间构成在近观时或远观时的知觉效果，时空上皆具相对静态的特征。而由远及近或由近及远的时空运动中的景观，即介乎远、近两极之间的中景景观，却具有动态变化的特征，充满了近与远、大与小、群体与个体、整体与局部、轮廓与细节等方面，即势与形的矛盾运动与相互转化。因此，中景景观的艺术处理，须细致缜密地把握，在空间组群的序列组织中，无论前瞻后视，左顾右盼，都要巧加运筹，使人在运动中从各个知觉及其连续变化中获得的综合印象，臻于丰富而极尽变化，以成“心目之大观”。

风水形势说理论，一如古代中国其他学术理论，内涵丰富深刻，而概括性极强，洵为言简意赅。惟其言简，或用当代有关理论对照诠释，则其内涵的多方面意义与价值将更为彰明卓著。

例如形势说的核心，除定性概括了“形”与“势”这两个基本概念外，还给出了特具重要意义的“千尺为势、百尺为形”等规定，作为外部空间构成的尺度权衡基准。这些规定，从历代实例看，可认为是古代哲匠在深刻认识和把握人的行为及知觉心理规律的基础上，准确凝炼地给出的“外部空间模数”，具有相当的科学依据。

中国古尺，从周尺到康熙量地官尺折算为公制，百尺约合 23 ～ 35 米，以之为近观的视距标准，正与当代建筑理论考虑近观时需着重对待的视距基本相符，广泛应用在如剧院、多功能体育馆内部空间视距及街道、广场、建筑群的外部空间设计中。众多理论著述都曾指出，这一空间尺度予人的心理感受，以富于“人情味”为其显著特征，以此为准，可以创造出尺度得体宜人的外部空间。

依风水形势说，百尺为形的空间尺度规定还具有衡量单体建筑尺度的意义，即建筑单体或建筑局部的空间划分如通面阔、通进深和高度，一般也应以百尺为限。由当代理论可以知道，这也正是控制建筑体量不失之于超人的夸张，而富人情味的合宜尺度。

在百尺远的地方观看百尺高的建筑，垂直视角为 45°，正是现代在外部空间设计中普遍运用为近距离观看建筑个体的一个限制视角。与此同时，当代研究成果指出，在水平方向，双目的合同视野在 60° 以内，一般以水平视角 54° 为最佳水平视角，也正是面阔百尺的建筑在视距百尺处观看的水平视角。

风水形势说对于“势”的尺度规定，即“千尺为势”，一般用于限定群体性的大范围空间围合及远观视距，同样具有科学性。古代千尺约合今 230 ~ 350 米，也是一个以人的活动为中心进行外部空间设计时的科学尺度规定。以此为远观限制域的空间，仍然具有“人情味”。

又，合于“百尺为形”的建筑或其他景观，从千尺之远观看时，视角为 6°，正是人眼最敏感的黄斑视域，也是现代建筑外部空间设计的一个重要控制视角。当视角小于 6° 时，空间的景观效果将明显消失。尤其是当垂直视角小于 6° 时，围合效果趋于微弱，而偏于空旷，人与景物之间将产生疏远感，故围合度是一个影响景观质量的重要因素。

有鉴于此，依百尺为准构成的各单体性空间构成，为避免在大范围空间中失于空旷和疏远，仍保持宜人的效果，则在外部空间的总体布局上，控制各百尺之形单体空间围合的尺度，把握远观视距不逾千尺，即不超过 350 米，应当是十分重要的。风水形势说“千尺为势、百尺为形”的限制性规定及具体运用，表现出明显的针对性，所具有的理论价值和实践意义，不言而喻。早至战国中山王陵，晚至清代建筑如北京圆明园、颐和园，承德避暑山庄，青海乐都瞿昙寺等，都表现出中国传统大型建筑的丰富实践（图 16–4–2 ~图 16–4–8）。

当然，实际上也会存在空间围合尺度及远观视距逾出千尺的情况。当此之际，适当增高或加大各单体空间的尺度，或通过单体空间的适当组合形成大尺度、大体量的组群，均能调整其远观视角，使之大于 6°，从而避免空旷疏远之感。风水形势说强调的“积形成势”，“聚巧形而展势”的精明手法，即因此而发。这里，一般不着眼于增高加大单体性空间的尺度，以免近观时失之超人的夸张，而着重在通过巧妙的“积形成势”、“驻远势以环形”、“形乘势来”、“形以势得”的艺术处理，即在远景上，使一些个体性的百尺之形，或者借山势地形，或者倚靠大体量、大尺度的群体性空间组合作底景，而得衬垫烘托，从而获得远观得体的效果。

风水形势说对外部空间设计的深思熟虑，还表现在对近、远两极之间中景景观处理原则的把握与阐发上。在这方面，同样可以当代有关理论分析为佐证。例如当代知觉心理学揭示

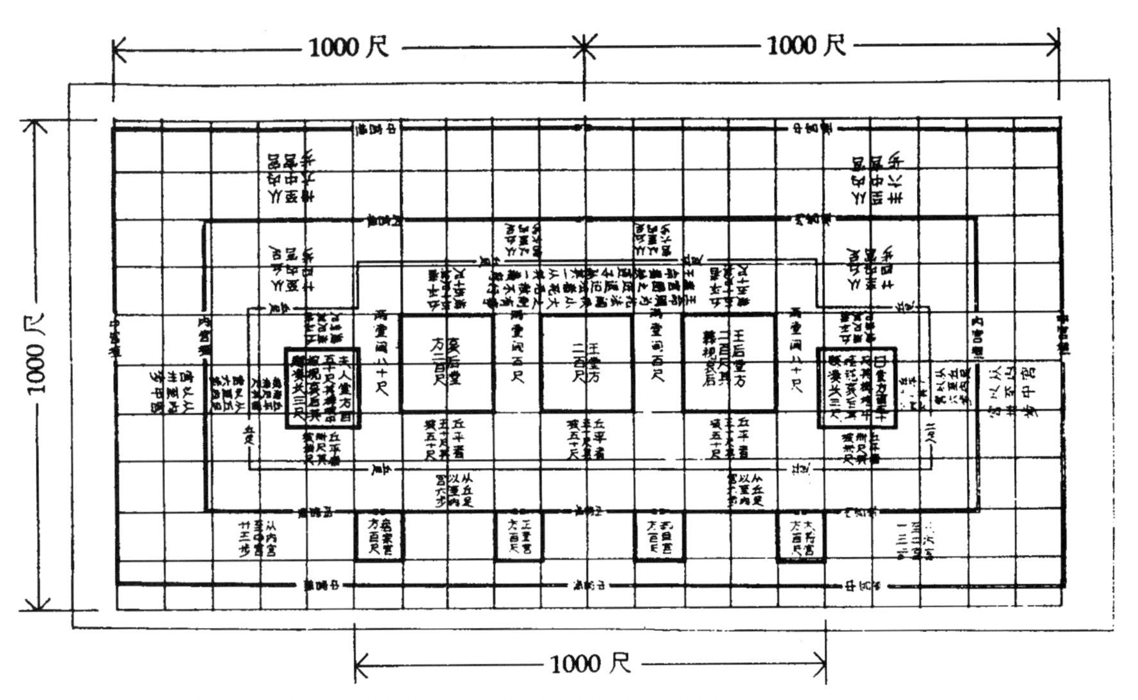

图 16–4–2　战国中山王陵《兆域图》铜版的尺度分析单体的形与群体的势（王其亨）

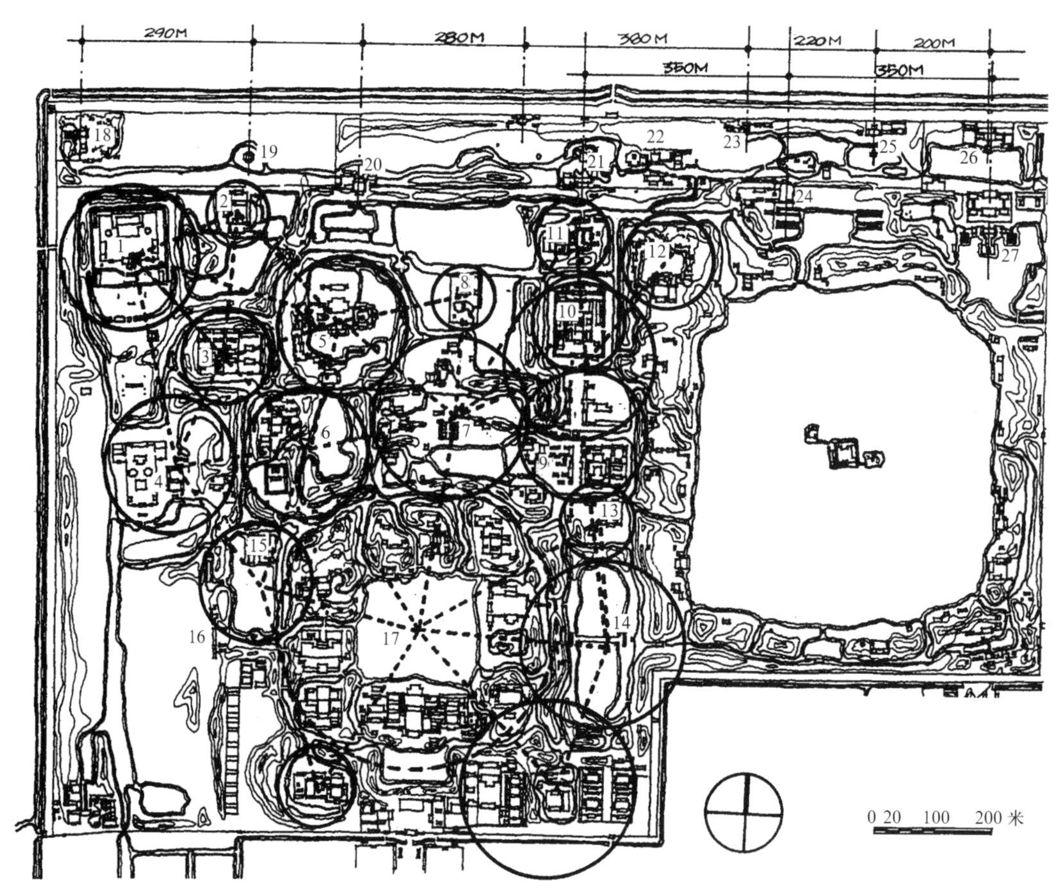

1. 鸿慈永祜；2. 汇芳书院；3. 日天琳宇；4. 月地云居；5. 濂溪乐处；6. 武陵春色；7. 淡泊宁静；8. 文源阁；9. 坐石临流；10. 舍卫城；11. 西峰秀色；12. 廓然大公；13. 曲院风荷；14. 长虹饮练；15. 万方安和；16. 山高水长；17. 九州景区；18. 紫碧山房；19. 顺木天；20. 多稼如云；21. 鱼跃鸢飞；22. 北远山村；23. 若帆之阁；24. 安澜园；25. 关帝庙；26. 天宇空明；27. 方壶胜境

图 16–4–3　北京圆明园各景区的尺度及其间距（王其亨）

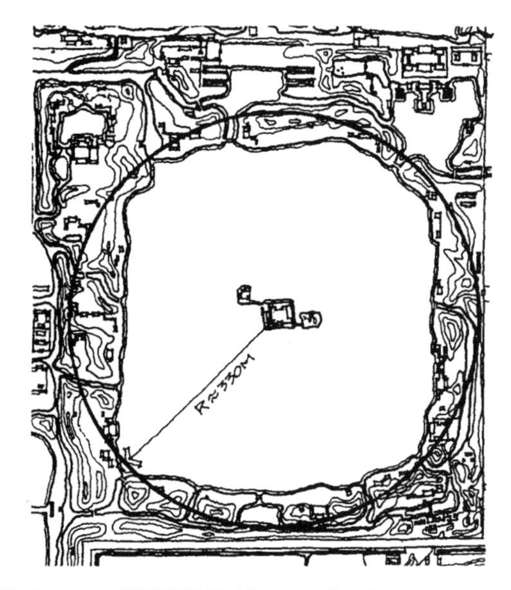

图 16–4–4　圆明园福海景区的尺度－湖心与湖面的距离约为 200–300 米（王其亨）

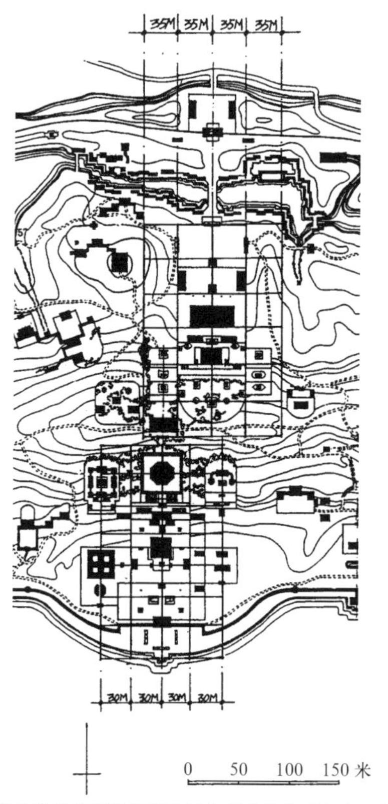

自昆明湖北岸牌坊至佛香阁景区北界总长约 250 米。自北宫门至须弥灵境南缘总长不到 300 米。两组建筑群的宽度方面的设计模数为 30 米或 35 米，均当百尺。

图 16–4–5　北京颐和园佛香阁与须弥灵境建筑群的平面尺度分析（王其亨）

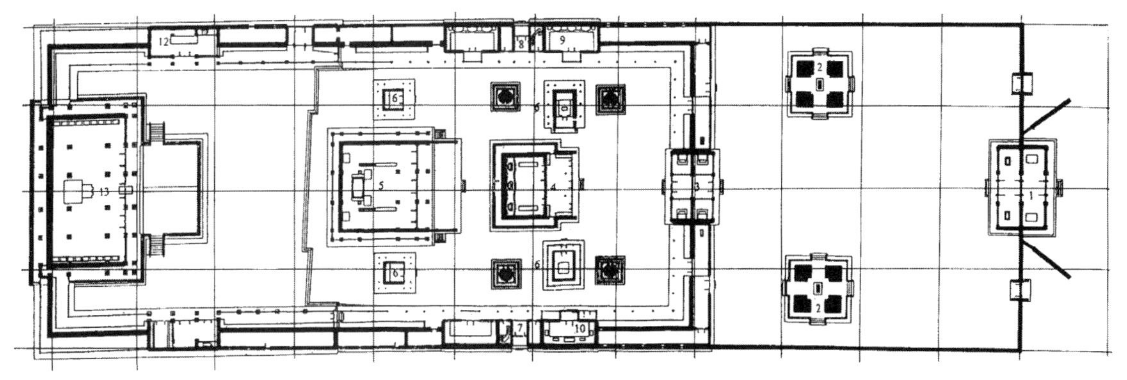

图 16–4–6　青海乐都瞿昙寺平面尺度分析 – 寺院侧墙与纵轴线的距离恰为一百营造尺（王其亨）

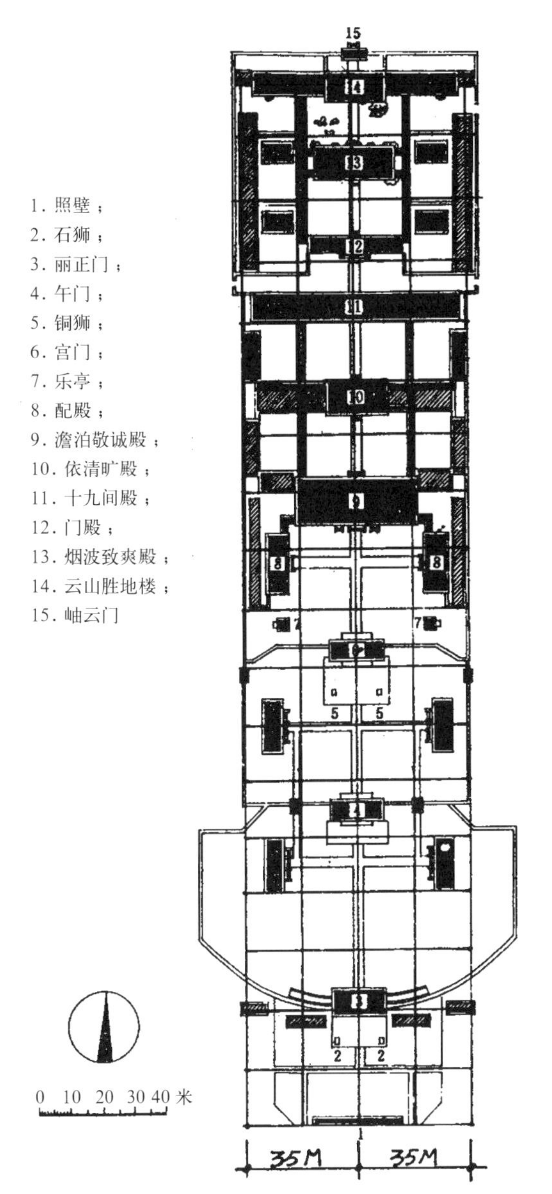

图 16–4–7　承德避暑山庄正宫平面尺度分析（王其亨）

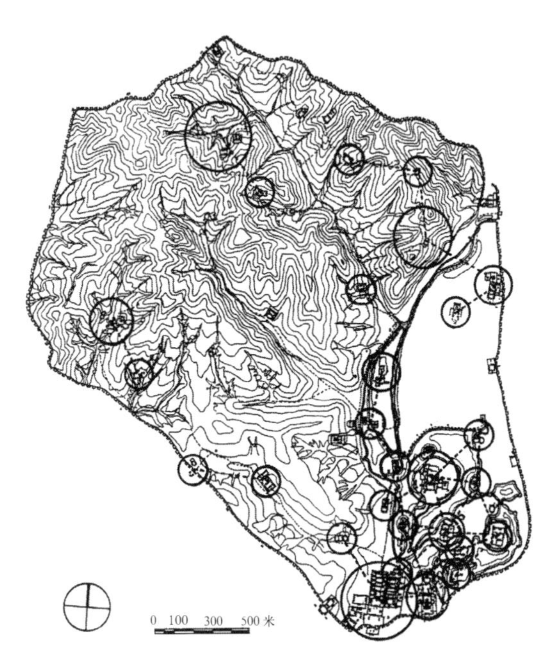

湖泊区的各景区中心的距离约为 200 ~ 300 米，山区为 300 ~ 350 米。

图 16–4–8　避暑山庄各景区的尺度（王其亨）

了这样一个视觉心理规律：人在某一位置观看一定大小的对象，其知觉大小随距离变化分为三个阶段；第一阶段是在距离较近时，知觉大小恒常不变；第二阶段是在中距离时，知觉大小的恒常性被破坏，即知觉大小随距离的增加而变小；第三阶段是在更远的范围内，对象的大小接近大小辨别阈域值，即距离再增加，知觉大小的变化也很小。[①]实际上，人在外部空间组群中作步行运动，当其近观时，景物的细节往往使人瞻恋驻足；而远观时，人虽移步，视角变化却很微小，景观微差也难以明显觉察。中景景观主要是在远近行止的显著变动中，被人连续感知而获得的综合印象，具有时空上的显著动态感，自在情理之中。

关于静态景观的视觉效果，19世纪以来的西方建筑理论也做了许多工作，分析了由不同视距（D）和建筑高度（H）的关系所决定的空间感：如当D/H = 1时，垂直视角为45°，空间围合感很强，人倾向于观看建筑立面的局部或细部；当D/H = 2、垂直视角27°时，空间围合感适中，倾向于观看整幢建筑的立面构图；当D/H = 3、垂直视角18°时，围合感下降，倾向于观看单幢建筑与周围景物的关系，或观看一群建筑；当D/H = 4、垂直视角14°时，空间围合的容积性特征渐趋消失，倾向于把建筑看成是凸出于整个背景的轮廓线，如此等等。

而风水形势说以百尺之形划分千尺之势的空间构成原则，包含了对这种静态空间感的认知与运用，同时也注重或强调在时空运动中空间感的转换变化。所谓千尺之势的大型空间组群，一方面要从全局或整体上控制其所具的特定性格或气魄；另一方面要在此基础上，以百尺之形为率，把整个空间组群划分成各有差别而又有机联系的多个局部性空间，组织各单体及局部。这样的空间组群，能一气呵成地显示出性格鲜明有机统一的整体特色，移行其间，在远、中、近的不同层次展现的"形"与"势"，便能予人以一系列的不同感受并引起情感变化。

风水形势说重视时空运动的空间构成的取向，其实更吻合当代外部空间设计理论，后者是为弥补西方经典性视觉分析理论发展起来的。其中如日本学者芦原义信所提出的"十分之一理论"和"外部模数理论"等。[②]似可证明，中国的风水形势说对这种知觉心理规律的认识已相当深刻并已能准确把握。

在建筑设计实践方面，以百尺为准的坐标网格来推敲建筑群的外部空间设计，也是中国古代传承弥久和应用普遍的方法，实例多见于传世的大量清代样式雷画样中，如用五丈、十丈见方的经纬坐标网格绘制的《风水地势图》、《地盘全图》、《中路立样全图》等。芦原义信的主张同这种设计方法也很一致（图16–4–9）。[③]

风水形势说是古代控制建筑外部空间的重要原则之一，与实践紧密联系，得以产生许多光耀世界建筑文化之林的伟大作品。分析这些优秀创作，有利于加深我们的理解。现以北京紫禁城为例试加分析。

紫禁城的规划设计受风水理论制约或指导，是有文献可考的事实。当紫禁城经营之时，风水学的形势宗倚重永乐皇帝的青睐正大行于世，它之被贯彻或影响于紫禁城外部空间设计，乃情理中事。若分析紫禁城建筑群的外部空间构成，也不难获得证据。

紫禁城的整体立意，极为注重"非壮丽无以重威"，因而竭力强化其环境氛围的至尊地位，具有鲜明的现实理性精神。另一方面，构成规模恢宏、气势磅礴的紫禁城建筑群的各个单体，其外部空间的基本尺度，仍遵循了"百尺为形"的原则，即以23～35米为率来控制，不追求过分的高大。如紫禁城最高的建筑午门，有强

① 荆其诚等．人类的视觉[M]. 北京：科学出版社，1987.

② 芦原义信的外部空间设计针对西方古典视觉分析理论"完全是静止式的、中世纪式的"之弊端，主张将"空间看作是一系列变化着的构图，这构图具有首尾的连贯性、连续性"。他提出的理论要点，其一是"外部空间可以采用内部空间尺寸八至十倍的尺度"，此即"十分之一理论（One-tenth theory）"；二是"外部空间可采用每行程为20～25米的模数"，即所谓"外部模数理论"。依其说，小巧亲密的室内空间尺度加大十倍，约25米，可构成亲切宜人的外部空间如小型广场；加大一百倍，即构成大型外部空间。大型空间的构成，应以能识别人脸的距离约25米为率划分行程，在每一行程内应运用各种办法造成空间的节奏感。

③ 芦原义信主张在进行外部空间设计时，把约25米的模数坐标网格重合在图面上，"就可以作为实感而估计出空间的大体尺度"。

烈的镇压威慑作用，虽如此，自城下地平到正脊的高度也不过 37.95 米。太和门高 23.8 米。体现九五之尊的太和殿，连同三层硕大的台基，全高也才 35.05 米。紫禁城其余单体建筑的高均在 35 米以下。

太和殿进深最大，为 33.33 米，其余各单体建筑皆在其下。

各单体建筑的通面阔，除中轴线上的主体建筑如午门、太和门、太和殿、神武门和横轴线上的东华门、西华门、体仁阁、弘义阁等重要建筑外，也都以百尺为形的尺度来控制。而以上各“居中为尊”的主体建筑或重要建筑，仅百尺的规模就远远不够了，故不以全面阔为百尺而以轴线两侧都在百尺之内来控制，如午门正楼为 2×30 米，太和殿也是 2×30 米，体仁阁、弘义阁为 2×23 米，等等。

除单体建筑的尺度外，一些关键性地点的视距控制也应倍加重视。大型建筑组群中总有一些关键性的“结点”，如纵横轴线的交汇点，道路、流水、门洞、桥座、月台、踏跺的起止点、转折点或交汇点，这些特定的点往往也是重要的观赏点。对其观看建筑的视距，匠师们也多遵循“千尺为势、百尺为形”的尺度来控制。本书第八章对紫禁城的一些结点做过视线分析，现再从“百尺为形”的角度补充若干。

论近观视距，从太和殿前月台台边至太和殿前沿、从太和殿后沿至中和殿前沿、从中和殿后沿至保和殿前沿，以及从保和殿北的丹陛北端至乾清门前沿，这几段的长度几乎完全一样，都在 30 米左右。东、西六宫的绝大多数内庭院的通面阔、通进深也都在 35 米以内。

论远观视距，最重要的当为午门广场，其深度十分接近“千尺为势”的 350 米。从天安门前丁字形广场一竖的中部北望天安门，以及各城门至角楼的距离，也都接近 350 米。

紫禁城各单体建筑的平面尺度和近观视距

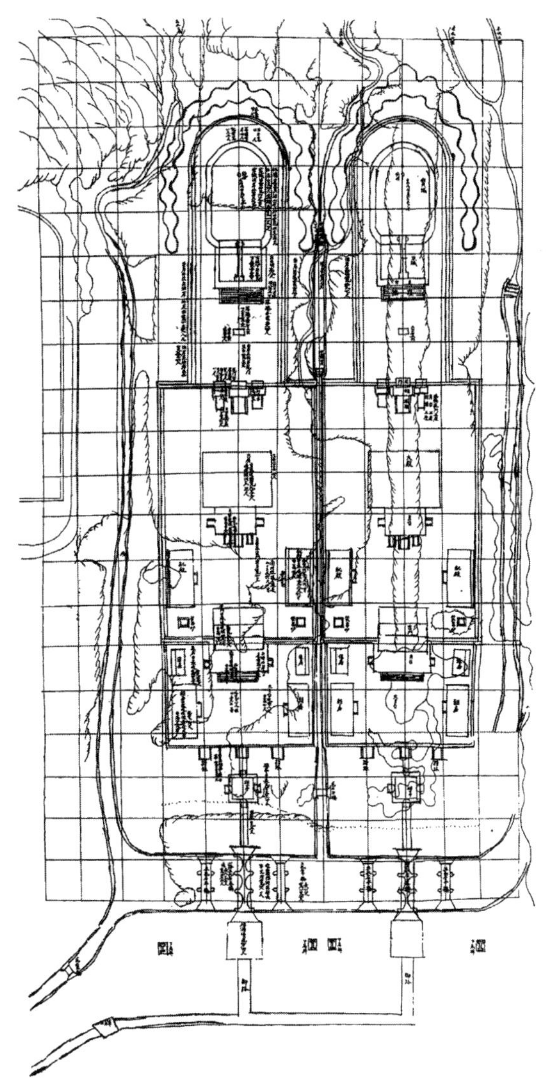

二陵各以其地宫金井（穴中）为基准点，循山向为中轴，左右前后依五丈间距展为经纬网格，再依风水形势说确定建筑组群及各单体的空间布局。

图 16-4-9　样式雷（东陵）普祥峪菩陀峪陵寝规划图（王其亨）

大致以百尺为限，重要景观的远观视距则以千尺为限，其间又遵循以百尺为形的原则来划分空间各段，因而保证了近观、远观及移行其间时，在形与势的转换中获得最佳视觉效果。

三、模数与象征

在外部空间设计中应用模数和象征，也是一个重要的原则和方法。模数是指在进行大型建筑组群规划时，各部分在尺度之间的一种有机的内在联系，使组群中不同位置、不同等级

① 傅熹年．关于明代宫殿坛庙等大建筑群总体规划手法的初步探讨[M]// 贺业矩．建筑历史研究·第三辑．北京：中国建筑工业出版社，1992.

的重要建筑群之间，有一种尺度上的内在的节律感与和谐感。外部空间设计中的象征多见于宫殿和礼制建筑中，即在进行外部空间设计时，其尺度或比例的取舍，常采用中国传统文化中一些具有某种神秘意义的特殊数字，以增强建筑对人的精神感染作用。中国古人运用这两种方法，既能体现中国人时常强调的象征意义，又达到良好的视觉艺术效果。在这一课题上，傅熹年已进行了专题研究，其成果是本段所述的重要依据。[①]现以北京紫禁城为例，对此加以简要阐说。

模数 古代中国建筑群体的平面构图或单体建筑的平立面比例，都力求一种内在的和谐。如宋代建筑“构屋之制，以材为祖”的材分制度，清代建筑控制建筑尺度和比例的斗口制度，都蕴含某种内在的谐和与韵律。这种以某一组有节律的尺寸作为建筑单体和组群的基本模数的观念，早在上古时代建筑中已有体现，如史籍中记载的周人以“筵”为较大建筑空间——“堂”的基本度量模数，以“几”为较小建筑空间——“室”的基本度量模数等。

要使建筑组群各主要组成之间有一种尺度上的节律感与和谐感，在外部空间设计（很大程度上就是总体平面规划）时，也常使用某种模数。可惜由于历史的变迁，曾经出现过的许多重要建筑组群早已灰飞烟灭，尚存硕果当以紫禁城最为重要。

紫禁城创建于明初，虽经清季重修改建，仍保持了原有的风貌。

根据对紫禁城的分析，大型建筑组群的模数设计，一般是以整个建筑群中的一个较小的组群为准，一些有关总体的控制尺寸都与它发生关系。紫禁城建筑群的后三宫组群，就具有这种意义。

研究结果显示，由前三殿的门殿太和门的前檐到后三宫的门殿乾清门的前檐的距离，即前三殿建筑群的南北总长（437 米），恰好等于后三宫南北建筑群南北总长（从乾清门前沿到御花园门，218 米）的两倍。同样，前三殿建筑群的总宽（234 米），也恰好等于后三宫总宽（118 米）的两倍。由此，前三殿建筑群的面积，恰好等于后三宫建筑群面积的四倍（图 16–4–10）。

以后三宫的平面尺寸作基本单位，还可以将由午门到天安门，由天安门到天安门前的广场做出类似分划。此外，紫禁城后三宫左右的东西六宫的尺寸，也与后三宫的尺寸有所关联，这些尺寸之间，显然都有内在的有机联系（图 16–4–11）。

建筑群的几何中心与群中主体建筑的几何中心重合，也是模数设计的一个方法，即从此主体建筑的中心出发，到组群左、右边界或前、后边界的距离相同。

如在后三宫建筑组群中，尺度最大、规格最高的建筑是乾清宫大殿，它的几何中心正与整个后三宫建筑群的几何中心重合。也就是说，古代工匠是以这一建筑组群的主体建筑的中心点，作为这一组群的中心点来进行设计的。紫禁城前三殿建筑群的几何中心，也恰好落在其主体建筑——太和殿的室内中心略偏南一点点的地方。如果考虑到古代施工与测量可能造成的误差，完全可以认为前三殿的几何中心与太和殿的几何中心是相重的。此外，位于紫禁城前部东西两侧的太庙和社稷坛建筑组群，其几何中心，也都恰好落在各自主体建筑的中心点上。社稷坛建筑群的中心与社稷坛（五色土）露天坛台的中心重合。太庙建筑群的中心，若按太庙的外廓计算，是落在了主殿前的月台上，而若以环绕太庙大殿的门殿中心和后殿外廓计算，则正好落在太庙主殿的中心点。太庙主殿所在内院的南北总长还与太庙外廓墙的东西总宽恰好相等。同样的情况也可以在北京智化寺、妙应寺、碧云寺等建筑群的主庭院组群空间中发现。在这些建筑群中，主庭院组群的中心点与位于其中的主殿堂的中心点都恰好重合（图16–4–12 ~图16–4–14）。

这些，都不会是简单的巧合，实际上，是以这种简单的数学关系，来寻求外部空间的有机性组合，体现某种和谐的韵律。

象征　中国古代建筑外部空间设计中的象征，主要是一种数字的象征，即采用比附的方法，将一些具有特殊意义的数字用到建筑上。如《周易》所谓的“九五之尊”，其“九”和“五”，就是两个神秘数字，象征最尊贵最威严的皇权，在北京城和北京宫殿中就多有采用，以表皇帝的尊严。如天安门城楼的开间即为九间，进深为五间，合而即为“九五”。北京城由外城正门永定门到紫禁城正殿太和殿前的太和门，包括瓮城城门在内，共有九座门（永定门瓮城、永定门、正阳门瓮城、正阳门、大明门、天安门、端门、午门、太和门），而由皇城正门大明门到太和门，则有五座门，也是“九五之尊”的象征。同样的比附也见于建筑群外部空间构图，如紫禁城前三殿建筑组群中的太和殿，“若把前三殿宫院总宽234米分为九份，则每份为26米。这样台基之宽130米恰合5份，也就是说宫院宽与前三殿下台基宽之比为9 ：5。由于台基南北长与前三殿宫殿宽度相同，则台基的长宽比也是9 ：5”。因此，“按《易·系辞上》‘崇高莫大乎富贵’句疏云：‘王者居九五富贵之位’（《周易正义》卷七《系辞上》），把前三殿台基之长宽比和宫院宽与台基宽之比设计为9 ：5，明显是用数字比附这个含义，隐寓为王者之居的意思。”①此外，紫禁城后三宫主殿的工字形台基，如不计入乾清宫前的月台部分，其长（97米）、宽（56米）的比值，也基本符合九、五之数。

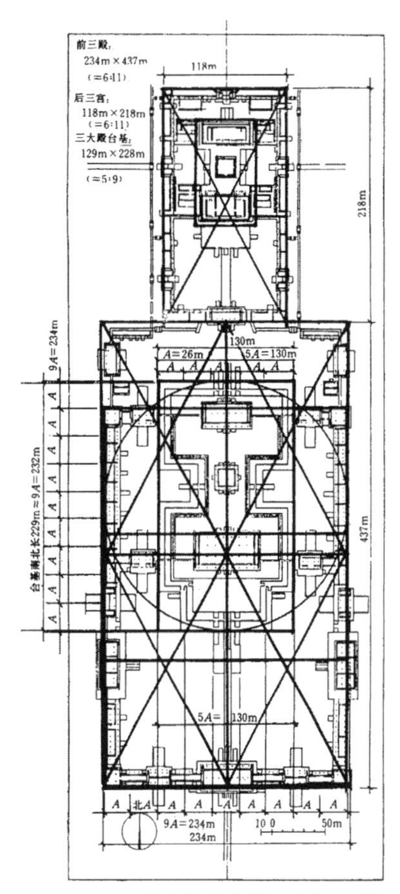

图16–4–10　北京紫禁城前朝后寝平面构成分析（傅熹年）

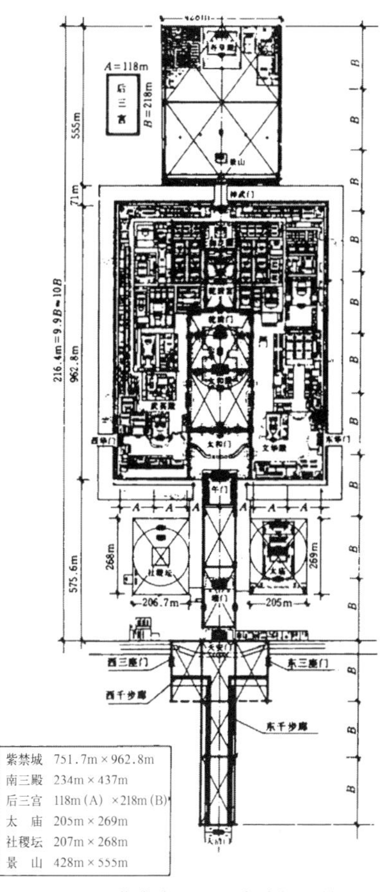

图16–4–11　北京宫殿区从大清门至景山平面构成分析（傅熹年）

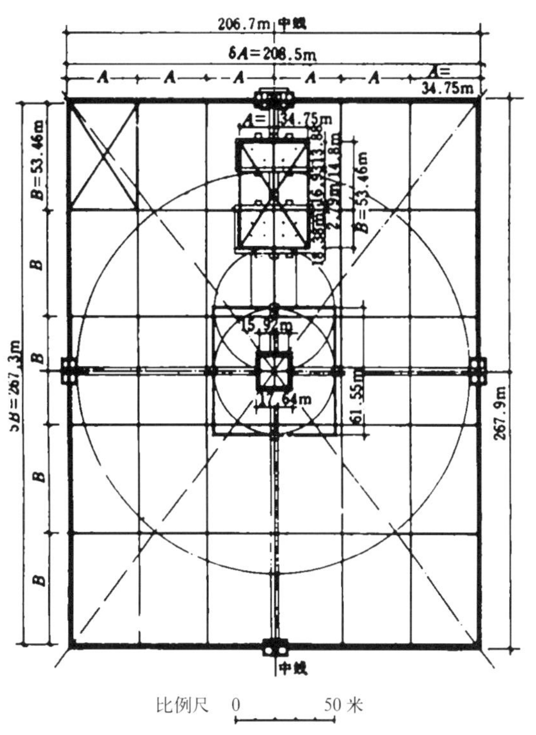

图16–4–12　北京社稷坛平面构成分析（傅熹年）

①傅熹年．关于明代宫殿坛庙等大建筑群总体规划手法的初步探讨[M]// 贺业矩．建筑历史研究·第三辑．北京：中国建筑工业出版社，1992.

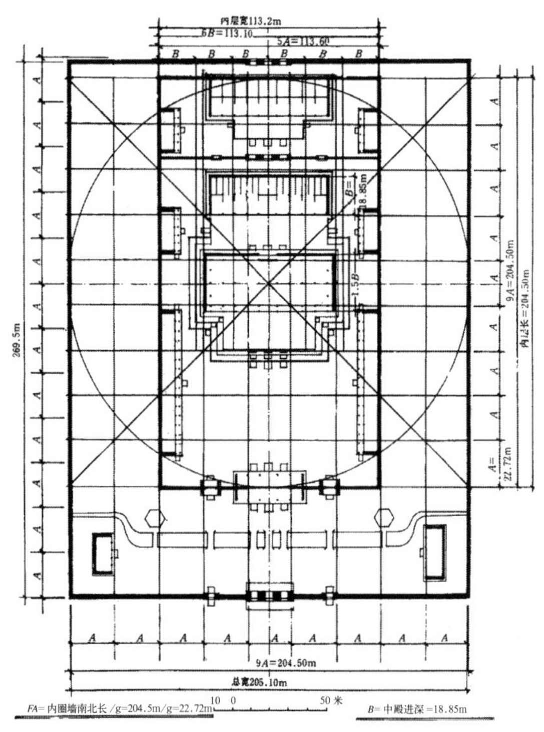

图 16-4-13　北京太庙平面构成分析（傅熹年）

当然，这种比附是立足于建筑外部空间符合于形式美规律的造型完美的基础之上的。

既要满足人的实际需要，又须创造出宜于近观，又宜于中观和远观的完美且富于该组群所要求的精神感染力的视觉和空间形象，还要使整个组合富于内在的有机韵律，最后，又使其具有一定的象征意义，中国古代建筑艺术家的巧思精微，令人叹为观止。

然而，这还远远不是匠师们创造的外部空间设计艺术哲学的全部，对这一课题，还会有许多方面等待人们去发掘。

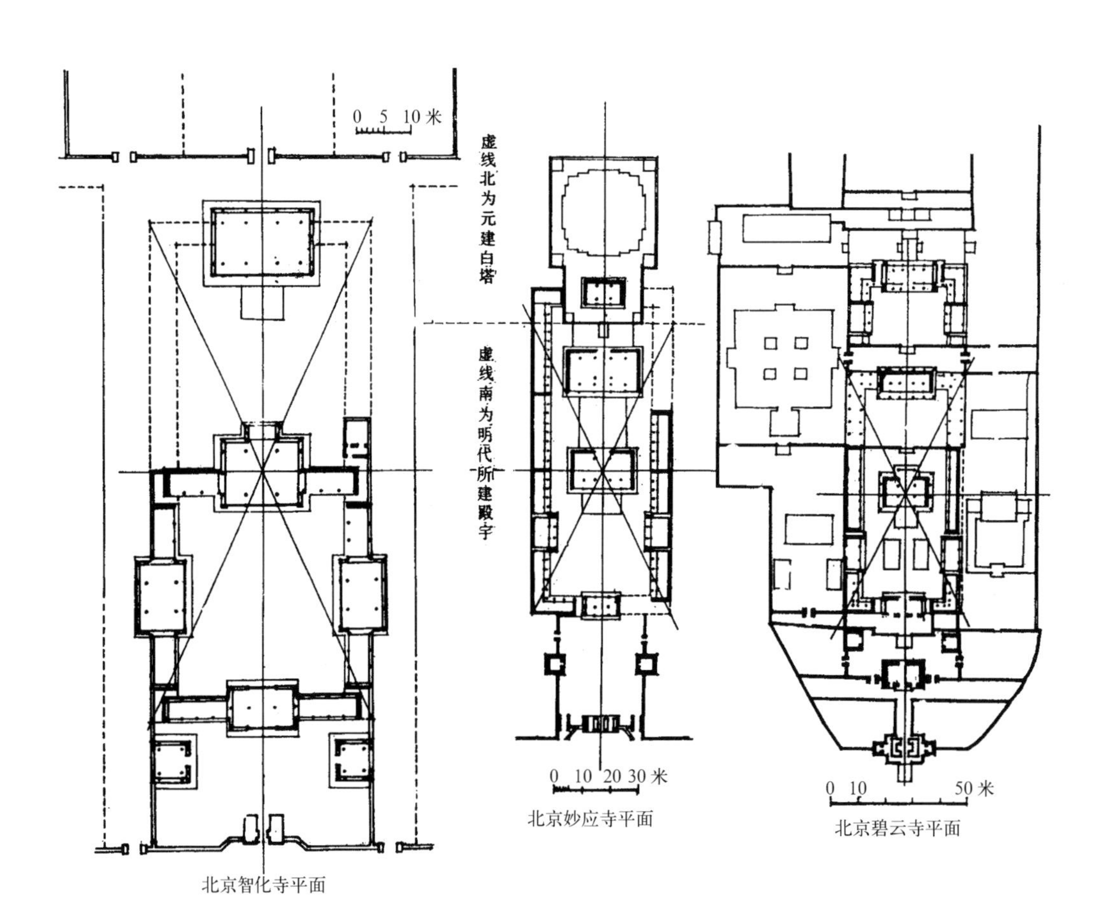

图 16-4-14　北京明代寺庙平面构成分析（傅熹年）

第十七章　形体构图

小引

中国文化宏观的整体思维习惯，使得人们在面对问题时，总是不局限于问题的本身，而是考虑到与问题直接、间接相关的方方面面，包括产生的根源、存在的背景、内部或外部环境、与其他有关方面的联系，以及时间、空间的影响等，加以综合归纳，完成一种富于辩证哲理的思考。基于这种传统思维方式，中国建筑艺术特别重视群体组合的有机构成，着意于创造群体组织有序的构成之美，其达到的造诣，为世界上其他建筑体系所不及。所以有人说，"'群'是中国建筑艺术的灵魂"。[①]群体由一座座单体建筑和由它们围合成的外部空间组成。关于外部空间设计的一些规律性问题，已在前章有所探讨，本章的着眼点在建筑单体的形体构图。有必要强调，探讨单体建筑的形体构图问题，仍须时时与"群"联系起来。单体之美，只有体现为"群"的一部分时才有价值，也只有存在于"群"中，才能充分地展现出来。

对于建筑单体的形体构图规律的研究，目前已有一些可贵的成果，本章在此基础上，以造型分类及造型的某些法则为纲，加以归纳。

第一节　造型分类

中国建筑的单体建筑造型，大都比较单纯，一般与平面形状的关系甚大。较简单的平面绝大多数为矩形，少数为方形、圆形或正多边形；较复杂的平面如丁字形、L形、工字形、王字形、凹字形、十字形等。也有的底层平面为简单的矩形或方形，而上部呈现较复杂的体形体量组合（如汉长安明堂辟雍、唐大明宫麟德殿、承德普宁寺大乘阁）。进一步的分析发现，那些比较复杂的造型，仍是由几个比较简单的元素组合而成的，其上各有独立的屋顶。如果以具有独立屋顶的元素为单位，中国建筑的单体造型其实并不复杂，可大致分为殿堂类、楼阁类(包括塔)、亭类、廊类和门类几种（图17—1—1)。

殿堂

殿堂类建筑往往是组群的主体，布置在建筑群的纵轴线上，规格最高，体量最大，也最为重要。也有的布置在横轴线上，作为主体殿堂的陪衬。

殿堂类建筑造型庄严隆重，屋顶主要采用庑殿（四阿）和歇山（九脊)，个别特殊者也有攒尖顶（如北京天坛祈年殿、承德普乐寺旭光阁)。庑殿顶两端斜削，造型特别端庄凝重，形如金字塔的构图使形象十分稳定，所以，凡使用了庑殿顶殿堂的建筑群，其主殿必为庑殿。随总体布局的不同，主殿可以在全群较前的部位，如紫禁城太和殿，也可以在全群最后，如大同华严寺和善化寺的大雄宝殿。庑殿顶有时也用在以庑殿顶殿堂为主殿的建筑群中较次要殿堂上，体量比主殿小，但仍在纵轴线上，位于主殿之前或之后，如广济寺三大士殿和善化寺三圣殿。宋辽以前，庑殿顶有时还用作山门门殿，也在纵轴线上，如蓟县独乐寺山门和善化寺山门。总之，

① 萧默．从中西比较见中国古代建筑的艺术性格[J]. 新建筑，1984(1).

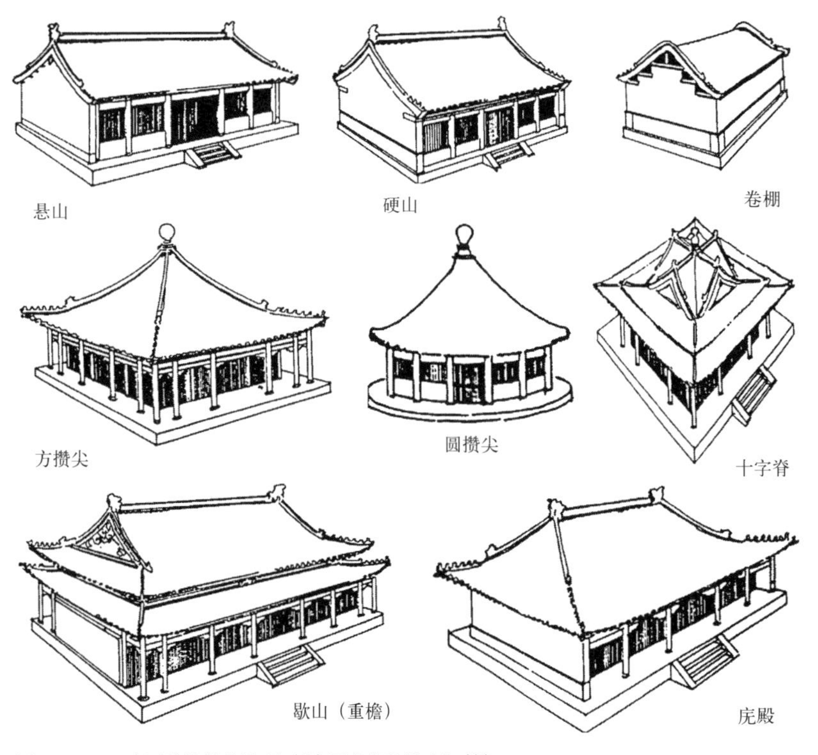

图 17-1-1　中国建筑单体造型（《中国古代建筑史》等）

庑殿顶殿堂从不用在横轴线上。歇山顶殿堂造型比庑殿丰富，在总的庄严隆重的性格基调中，显得较为活泼，常用作中小型组群的主殿，如镇国寺大殿、华林寺大殿、晋祠圣母殿等；或用为大中型建筑群的次要殿堂，其中有的也在纵轴线上，如紫禁城太和殿后面的保和殿，晋祠圣母殿前面的献殿。有的置于横轴线上，作为主殿的配殿，但此时常为楼阁，如隆兴寺转轮藏殿和慈氏阁、善化寺的普贤阁等。

殿堂类建筑有时也使用悬山甚至硬山屋顶，但都是大中型建筑群中的次要建筑，在小型建筑群中也用为主殿。

殿堂类建筑的体量大小主要依间数多少、单檐或重檐及台基高低而不同。

汉代以后，开间例以单数为则，三间规格最低，以上依五、七、九间递增，最多十一间，如太和殿。殿堂类建筑一般都是单层，依规格高低设置屋檐层数，多者也仅两檐，称重檐，如汾阴后土祠主殿坤柔殿、紫禁城太和殿。极个别的为三檐，如天坛祈年殿，但祈年殿也可纳为亭类。为增大殿堂的体量和气势，建筑下面的台基有时十分高大，甚至两重或三重，最典型者当属太和殿。

殿堂类建筑还常以设前廊、前后廊或周围廊的方式，以增加其重要性。

殿堂的平面以矩形最多，也有其他形状，如唐大明宫麟德殿以前后四殿串连为一体，以扩大内部空间，加大体量；宋辽金元大型建筑群的主殿常为工字平面，工字前横左右各加称为东挟、西挟的耳房，后横并常为楼；明清以后的回族清真寺礼拜殿或藏汉混合式喇嘛庙经堂常如麟德殿，以前后几座屋顶以勾连搭方式合成大的空间。有时采用矩形四面凸出成十字形平面，覆十字歇山顶。

楼阁

在楼阁出现以前，高大的建筑采用高台建筑形式，盛行于春秋战国，所谓“高台榭，美宫室”。高台建筑以夯土为心，各层四周围以单面坡廊屋，台顶正中立方形殿堂，总体形如多层。西汉以后，随着楚越干阑建筑的意象流入中原，与中原先进文化结合，高台逐渐被楼阁所代替。楼阁在汉代的盛行与当时流行的神仙思想也有关系，所谓“仙人好楼居”之类。汉武追求人神交会，大建高楼，而领风气之先，对当时与后世都有影响，不惟帝王宫苑，连一般街市民宅也多起楼阁，如东汉南阳樊氏“起庐舍，高楼连阁”（《水经注》）；陈人彭氏“造起大舍，高楼临道”（《后汉书 · 黄昌传》）；外戚中官所造馆舍，“凡有万数，楼阁连接”（《后汉书 · 宦者传》）。汉墓出土明器亦多陶楼。汉代画像砖、画像石及壁画，多有市楼、谯楼、望楼的形象，有的高达五六层。凡此都说明楼阁在汉代已滋成风气，显示了在建筑空间垂直向度上的一种追求。

但以后的发展，以楼阁作为主殿者却并不多见，多只作为配殿，置于主殿前两侧横轴线上，这在敦煌石窟唐宋壁画中所见极多，实例如正定隆兴寺左右对称设置的慈氏阁和转轮藏殿(也是楼阁)、山西大同善化寺的普贤阁等。明清紫禁城中的楼阁，也多为配殿，如太和殿前两侧的体仁阁和弘义阁。这些作为配殿的楼阁，体量比主殿小得多，平面大都略呈方形，且多用歇山顶，可见都有减小体量和面阔，而强调竖向感的倾向，以便作为体量巨大、横向感强烈、性格更为庄重的主殿的反衬。也有少数组群将楼阁布置在中轴线上，甚至作为主殿，亦见于敦煌壁画，实例如蓟县独乐寺观音阁。或主殿前的较次要殿堂，如曲阜孔庙奎文阁，置于全庙第四进院的中轴线上。观音阁又是佛楼，即楼内空间上下通贯，中立巨大佛像。类似观音阁的著名佛楼，尚有承德普宁寺大乘阁和北京雍和宫万福阁，都在中轴线上，但位于组群的最后部（图 17–1–2)。

佛塔为直立高耸的造型，多数也可以看作是一种特殊的楼阁。从观念上讲，塔原是一个实体象征性建筑，中心设有藏纳性空间，但经中国化之后，多与楼阁相通，尤其楼阁式塔，多在塔内有容人出入的内部空间，其故当与古代中国人向往于与自然结合之境，不愿放弃登临眺望的机会有关；另一方面，在佛教传入之初，曾将佛菩萨与神仙比肩，继承了“仙人好楼居”的意象。

早期佛塔曾一度在寺庙建筑群中占主导地位，居全寺中心，典型者如北魏洛阳永宁寺。唐宋以后，寺院渐以佛殿为主，塔建在寺侧或附近，但中心塔式佛寺也并未绝迹，典型实例

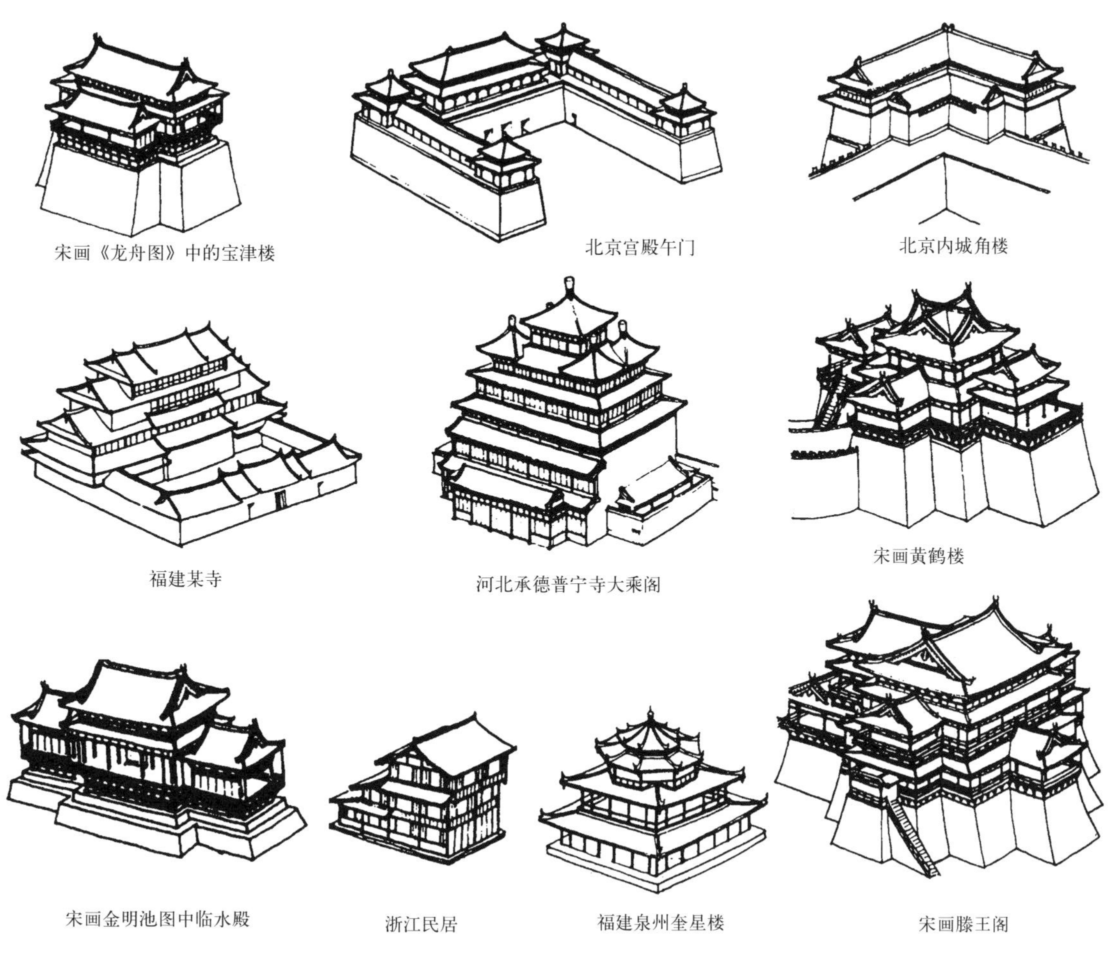

图 17–1–2　中国楼阁造型（《中国古代建筑史》）

如辽代应县佛宫寺。自北朝起，有时将两座塔对称分立在中轴线两侧，现存实例以宋代泉州开元寺双石塔为典型。

亭

“亭”字的字形表明亭类建筑可能与攒尖屋顶有关，实际也正是这样，多取正多边形或圆形平面，上覆攒尖顶。亭类建筑在组群中多只起点缀性作用，但亭却可以说是最能体现古代中国人关于阴阳和合观念的建筑，最简单的亭，就是一座由四柱支撑、四面通透简单明了的构架，各面完全开敞，在园林中使用最多。“亭者停也”，原指汉代供旅人停息有如旅舍的驿亭、乡亭、邮亭，以后此字借用在园林中，指吸引人停留的地方，故园林中的亭子，常选址于既能得景又复成景之处。有时园林中一些点景或观景小建筑，虽名为亭，却不是攒尖顶，乃是一种借称。而在较隆重的场合，亭只用作陪衬性附属性建筑，如敦煌唐宋壁画所示在回廊院四角耸起的亭式角楼，或中轴线两旁的钟楼、经藏或碑亭。即使在中轴线上出现也是作为陪衬，如紫禁城太和殿与保和殿之间的中和殿。但也有十分特殊的建筑如北京天坛祈年殿和皇穹宇，因与天的寓意有关，取圆形平面，也是亭式，却是组群中主要的和相当重要的殿堂。沈阳故宫东区的主殿大政殿也是亭式，立意脱胎于女真族的庐帐。北京国子监的辟雍大殿是方形重檐大亭，同样有特殊寓意。立在城市十字干道交点处的钟楼也有为亭类者，如西安、酒泉。

廊

“廊”的字形表明它可能与一面坡屋顶有关，如春秋战国包围着高台各层的一面坡周屋，也可称之为廊。以后的发展，廊只是一种围合性、联结性的附属建筑。围合和联结都各有对象，故廊多不能单独存在。回廊院的回廊即有很强的围合性，环绕着位于中心的多座建筑作周边布置，廊深多一间，向外一面封闭，向内开敞。也有的进深两间，仍向内开敞，外侧的一间常分隔为屋，称为“庑”。在廊庑间常耸起配殿、角楼等类建筑，多见于敦煌唐宋壁画。在清代北京四合院住宅中，围合作用主要由正房和两厢完成，而用抄手游廊将各房前檐廊相连，成为一个通贯流畅的线状空间。廊子的联结性在园林中体现得更加充分，有极灵便的空间布置与延展方式，可以随地形变化蜿蜒曲折或迤逦上下，随宜处理。在线状延展的廊庑中，往往还间以亭榭，作空间转折处的“结点”处理，增强空间和轮廓的抑扬起伏效果，典型实例可举颐和园万寿山前的长廊。只用为联结的廊子，或进深一间，两面都开敞；或仅一面开敞，另一面廊墙上设漏窗或窗框，时时透出园景；或进深两间，在中柱一线有墙和门，称双面廊。

门

“门”字的甲骨文，其实就是一座左右立柱上横衡木下带门扇的十分具体的门的形象。门不但具有分别内外的作用，更是造成艺术气氛，分割空间的有力手段，故自西周起便有所谓天子五门三朝之制。明代北京宫殿相当于五门的是正阳门、天安门、午门、太和门和乾清门，在正阳门和天安门之间还多了一重大明门，天安门和午门之间多了一重端门。重重的门和长长的过渡空间，大大加强了宫殿的整体气势，具有极强的感染力。

门的种类有随墙门（高墙门——门檐高出于墙顶、低墙门——门檐低于墙顶、洞门——无门檐）、屋宇门（门屋、门殿）、台门等几种，还有各式牌坊和阙，也可以归属于门类。

中国建筑的基本单位可称之为“门堂之制”，即组群空间以殿堂类建筑为主体，四周围以围墙或廊庑，在围墙或廊庑上设门。早期重要建筑院落的四个方位都有门，以后以南北轴线为主的组群，除前门外往往还有后门，这时的门多采屋宇门形式，而且多为门殿。一般住宅则在一个主入口处设门，有时再附加侧门，既可是门屋，也可能是随墙门。城市或宫殿出入口的门常为台门，即砌筑城台，台下开门洞，台上有城楼。在城门前还常有用于军事目的的瓮城及称为箭楼的城楼。在大门以内即建筑群内部也有许多门，可能是随墙门，也可能是屋宇门，甚至还可能是台门，根据需要设置。

牌坊不起实际的隔绝内外的作用，只是用作重要建筑群入口的标志，以加强气势。

周代至汉代的阙，双阙对立，中间是通向大门的道路，主要目的也是为壮观瞻。隋唐以后阙与台门结合，乃形成平面凹字形的午门式组合（图 17-1-3）。

总的说来，中国建筑比起欧洲石结构建筑来，单体的类型不是很多，这除了与材料和结构有关外，也体现了中国人不太重视单体的突出，而更着意于群体经营的审美态度，是以牺牲单体的丰富来换取群体的和谐与完善。不追求单体造型上的强烈变化和体量的过于突兀，而更重视群体的端方正直，其深刻的原因当仍在中国文化，此于本书前此各章中已有所缕述，此处可再引一段风水术书关于住宅的妙文以为旁鉴。

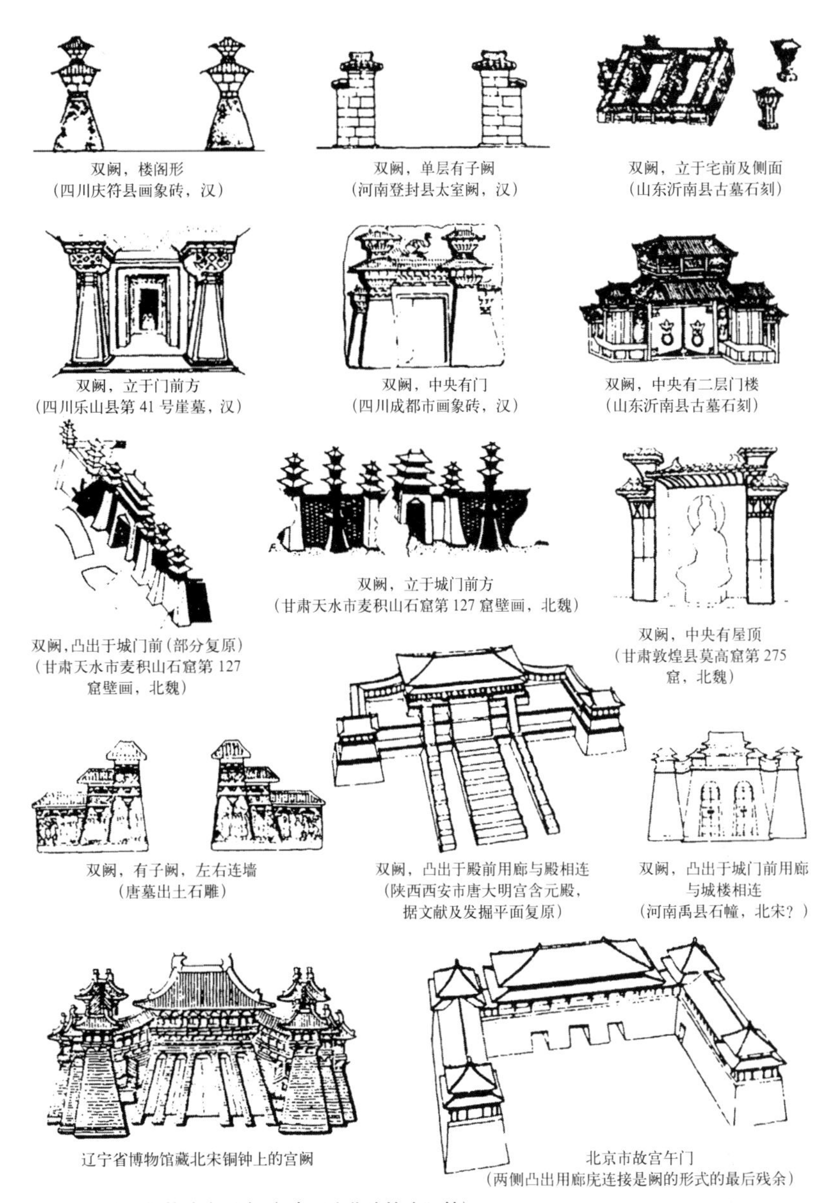

图 17-1-3　阙的演变示意（《中国古代建筑史》等）

屋形端肃，气象雄豪，护从齐整，俨然而不可犯者，贵宅也。墙垣周密，天井明洁，规矩翕聚者，富宅也。南北皆堂，东西易向，左右昂雄，势如争竞者，忤逆宅也。屋小而高，孤立无依者，孤寒宅也。东倒西倾，栋欹梁侧者，病痛宅也。屋宇暗昧，太阔太深者，妖怪宅也。四壁破碎，椽头露齿者，伶丁屋也。基址太高，屋前深陷，四水不聚，荡无收束者，贫穷宅也。屋高地窄，财退人离；基阔房低，福微祚短。富贵吉祥之家，门多气概；贫贱忧患之宅，路必叙飞。面前之屋为宾，左右之房为从，宾宜端拱，主贵高严。从若高昂，主受欺凌之患；从如低陷，主嫌孤露之虞。

清·焦循《相宅新编·屋宇形象论》

除去一些因屋形而致贫穷或富贵的无稽之谈，此文也透露出不少古人的建筑艺术观或艺术伦理观。在儒家传统文化氛围中，处处追求“立必端直，处必廉方”、向往于“天人合一”之境的古人，对于建筑也必以“端肃”、“齐整”、“规矩”、“气概”等为美。房屋不可过高过大，也不可太阔太深；不可孤高自立，也不可基阔房低。天人合一，屋亦如人，故建筑布局须分别主宾和主从，“主贵高严、宾宜端拱”、“护从齐整”，以求得“屋形端肃”、“气象雄豪”，来不得半点逾越与混淆。若主宾错位，或从者昂雄欺主，或从不衬主，即是忤逆、贫贱、妖怪、孤露之宅。与其说这是在谈建筑，莫如说是在谈人生。这就是中国人的文化，也是中国人的智慧。事实上，即使从形式美的角度来衡量，凡属文中所说的凶险之宅，显而易见也确是不成功的建筑。

只是在有必要的时候，如用以妆点山河的景观楼阁、在组群结点处的标志性建筑或园林建筑，才将以上几种有限的单体建筑形式加以重组，总体构成具有多种平面的复杂多变的形体。

第二节　形体构图

由于中国建筑分布于十分广大的地域，又延绵发展达数千年之久，要对历史上中国单体建筑的形体构图规律做出准确而明晰的总结殊非易事。实际的单体建筑造型设计，涉及于立面、平面和剖面，具体如台基、屋身、屋顶的权衡，各组成部件和细部及装饰的处理等很多方面。鉴于有关中国建筑屋顶形式及诸如挑山、收山、屋面生起、屋角起翘、屋角生出等屋顶造型，有关屋身如斗栱、门、窗等部件，以及柱子的生起、侧脚等处理，在本书有关章节中已多有涉及，建筑装饰也有专文叙述，在此，仅从宏观角度，从实例出发，以关系建筑造型最重要的立面比例为中心，兼及平面和剖面比例，做大略的分析。

就单体建筑而言，在长期的发展过程中，至迟到唐代，已逐渐形成了一套完整的适合于人的尺度的造型规律与平面、立面比例权衡。

殿堂类建筑几乎都坐落在台基上，内部空间只有一层，其外部由柱、枋、墙、门、窗和斗栱构成屋身，上面覆盖着屋顶，呈现出台基、屋身和屋顶的三段式分划。立面下大上小，屋顶有一种向下的重压感，与直立向上的屋身取得势态平衡，加上基座的承托，造成一种稳定的和谐。中国建筑的屋顶，在立面占有较大比例，与其下的屋身高度相差无几，若为重檐，则屋顶的总高就更大于屋身。

建筑的基本单元是由四根立柱组成的“间”。面阔方向的间数均为单数，最少三间，以上是五间、七间和九间，最多十一间，进深一般都小于通面阔，形成矩形平面。

中国建筑的立面比例，大致有以下一些基本规律。

一、正方形因素

正方形是一个引人注目、肯定而平稳、早就被中外美学家认为是美的形状，在中国建筑中有广泛应用。

强调向水平方向延展的中国建筑，着力创造一种使建筑平卧依附于大地之上的感觉，其局部的比例处理，也有意避免高耸之感，宋《营造法式》中提出的“柱高不逾间之广”的比例限制，正是出于这种考虑。柱高不逾间广主要是针对当心间而言的，即当心间柱子与阑额所围的形状，应该是一个略呈横长的矩形，至少是方形，而不应出现狭高的形状。唐宋建筑凡九开间大殿如大同华严寺大雄宝殿、义县奉国寺大殿，当心间由阑额与两个平柱围成的形状，就都是正方形。同样的比例也发生在七开间和五开间殿中，只是处于不同的开间上，如七开间殿的当心间已略呈横长，左右两次间则为正方，如大同善化寺大雄宝殿、朔县崇福寺弥陀殿；五开间殿正中三间皆呈横长，两个梢间则常为正方；三开间殿的当心间明显横长，而仅有的两次间，比例不宜发生突变，但正方形因素的作用仍有体现，一般是以檐枋（而不是阑额）的高度为准，即檐枋的高度与明间的开间

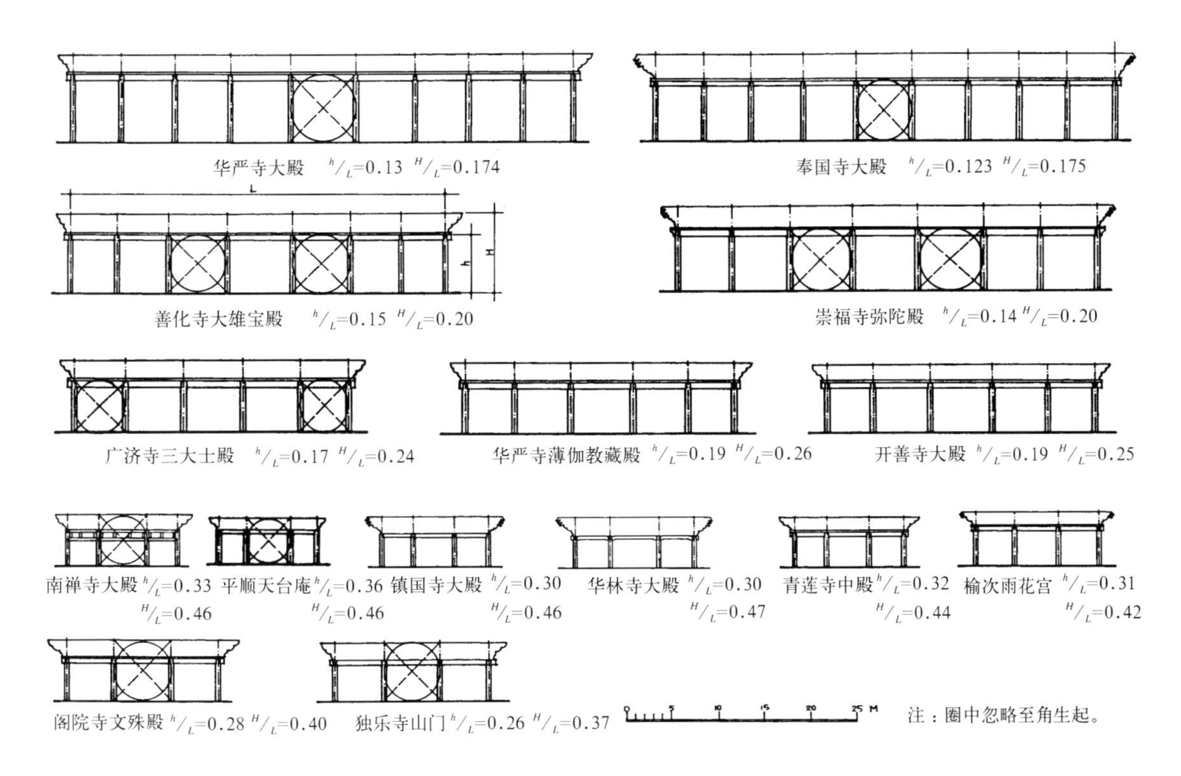

图 17–2–1　檐下立面比例（王贵祥）

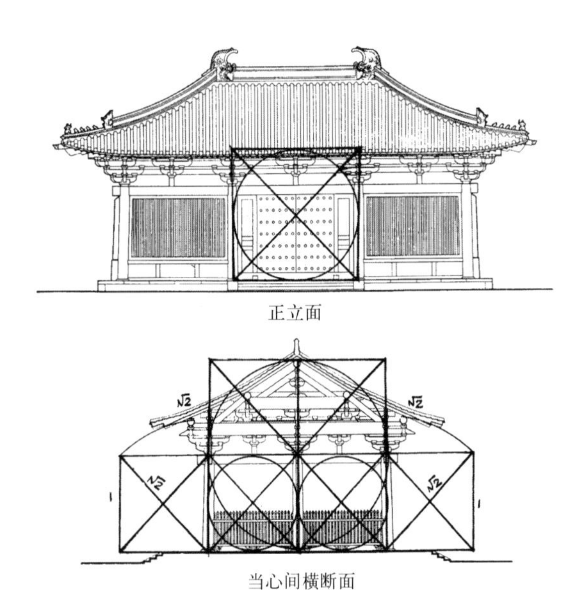

图 17–2–2　天津蓟县独乐寺山门立面与剖面比例分析（王贵祥）

宽度相同，五台山南禅寺大殿、平顺天台庵大殿、蓟县独乐寺山门、涞源阁院寺文殊殿、福州华林寺大殿等都是如此。

正方形因素同样体现在横剖面上，如五代福州华林寺大殿，在横剖面上所见的两内柱的柱高与进深，也形成正方形。河北正定隆兴寺摩尼殿的剖面，也存在着多个正方形构图。如果作进一步的发掘，正方形因素在平、立、剖面上的体现可能不在少数（图 17–2–1 ~ 图 17–2–4）。

在需要创造高耸效果的建筑如佛塔或多层楼阁，一般在接近人的视线的底层，仍使当心间呈方形或略横的矩形，但二层以上，随着开间的渐次收小，即使是当心间的开间宽度，也多小于该层柱高。

中国建筑这种避免过于高耸比例的构图，与西方建筑柱高都大大高于开间，有明显不同。

由此，中国建筑在柱头以下的立面的基本比例，已呈匍匐于大地的水平伸展的态势。柱头以上通过斗栱（或不用斗栱）支承梁架，托起巨大的屋顶。屋顶是中国建筑的又一大造型要素，其造型要义也追求一种对大地亲和的效应，同时又不能令人感到过于沉重，匠师们创造了反宇的屋面曲线及檐角的曲线起翘，配合屋面的生起，使高耸的屋顶，呈现富于韵味的凹曲轻灵之势，机智地解决了这个课题。

二、$\sqrt{2}$因素

$\sqrt{2}$即以 1 为边长的正方形对角线之长，或其外接圆的直径。所以，$\sqrt{2}$因素与正方形因素是相互依存的两个方面，同是中国建筑的构图因素。

1 与$\sqrt{2}$的比例，首先可以在平面中发现，如辽宋五开间殿，其平面的总面阔与总进深，基本上都是$\sqrt{2}$：1 的关系，如广济寺三大士殿、华严寺薄伽教藏殿和海会殿，及文献记载的五代吴越钱氏旧宫重栱殿等。五开间楼阁则如蓟县独乐寺观音阁。

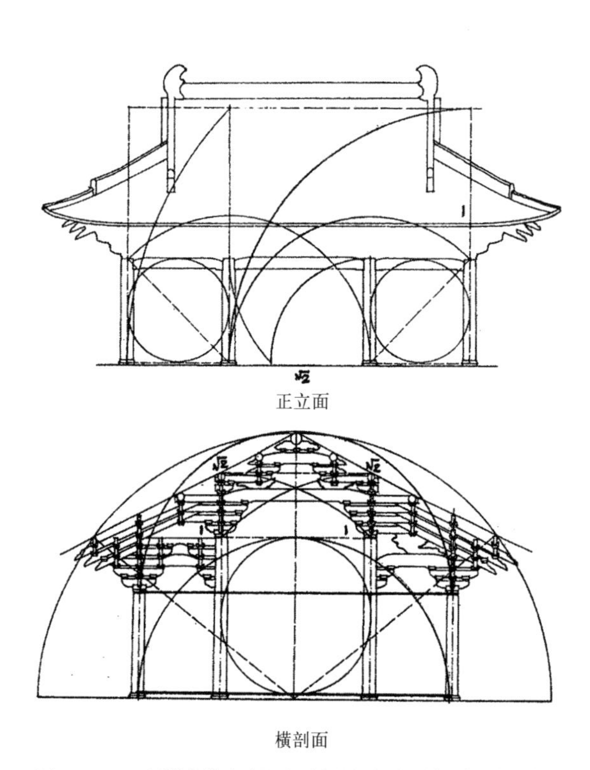

正立面

横剖面

图 17–2–3　福州华林寺大殿立面与剖面比例分析（王贵祥）

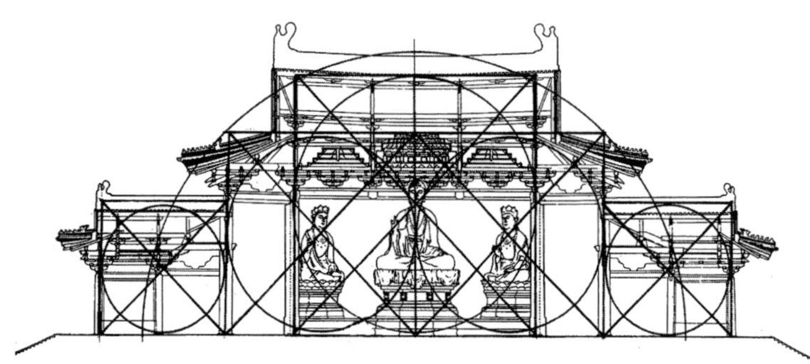

图 17–2–4　河北正定隆兴寺摩尼殿剖面比例分析（王贵祥）

$\sqrt{2}$：1 因素在唐宋建筑的立面中也表现得相当普遍，一般是檐高（檐柱高与斗栱高的总和）是檐柱高的$\sqrt{2}$倍，如九开间的奉国寺大殿（辽），五开间的广济寺三大士殿（辽），三开间的南禅寺大殿（唐）、独乐寺山门（辽）、阁院寺文殊殿（辽）、保国寺大殿（北宋）等（图 17–2–5）。在一些楼阁式塔中也可以见到，如五代杭州闸口白塔，檐高与柱高的比例也是$\sqrt{2}$：1。

三开间殿的当心间常呈明显的横长矩形，此矩形的宽高比即间广与檐柱高之比，往往也是$\sqrt{2}$：1，南禅寺大殿（唐）、华林寺大殿（五代）、独乐寺山门（辽）、保国寺大殿（北宋）、阁院寺文殊殿（辽）、晋祠献殿（金）等都是这样。这一比例在中国建筑尤其是遵循严格的法式与则例规范的官式建筑中，应当是比较多见的。

在建筑的横剖图上，也常可见到$\sqrt{2}$因素的迹象。中国古代建筑尤其是唐宋建筑，有不少实例，脊榑与前后撩檐枋到平面中心的距离完全相等，都等于以平面中心至撩檐枋的水平距离为 1 所形成的正方形的对角线长度，即$\sqrt{2}$。也就是说，它们都位于以平面中心为圆心，以$\sqrt{2}$为半径的同一半圆上。前后撩檐枋和脊榑所形成的半圆，几如一个完整的天穹（参见图 17–2–3）。$\sqrt{2}$规律也见于金柱（外圈内柱）：若以金柱高为 1，则金柱上面的榑的上皮高度是$\sqrt{2}$。

以上可见，$\sqrt{2}$因素确实曾比较普遍地存在过。为论证这一比例关系，并剖析由这一比例生发出来的一系列造型规律，不妨先着重分析唐宋某些单檐建筑实例，探讨能否从中建立起一套唐宋单檐建筑的理想比例数学模型。

两个实例

唐宋建筑，泛指由唐、五代至两宋、辽金时期的建筑，时间跨度逾六百余年，遗存的建筑以单檐者最多，规模不等，从九开间到三开间都有。选择唐宋建筑为重点研究对象，也考虑到这时正处在中国古代建筑发展成熟和跨越高峰的阶段，具有一定的典型性，建筑造型也较以前或以后都更具神韵，其斗栱之雄大，出檐之深远，潇洒雄健，飘逸舒展，常为建筑史家所赞叹。

前面提到的比例关系，已经涉及建筑的立面、平面与剖面的某些方面，其实事情还远没有到此为止，可先通过下面一二实例，作一初步了解。

天津蓟县独乐寺山门 建于辽统和二年(984)，单檐庑殿顶，面阔三间、进深两间，平面为门殿常用的分心槽式。平面与立面的基本尺寸详下表：

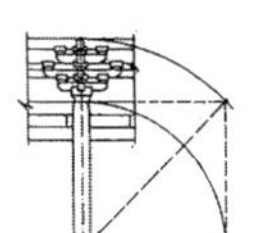

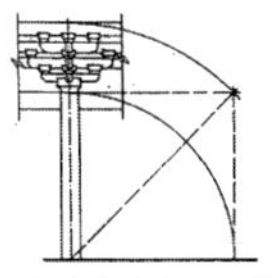
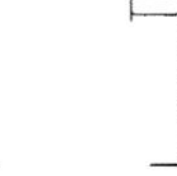
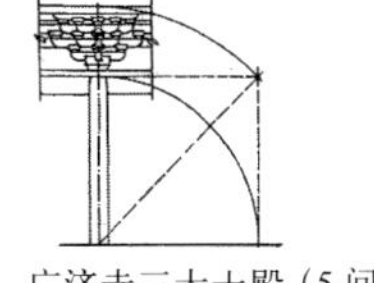
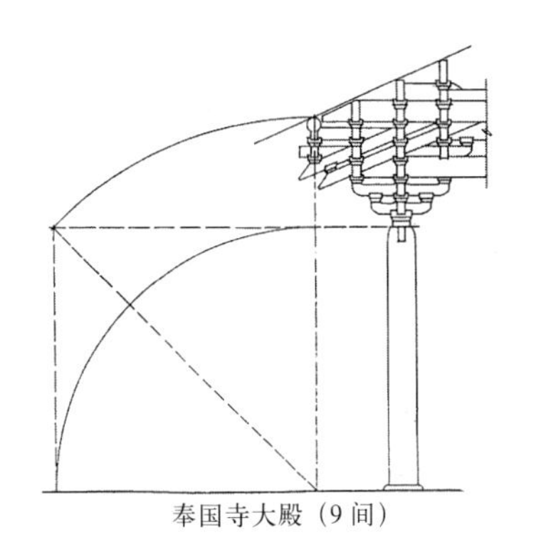

图 17-2-5 柱高与檐高关系实例（王贵祥）

独乐寺山门基本尺寸 **单位：厘米**

当心间广	次间广	前间进深	后间进深	檐高	檐柱高
610	523	438	438	609	433

可以看出它的几个比例特征：

当心间广／檐柱高 = 610/433

= 1.4088 $\approx\sqrt{2}$

当心间广／檐高 = 610/609

= 1.0016 ≈ 1

檐高／檐柱高 = 609/433

= 1.4064 $\approx\sqrt{2}$

檐高／间进深 = 609/438

= 1.3904 $\approx\sqrt{2}$

当心间广／间进深 = 610/438

= 1.3926 $\approx\sqrt{2}$

值得一提的是，与山门同时建造的独乐寺观音阁，及阁与山门之间的距离，也有一些类似的比例关系。

福州华林寺大殿 建于五代末吴越（宋乾德二年，964），面阔三间、进深四间，但只有四根内柱。平面、立面与剖面的基本尺寸如下表：

华林寺大殿基本尺寸 **单位：厘米**

当心间广	次间广	檐柱高	内柱高	中平槫高	内柱距	通面阔	通进深
651	468	478	720	1012	700	1587	1468

可以看出它的几个比例特征：

当心间广／檐柱高 = 651/478

= 1.3619 $\approx\sqrt{2}$

次间广／檐柱高 = 468/478

= 0.9790 ≈ 1

当心间广／次间广 = 651/468

= 1.3910 $\approx\sqrt{2}$

通面阔／（当心间广＋次间广）

= 1587/（651 + 468） = 1.4182 $\approx\sqrt{2}$

中平槫高／内柱高 = 1012/720

= 1.4056 $\approx\sqrt{2}$

内柱距／内柱高（不计柱础） = 700/700

= 1

檐柱高／通面阔 = 478/1587 = 0.30

此外，由于自平面中心至前后撩檐枋上皮的距离，恰等于脊槫上皮的标高，则脊槫上皮与前后撩檐枋上皮，恰在以平面中心为圆心，以脊槫上皮标高为半径的同一半圆上。

从以上二例可以看出，在建筑的各重要相关尺度方面，广泛存在着1与$\sqrt{2}$的比例关系，由此引起了我们对于探寻建筑比例普遍规律的兴趣。实际上，这种普遍规律在相当大的程度上是确实存在的，正如前述，当心间间广与檐柱高之比为$\sqrt{2}$的情况也见于南禅寺大殿、独乐寺山门（辽）、保国寺大殿、阁院寺文殊殿、晋祠献殿等三开间建筑中。可以相信，在建筑的平面、立面与剖面等可以量化的尺度中，某种相对固定的比值的确经常使用，尤其是1 ∶ 1和$\sqrt{2}$ ∶ 1。

这种规律，除上述当心间间广与檐柱高以外，还反映在其他尺度关系上，如檐柱高与通面阔之比等。建于中唐的山西五台山南禅寺大殿，檐柱高与通面广之比为0.33；福州华林寺大殿为0.30，与华林寺大殿几乎同时建造的山西平遥镇国寺大殿也是0.30。这三座殿堂都是三开间。似可推知，这一时期的建筑，通面阔的确定可能与檐柱的高度及开间数量有关。

$\sqrt{2}$因素的影响

由$\sqrt{2}$因素对单体建筑在比例上可能造成的影响，已如前述，在唐宋建筑中相当明显。唐宋建筑造型，有相当多的比例处理，尤以檐高（撩檐枋上皮标高）与檐柱高（檐柱柱顶标高）之间的比值为$\sqrt{2}$ ∶ 1更为引人注目。据我们的统计分析，现存唐宋建筑实例中，当心间檐高与檐柱高之比在1.41（即$\sqrt{2}$）左右的，约占50%，比值在1.45左右的，约占23.1%。后者如果减掉辽宋以来渐渐普及的普拍方的厚度，则檐高与檐柱高之比也在1.41左右，可能是当时工匠在使用普拍方之后，仍沿袭没有普拍方的习惯比例设计的。将上述两种情况加在一起，则檐高与檐柱高之比接近$\sqrt{2}$者，占到实例总数的73%。若考虑到唐宋建筑遗存在时间和地域分布上的离散性，则这一统计数字应该说是相当高的，反映出是一种比较普遍的现象。[①]

① 王贵祥．与唐宋建筑柱檐关系[M]// 中国建筑学会建筑历史学术委员会．建筑历史与理论· 第3、4辑．南京：江苏人民出版社，1984.

檐高与柱高的关系，直接影响到檐下立面，尤其是檐下当心间立面的比例关系，如前举面阔三开间的独乐寺山门当心间的立面比例，间广比檐柱高大出很多，二者之比为1.4087（约$\sqrt{2}$），而间广与檐高十分接近，二者之比为0.9854，恰好构成一个正方形，檐高则是柱高的1.4295（约$\sqrt{2}$）倍。面阔五间的广济寺三大士殿，当心间广也比檐柱高为大，二者之比为1.25；而当心间广较檐高为小，二者之比为0.8928；檐高与柱高之比则为1.40，也相当于$\sqrt{2}$。九开间的奉国寺大殿，当心间广与檐柱高几乎相等，二者之比为0.99，而檐高比檐柱高大出许多，二者之比为1.416，仍为$\sqrt{2}$。显然，不论当心间的檐柱高是多少，以及当心间广与檐柱高的比例为何，檐高始终都是檐柱高的$\sqrt{2}$倍。

综合独乐寺山门、广济寺三大士殿和奉国寺大殿三例，可以看出，开间数越少，当心间广比檐柱高大出越多，以至二者之比接近$\sqrt{2}$，并越接近檐高直至相等，使檐高与柱高之比保持在$\sqrt{2}$；反之，开间数越多，当心间广比檐柱高大出越少以至相等，而比檐高少出较多，使檐高与其之比仍保持在$\sqrt{2}$。总之，不管开间数即建筑的规模如何，檐高与柱高之比，恒定地保持在$\sqrt{2}$附近。独乐寺山门当心间阑额以下，是一个横置的宽高比为$\sqrt{2}$的矩形，而当心间撩檐枋以下的投影立面，则是一个正方形。奉国寺大殿正好相反，当心间阑额以下是一个正方形，而当心间撩檐枋以下的投影立面是一个竖置的高宽比为$\sqrt{2}$的矩形。

类似的例子还有很多，如三间殿中，与独乐寺山门当心间比例相同的还有保国寺大殿、晋祠献殿等。此外，南禅寺大殿当心间广比檐柱高大出较独乐寺为少，二者之比为1.3157，而当心间广与檐高之比也小于独乐寺，其比值为0.9345，檐高与檐柱高之比仍相当接近$\sqrt{2}$，为1.41。河北涞源阁院寺文殊殿、山西榆次雨花宫大殿、山西晋城青莲寺中殿等，也属于这种情况。

除了在檐高与柱高之间，存在着这种$\sqrt{2}$的确定关系外，以1为短边，以$\sqrt{2}$为长边组成的矩形，在平面构图中也有运用，如五间殿的平面广深比多在1.41左右，即通面阔恰好相当于通进深的$\sqrt{2}$倍，此可举广济寺三大士殿和华严寺薄伽教藏殿为例。见于文献的五间殿如《吴越备史》所载五代吴越王钱氏旧宫的重栱殿，"五间十二架，长六丈，广八丈四尺"，广深比也是1.40。

由于$\sqrt{2}$恰为边长为1的正方形的对角线，所以长宽比为$\sqrt{2}$的矩形，往往是与相应的正方形同时出现，一起作为构图因素的。华林寺大殿正立面两次间阑额以下，基本上是两个正方形，与当心间长宽比为$\sqrt{2}$的矩形并列。横剖面前后内柱的柱头以下为一正方形，中平槫以下为一竖置的长宽比为$\sqrt{2}$的矩形。又如观音阁内槽空间是两个叠置的正方形，以此两个正方形的总高为1，则脊高为$\sqrt{2}$（图17–2–6）。

宽高比或高宽比为$\sqrt{2}$的矩形，不仅容易求得，而且长边与短边之间有着确定的，非偶然的关系，给人以比较好的视觉效果。因为，当一个矩形的长边与短边之比，明显地大于$\sqrt{2}$时，似乎有两个正方形拼合的感觉，相反，如果明显地小于$\sqrt{2}$时，则觉得像是一个变了形的正方形，这两种情况，前者给人以太过狭长的感觉，后者给人以似方不方很不稳定的感觉，二者都给人以偶然的、不明确的、含糊的印象，有损于美的获得。只有长宽比为$\sqrt{2}$时，才不存在上述感觉。由于它的肯定而良好的视觉印象，可称之为"美的比例"。无独有偶，早在古代西方，这一比例也经常被提到。

基于如上的分析，我们把唐宋建筑比例中较普遍存在的$\sqrt{2}$与1的比值现象，称之为"$\sqrt{2}$因素"，它在唐宋建筑比例的设计与权衡中，起了相当重要的作用。

为了进一步探讨唐宋建筑平、立面的基本比例及其规律，使这种分析更加科学和严谨，特以两点基本假设为前提：一、由于在实际工程中受材料、施工、业主要求等因素的影响，不能将理想的设计完全付诸实现，因而在规律性之外，总会出现各种变异或偏差，所以，需要假定一个从复杂的实际状态中分离出来的相对独立的理想状态；二、理想状态下的建筑，不论开间多少、规模大小，其檐高与檐柱高之间，都保持一种$\sqrt{2}$倍的确定关系。

一般说来，比例问题是一个艺术造型问题，建筑比例与建筑艺术的其他属性一样，是一种带着极大主观性的判断。人们凭着自身的感觉得到不同的体会和认识，试图对建筑的比例关系作出量化的规定，往往显得十分荒谬。因为人们的眼睛，永远也看不到真正的投影立面，看到的只是经过透视的三度空间的形象。但这只是问题的一个方面，是

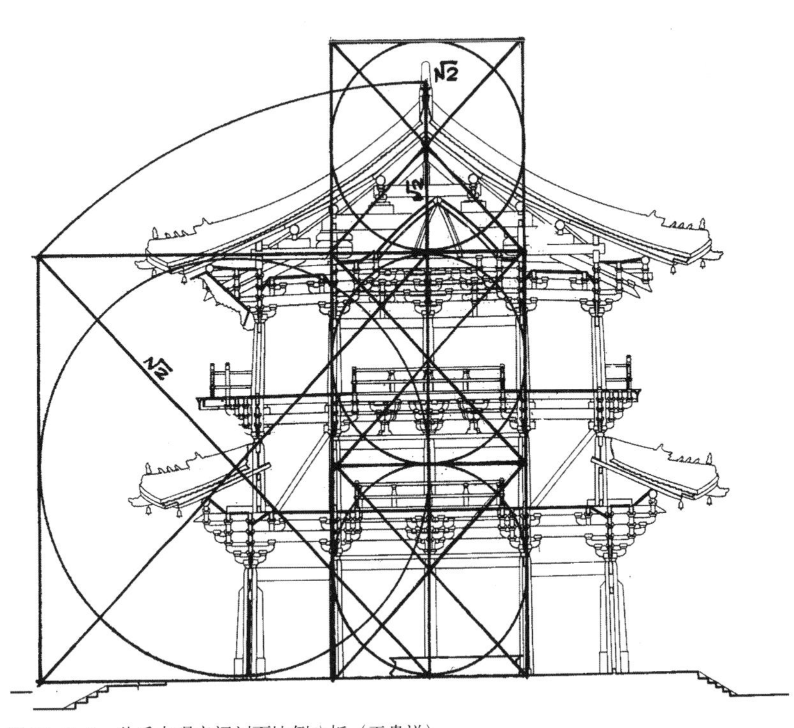

图17–2–6　独乐寺观音阁剖面比例分析（王贵祥）

从观察者的角度而言的，如果我们从另外一个方面，即从设计者或建造者的角度看问题，就会得出不同的认识了。

我们知道，中国古代建筑的建造基本不用设计图纸，主要是靠工匠师徒相承，口传心授的法式和口诀，因此，为便于设计和施工，工匠们中间应该存在着一些关于不同开间建筑物各个部分之间尺寸关系的量的习惯性规定，其中应包含建筑平立面基本比例的主要数量关系，问题只是在于怎样表述这些数量关系及内在联系，可惜这些我们现在已经无从探究了。为此，根据唐宋单檐建筑基本比例的大致波动范围和典型实例的主要比例，找出建筑比例的基本规律，并运用数学方法描述它，而假设出一组理想状态的建筑，可以说是一种有益的尝试。

理想比例是从实际比例中分析总结出来的，应与典型的实际比例基本吻合，但由于现存实例十分有限，所以，在我们试图建立这一理想模型的时候，对某些实例就需要多少做出一些调整。

理想比例数学模型

平面深广比 从上举同为五间殿的广济寺三大士殿、华严寺薄伽教藏殿及《吴越备史》所说的重栱殿，三殿的深广比都相当接近于0.71（即$\sqrt{2}$的倒数），启发我们对建筑平面比例的探讨。结果表明,平面通进深与通面阔（广）的比值（L深/L广），确实也有一定规律，即随开间的减少而加大。开间数越少，进深与面阔的比值越大，越接近于方形，反之，平面越狭长。

深广比随开间数减少而加大，除了平面功能上的要求外，为保持一定的进深度，以保证适当的举折高度，求得立面比例的协调，是一个重要原因。我们可以把这些数值归纳调整为下列一组数列：

开间数	九	七	五	三	三	三
L深/L广	0.51	0.61	0.71	0.81	0.91	1.01

这是一组理想的平面深广比，由这一组数值，可以建立一个平面进深随面广与开间变化的数学表达式（但三开间的比值波动较大，不列入式内）：

$$L深=\left[0.71-\left(0.1\times\frac{C-5}{2}\right)\right]\times L广 \quad \cdots\cdots \quad (1)$$

式中C为开间数。

檐下当心间立面比例 实例中檐下当心间的立面比例，也有较强的规律性。

按照檐高(H)为檐柱高(h)的$\sqrt{2}$倍的假定，做细微的调整归纳，可以得出如下一组数据：

开间数	九	七	五	三
h / L'	1.01	0.91	0.81	0.71
H / L'	1.42	1.28	1.14	1.00

表中L'为当心间广。

这是一组理想状态的当心间立面比例：设当心间之广为1，檐柱高将由九间的1.01，随开间的减少而降低，直到三间的0.71。但随之相应降低的檐高，与檐柱高仍保持$\sqrt{2}$倍的关系。九间殿的檐柱高与当心间广基本构成正方形，檐高与当心间广构成一竖边为$\sqrt{2}$、横边为1的竖向矩形。三间殿的檐高与当心间广构成正方形，檐柱高与当心间广构成一竖边为1、横边为$\sqrt{2}$的横向矩形。以上，皆与实例大体吻合（图17-2-7）。如果各开间数建筑的当心间广相等，则九间殿的檐柱高和檐高，约分别是三间殿的檐柱高和檐高的$\sqrt{2}$倍。七间殿与五间殿，介乎九间殿与三间殿之间。自三间殿至九间殿，比值按等差级数排列，檐柱高与当心间广比值的公差为0.1，檐高与当心间广比值的公差是0.14。

由这一组理想的当心间立面比例，可以

实例当心间立面比例

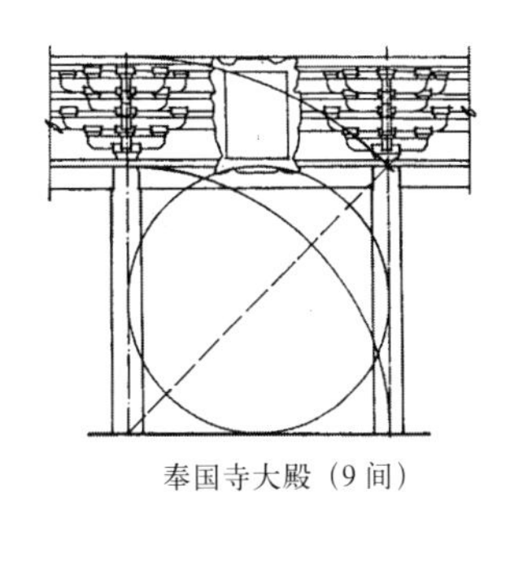

奉国寺大殿（9 间）

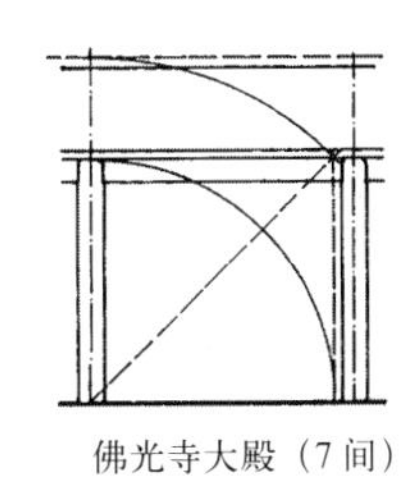

佛光寺大殿（7 间）

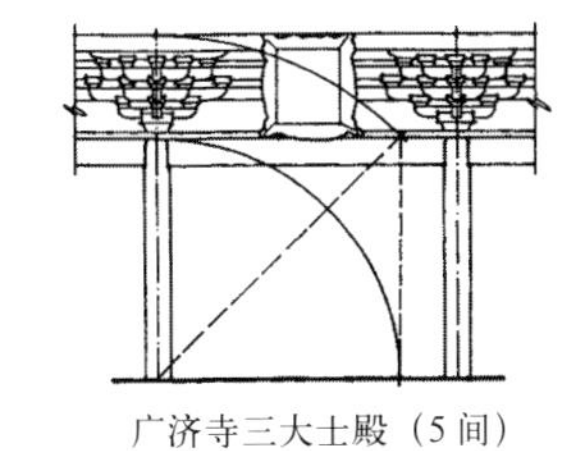

广济寺三大士殿（5 间）

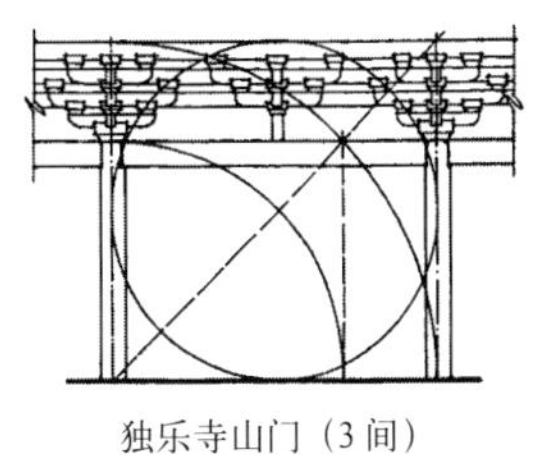

独乐寺山门（3 间）

理想当心间立面比例

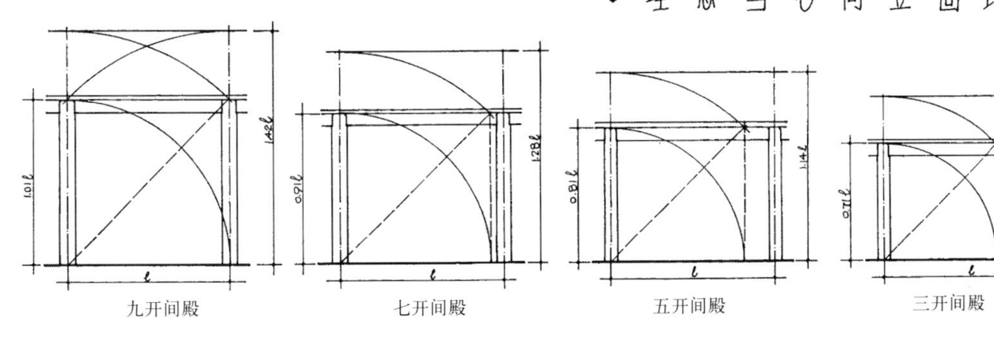

九开间殿　七开间殿　五开间殿　三开间殿

图 17-2-7　实例与理想当心间立面比例（王贵祥）

建立两个关于当心间立面比例的近似数学表达式：

$$L'=\frac{h}{0.71+0.05(C-3)}\cdots\cdots \quad (2)$$

$$L'=\frac{H}{1+0.07(C-3)}\cdots\cdots \quad (3)$$

式中 L' 为当心间广，h 为檐柱高，H 为檐高，C 为开间数。

当心间立面比例的特殊情况，多是由斗栱铺作引起的，由实例可以看出，九间殿、七间殿用七铺作（斗栱出跳四次），三间殿、五间殿用五铺作或六铺作（斗栱出跳二次或三次）时，檐高与檐柱高之间比较容易接近$\sqrt{2}$倍的关系，当心间比例也就比较接近理想状态。但实例中，如九开间的华严寺大殿，外檐铺作仅用了五铺作出双杪，所以在檐柱高与当心间广的比值比较接近理想状态的情况下，檐高与当心间广的比值却偏小。同样，三间的华林寺大殿的檐柱高与当心间广的比值与理想状况也比较接近，但由于用了七铺作，使檐高与当心间广的比值偏大。

另外，也有柱高值偏大，而檐高值比较接近理想状态，或檐高与柱高同时偏大或偏小的例证。造成这些情况的原因是很多的，如当心间广受阑额与柱头方所用材料的局限，达不到理想的长度；或柱子也受到所用木材的限制；或因业主的趋好而采用不同出跳的铺作等。即使这样，还是有相当多的实例，在理想比例的左右浮动。

屋身立面比例　前面谈到的立面比例，主要是就檐柱和当心间面阔而言，若对屋身各间檐柱因生起和侧脚引起的微小高度变化忽略不计，那么，当心间的檐柱即可代表全立面的各个檐柱，屋身立面的比例问题就简化为一片矩形的总高宽比和各开间的分划问题了。

唐宋单檐建筑，崇尚横向的舒展。从多数建筑实例可以感知，作为一个横长矩形的屋身，其长边的长度，一般等于或接近矩形短边的整倍数。即这一横长矩形，可以大致等分为若干奇数个以矩形短边为边长的正方形。若分格过密，柱距过窄，则觉开间过陡；分格过疏，柱距过宽，则觉压抑；而以接近若干个正方形组合的分格方式，与屋顶结合时视觉效果最好，与唐宋建筑实例的立面形象也最为接近（图17–2–8）。

实际分格时，当然还要受间广递减韵律的制约。经过对多个实例的分析，大致可以认为：九间殿当心间的比例为正方形，两侧各间间广均按0.95左右的比例递减，其通面阔大致比柱高的9倍略小，即柱高比通面阔的九分之一略大。七间殿当心间的比例为一接近正方形略呈横向的矩形，间广比柱高略大，两侧各间间广也约按0.95的比率递减，其通面阔等于或略小于柱高的7倍，即柱高约大于通面阔的七分之一。五间殿和三间殿则随着柱高的压低和当心间间广的加大以及间广递减率的调整，通面阔分别小于或等于柱高的5倍或3倍（图17–2–9）。

据实例验算，以通面阔L为标准，上述四种情况大致在下列范围内波动：

柱高（h）波动范围　　单位：通面阔（L）

开间	柱高波动范围（分数）	柱高波动范围（小数）
九	$1/9 < h < 1/7$	$0.11 < h < 0.14$
七	$1/7 \leqslant h < 1/6$	$0.14 \leqslant h < 0.167$
五	$1/6 < h \leqslant 1/5$	$0.167 < h \leqslant 0.20$
三	$1/4 < h \leqslant 1/3$	$0.25 < h \leqslant 0.33$

据实例验算并简化，可将柱高波动范围表示如下，同时又可求出檐高波动范围：

开间	柱高（h）/ 通面阔（L）	檐高（H）/ 通面阔（L）
九	0.12—0.13	0.17—0.18
七	0.14—0.16	0.20—0.23
五	0.17—0.20	0.24—0.28
三	0.26—0.33	0.37—0.47

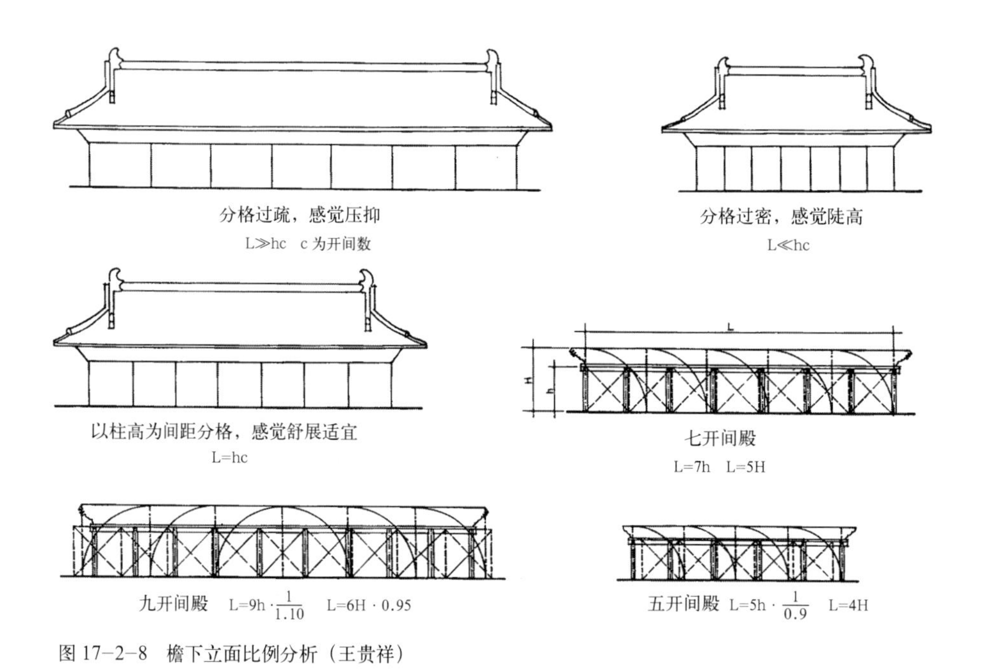

图 17–2–8　檐下立面比例分析（王贵祥）

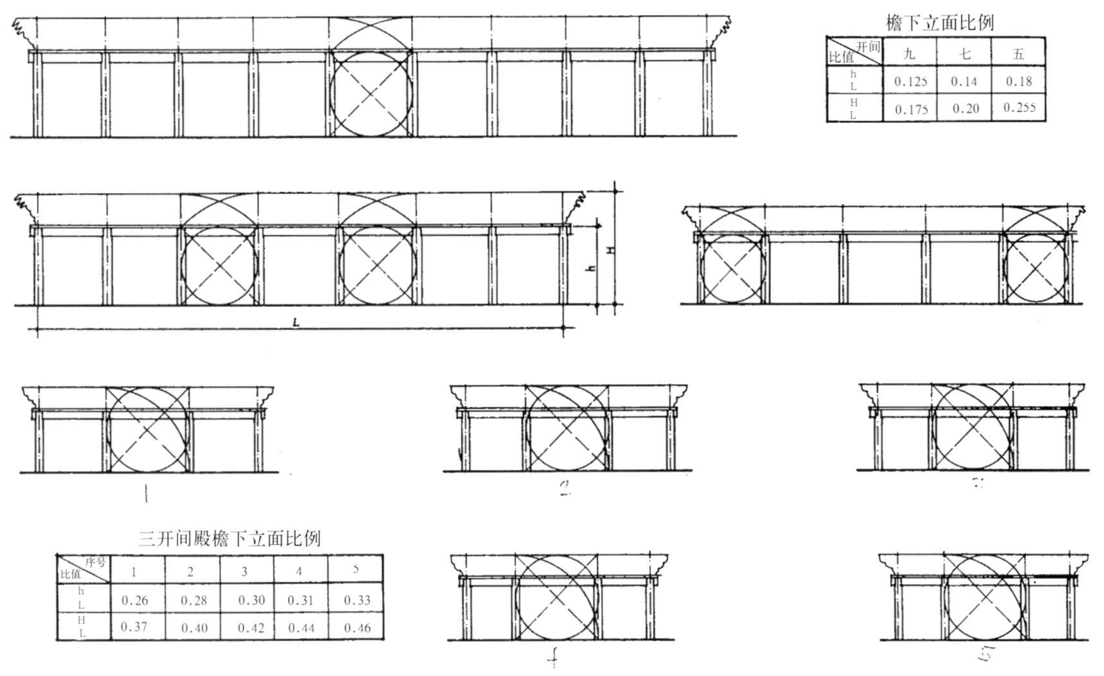

檐下立面比例

比值＼开间	九	七	五
$\frac{h}{L}$	0.125	0.14	0.18
$\frac{H}{L}$	0.175	0.20	0.255

三开间殿檐下立面比例

比值＼序号	1	2	3	4	5
$\frac{h}{L}$	0.26	0.28	0.30	0.31	0.33
$\frac{H}{L}$	0.37	0.40	0.42	0.44	0.46

图 17–2–9　理想檐下立面比例（王贵祥）

即九间殿檐高约为通面阔的 1/6（0.167）左右，七间殿檐高约为通面阔的 1/5（0.20）左右，五间殿檐高约为通面阔的 1/4（0.25）左右，三间殿檐高在通面阔的 1/3（0.33）至 1/2（0.50）之间。

这些实例说明，唐宋单檐建筑的檐下立面比例随开间数而变化，开间数越多，变化幅度越小，规律性越强。但开间数最少的三间殿，虽然变化幅度最大，仍有一定范围。

从这些实例中取出一组比较典型的数据：

实例名称	奉国寺大殿	崇福寺弥陀殿	华严寺薄伽教藏殿	独乐寺山门
开间数	九	七	五	三
h/L	0.123	0.14	0.19	0.26
H/L	0.175	0.20	0.26	0.37

表中 h 为柱高、H 为檐高、L 为通面阔。

与上表对照，十分吻合，由此又可建立两个近似数学表达式：

$$L=\frac{h\times C}{0.8+0.05\ (C-3)}\cdots\cdots \quad (4)$$

$$L=H\ (C/2+1.5)\ A\cdots\cdots \quad (5)$$

式中 C 为开间数。系数 A 因开间而异，九间殿 A 为 0.95，七间殿与五间殿为 1.0，三间殿为 0.9。

因为理想状态下的檐高 H 与柱高 h 之比为 $\sqrt{2}$，所以式（4）也可以表述为：

$$L=\frac{H\times C/\sqrt{2}}{0.8+0.05\ (C-3)}\cdots\cdots \quad (6)$$

三开间殿的檐下立面比例，因为波动幅度较大，上述表达式仅反映了其下限的情况。

理想比例的验证与结论

对于理想比例及其数学表达式，可以从两个方面进行验证，一是计算数据与实测数据的比较，由统计可知大部分按理想数学表达式所得的计算值与实例实测值都很接近，误差大多仅在 5% 左右。二是不同表达式的相互验算，如式（2）与式（4）的关系或者式（1）与式（5）

的关系，都是吻合的（验算式略）。

通过验证可以看出，这些表达式在一定程度上确实概括了唐宋单檐建筑平立面的基本比例以及关于檐柱高、檐高、开间广、通面阔及通进深等相关因素的互动关系。

从以上的探讨，可以对中国古代建筑主要是唐宋单檐殿堂类建筑的比例，得出如下一些规律性的结论：

1. 不同开间的建筑有不同的平、立面比例；

2. 开间相同的建筑，尽管在时间和地域上有较大差别，主要比例仍然相同或相近；

3. 不同开间建筑之间，平、立面比例虽有不同，但仍有一定的联系，这种联系可以在理想比例数学模型中看出；

4. 间广、面阔、进深、柱高等尺寸，彼此存在着相互联系和相互影响，这种联系和影响因开间数而变化，理想比例的数学模型对这些联系和影响有所表达；

5. 1 ∶ 1的正方形和$\sqrt{2}$ ∶ 1的矩形，在平、立、剖面比例中运用得相当普遍。如平面比例中，五间殿的通面阔与通进深之比、檐高与檐柱高之比，以及三间殿当心间间广与檐柱高之比等，都是$\sqrt{2}$ ∶ 1。这说明，我们所称的“$\sqrt{2}$因素”绝非偶然，应是当时工匠有意识地将其运用于建筑设计权衡的结果。

以上，我们已经从宏观的视角，主要以唐宋单檐建筑为例，对中国古代建筑的造型规律做了一些探索。由于中国古代建筑匠师社会地位的低下和文化水平的限制，没有留下系统的著述，仅靠薪火相传，孜孜营营，成就了多少伟大的作品，而文人士大夫对此等专门之学，既不愿也不可能深知而有所探求，是故在浩瀚的典籍海洋里，竟没有一种对此有所论述。即使建筑专著《营造法式》，对建筑部件多有详述，唯独于建筑物的总体造型甚少言及。但通过以上探索，我们相信，至迟在中国建筑已完全成熟而臻于高峰的唐宋时代，匠师们确实已掌握了一套比较成熟而行之有效的建筑形体造型规律，以上可能仅只是其中一小部分而已。建筑形体千变万化，如楼阁，如塔，如重檐，如更复杂的平面，可以相信都会存在某种造型规律，有待进一步发掘与研究。

由唐宋建筑相沿嬗变而来的明清建筑，尤其是官式建筑，在造型设计上，也一定会有其规律。中国建筑的造型规律，鲜明而具体地表现了中国古代建筑艺术的博大精深与巧思精微。

第十八章　文化决定论与多元建筑论

小引

我们循着“文化”这条线索，已经检视了中国传统建筑曲折起伏的绵长历程，统观了它在各个历史时期的发展脉络及其时代的、地域的和民族的美丽风神，并在力所能及的程度上，大致窥探了深蕴其中的充满激情的内心世界。

在漫长而有趣的旅行即将结束之前，我们对她充满了眷恋之情，作为中国传统文化的杰出成就，她毕竟属于历史。然而，历史是不能割断的，她的身影仍将时时显现于今天以至久远的将来。“人事有代谢，往来成古今”，“无边落木萧萧下，不尽长江滚滚来”，花落燕归，春尽秋来，中国古人这种积极乐观而深沉的历史感，正道出了文化发展史的必然。人们正不必感叹名花之凋落，更不可仅因其已经过去就无视她曾经有过的荣光，否定她对于现实的意义，重要的是我们应持的一种平和而积极的心态：在历史的荫庇之下，创造自己时代的更大辉煌。“今人不见古时月，今月曾经照古人”，古月今月，亦二亦一，在这个意义上，传统并没有一刻离开过我们。

对于传统的这种信心，乃是建立在我们的文化历史观的坚实信念之上。历史毕竟是一个人类不断超越自己又不断延续自己的进程，如果说中国传统建筑艺术是这一进程的过去时显现，那么，中国正在开辟或将要开辟的建筑艺术新路，则是这一进程的现在时和将来时的延续和发展，它们的取向，都决定于中国文化这一深层的基因。

本书的引论，主要侧重在方法论，说明本课题的研究方法。为了阐明我们对中国建筑艺术尤其是建筑文化的总体认识，本书最后一章侧重在认识论方面。为便于从更广泛的角度来阐述，我们也许不得不有时离开“中国建筑艺术”这一特定的范畴。

第一节　文化决定论

要认识中国传统建筑到底为什么会呈现出那么多独特的面貌？是什么因素在起着根本性的作用？如果“建筑”这个词，在这里只是指一座座具体的建筑物，我们就几乎不可能得出哪怕一点点稍具理论价值的思考，因为它们是如此的各不相同，又面临着那么多的具体问题（功能、条件、环境、意志、意义和机遇）。如果胶柱（意胶柱鼓瑟）于诸如此类的具体条目，我们最多也只能得出这样一个“结论”：似乎一切都在决定着它，同时又决定不了它。即使我们可以明白指出某座建筑看来最主要的决定因素，也仍然无法回答“建筑”（在作为集合名词时）究竟决定于什么这个带根本性的问题。[①]

也许会有人认为不可能或根本就不需要得出什么结论。中国古人只用了一句话，“百工之事，皆圣人之作也”（《考工记》），就轻轻交代了过去。很久以来，西方其实也是这样，只不过把“圣人”换成了“上帝”，是上帝创造和决定着一切。

但是，当我们把眼光暂时从一个个具体的限定域跳开，站在更远的地方去统摄它们，更

① 本节主要参考资料：萧默．文化决定论—论人的主体性并兼与经济决定论商榷[J]. 建筑师，第37辑；萧默．文化纪念碑的风采——建筑艺术历史与审美[M]. 北京：人民大学出版社，1999.

高的地方去俯瞰它们，于是它们的一切“细部”都消失了，只显出了一个总的发展轮廓。如果我们无论按什么标准（时代的、民族的、地域的）把它们略加分类，便可以发现，不管从哪个角度看过去，它们都显出了惊人的同一性。这就证明，所有的建筑实际上都遵循着一定的规律性，从而表明有可能也有必要来进行探讨。经过对历史进程整体的思考，我们不再相信“天才决定论”或“上帝决定论”，不是圣人或上帝，而是历史的主体人类自己和人的光辉杰作——文化，创造和决定了建筑。

关于主体性的认识，经历了一个颇长的过程。

17 世纪，以自然科学特别是力学的成就为起点，以 1687 年牛顿力学的建立为标志，西方进入了一个“决定论”的时代。当时的人们认识到“所有存在的事物都可以表明是系统地、即逻辑地或因果地相互连结的”，但这个连结却不是辩证的联系，而是一种机械力的传动。人们都倾向于认为寻求一个包罗万象的图式是可能的，在这个普适一切的图式框架中，机械力成了一切的决定力量。世界就像是一座巨大的宇宙机器，重复地运转不息。惟一令人困惑的就是“第一推动力”，牛顿把它仍推给了上帝。这种无视人类社会的主体即人的作用的观点，显然属于机械唯物论，不能用来解决我们的问题。即使在自然科学领域内，也只适用于一些局部的范围，即可以预先“设其他情况都相同”的那些孤立的环节，而不去过问与世界其余部分复杂的相互作用。之所以对此旧事重提，是因为牛顿式的模式也许至今仍保持着某些影响，尽管不一定采取牛顿的形式。

到了 18 世纪，古文化史家意大利人维柯(Vico)开始在人类历史中看到了人的主体作用，从而脱离了神的樊篱（虽然他还是把自然世界留给了上帝）。他说：“毫无疑问，文明社会的世界肯定是人创造的，……因而人能够去认识它”。[①]

黑格尔至少在形式上同维柯一样，肯定了人的能动性，但实际上在历史问题上却比维柯倒退了，因为他事先树立了一个先验的具有主体性的“绝对理性”的存在，而真正的主体——人，只不过是这种“理性”在实现的过程中一个能动的因素而已。

马克思、恩格斯完全抛弃了神秘的“先验理性”，而把对历史的阐释建立在人类实践活动的坚固基石上，从而揭示了历史主客体的关系，建立了唯物史观。马克思指出：“历史不过是追求着自己目的的人的活动而已”。[②]人类最基本的实践活动是生产实践，由此出发，唯物史观建立了一条由存在到思维的结构系列，即生产力→生产关系（经济基础）→上层建筑→意识形态。他们形象地描述说：“手推磨产生的是封建主为首的社会，蒸汽机产生的是工业资本家的社会”，[③]又说“物质生活的生产方式制约着整个社会生活、政治生活和精神生活的一般特性。不是人们的意识决定人们的存在，相反，是人们的社会存在决定人们的意识”。[④]

必须指出，由于唯物史观的创始人当时面临的主要任务，他们更多的是侧重于以客体（存在）为轴心来审察主体（人）与客体的关系，因而常使人错误地以为唯物史观忽视了人的主体性，甚至被歪曲是“排斥人”的或“非人”的，而另一些人却往往对经典作家的理论作某种教条式的理解，事实上把这一真理推到了“非人”的一端。在我们研究的这一领域，所谓“地理决定论”、“技术决定论”、“经济决定论”，都是突出的例子。

建筑与地理情况如气候、资源等因素，当然有很大关系。例如：希腊天朗气清，又到处都是优质大理石，所以希腊的户外雕刻很发达，优于绘画，希腊人把他们的神庙也当做雕刻来

① (意) 维科 . 新科学 [M]// (比) 伊 · 普里戈金, (法) 伊 · 斯唐热 . 从混沌到有序 . 曾庆宏, 沈小峰译 . 上海：上海译文出版社，1987：36.

② 马克思恩格斯全集 · 第二卷 [M]. 中共中央马克思恩格斯列宁斯大林著作编译局编译 . 北京：人民出版社，2005：99.

③ 马克思恩格斯选集 · 第一卷 [M]. 中共中央马克思恩格斯列宁斯大林著作编译局编译 . 北京：人民出版社，1995：108.

④ 马克思恩格斯选集 · 第二卷 [M]. 中共中央马克思恩格斯列宁斯大林著作编译局编译 . 北京：人民出版社，1995：82. 但该译本中没有颇重要的“一般特性”这一词语，此据周宪等编 . 当代西方艺术文化学 [M]. 北京大学出版社，1988：46. 依英译本译出之引文补 .

看待，独立而完整，细腻精美。南欧和西亚很少下雪，不是为了特殊的需要，屋面多半是平的，不担心积雪会把屋顶压垮；北欧则不同，大雪纷飞，屋顶又高又陡，这也是有着又高又尖屋顶的哥特建筑为什么起源于北方的原因之一。埃及不出产石料，但尼罗河帮助埃及人从很远的外地运来成山的石头，金字塔才得以出现；西亚既缺乏石头又没有多少树木，他们的建筑就用砖头来建造，用彩色琉璃面砖做装饰；阿拉伯人继承西亚传统，在建造礼拜寺时也大量使用砖头和琉璃；印度北方却盛产一种红色砂石，也有白大理石，印度的伊斯兰建筑就改用石头，琉璃面砖也改为彩色石头镶嵌或精雕细刻的大理石花饰。在中国，窑洞也只有在拥有深厚的黄土层的西北才能通行……如此等等，有举不完的例证。

但我们还要进一步追问，难道有关气候和资源等地理因素就是“决定”建筑艺术的最关键的原因了吗？世界上气候和资源相差不大的地方有的是，为什么建筑却有那么大的区别？同样一个地方，历史上气候或许会有变迁，但按地质年代来衡量的气候变迁对于人类文明区区几千年的历史来说并不太大，各时代的建筑艺术风格为什么会有那么大的不同？1867年日本发生了明治维新，迅速引进了西方古典主义和折中主义，建筑面貌发生巨大变化，但日本的气候和资源并没有发生突变；同样采用石结构，哥特式和文艺复兴建筑的风格为什么也有这么大的差别？同样是木结构，中国和日本的建筑性格也不太一样，与俄罗斯、北欧的木结构更是不同？即使地理条件明显不同，建筑风格的差异就全是或主要是由它造成的吗？可见，如果我们面对的不是有关哪一栋具体建筑物或哪一处局部处理的问题，而是比较宏观的如某一体系某一民族某一时代建筑风格这样的问题时，地理可能会有一定的作用，可以用“影响”来定位这件事，但不能轻率地使用“决定”的字样。地理只是告诉我们哪些事不可以做，哪些事可以做，但对于什么民族在什么时代什么地方究竟会做出些什么事，地理却什么也说不出来。换句话说，地理只供给我们材料，而对于使用这些材料干出些什么事，却完全不闻不问。总而言之，地理不是决定性的因素。

不言而喻，技术，当然也对人类生活包括建筑产生巨大影响，甚至作为生产力的标志，对人类具有宏观的根本性的意义，所以，才有了“手推磨产生的是封建主为首的社会，蒸汽机产生的是工业资本家的社会”的结论。但我们如果只是就艺术风格这一层面讨论问题，或者说探讨技术对艺术风格这一类事物的作用，技术的意义却远不是唯一的和决定性的，否则，在手推磨的技术水平下，我们将永远只会有一种风格，在蒸汽机的水平时，我们也永远只会有另一种风格，远不能解释人类精神产品的风格随时代、民族和地域的不同显现的无比多样性。事实上，技术决定论在很大程度上已包括在经济决定论之中。

“经济决定论”则是影响最为深远，也最有代表性的一种观点。

按照“经济决定论”，似乎建筑只决定于人类全部生活中一个虽属基本但却相对有限的范围即经济或物质生活方式，而与生活的其他丰富内容及它们之间复杂的相互作用无关。即认为所有建筑都只不过是某种物质生活的载体，只具有物质性的使用意义，一种纯物质产品而已，并不存在或者至少不必去过问是否存在内蕴的精神层面。所以，一切关于建筑艺术，关于建筑艺术风格的时代性、民族性、地域性的讨论都是多余的。在生产力和生产关系等经济状况已经大大不同于昔的现代，人们就理应彻底抛弃传统。只肯定经济，抹煞人的全面创造，势将大大损害人的主体性地位。

鉴于此，有必要高扬“文化决定论”的旗帜，正确认识传统。

首先应该明确，这里虽然也使用了“决定论”的词语，却不同于机器时代牛顿体系的决定论。后者所描绘的只是一个个孤立的、封闭的、单一元的和必然的王国，而实际的世界，就我们所关注的建筑来说，却是一个充满复杂性的、开放的、多元的并不可避免地与众多偶然性不断碰撞的世界。就这样的世界来说，不但牛顿的机械力不能说明什么，就是“经济”也只能起到有限的作用，因为“经济”同“力”一样，也是一个单一元的概念，“文化”却是一个开放的多元的体系。“文化”是一个多义词，其最广义与“文明”一词相通，一般指人类的物质和精神行为模式及人类所创造的一切物质和精神成果。本文所取为狭义，仅指人类的精神行为模式和精神成果，其中包括人在经济生活也包括人在政治、艺术、宗教、家庭等各种生活模式中的精神取向，以及与它们相应的各种规范制度和更深层的诸如伦理观念、宗教态度、心理气质、艺术趣味、价值观、伦理观、自然观等各种社会深层意识形态。在“建筑文化”这个领域，我们更强调深层意识形态的作用。

所谓“文化决定论”并不是指文化中诸多元的单独作用，那些单独的作用顶多只能称之为影响，不能上升到“决定”的高度，否则，我们又将返回到“似乎一切都在决定又都不能决定”的困境中去。我们所指的“决定”是一种合力运动，是互相辩证联系的诸多元的“文化合力”的框架对于事物的规定。

显然，经济决定论把经济夸大到唯一独尊的高度，无视其他诸多元的存在，所描绘的只能是一种简单的直线运动，远不能解释建筑现象的无比复杂性。在这种肤浅的认识中，人在“不以他们的意志为转移”的经济关系中完全处于一种被动的状态，人的主体性将丧失大半，只得又退回到另一个牛顿时代去了。

文化，是人类区别于动物的重要标志，只有人类才有文化，文化就是人化，即人的主体性的对象化。强调文化的决定性力量不仅符合建筑的实际，同时也全面肯定了人在历史中至关重要的主体性地位。

那么，对于唯物史观关于经济基础决定上层建筑的结论，又将作何理解？

“经济基础决定上层建筑”是一个相当宽泛的、相当概括的命题，用马克思自己的话说就是经济基础制约着整个生活方式的“一般特性”，正像马克思主义的其他一般命题（如物质的第一性，除了物质的运动和运动着的物质以外就什么也没有了等）一样，都只具有“归根结底”的意义。但这个一般的原则却不能代替对于具体运动形式本身规律的研究。所以，对建筑这类对象在其相应范围内进行研究，就切不可拿“归根结底”的一般原则简单一套了事，要是那样的话，确实就正像恩格斯所说的“比解一个最简单的一次方程式还要容易”了，同时也必将一事无成。我们的确还需要更详尽地观察所面临的对象，得出进一步的结论。例如对于像中国建筑从秦汉风格向隋唐风格的转变，中国宫廷建筑、文人建筑、市民建筑和庶民建筑风格上的差异，或者华北建筑与江南建筑风格的区别，或者汉、藏两个民族建筑风格的不同等问题，就不能只是谈谈生产力、生产关系那样的词语就算了事的。问题必将涉及与整个生活方式相关的诸如秦汉与隋唐社会整体情况的不同、各阶级阶层心态的差别、不同地域不同民族人们的生活和精神状态的差异，等等，显然，“文化”的范畴在这里更加切题而实际。也许我们可以从英国马克思主义研究者雷蒙德 · 威廉思的这句话中得到启发。他说：“许多马克思主义学者的阐释给人们留下了这样一种印象，即这种阐释似乎是按照马克思的公式，服从于一种刻板的方法论，以至谁要想研究，比方说，一种民族文学，谁就要从文学与之息息相关的经济史入手，然后将文学置于其中。”他认为：“这种研究方法是牵强的和肤浅的。因为，即使经济因素是起决定作用的，它决定的也是整个生活方式，文学正是与整个生活方式，而非唯独与经济制度相关联。”[①]这段话里的“文学”二字，就完全可以以“建筑”来代替。

可见，马克思的“经济基础决定上层建筑”与建筑的“文化决定论”是两个不同范围的命题，后者不但没有否定前者，更大大丰富了前者的表述内涵。

实际上，马克思和恩格斯对“经济基础决定上层建筑”这个归纳的意义范围，曾有过严格的限制，从而与“经济决定论”划清了界限。恩格斯说：“根据唯物史观，历史过程中的决定性因素归根到底是现实生活的生产和再生产，无论马克思或我，都从来没有肯定比这更多的东西。如果有人在这里加以歪曲，说经济因素是惟一决定性的因素，那么他就是把这个命题变成了毫无内容的、抽象的、荒诞无稽的空话。经济状况是基础，但是同样对历史斗争的进程发生影响，并且在许多情况下决定这一斗争的形式方面起着主要作用的，却是上层建筑的各种因素。”[②]“建筑”正是人类历史斗争形式的一种。

众所周知，马克思曾经依经济形态的不同把社会划分为五个阶段（五形态），其实，这也只是一个一般的规定，以此来描述人类社会发展史的大致历程，不应该成为一切具体的文化形态的唯一的最后定语。马克思也曾尝试过以历史的主体人自身的能力和个性发展的状况，来作为社会形态划分的依据。[③]

关于人的主体性，恩格斯提出过人类“意志合力”的思想，“历史是这样创造的：最终的结果总是从许多单个意志的相互冲突中产生出来的”。[④]我们在前面提出过的“文化合力”说，正是它的具体表述。

人，从二三百万年以前由类人猿脱颖而出的那一天开始，就已经以不同于动物的崭新的主体姿态，创造着自己的历史。在那莽莽荒原、沉沉大地上，被自然的恐怖深深震慑的原始人，即使时时生活在压抑之中，也仍然不断闪现出创造力的火花，努力于超越自己。正是这些火花，像漫漫长夜中的点点晨星，催促着文明曙光的到来。随着对环境的适应、克服与改造的艰难历程，人的主体创造力得到了磨炼和发挥。从古到今，所有遗留的成千累万的建筑，就是它的光荣见证。到了今天，人的主体性更显得从未有过的突出，而且还将继续增强下去。这个趋势，如果能伴之以对环境的自觉尊重，将为一个更为多彩、晶莹而深蕴的人化即文化世界，提供光明的前景。

人类历史的主体和客体都处在演变的过程之中，究其原因，都是主体自我认识、完善和更新的结果。因此有人预言：“实行研究范式的新的转换，即从以客体为轴心审察历史主客体关系转换到以主体为轴心重审历史主客体的关系”，是历史哲学的发展趋势和“对经典历史唯物主义的实质性的发展”[⑤]。这对于建筑历史和理论的研究工作实现从描述式向阐释式的转化，更深地挖掘历史主体即人的文化深层结构，无疑也具有启发意义。

至于“地理决定论”（以及与之相关的如“气候决定论”、“资源决定论”）、“技术决定论”或“天才决定论”，等等，都与“经济决定论”一样，不是属于机械唯物论，就是唯心论，也许比经济决定论还要浅薄。虽然作为某种影响因素，其中提到的种种理由也不无参考价值，但上升为“决定论”，终不免于片面而武断。

① [英] 雷蒙德·威廉斯．马克思主义与文化[M]// 周宪等编．当代西方艺术文化学．北京：北京大学出版社，1988：62.

② 恩格斯．给布洛赫的信[M]// 马克思恩格斯选集·第四卷．中共中央马克思恩格斯列宁斯大林著作编译局编译．北京：人民出版社，1995：478.

③ 如马克思曾提出过以“人的依赖关系”、“以物的依赖性为基础的人的独立性”和“建立在个人全面发展和他们共同的社会生产能力成为他们的社会财富这一基础上的自由个性”为尺度的社会“三形态”说。见马克思恩格斯全集·第46卷（上）[M]. 中共中央马克思恩格斯列宁斯大林著作编译局编译．北京：人民出版社，2003：104；并参见郑镇．马克思社会历史进程理论考评[J]. 文史哲，1988(5).

④ 转引自（英）雷蒙德·威廉斯．马克思主义与文化[M]// 周宪等编．当代西方艺术文化学，北京：北京大学出版社，1988：62；并参见尹保云．论历史唯物主义的“双线结构”[J]. 中州学刊，1988(4).

⑤ 杨耕．唯物史观的现代发展刍议[J]. 学术月刊，1988 (7).

正是根植于文化决定论，才使建筑具有了深蕴的文化内涵。

第二节　建筑的文化内涵

大略说来，世人看待建筑，有以下三个认识层次：最低者，视建筑为纯粹遮风避雨之物，只不过有些装饰，使之“美化”一点而已，何可奢言“艺术”；稍进者，承认在建筑的各组成部分之间存在着诸如比例、尺度、均衡、对称、对比、对位、色彩、材质等形式美的处理，存在类似于绘画中的构图美或雕塑中的体形体量组合的美，或进而认识到建筑的美还表现在由实体所围合的空间上，不管怎样，人们实际上已承认了建筑艺术的存在；认识的最高层次则发现了建筑艺术与文化深层结构的同构对应关系，揭开了建筑不仅具有形而下之“器”，同时也具有形而上之“道”的奥秘，即建筑深刻的精神文化的品格。于是就有了关于建筑艺术的性格、气质以及它所表现的人生哲理的研究，提出了有关它的民族风格、时代风格、地域风格的形成、表现与演变等范围广泛的研究课题。[①]

关于建筑文化，梁思成早在1943年就有过精辟的论断。他说：“建筑之规模，形体，工程、艺术之嬗递演变，乃其民族特殊文化兴衰潮汐之映影……今日之治古史者，常赖其建筑之遗迹或记载以测其文化，其故因此。盖建筑活动与民族文化之动向实相牵连，互为因果者也。”他还说：“中国建筑之个性乃即我民族之性格，即我艺术及思想特殊之一部，非但在其结构本身之材质方法而已。”他认为，一个建筑体系之形成，不但有其物质技术上的原因，也“有缘于环境思想之趋向”。梁思成提醒说，要能够把建筑与产生它的文化土壤结合起来，方可“对中国建筑能有正确之观点，不作偏激之毁誉”。[②]对建筑的这个认识十分重要，正是建筑艺术，才具有最本质最敏感地反映、体现文化整体深层结构的能力，享有被称为“人类文化纪念碑”的殊荣。

这是由建筑艺术的以下四个特点决定的：

一、相比于其他多数造型艺术门类而言，建筑与生活的关系显然密切、广泛得多。大部分造型艺术作品都只与人类精神生活的某一方面发生联系，但建筑却几乎与人类的全部生活即从最初级的物质生活到最精微的精神生活都发生联系，这只要看看建筑类型的多样性就可以一目了然了：古代的城市、宫殿、坛庙、寺观、陵墓、园林、衙署、民居、宅第、村镇、祠堂、书院……，以及近代以来出现的更多的建筑类型，人类的一切生活和生产活动、文化艺术活动、政治活动、宗教活动、教育活动，等等，总之，生老病死的一切，没有一样离得开建筑。建筑与生活的这种特别密切的关系，使得它必然建立在广阔的生活土壤之上，必然会在满足人们物质需要的同时，还要多方面、多层次地满足人们的精神需求，最广泛地反映人们的生活理想和对美的追求。这一特性，决定了建筑体现文化的必然性。

二、建筑拥有丰富的艺术语言。关于这一点，我们在引论中已有过阐述。图案般的立面构图、雕塑般的体形体量组合、有机的群体构成、系列空间的变化、丰富的装饰手段，以及一般以建筑为首要因素的环境艺术的整体经营等，都是建筑所拥有的特殊艺术语言。建筑与其他造型艺术相比特别巨大的体量，使它具有不可忽视的巨大物质感，一经建成，就长久存在，在空间和时间的坐标系中岿然不动，强迫人们接受。足够大的体量和足够多的体形变化，也为容纳丰富的艺术表现手法提供了可能。建筑常取群体的形式，群体组合或规整（纵轴线、十字轴线）或自由（交错轴线、无轴线），群体内

① 本节主要参考资料：萧默．建筑是人类文化的纪念碑[M]// 建筑文化思潮．上海：同济大学出版社，1990；萧默．建筑艺术在中国美术史中的地位[J]. 美术，1987(5)；萧默．文化纪念碑的风采——建筑艺术历史与审美[M]. 北京：人民大学出版社，1999.

② 梁思成．中国建筑史[M]// 梁思成．梁思成文集 · 第三卷．北京：中国建筑工业出版社，1984.

的庭院空间，各单体的内部空间，它们的形状尺度变化和相互渗透，再加上色彩、材质、绿化、水面、山石、装饰、建筑小品以及家具陈设的呼应、互补和衬托，最后，还可以容纳如环境绘画、环境雕塑和文学（楹联、匾额），以及与自然中光、色、形、声、臭，与人文环境的历史、乡土、民俗的结合，共同组成环境艺术共同体。人们在对这个结构特别复杂的共同体的“领悟”过程本身，就能获得从其他结构相对简单的艺术品不大可能达到的丰富和深刻。这些，都使建筑拥有了巨大的艺术表现力，决定了建筑体现文化的可能性。

三、建筑具有与人类心灵直接相通的特点。写实性绘画和雕塑一般具有具象的、再现的、叙事诗般的特性，可以精微地描绘对象，甚至表叙情节，塑造人物性格，故意境较显，是一种巨大的优势。建筑则刚好相反，除了完成自己之外并不再现任何其他事物，不能企望它说明情节、塑造人物，但这一局限却又正是它的优越性之所在。前者直接面对事物，但传达情感的方式却是间接的，在很大程度上，欣赏者需要通过作品的某种文学性因素或对画面描绘事物的形象进行思索与联想才能获得感染，体味到艺术家所欲传达的感情信息。而建筑所具有的抽象的、表现的、抒情诗般的特性却类似音乐，着意于经营环境氛围，直接给人以诸如轻灵或凝重、宁静或骚动、冲融或繁丽、朴质或富瞻、淡泊或威严、清丽或庄重等明晰的感受，不需要借助例如文学这样的“第三者”为中介而直叩人的心扉，和心灵直接对话，迅速激起强烈的情感火花。这种适宜直接表现情感的优势使它在艺术领域占据了重要地位。

还需要指明，建筑和音乐所表现的情感只是情感本身，即一种抽象的情感，而不是这一个人或那一个人因着某一具体的事物而引发的具体的情感，这就使它们有可能超脱于“具体”的拘束而获得更为广阔、更为概括，跨越时空，更具永恒意义的涵盖力量，因而可以挑动更多人的心弦，拥有更多的“同情者”。所以有人说：“我有我自己的哀伤、爱情和喜悦；而你也有你的……音乐便是使我们共同感觉这些情感的惟一方法”，“音乐是人类的共同语言”。这些话对于建筑也是完全适用的。

需要指出，强调建筑表现情感的抽象性，是从情感信息的发射源这一方面而言的，而从接受者方面，由于人的后天修养，也由于某一建筑物明确而具体的使用性质和它的环境（自然的与人文的）及其附属艺术的点示，一般来说，建筑艺术的目的性不会产生含混，它所传达的抽象的情感最终仍将获得归宿，可以为具有体验力的人本能地接受到。因此，虽同为抽象艺术，建筑艺术与当代某些往往过于强调创作者的“自我表现”，而不大顾及接受者的所谓前卫艺术有很大不同。虽然如此，比起具象艺术来，建筑艺术的意境毕竟比较朦胧，要求审美主体更多的主观参与和更为精微的体验能力，比较不容易得到完全的领悟。但只要不是无所用心的匆匆过客，一旦得到理悟，境界就会显得更加晶莹，更为动人。这一特性，决定了建筑体现文化的有效性。

四、建筑艺术最重要的价值在于它与文化整体的同构对应关系，它是某一文化环境中的群体心态的映射，更多地具有整体性、必然性和永恒性的品质。

绘画由画家个人完成，创作的自由度几乎是无限的，人们可以通过画面窥探到画家的独特个性及人品，所以对于画家个人的研究在绘画史中具有重要的意义。但建筑艺术家却没有这样优越的条件，始终受到各种条件的严格限制，集体创作的方式更不容许任何一个人随心所欲。建筑的创作者和产权所有者通常也不同一，前者要受到后者的很大制约。以上这些，

① 参见庞朴．文化结构与近代中国[J]. 中国社会科学，1986(5).

再加上前述建筑艺术本质上的抽象性，使得建筑的主要意义并不在于表现某一个艺术家的独特个性，而在于映射某一社会文化环境下的群体心态。建筑艺术家个人必须把自己融合在这一体现为“文化圈”的群体心态当中，他的工作就在于使这种群体心态表现得更加完美。当然，这并不意味着个人的独特创造精神不具有价值，但在最终意义上，建筑艺术本质上毕竟是建立在群体心态的强大背景上的。例如中国的私家园林和皇家园林的风格差异，就是文人墨客和皇家贵族这两种人群的群体心态，通过艺术家的创作得出的反映。一座园林的经营要一二十年，使用可达百年，可以几易其主，也可能换过几个建筑师，这里面已不能明显地看出某一个人的独特之处，但却能从中鲜明地感受到高雅的书卷气或富缛的贵族气的不同。它们又同是中国园林，共同显示了中国人与自然密切相亲的心态，而与西方园林反映的高踞于自然之上的意识迥然有异。北京宫殿时历两朝，绵延五百余年，易主二十多次，建筑师也不知更替凡几，仍然鲜明映射了中国人有关皇权的群体心态。太和殿巍然于三层白石台座之上，宏伟的金字塔式的立体构图使它显得非常庄严而崇高，体现出巍巍帝德君临天下的无比神圣。但它又不是一味的威壮严厉，广阔方正的院庭、壮丽开朗的天际线，使它又显出了动人的宁静、平和与博大。庄严崇高是“礼”的体现，“礼辨异”，强调区别尊卑等级；平和宁静是“乐”的化出，“乐统同”，宣扬君臣庶民的协调认同；博大和开阔则十分符合于这座作为中华大帝国统治中心的伟大建筑的身份。这些，都道出了封建社会占统治地位的一种近乎全民式的群体心态，也是太和殿不同于粗犷沉重的金字塔、明丽端庄的帕提农神庙以及质朴平实的农家小舍的根据。

深沉的释迦塔矗立在华北大地，玲珑的龙华塔屹然于江南水乡，粗犷的布达拉宫雄踞的高墙沐浴在布达山的晨辉之中，阿巴伙加陵静穆的琉璃穹窿闪烁在西陲夕阳之下……都莫不与当时当地的社会群体心态息息相关。

已经有人对于文化的结构层次做了许多研究。①

文化的表层是物，即人类一切劳动包括艺术劳动的物化形态；中层是心物结合，体现为各种规范制度、法律法式或法则，以及艺术创作方法等；深层的是心，即属于这一文化整体的社会群体心态，包括群体的伦理思想、思维方式、价值观念、民族性格、宗教感情、审美趣味，它离物较远，却是在精神的物化过程中决定物的根本。在文化深层结构通过中层向着表层发挥作用的时候，正像已经谈过的，存在着两种情形。一种情形如绘画，在表达作者独特个性的意义上，具有很大优势，但在涵括文化深层的群体心态这一方面，就每一单独的作品而言，却不免要受到作者的思想、个性的局限和干扰，发生某种变形和取舍，而具有个别性、偶然性和暂时性的因素，不能得到更充分的表现。我们只有通过对某一文化环境中的作家群所创作的作品群的总体综合，才能把握到深层的气息。另一种情形如建筑，正好相反，创作者个人的身影在很大程度上已经融入于广阔的社会和时间背景之中而几至消失，中层的干扰较少，与个体相关的个别性、偶然性和暂时性让位给了群体的整体性、必然性和永恒性，在反映整体文化深层的意义上，具有更为本质更为概括的优势。这一事实，再加上建筑艺术的抽象性品质，意味着建筑与文化的关系，已经超出了表层意义上的同形对应即与生活的表层现象或外部形象的直观对应，而是与文化整体的深层同构对应。这一特性，决定了建筑体现文化的深刻性。

所以，雨果才深怀尊敬地称赞建筑是“石

头的史书”。他在描述巴黎圣母院这座伟大建筑时动情地说：“这个人，这个建筑家，这个无名氏，在这些没有任何作者名字的巨著中消失了，而人类的智慧却在那里凝固了，集中了。”“这个可敬的建筑物的每一个面，每一块石头，都不仅是我们国家历史的一页，并且也是科学史和艺术史的一页。”果戈里则说：“建筑……是世界的年鉴，当歌曲和传说已经缄默的时候，而它还在谈话呢。”

现在我们可以明白了，为什么当代美术史家简森（H.W.Janson）在他的已有十四种文字译本行销数百万册的《西洋艺术史》中要这么认为：“当我们想起过去伟大的文明时，我们有一种习惯，就是应该用看得见、有纪念性的建筑作为每个文明独特的象征。”

第三节　中国建筑的多元风格

文化，是建筑发展的决定性因素，也是建筑深蕴的精神性内涵，其外在的艺术的或称审美的表现，则是风格。

“风格”一词，英语为style，源起于希腊文，原意指书体、文体之类。汉语“风格”一词出现于晋，唐代所用渐多，与风貌、风范、风采、风度、格调、格局、性格、品格等词义有关。在现代，“风格”是指称艺术作品的一种通过内容与形式的统一，在整体上呈现出来的独特的风貌格调。对建筑艺术而言，它是由一群作品共同体现出来的，是时代、民族、地域的整体文化即人们共同的思想观念、审美理想、精神气质等内在特征所形成的作品的外部印记。与单件作品所呈现的独特面貌相比，风格具有更稳定、更内在、更深刻，从而也更为本质的品格。所以，建筑艺术风格可以以时代、民族和地域来划分。此外，建筑艺术风格还体现在建筑特定的类型（功能类型或材料结构类型）上，也体现在所属的阶级、阶层等特定人群的思想观念、思想潮流和艺术流派上，所以，古代建筑便有了宫殿、寺观、园林、住宅性格的迥异，木结构、砖石结构建筑面貌的差别，以及官方建筑、文人建筑、市民建筑和庶民建筑的不同。风格还有因艺术家的不同个性产生的个人差异，但对于建筑尤其是传统建筑而言，个人风格不占有重要意义。①

风格具有重叠性。同一作品，从不同角度去品评，可以归属于不同的风格范畴，如明清北京紫禁城，既呈现出宫廷风格，也是多种建筑风格范畴如明清风格、北方风格、汉族风格和木结构风格的典型代表。

风格的确立，是艺术趋向成熟的标志。

一、时代风格

中国建筑从原始社会开始萌芽，一直到明清，大致可划分为三大阶段，即原始社会至秦汉，为萌芽与成长阶段；魏晋至宋辽，为成熟与跨越高峰阶段；明清为充实与总结阶段。中国建筑与欧洲建筑相比，其继承性较强，没有明显的断层，所显现的时代风格不是那么风潮激荡，波谲云诡，但也是曲柔有致，高潮时现，在漫长的发展道路上，各阶段仍显现各自的时代面貌，可以分别以秦汉、唐宋和明清为代表。

秦汉风格　秦汉风格是在商周以来建筑艺术某些重要特点的基础上发展形成的，如木结构体系的形成，单体建筑基座、屋身、屋顶三段构图的出现，院落的运用，纵轴对称总体布局逐渐居于主导地位，装饰手段的多样化探索，以及建筑艺术理论的开始自觉等。秦汉的统一促进了中原与楚越建筑文化的交流，加速了建筑的发展，楼阁出现并逐渐替代高台建筑，就是其进步的重要标志。榫卯结合手段趋于成熟，促进了结构的发展，使得这个时期的建筑规模

① 本节主要参考资料：中国大百科全书·美术卷·“风格”条[M].李行远撰；同书中国古代建筑艺术条.王世仁撰.北京：中国大百科全书出版社，1991.

更为宏大，组合更为多样了。

秦汉建筑是中国建筑艺术的第一次发展高潮，其总的风格可以用“豪放朴拙”四个字来概括。单体建筑屋顶很大，已出现了屋坡的折线“反宇”，即以后举架或举折的初步做法，但曲度不大；屋角尚未翘起，呈现出刚健质朴的气质。建筑类型以都城、宫殿和皇家宫苑、礼制建筑和陵墓最为突出，到汉末，又出现了佛教建筑。秦代第一次统一中国，其都城规划象天法地，气势雄强。都城的规划格局则由春秋战国以自由式为主渐向西周的规整式复归，到东汉末，以曹操邺城为代表，已完成了这一过程。宫殿结合宫苑，规模非常宏大。礼制建筑是汉代的重要建筑类型，其主体仍为高台建筑，呈团块状，取十字轴线对称组合，尺度巨大，形象突出，追求象征涵义，极富纪念性。建筑装饰题材多飞仙神异、忠臣烈士，古拙而豪壮。

唐宋风格 魏晋南北朝时北方民族进入中原，长期战乱，形成民族大迁移大融合的复杂局面。其在建筑艺术上引发的重要事件有三，一为中原士族南渡，江南地区建筑因此而有了长足的发展；二为人生多难，促使佛教和佛教建筑的兴盛，自此以后，佛教建筑成为中国仅次于都城和宫殿的重要建筑类型；三是政途危殆，文人常因而退迹山林，园林美学从此而获更新的发扬契机。此外，席地坐卧开始改为垂足而坐，使建筑室内空间布局和家具发生了变化。

隋唐在长期动乱以后重新统一全国，尤其初、盛唐时期，政治安定，经济繁荣，国力强盛，精神振奋，是中国封建社会的发展盛期，从魏晋开始，又与邻国交往频繁，博采众长，文化艺术在多方面取得了突出的成就。建筑艺术在这种有利的社会文化态势下，登上了中国建筑艺术史的发展高峰，灿烂辉煌，其风格可以“雄浑壮丽”四字概之。

唐代的建筑类型除都城外，以宫殿、佛教建筑、陵墓和园林为突出。都城规划在汉末复归为规整式的基础上，经魏晋之充实，而更加丰富，气势宏阔，格律精严。宫殿组群极富组织性，空间尺度仍然巨大，舒展而大度。佛寺规模也很可观，甚至拟于宫殿，格调欢乐而华丽，虽是宗教建筑，却洋溢着对现实人生的积极肯定。佛塔则雍容大度，重视总体造型，无媚俗之态。陵墓依山营造，气势磅礴。园林中皇家贵族园与文人私家园的风格区分更加显著。隋唐建筑单体内质外美，非常强调整体的和谐和真实，造型浑厚质朴，虽已较多采用凹曲屋面及屋角起翘，却十分柔和大度，内部空间的组合变化也很适度。

从五代至宋辽，随着封建城市商品经济的高速发展，市民阶层兴起，生活的内容和审美趣味发生了变化，汉唐时代那种建功立业的豪情日益让位给了更富情趣的日常生活，艺术风格随之改变。建筑也就在盛唐以来高度成就的荫庇下更富人情味，风格可谓“端丽谨严”。

由于城市商品经济的发达，北宋时的城市，封闭的里坊制已完全打破，商店居宅临向街道，面貌生动活泼；宫殿因旧而改，规模气势已不如唐，但宫前广场的成就对以后直到明清仍有重大影响。佛教在宋代以后渐趋衰微，佛寺建筑不复有盛唐的辉煌，佛塔则类型增多，作风也更加精细。宋代的士人私园无论其文化内涵或处理手法，都较前有很大发展。从五代开始，江南地区的进一步繁荣，使江南建筑从此也进入了建筑艺术的主台面。宋代建筑在细部和装饰的精细化方面有很大提高，奠立了中国建筑装饰的基本格局。五代宋辽建筑还更多显现了地域风格的差异，北方以辽国地区为代表，更多保持了唐代的雄健，南方以江南为代表，更显秀美多姿。

隋唐建筑以其可贵的独创精神，重视本色美和气度恢宏从容的品格，宋辽建筑则以其类型和造型手法的发展，以及风格的严谨庄重，都处于中国建筑艺术的发展盛期，是第二次发展高潮。

元代虽由蒙古贵族统治，但根基深厚的传统文化并未中断，在元大都建设中体现得十分鲜明。元代值得重视的事件是藏传佛教建筑和东南沿海伊斯兰建筑的兴起，丰富了中国建筑史的内容。

明清风格 明清是又一个长期大一统的时期，中国建筑艺术在唐宋发展的基础上继续充实，至明代和盛清形成了第三次高潮。

其总的表现是，都城仍然规整方正，而组成内容和构图手法都比宋元更加充实；宫殿规模虽远小于隋唐，序列组合却大为丰富而精致；明清国家级祭祀建筑和帝王陵墓有不少成果，前者的规划虽仍有不少数理象征内容，但更重在艺术形象的创造，后者成群建造，运用风水形势学说，着重于大环境的经营；重要的汉地佛寺不多，但山林寺观显示的灵活而朴质的风格为前代所无；佛塔虽仍有建造，却没有取得跨越前代的成就；私家园林和皇家园林的实践非常丰富，成就以私家园林更为突出，与前代相比，明及盛清以前多较疏朗有致，盛清以后则现出繁富的倾向。官式建筑已经完全程式化，结构简化而装饰性加强。家具艺术在明代达到高峰，风格端严典雅。盛清以后，不论建筑还是建筑装饰、室内设计甚至家具，都朝着繁琐细腻的方向加速发展。总的来说，明清建筑风格或可以“精细富缛”四字大略概之。

此外，明清建筑最值得注意的，一是民间建筑的发达及作品的大量遗存，其中既有各类民间公共建筑，更有形式众多异彩纷呈的各地民居；二是藏蒙、新疆和西南等地区少数民族建筑的显著成就，最终形成了各地区、各民族多种风格的多元并存局面，大大丰富了中国建筑艺术的面貌。

秦汉、唐宋、明清三个时期，时间段落基本相等，也是封建社会前、中、后三大阶段的代表王朝，都是国家统一、国力强盛和文化大交流的时代。统一安定、经济繁荣、文化交流，是建筑艺术获得高速发展的内在契机。

二、地域风格

中国地域辽阔，各地人生人心的不同，很早就被人们注意到了。孔子曾说：“宽柔以教，不报无道，南方之强也，君子居之；衽金革，死而不厌，北方之强也，而强者居之。”（《中庸》）认定南人性柔，北人性刚。《汉书·地理志》解释此刚柔气质的形成，说：“凡民函五常之性，而其刚柔缓急，音声不同，系水土之风气”，认为是自然环境所造成。近人更于南北地域（主要指江南和中原），做了许多对比，如清末民初的刘师培说：“大抵北方之地，土厚水深，民生其间，多尚实际。南方之地，水势浩洋，民生其际，多尚虚无。”所言与《汉书》意见相类。顾炎武则谓：“江南士大夫多失之于轻薄奢淫，这是梁陈诸帝之遗风；河北之人大致失之于斗狠劫杀，这是安史之乱的余化。”潘光旦认为，北方灾异频仍，故北人耐劳吃苦；在灾变中有力南迁而达目的者则强健机智，故客家人被目为最优。这是从经历的不同寻找原因。王国维认为，南人性冷而遁世，善玄想，北人性热而入世，重实行，是从个性上寻求答案。还有的在生理上寻找根据，如张君俊据体格检查的结果，认为北人有体格而缺智力，南人则反之。而久居南方必使人“饶具女性”。林语堂描写南北差异说：“北方的中国人，习惯于简单质朴的思维和艰苦的生活，身材高大健壮，性格热情幽默……在东南边疆，长江以南……习惯于安逸，勤于修养，老于世故，头脑发达，身体退化，喜爱诗歌，喜欢舒适。”更有人通过血型统计，认为北人讲求实际，热心尚武，南人精明敏捷，条理清晰，其差异在于血型的有别。以上无非都企图从地理、环境、社会或生理的不同中寻找南、北人心差异的根据，只要不是过于执着，不妨都可各存其说。

在20世纪30年代，北京的“京派”文人与上海的“海派”文人曾发生过一场“京海之争”，互较优劣，虽然不可能也不应该得出什么此优彼劣的结论，且颇有事涉意气之嫌，但双方对南北人心差异的认识，却有着惊人的相似。形容京派多是贵族的、高雅的、严肃的、传统的、学院派的、官的等词语；形容海派则多是通俗的、大众的、功利的、商业化的、现代的、洋场的等等之类。[①]

的确，胡马秋风的塞北与杏花春雨的江南，万乘骏马的奔腾与一叶扁舟的荡漾，在不同的自然条件与生活方式的长期积淀中，莫不对人的心态都发生着潜移默化的作用。总的来说，认为南北人心之不同，实即文化的不同，是不会有太大问题的。

心灵致动，因故，艺术风格势必就有地域性的差异。梁启超所主的“多元文明”说即认为因南北各异其俗，故艺术的风格也有不同。此不独建筑与园林为然，只要想想南北戏曲、诗歌、小说、绘画、书艺等所透出的南人的缠绵悱恻，北人的慷慨悲歌；南人的儿女情长，北人的家国大义；南人的竹枝小唱，北人的西河大鼓；南人的烟云泼墨，北人的金碧青绿，以及如“南曲柳颤花摇，北曲水落石出；南曲如珠玉落盘，北曲如金戈铁马”等所显出的风度，都可不言自明了。

从现存实例可知，至迟至五代，中国建筑艺术的地域风格已有较明显的表现，至明清而更加鲜明。现据明清遗存，建筑的地域风格大体可归为四类。

北方风格　以北京为典型，包括华北、西北和东北地区，以组群格局方整严谨，庭院宽阔，建筑单体凝重简练，广泛采用抬梁式木构架为特色。总的风格是雍容大度，颇有官家气派。西北建筑多用土墙，屋顶一般甚为低平，甚至采用平顶，风格更显敦厚质朴。

江南风格　以长江中下游水网地区为代表，并及于皖赣等地。组群格局紧凑而天井狭小，多楼房，建筑单体造型秀雅轻巧，屋坡较陡，翼角高翘，装修精致雅洁。总的风格是秀丽文雅，颇富文士风度。

岭南风格　以珠江流域为中心，包括全粤和闽台，除房屋高大，门窗狭小，屋脊和翼角高翘外，更以装修和雕饰彩绘的繁复精细为特色，脊饰更为发达。岭南对外开发较早，颇受当时西方流行的洛可可风格的影响，商业经济也较发达，总的风格约可以炫奇斗富，繁琐鲜丽（有时甚至流入俗艳）以概括，颇近商人气质。

西南风格　以四川为代表，包括云贵广西及湖南一部，平面和外形相当自由，广泛采用简便灵巧的穿斗式结构，多用板壁或编笆作维护屏障。屋面曲线柔和，不太讲究装饰。总的风格是质直纯朴，很有农家特色。

官、学、商、农；北、东、南、西，似乎大体上可以作为中国建筑地域风格的概括。

三、民族风格

中国民族众多。某些少数民族如白族、纳西族、土家族和回族，因与汉族居地相近以至与汉族杂居，接受汉族文化较多，本民族的建筑风格不太显著，其风格大都仅体现为地域性的差异。其他分布在西部边疆省区的各族，由于生活习俗、宗教信仰与汉族有较大不同，或受域外文化的影响，而表现出十分显著的民族风格。其风格鲜明而成就较大者有以下四种。

① 杨东平．城市季风——北京和上海的文化精神[M]．上海：东方出版社，1994.

藏蒙风格 藏族建筑流行于西藏及青甘川滇等邻近地带藏族聚居区，民居为石墙密肋平顶结构的多层碉房。藏传佛教寺庙极多，也采用同样结构，而体量巨大，立体感特强，动感显著，色彩鲜丽，空间组合丰富，总的风格是粗犷巨丽，有强烈的震撼人心的力量。蒙古族在接受藏传佛教的同时接受了藏族建筑的较多影响，但也吸收了汉族建筑手法，形成一种汉藏结合的特殊风貌。

维吾尔族风格 新疆维吾尔族的伊斯兰教建筑受到中亚的影响较大，是维吾尔族建筑风格的集中体现。主要建筑覆盖拱券穹顶，塔楼高耸，轮廓起伏，外部较为封闭，性格沉实静穆，凝重浑厚。维吾尔建筑又以富有民族特色的以几何纹为主的伊斯兰装饰知名，砖砌花饰、砖雕、木雕、石膏花和琉璃面砖富丽精美。民居为密梁平顶结构，封闭土墙，外部朴素，庭院和室内则极富生活气息，亲切精致而华美。

傣族风格 聚居在云南南部的傣族小乘佛教建筑受缅泰等国影响较大，佛寺和佛塔以造型玲珑精美著称，风格亲切柔美，富于人情味，民居则为简朴的傣式干栏。

侗壮风格 聚居于西南的侗族、壮族建筑虽也受到汉族建筑较大影响，但仍保持了各自的民族特色。都是轻巧的穿斗结构，干栏或半干栏，风格简朴灵巧。单体建筑不围合成院，而重视村寨的向心意识。侗族以鼓楼作为全村寨的中心，与风雨桥一起，构成丰美多姿的天际轮廓。

四、类型风格

分功能类型和结构类型两种。

就汉族建筑而言，按使用功能划分，中国古代建筑主要有城市、宫殿、坛庙、陵墓、寺观、佛塔、石窟、园林、衙署、民间公共建筑（宗祠、先贤祠、神祠、会馆、书院和景观楼阁）、王府、民居、长城、桥梁等大致十余种类型，还有如牌坊、华表、石幢、石灯、碑碣等建筑小品。不同的使用功能，会有不同的精神要求，其表现即功能类型风格，大致可归纳为四种。

宫殿型 以典雅高贵为特征，其最高体现是皇宫，还包括大型寺观、某些祭祀建筑、衙署和府邸等，非常强调纵轴对称院落组合的总体布局，格律精严，序列严密，起承开合层层递进，主体突出，气氛庄严。

坛庙型 以肃穆隆重为特征，主要体现在礼制性建筑，也包括如帝王陵墓和有特殊涵义的宗教建筑中，除同样具有宫殿型的一般特点外，又有群体组合比较简练、主体鲜明突出、富有象征涵义等特征。

民居型 以亲切宜人为特征，主要体现在中下层人民居住的一般民居中，也包括如山林寺观、小型祠堂、书院或会馆等民间建筑，组合布局方式多样，大别则有规整式与自由式两种，但都符合生活要求，尺度宜人，造型简朴，气氛亲切。

园林型 以自由曲折为特征，其典型体现为私家园林，也包括皇家园林的总体布局，以及自由式民居。建筑与自然景物密切融合，总体组合不采纵轴对称方式，自由委婉，曲折多变，空间灵活而丰富。单体建筑的尺度和形式不拘一格，随其在整体中的地位而变化。

以上四种功能类型风格，前两种在明清大都属于官式建筑，或称宫廷建筑，后两种除皇家园林外大都属于文人建筑、市民建筑或庶民建筑。它们又常同时出现在同一组群中，如皇家园林的总体布局属园林型，但其中的宫殿部分又属于宫殿型，园中的大型主体建筑则属坛庙型；敕建寺庙的主体属宫殿型，附属部分则可能为民居型或园林型；帝王陵墓则常为坛庙

① （美）鲁宾逊．新史学[M].1912.

② 本节主要参考资料：萧默．多元建筑论的崛起——当代中国大陆建筑艺术发展趋势[J].建筑与城市，1989 (11), 1990(1)；萧默．中国当代建筑艺术及其错位复归[M]// 萧默．中国八十年代建筑艺术．北京，香港：经济管理出版社、建筑与城市出版社有限公司，1991；萧默．中国建筑艺术五十年[M]// 萧默．当代中国建筑艺术精品集[M].北京：中国计划出版社，1999；傅克诚．寻找结合点——论现代与传统的结合[J].古建园林技术，1985(4)；郭黛恒．建筑文化对现代建筑的价值[J].古建园林技术，1990(3)；胡诗仙．也谈建筑文化的生命力——从八十年代的建筑实践谈起[J].古建园林技术，1993(2).

型和宫殿型的结合。

就结构类型区分，中国建筑主要是木结构，也有砖石结构和砖木混合结构（砖心木檐），后两种主要体现为某些佛塔。值得注意的是，砖石和砖木混合两种结构类型的建筑形象大多是对木结构的模仿，较少体现独立的结构风格。

五、阶级或阶层风格

由于使用者的不同，建筑风格也会显出阶级或阶层的不同，如官方建筑、文人建筑、市民建筑和庶民建筑等。对应于功能类型，大致可以认为，官方建筑主要包括如宫殿、坛庙、陵墓、官式寺观、皇家园林和衙署、王府等；文人建筑主要如私家园林、文人民居、山林寺观、书院和景观楼阁；市民建筑多为民间公共建筑，如宗祠、先贤祠、神祠和会馆；庶民建筑主要是各地民居尤其是中小民居。当然，其间多有重叠，没有必要作硬性的界定。

关于它们的风格差异，在本书第八章（明清建筑一）第十节（民间公共建筑）中已有过分析，在此可再简单提到，即这四类建筑可分别以“庄、雅、俗、朴”四个字来概括。官方建筑庄严隆重，是以“非壮丽无以重威”的设计思想来震慑人生；文人建筑追求清新典雅，以明丽简洁的气质来陶冶人生；市民建筑更多耳目之娱的趣味，以繁丽纤巧，鲜衣彩服来娱乐人生；庶民建筑则以安居乐业为其最高追求，以其朴质无华显出真实自然的风貌，并以多姿而纯朴的民风民俗所体现的融融乡情来安慰人生。

仅从以上极其简单的概括已可知道，中国传统建筑艺术拥有十分多样的风格。归根结底，建筑风格的多样正是多元的文化观念和生活方式的外在表现。

第四节　多元建筑论

建筑新史学面临着两个挑战，一是史学观念和方法的更新，另一个就是对于今天建筑的发展道路这一现实问题，作出自己的回答。认为历史研究的目的不是为了过去而研究过去，“而是为了现在而研究过去”，是史学新潮流的又一重要特征。史学应该“帮助我们了解我们自己、我们的同类，以及人类的种种问题和前景”。[①]所以，要深刻理解现实必须了解历史，要深刻理解历史又必须了解现实，而理解历史的终极目的也还是为了现实。在这里，“现实”应该始终是历史学家研究的出发点和归宿，“前景”则被提到了前所未有的高度。[②]

但是，近代以来，直至20世纪五六十年代以前，世界范围内的总的现实情况却是，全球的建筑和城市正在以惊人的速度变得如此相似，地域的、民族的风格追求被置诸脑后，并以此而成为建筑“时代性”的标志。人们说，19世纪的欧洲建筑以复古主义盛行，一味抄袭传统为特征，那么，20世纪上半叶从欧美开始影响及于全世界的趋势则是“现代主义”当道，“国际式”风行，以全面忽视传统为特征。

现代主义思潮包括其负面影响，也同样传到了中国。在建筑艺术问题上，其理论和基本观点可大体归纳为：一、对于“生活”的片面理解，即只强调物质生活，抹煞精神生活，无视生活的复杂性，认为建筑就是物质功能与物质条件、物质手段，再加上一个形式美，这一切的“有机统一”，人的丰富的精神个性在这里被贬到很低的地位。二、只肯定技术美意义上的建筑形式美，声称“建筑美学就应该是技术美学”，“把对建筑审美观念和审美习惯转到技术美学的轨道上来，这是现代建筑胜利发展的关键之一”，并“发现”“建筑艺术”的概念不过是18、19世纪西方美学家的杜撰，是他们不慎陷入的“误区”；相信勒 · 柯比西耶“如今的工程师不追求一个建筑的构思，只简简单单地顺从数学计算的结果”那样一类的话。三、否定民族特性和传统，认为建筑的“多样”就“必然要包括非民族化，而且是多种多样的非民族化”，不承认传统本身的价值及其对现代的任何正面意义。

这种观点其实并不新鲜，不但在中国，即在全世界都曾风行一时。日本京都大学教授西川幸治就指出：“过去日本曾出现过‘西洋化’就是‘现代化’的时代潮流……人们开始轻视地方传统，以西洋的眼光看问题，丧失了满怀信心评价本国文化的眼光，建筑的传统被忽视。”建筑史家村松贞次郎也认为，直到1960年代后期，日本仍在提倡技术至上，拒绝承认建筑的表现性、纪念性、象征性，束缚了自己的发展。日本人在经历了1950年代的经济恢复和1960年代的大发展以后突然发现，自己“已经在不知不觉中丧失了日本风味”，“日本人取得经济上的独立，是以丧失文化上的自主为代价的。”他们困惑地问道：“难道现代化就必然要等于西欧化？”难道不应该有更多的差异、更多的民族和地方色彩、更多的发展模式？

贝聿铭到过东南亚几乎所有主要城市，他说：“给我的印象是这些城市盲目地学习西方，丧失了自己的民族文化传统，失去了应有的风格。”

上述19世纪的复古主义和20世纪上半叶的现代主义，这两种倾向虽然表现方式大相径庭，但同样都根源于一元建筑论，即无视建筑及生活的矛盾性和复杂性。20世纪五六十年代以后，人们突然醒悟，“建筑向何处去？”的问题摆在了面前，多元建筑论方登上了历史舞台，人情味、多元、多样、“文脉”、文化、艺术性、精神需求、民族和乡土……所有这些曾代表着生活中美好意义而久违了的概念，又重新被发现，建筑开始探求自身的内在表现性、象征性和意味性，开始转而向淡忘已久的传统遗产探求发展的基因。即使在1930年代以后成为现代主义中心的美国，人们也开始提出指责。美国著名建筑评论家汤姆 · 沃尔伏在1981年批评美国建筑师说：“难道地球上还曾有过别的地方的人……（像美国人那样）花钱建造无数他们所厌恶的建筑这样的事吗？”他以挖苦的口气写道：“若要得到详细的证据，你只要去参加一下今天建筑师们聚在一起讨论艺术的各种会议、讲座和评图会。他们公开承认他们自己也很吃惊。他们满不在乎地告诉你，现代主义已经到了山穷水尽的地步，快要完蛋了。他们自己也用嘲讽的口吻拿玻璃盒子开玩笑。”[①]尽管这些话有些过头，尽管现代主义曾经起过伟大的历史作用，尽管它现在也还在有时（只要不是过于执着）起着有益的作用，但它的无法掩盖的千篇一律和肤浅的文化概念，的确已引起了人们的广泛厌恶。

现代主义提出的辩解之一是世界的高科技化。但随着这一进程的发展，将来的生活难道是必然的更多的“同一”，而不是更多的“差异”？《大趋势》的作者，美国人奈斯比特对此做出了回答，他认为：“我们的社会技术越高，我们就越希望创造出高感情的环境，用技术的软化一面来平衡硬性的一面。”他预言世界将向着高技术与高感情的平衡方向发展，“随着愈来愈相互依赖的全球性的经济发展，我们的语言和文化的复兴即将来临。简而言之，瑞典人会更瑞典化，中国人会更中国化，而法国人也会更法国化。”美国学者亨廷顿也说：“中国人为自己的目的和需要吸收印度的佛教，这并没有使中国‘印度化’，相反倒造成了‘佛教的中国化’”。他认为：“中国无疑正在努力实现现代化，但肯定不是西方化。”[②]因此，建筑也必将从国际性复归于本土。1990年国际建筑师协会蒙特利尔宣言就指出：“我们这个世界的建筑师，认为，建筑是文

① （美）汤姆沃尔伏．从包豪斯到现在[M]. 关肇邺译．北京：清华大学出版社，1987.

② （美）塞缪尔·亨廷顿．文明的冲突与重建世界秩序[M]. 西蒙—舒斯特联合出版公司，1996.

化的一种表达……注意到，工业化和发展中国家之间的差距仍然很大，这并不能以那些贬低民族文化价值的简单化科技转输来解决。”在此以前，国际建协在华沙宣言中也已指出："每个社会作为一个整体，都有保持和继承其固有文化的权利”。

总之，以西方为中心考虑现代化的时代已经过去，要求重新评价传统，使那些充满魅力的生活环境再生的时代已经到来。

我们的这一信念是建立在多元建筑论的深刻认识基础上的。对于中国来说，所谓“多元建筑论”的基本涵义应该是：立足中国现代的多元生活，多元吸收、多元创造、多向量地满足生活对建筑提出的物质和精神要求。

既然是立足中国，当然就不是全盘西化；立足现代，当然也不是一味崇古，而是致力于具有时代特色和中国气派的新建筑文化的创造。既然是多元吸收，当然就不是拒绝传统，也不是拒绝西方，而是多向选择，把它们融会贯通到自己的创作中去；既然是多元创造，就不是一枝独秀，一水独流，而是百枝竞秀，九派争流，促成绚丽多彩的全面繁荣；既然是对生活的多向量的满足，当然就不是只强调生活的某一个侧面，而是充分了解生活的复杂性，它的物质与精神，生理与心理，现实与情感，一般与特殊的种种不同方面，针对具体对象的不同，辩证组构，而臻至美。可见，多元建筑论与一元建筑论的最大不同在于它的全方位多向量的立体思维体系，它是一个开放性的结构。

所以，这里的所谓“多元”，是一种基于建筑的复杂本性，以及人的健康生活形态的多层次、多方面和无限丰富的建筑文化上的多元。

中国的现代生活是中国现代建筑艺术创造的唯一源泉，坚持创造具有时代特色和中国气派的新建筑文化是中国人的唯一正确选择。“唯一”与“多元”并存，“唯一”指导“多元”，它们之间是一种辨证的对立统一关系。因此，对于所谓“中国的现代生活”，切不可作一种绝对化的理解，仿佛是一个抽象的与“中国”以外的异域和“现代”以外的异时绝缘的存在。辩证思维告诉我们，“中国”是对应于异域而言的，基于共时性的理由，其中就不能不包含那些可以吸收为自己一部分的异域因素，这部分因素，就既是异域的，也同时是中国的；“现代”是对应于过去而言的，基于历时性的理由，其中也不能不包含那些可以融合为自身一部分的传统因素，这部分因素，就既是传统的，也是现代的，是传统与现代的结合点。所以，建筑多元论所说的立足于中国现代，既包括“中国现代”本体生发出来的活力，又包括可以被接纳的异域和传统。可见，建筑艺术的多元包容了一切符合于健康生活要求的建筑创作观念与方式。

建筑多元论的提出是时代的要求，是建筑文化发展到今天的必然结果。生活本来就是多元多价多彩多样的，建筑艺术的多元与审美倾向的多元，正是现代生活多元本质的反映。

多元建筑论并不看轻对属于技术美意义或一般“美观”范畴内的形式美追求，但更加重视富于深蕴文化意味的艺术美的创造。当代建筑美学从单纯研究审美客体转向研究审美主体的过程，为建筑基于共性的形式美追求注入多元个性的风格追求提供了理论基础。技术美与艺术美的区别是：前者侧重于物，物的本质规律和体现为物质功能的理想；后者侧重于人，作为社会的人的本质规律和体现为精神需要的理想。前者离不开功利性，正是有赖于功利性与形式的高度结合，技术美才能产生，所以，理智是技术美的必要属性；后者恰恰需要超脱功利性，正是挣脱了现实的功利性才能超然进入艺术的境界，所以，情感是艺术美的必要前提。离开了表现、意味、象征和富有个性的多元风格的探求，只一味锱铢于形式与功能、材料、结构的“有机结合”，只会把艺术构思扼杀于襁褓之中。

中国地广人众，更具有文化多元的特色，各地域、各民族的人群之间有着明显的文化反差；中国历史悠久，建筑传统成就辉煌而深厚，比起根基浅薄或文化中断的民族，人们对传统怀有更深的感情。中国近几十年来的建筑艺术创作，虽然道路曲折，仍然取得了引人瞩目的成就，其根据就有赖于传统的荫庇，涌现的不少优秀作品便是有力的证明（图 18–4–1 ～图 18–4–10）。所有这些作品，如果要用几个字或曰流派来概括，可以归结为以下几种，即主要借鉴传统建筑外部形象、以严肃态度创作的“古风主义”；对传统建筑外部形象加以改造、更多借鉴其神态意趣的“新古典主义”；在借鉴传统中另辟蹊径，主要向地方民间建筑采撷英华的“新乡土主义”；在少数民族地区异军突起、主要从当地民族民间传统中取得借鉴的“新民族主义”，以及在数量上更占多数的“本土现代主义”。本土现代主义主要借鉴西方当代建筑艺术理论和手法的合理成分，剔除其中偏重物性贬抑人性的冷漠，也排除在后现代主义中往往可遇的虚矫，而从中国国情出发，尊重中国人的审美情趣，紧密结合对象的性质和环境进行创造。

中国曾经被西方殖民者践踏了一百多年，中国文化也被他们蔑视了一百多年，什么“中国无哲学、无文学、无艺术，建筑中无艺术之价值……极低级而不合理，类于儿戏”等等言论，[①] 并不仅仅是无知。中国的发展已向世人证明，中国必将对世界作出更大的贡献。凡是世界的，都是民族的；凡是民族的，都是世界的。现在，是到了高扬民族文化旗帜的时候了。

回首历史，瞻望前景，中国传统建筑虽然已成过去，但它的伟大生命力，必将永驻人间。凤凰涅槃，火中再生，是何等的壮丽。中华传统，自强不息，常新常在，在 21 世纪世界文化大交融大重构中，势必显出更加璀璨之光华。

图 18–4–1 南京中山陵（萧默）

图 18–4–2 扬州鉴真纪念堂（《当代中国建筑艺术精品集》）

图 18–4–3 北京民族文化宫（《当代中国建筑艺术精品集》）

图 18–4–4 奥林匹克体育中心（《当代中国建筑艺术精品集》）

① 见本书 · 引论所引（英）弗格森 . 印度及东洋建筑史 .1886.

图 18-4-5　曲阜孔子研究院（萧默）

图 18-4-6　南京大屠杀纪念馆（《当代中国建筑艺术精品集》）

图 18-4-7　黄山云谷山庄（《当代中国建筑艺术精品集》）

图 18-4-8　敦煌航站楼（《当代中国建筑艺术精品集》）

图 18-4-9　乌鲁木齐迎宾馆（《当代中国建筑艺术精品集》）

图 18-4-10　陕西黄陵县黄帝陵（《建筑意》辑刊）

人名索引

阿暗黎 948

阿尼哥 986，987

艾哈默德·本·穆罕默德·古德西 501

安积觉 329

安禄山 256，284，312

八思巴 936，937，951，953

巴勒克拉夫 10，15

白居易 274，276，278，281–284，301，308，310–312，341，468，625，670，684，1081

班固 110，121，124，154，213，1152

布鲁诺·赛维 2，16

蔡信 544，922

蔡邑 1110

蔡邕 128，657，1119，1153

蔡质 156

曹操 107，113，149，160，170，171，177，196，1188

曹丕 149，150，170，171，196

曹植 120，200

长谷真逸 482

晁无咎 450

程颢 652

村松贞次郎 1193

丁葆光 453

丁琏 921

丁芮朴 1121

董其昌 739

本书主编萧默先生在图书编辑制作过程中不幸辞世，本索引为后期增添，由陈海娇和徐冉根据本书内容编辑而成。

董源 451，738

董仲舒 450，1096，1109
1115，1118，1135，1148，1150

杜审言 280

杜荀鹤 341

樊绰 1047，1051

范成大 349

范濂 742，908

范仲淹 440，652，664

弗莱彻 7，225

戈裕良 750

葛剌思巴监藏 953

贡噶宁布 951

顾恺之 166，203，211

顾炎武 156，203，227
325，338，564，1189

官却杰波 950，951

郭璞 124，126，1115，1119

郭文英 545

韩愈 227，280，281

何晏 205，1153

忽必烈 474，477，478
481，500，936，937，951，953

胡安国 74

嵇康 200，201，205，449

计成 739，742，892

贾思勰 1110

焦循 80，83，1167

空海 256，322

孔颖达 74，83，1150

蒯祥 544，545，922

兰溪道隆 324

老子 22，34，84，201
250，907，1099−1101，1131，1134

雷发达 545

雷家瑞 545

雷家伟 545

雷家玺 545

雷金玉 545

雷思起 545，546

李德裕 282，283，638

李迪 452

李斗 742，892，1124

李格非 282，283，449，452

李好 149

李诫 382

李笠翁 632，904

李勉 337

李明仲 893，1095

李善 126，208

李善长 544

李嵩 460，461，468，1081

李渔 739，740，742，892

李元婴 441

李约瑟 7，540，1107，1109，1128
莲花生 936，948
梁启超 7，1119，1190
梁思成 2，7，8，13，90，187
409，418，844，1098，1132，1184
林徽因 13，862
刘邦 106，109，117
120，149，160，557，672
刘秉忠 478，479，481
刘敦桢 7，8，792
刘伶 205，274，310，1100
刘师培 1189
刘松年 457，459，460
刘禹锡 203，283，341
鲁肃 440
陆机 172，202，207
陆贤 544
马端临 491，922
玛赫杜米·艾札木 1024
孟子 84，100，557，558，1088
墨子 91，93，1093，1095–1097，1150
穆罕默德·伊敏 1025
倪云林 451，738，740，742
聂崇义 63，74，128，1089
欧阳玄 483，994
潘岳 200，203，744
钱伯斯 6，791
任启运 71，74，1090
茹皓 202
阮安 544，655，922
阮籍 200，205，310，449
沙土克·波格拉汗 503，1019，1029
沈括 177，382，450，453
沈铨期 311
石崇 199，200，202，203
史思明 256
司马光 450，1092，1120
司马相如 124，158，282
松赞干布 935，936
940，945，946，963，964
宋之问 281
苏舜钦 449，453，747
孙承佑 747
孙普哈丁 503
坦伯尔 6，273，790
汤和 544
陶渊明 205，274，449，450
滕子京 440
童寯 8，452
吐虎鲁克·帖木尔 503，1021，1022
王安石 652
王褒 1153
王弼 205
王勃 227，440，441

王充 1118，1119，1150
王夫之 13，449
王国维 1088，1090，1092，1189
王建 276，442
王掞 339
王璞子 9
王紧 279
王戎 310
王士禛 547
王世贞 452，742
王思任 200
王微 203，274
王维 280，281，310
王希孟 460，461，466，468
王羲之 200
王延德 1007，1014
王延寿 65，146，155
王衍 205
王伊同 199，202，205
王怿 200
王恽 478
王征 1119
王致诚 791
王子猷 450
旺各斯 500
韦述 276
维柯（Uilco） 1180
维摩诘 211，233，281，309，310
嵬名德明 349
嵬名元昊 349，364
魏征 284
文震亨 739，740，904，907
吴道子 250，298，303
吴鉴 474，1037
吴良 544
吴伟业 740
吴镇 738
吴自牧 449
伍举 83，101，1088，1095，1150
西川幸治 1193
喜仁龙（Oswald Siren） 7，656
萧何 16，110，117，156，1094
萧洵 483，485，503
萧照 459
谢安 174，201
谢枋得 256
谢堃 919
谢灵运 199，201–205，274
谢朓 211
谢肇制 545
徐杲 545
徐继镛 563
徐兢 326
徐松 230，234，246，248

徐霞客 591，596，1053
许嵩 206，214，395
玄奘 188，218—221，250，277，991
荀子 99，100，900，1101
阎立本 211，309
颜真卿 227
晏婴 1149，1150
扬雄 115
杨坚 226，229
杨炯 311
杨筠松 1119，1121
杨青 544，922
杨文公 1125
杨雄 1113
杨修诗 178
杨炫之 179
姚承祖 8，892
叶燮 739，742
伊本·库达特拔 497
伊东忠太 7，220，319，328
伊沙克 1025
伊藤清造 7
依宾拔都他（Ibn Battutah） 497
虞集 478，492
宇文恺 229，234—236，249，1139
玉素甫·哈斯·哈吉甫 1029
玉素甫·喀的尔汗 1019，1029
喻浩 382，421
元好问 478
圆仁 232，251，322
袁康成 66
袁枚 792
岳珂 499
赞普赤松德赞 936，948
笮融 151，178，218
曾公亮 618，726
展子虔 284，684
张岱 739，742
张敦颐 203
张衡 122，123，126
130，154，199，1101，1119，1152
张华 32，95，1060
张惠言 1145
张继 801
张嘉贞 305
张骏 899
张伦 204
张南垣 739，740，754
张骞 213，1002
张去逸 280
张旭 227，250
张晏 1115
张载 113
章炳焘 623，625
赵伯驹 279，454，455，461，463，468
赵佶 346

赵翼 1121
郑锷 111
郑和 1037
郑玄 29，124，1150，1151
郑元勋 741
知讷 326
仲友 122
周密 449，456，474
周去非 1060
朱长文 453，467
朱棣 508，523，563
566，567，605，610，672，675
朱桂辛（启钤） 7，893，896
朱国桢 524
朱晃（朱温，朱全忠） 251，334，337，519
朱景玄 281
朱舜水 329
朱熹 481，633，652，654，670
朱翊钧 570
朱元璋 508，510，519
523，563，674，737，1053
朱允炆 508，563
诸葛亮 173，547，638，640，641
庄子 84，900，1099，1100，1136
宗炳 203，274，283
邹阳 164
左思 113，120，172，200
左宗棠 616，754

建筑名索引

阿巴和加玛札 1024–1028，1034，1036，1037
阿尔斯兰汗玛札 1023
阿房殿 116
阿房宫 108，116，120，174，236，1112
艾提卡尔大寺 1021，1023，1024
安徽亳州山陕会馆 649，650，798
安徽黄山罗东舒祠 633–635，874，883
安徽宣城广教寺北宋双塔 180，412
安平桥 464
安阳殷墟 60，61，166
八达岭长城 616，618
巴别塔 2，1136，1137
白居寺塔 986，988，989
白莲庄 281，282，450
白鹿洞书院 652
白马寺 178，179，182，218，314，430，432
白坦乡吴宅 703，704
柏梁台 148，160
柏林寺维摩阁 829
半坡遗址 F1 47，69
半坡遗址 F24 36，38，146
半坡遗址 F25 36，38，146
半坡遗址 F38 36
半坡遗址 F41 36
宝林寺大雄殿 330
保国寺大殿 373，375，376，380，387，393，394，396，397，1170–1172
北京白云观真人塔 608，609
北京北海 482，511，546，737，781，784–787，863

本书主编萧默先生在图书编辑制作过程中不幸辞世，本索引为后期增添，由陈海娇和徐冉根据本书内容编辑而成。

北京北海白塔 781，784，794，989
北京北海九龙壁 784，786，863
北京北海琼华岛 344，479，486，785，801，989
北京北海天王殿 798，826，865
北京慈寿寺塔 607
北京地坛 345，512，864，865，723，1106
北京东岳庙 22，487，492，493，798，864
北京房山云居寺北塔 438
北京房山云居寺双塔 180，412
北京房山云居寺小塔 262，263，265
北京房山镇岗塔 434，435
北京国子监 562，794，795，922
北京国子监辟雍 562，563，798，800，1166
北京湖广会馆 651，652
北京孔庙 562
北京卢沟桥 464，466，467，995
北京妙应寺（白塔寺） 984，986，1161
北京妙应寺（白塔寺）白塔 497，937，985，986，988
北京悯忠寺 256，257
北京牛街清真寺 1038，1039，1041，1042
北京社稷坛 22，74，535，549，555，556，866，1105，1160，1161
北京顺承郡王府 679，680
北京天宁寺塔 345，411，412，427，428，607
北京天坛 509，512，545，548–555，863，1109，1111
北京天坛皇穹宇 550–552，554，819，1144，1166
北京天坛祈年殿 249，548，549，551–554，819，822，864–866，977，1112，1144，1163，1164，1166
北京天坛圜丘 127，548–551，554，555，799，1111，1113，1141，1144
北京坨里花塔 434，435
北京香山见心斋 788，789
北京雍和宫 684，685，794，829，832，973，983，984
北京雍和宫法轮殿 950，984
北京玉泉山妙高塔 994
北京圆明园 122，545，546，738，761，770–778，791，863，865，1155，1156
北京真觉寺塔 973，991，992
北京智化寺 579，580
北京钟楼 865
北齐定兴义慈惠石柱 198，221，222
北魏北岳庙 491
北魏曹天度塔 184，219
北魏洛阳永宁寺塔 183，184，189，207，218，219，389，610
北魏宁懋石室 146，196，284
北魏永固陵 196
碧云寺 581–586，983
碧云寺塔 993，994
避暑山庄 738，761，778–783，972，1157
汴梁宫殿 345，346
亳州山陕会馆 649，650
布达拉宫 943–945，963，964–968
布哈拉城卡兰大寺的塔 500
沧源广允寺 1070
曹魏邺城 107，112–114，120，171–175

长安荐福寺塔 259–261
长安明堂辟雍 127–129
长安平康坊菩提寺 255
长安太极宫 227，233，240，241
长安王莽九庙 130，159，1140
长安兴庆宫 229，235，276，277，1097
长乐宫 117
长陵 567–570
长清灵岩寺惠崇塔 262
长杨宫 121
成都永陵 407，442，443，564
承德避暑山庄 761，778–783，1155
承德避暑山庄水心榭 780，804
承德普乐寺 22，939，950，973，977，978，1144
承德普乐寺旭光阁 819，820
974，977，978，1144，1163
承德普宁寺 8，939，950，973–977，990，1144
承德普宁寺大乘阁 889，974–976，1144，1163，1165
承德普陀宗乘庙 939，973，974，979–981
承德普陀宗乘庙五塔门 979，996
承德外八庙 781，950，954
973，974，977，979，983
承德须弥福寿庙 612，766，798，939
950，973，974，981–983，1144
承启楼 726
遄台 148，1149
醇亲王府（北府） 680，681
丛台 68，148
大地湾遗址 F405 47
大地湾遗址 F901 47，48，53
大明宫 228，230，235，242–246
大明宫含元殿 228，242–244，246，247
249，293，296，299，301，320，526
大明宫麟德殿 129，228，244–246
249，293，296，971，1141，1164
大田鼓楼 1078
大同代简王府九龙壁 675，863
大同华严寺薄伽教藏殿 298，358，359，373
375，379，388，391，392，397，399，408，410
411，505，843，1169，1170，1173，1174，1177
大同华严寺大雄宝殿 358，379–381，794，1163，1168
大足北山转轮经藏窟 435
大足石窟 336，370，435
丹阳胡桥鹤仙坳大墓 210
地安门火神庙 864
地坪风雨桥 1081
东汉洛阳灵台 127，130，148，154，899
敦煌白马塔 988，989
敦煌华塔 432–434
峨眉山清音阁 590，594，598
凤雏先周宫殿（宗庙） 62，71–73，90，96，138，146
奉国寺大殿 353，373，374，379，380
383，396–398，401，1168–1172，1175，1177
佛宫寺释迦塔（应县木塔） 8，22，336，350
393，411，414–416，418，440
佛光寺大殿 20，228，251，288–291
295–301，304，383，392，410，887，899，1175
佛光寺文殊殿 373，378–380，386，387

佛光寺祖师塔 259，263
佛陀伽耶塔庙 217，220
福建涵江林宅 703，704
福建华安二宜楼 727，728
福建奎聚楼 725，726
福建平和丰作厥宁楼 727
福建泉州开元寺双塔 180，407，411
412，420，424，1166
福建泉州洛阳桥 464，801
福建泉州清净寺 500–503，1037
福建泉州天后宫 646
福建泉州亭店阿苗宅 707，709
福建泰宁甘露庵 350，364，383，384
福建泰宁甘露庵蜃阁 364，374，376，379，383
福建永安西华池宅 724
福建永定如兴楼 727
福建永定遗经楼 725
福建永定源昌楼 724
福州华林寺大殿 351，373–375
379，1164，1169–1173，1175
甘肃嘉峪关魏晋墓 176，209
甘肃酒泉文殊山石窟 359
甘肃临夏马宅 698，699
甘肃天水麦积山石窟 114，176
190，191，193，209，1167
甘肃渭源灞凌桥 466，468，806–808
甘肃武威陶楼院 141，224，1141
甘肃夏河拉卜楞寺 938，939，942，955，960–962
甘肃永靖炳灵寺石窟 190，209，262
甘肃永靖炳灵寺石窟第3窟中心塔 262，265
恭亲王府 681，682
恭亲王府萃锦园 681，683，737
姑苏台 83，148
古格王宫 963
广东德庆龙母祖庙 874，876，881
广东佛山祖庙 642，643，647
876，878，880，882
广济寺三大士殿 373，374，378–380，1169–1175
广西容县真武阁 661–664
广西三江侗程阳桥 806，1081，1082
广西三江马安鼓楼 1078，1079
广州陈家祠堂 636–638，645，647
653，724，874–876，878，881，882
广州怀圣寺 498–500，503
广州斡葛斯墓 500，501
贵州从江信地鼓楼 1078
贵州丛江高阡鼓楼 1078
贵州黎平述洞寨鼓楼 1079
贵州榕江车寨鼓楼 1078
贵州榕江三宝鼓楼 1077，1078
贵州增冲鼓楼 1077，1078
桂林靖江王府 674，675
果公和尚墓塔 432
哈密盖斯玛札 1031
哈密王陵 1031
韩国安东凤停寺极乐殿 318，327
韩国昌德宫 330
韩国德寿宫 330

韩国首尔景福宫 330，331，540
韩国双峰寺大雄殿 330，332
汉长安明堂辟雍 110，127–130，148
179，188，216，554，1140，1163
汉上林苑 109，110，118，120–125，274
杭州宝俶塔 416
杭州胡雪岩故居芝园 754
杭州灵隐寺 323，875
杭州灵隐寺五代十国吴越双石塔 180，318，412，421
杭州六和塔 409，412，416，418，419
杭州闸口白塔 420，421，1170
杭州真教寺 498，500，502，503，1037
河北安平东汉墓 111，156
河北安平圣姑庙 492，495，496
河北保定直隶总督署 627–630，648，678
河北昌黎源影塔 427
河北丰润寿峰寺塔 434
河北邯郸响堂山石窟 190，194，195，294
河北涞水庆华寺华塔 434，435
河北涞源阁院寺文殊殿 389，391，1169–1173
河北武安磁山房址 34，35
河北易县荆轲塔 607
河北赵县陀罗尼经幢 407，439，440
河北赵州安济桥 229，305，306，403
404，406，424，465，468，1148
河北正定广惠寺华塔 432，434
河北正定临济寺 428
河北正定临济寺青塔 428，429
河北正定隆兴寺 350，351，358–362，364
河北正定隆兴寺慈氏阁 359–362，373
374，377，379，1164，1165
河北正定隆兴寺佛香阁 359，362
河北正定隆兴寺摩尼殿 359，360，372，373，375，
379，381，383，386，387，1169，1170
河北正定隆兴寺转轮藏殿 359–361，373
374，377，379，866，1164，1165
河北正定天宁寺灵霄塔 419，420
河北涿县普寿寺塔 351，389，412，427
河姆渡干阑建筑 42，44，59，149，1045
河南安阳隋张盛墓 309
河南安阳天宁寺塔 607
河南安阳修定寺塔 302，303
河南宝山灵泉寺 264，295
河南登封法王寺塔 259，260
河南登封会善寺净藏塔 262，264，265
河南登封少林寺初祖庵大殿 373，374，376
379，388，383，396，406，410
河南邓县南朝墓 209，210
河南淮阳平粮台城 34，39，55
河南洛阳龙门石窟 184，186，190
191，211，236，269，297
河南内乡县衙 623–625，628，630
河南社旗山陕会馆 648，649，678
河南嵩阳书院 652
河南许昌文明寺塔 608，609
河南偃师城西尸乡沟城址 60
河南禹县白沙一号墓 446
呼和浩特慈灯寺塔 991–993

呼和浩特大召 969，970，972
呼和浩特额木齐召 969，972，973
呼和浩特万部华严经塔 422
湖北咸宁万寿桥 803
湖北襄樊广德寺多宝塔 994
湖北襄樊米公祠 798，800
湖南凤凰陈家祠堂 636，637，649
湖南凤凰县下河街周宅 720
湖南衡阳石鼓书院 652
湖南通道回龙桥 808
湖南通道马田鼓楼 1078，1079
华清宫 278
环秀山庄 750，751
皇姑庵塔 266
黄鹤楼 129，336，381，440
441，660，666，667，1112，1113
慧济寺 598–601
集贤里园 282，283，450
寄畅园 741，754，757，770
寄啸山庄 758，759
蓟县白塔 412，438
蓟县独乐寺 8，350–353，412，438，374
蓟县独乐寺观音阁 22，293，298
351–353，373，379，381，382，386，387
392，393，663，888，1165，1170，1173
蓟县独乐寺山门 373，374，376，379
383，410，1163，1169–1172，1175，1177
建初寺 178，179，183
建康宫 173–175，207
建章宫 109，110，118–122
125，129，147，148，155，157，160
江苏松江清真寺 502
江苏镇江云台山过街塔 497，995
江西浮梁县衙 625–627
江孜白居寺大殿 942
江孜宗山 964
金谷园 199，200，203
金虎台遗址 113
金墉城 151，172，173，175–177
金中都 344，345
金中都宫殿 347，348
锦州崇兴寺双塔 180，412，428，429
景德镇桃墅村汪会黄宅 713，714
景德镇桃墅汪明月宅 715，716
景德镇王仲舒祠 635
景洪曼广佛寺 1066
九成宫 275，277
九华山百岁宫 600，602，603
居庸关云台 994，995
喀什奥大西克礼拜寺 1031，1033
喀什噶里玛札 1023，1033
喀什玉素甫玛札 1029，1030
开封佑国寺塔 266，420–422，432
可园 760
克尔白大寺 1020，1037，1145
库车大寺 1021，1031
昆明妙应兰若塔 991，993–995
昆明圆通寺 496，794

拉萨大昭寺（大招寺） 935，939，945–948，954
拉萨大昭寺觉康大殿 941，945–948，954
拉萨甘丹寺 936，938，955
拉萨罗布林卡 999–1001
拉萨小昭寺 941，942
拉萨哲蚌寺 938，942，947，955，956
兰池宫 121
兰州握桥 466，468，805，806
兰州西关大清真寺 1038
兰州兴隆山桥 466，468
蓝田别业 281
老姆台 67，77，78，148
丽江木府 1053，1054
梁山宫 121
辽宁北镇崇兴寺双塔 428
辽宁朝阳云接寺塔 428，430
辽宁喀左东山嘴遗址 48，49，53
辽宁千山真和尚塔 608
辽宁新宾永陵 564，571，572
辽阳白塔 428，429
辽中京宫殿 347
临安宫殿 347
凌云台 150，151
留园 750–753，756，873，900，904，906
六国宫殿 108，116，120，159，657
龙山文化遗址 39，49，51
洛阳白马寺 178，179，182，218，314
洛阳白马寺齐云塔 430，432
洛阳松岛园 452，453
洛阳西苑 229，275，278
洛阳永宁寺 175，179，192
206，208，218，317，390，407
明十三陵 545，563，564，566
576，796，822，823，842，1127
明十三陵长陵 567–570，574–576
明十三陵定陵地宫 570
明显陵 564，570，571
明孝陵 509，563–568，796
内蒙古巴林左旗庆州白塔 421，422
内蒙古巴林左旗庆州佛寺 350，351，412
内蒙古和林格尔新店子一号东汉墓 156
内蒙古呼和浩特清真大寺 1043
内蒙古喇嘛库伦庙 968，969
南禅寺大殿 228，251，288，289
291，292，296–299，301，383，1169–1172
南华又庐 638，724
南京大报恩寺塔 606，610，611，863
南京梁吴平忠侯萧景墓 197，198，222
南京栖霞寺石塔 405–407，426，607
南京西善桥墓 200，210
宁夏贺兰拜寺口塔 431
宁夏贺兰县宏佛塔 438
宁夏同心北大寺 1042，1043
女神庙遗址 49
盘龙城 60，61，68
盘龙城宫殿 71，72，146
平乐苑（平乐观） 123
平泉庄 282，283，450

莆田元妙观三清殿 374，382
普陀山法雨寺 598–600，1130
普陀山普济寺 598–600
齐临淄城 65–68，97，111，148
齐临淄宫殿 76
谦光殿 899
乾隆花园 536，537，742
乾元殿 248，249
乔家大院 690–694，877
桥楼殿桥 468，469
秦都咸阳 107，108，121
122，149，159，483，1109，1112
秦汉渭水桥 304
秦上林苑 108，116，120，274，1112
秦咸阳一号宫殿遗址 107，114–116，156
青城山圆明宫 587，594
青海贵德玉皇阁 666–669，874
青海湟中塔尔寺 938，955，958，989，995，996
青海乐都瞿昙寺 842，939，1155，1157
青田怀仁桥 808
清东陵 546，564，565，570
573–576，796，863，1026，1127，1128
清晖园 760
清净化城塔 991–993
清西陵 567，573–577，796，900，1127
清漪园 546，738，742，761，763，1106
琼林苑 454，455
曲阜孔庙 408，548，557–560，578，579
638，639，794，796，863，874，928，929，1107，1165
曲江 229，235，275，276，278，279
渠家大院 690，691，694，695，794，877
惹刹祖拉康 935，941，946，948
日本大阪四天王寺 179，192，317
日本飞鸟寺 316，317
日本建长寺 324
日本京都东福寺 324，325
日本京都桂离宫 330–333
日本京都龙安寺 325
日本奈良法隆寺 299–301，316，317
日本平城宫 319
日本平等院凤凰堂 322
日本泉涌寺 324
日本日光东照宫阳明门 328
日喀则夏鲁寺 939，942，953，954
日喀则札什伦布寺 938，955
957，958，974，981，997
萨迦南寺 939，951–953
萨迦南寺钦莫拉康大佛殿 942，953–955
萨迦寺 950–953
桑鸢寺（桑耶寺） 936，939，946
948–950，954，976，990
桑鸢寺乌策大殿 941，942，948–950，976
山东长清灵岩寺辟支塔 420，423
山东嘉祥英山一号隋墓 308，310
山东崂山康成书院 652
山东历城神通寺龙虎塔 262，265
山东历城神通寺四门塔 262，263，266
山东聊城光岳楼 658，659

山东曲阜衍圣公府 557，630，631
山西大同华严寺 8，350，351，358，359，364，843
山西大同善化寺 8，351，353–358，364
山西大同善化寺大雄宝殿 353，354，356，357，373
374，379–381，383，394，1163，1168，116
山西大同善化寺普贤阁 353，357
374，379，1164，1165
山西大同善化寺三圣殿 353，355
374，379，380，386，1163
山西大同云冈石窟 184，185
188–190，192，194，195，218
山西繁峙岩山寺 346–348，793，1143
山西汾阴后土祠 22，127，364–366，374
540，548，578，579，1107，1143，1164
山西高平玉皇庙玉皇殿 373，379
山西洪洞广胜上寺 606，610–612
山西洪洞广胜下寺 492
山西洪洞水神庙 492，494，548，642
山西侯马董氏墓 389，390，447
山西浑源悬空寺 595，596
山西浑源圆觉寺塔 428，429
山西霍州州衙 627
山西介休玄神楼 660
山西临汾牛王庙戏台 494
山西灵石王家大院 690，694–696，839，877
山西平顺大云院大殿 373，374，379
山西平顺龙门寺西配殿 373，378，379
山西平顺明惠大师塔 262，263
山西平顺天台庵正殿 228，251，291，298，1169
山西平遥古城 522
山西平遥市楼 659，660
山西平遥镇国寺大殿 373–375，379
386，387，1164，1169，1172
山西芮城广仁王庙正殿 228，251，291
山西芮城永乐宫 488–491，504，505，666，684
山西朔县崇福寺弥陀殿 372，374，380
386，389–391，1168，1177
山西太原崇善寺 578，842
山西太原晋祠 350，364，366，368–370
山西太原晋祠圣母殿 366–370，372，373，376，
379，381，382，404，408，464，470，471，1164
山西太原蒙山开化寺 180，412
山西太原天龙山石窟 190，193
山西太原永祚寺双塔 608，609
山西陶寺夏文化遗址 104
山西万荣飞云楼 661，662，664
山西应县佛宫寺释迦塔 336，350
393，411，414，416
山西永济万固寺多宝佛塔 609
山西运城泛舟禅师塔 262，263，265
山西赵城广胜上寺飞虹塔 606，610–612，863
陕西扶风西周墓 92，93
陕西户县草堂寺鸠摩罗什小石塔 266
陕西泾阳崇文宝塔 608，609
陕西临潼姜寨遗址 34，41，46，52–54，59，115
上都紫堡 500，501
上海龙华寺塔 416，417，422
上海松江兴圣教寺塔 416，418

上林苑 108–110，116，118，120–125，274，1112
沈阳北陵（昭陵） 564，572，573，575，796
沈阳东陵（福陵） 564
沈阳福陵（东陵） 564，573，796
沈阳故宫（沈阳后金宫殿） 509，523，540–543，578，1166
沈阳故宫崇政殿 541，542
瘦西湖 759，760，803
四川都江堰二王庙 592，638，641–643
四川都江堰伏龙观 591–593，641，642
四川峨眉山徐宅 701，702
四川阆中华光楼 656，657
四川平武报恩寺 580–582
四川雅安高颐阙 132–134，136，152，160
四川宜宾旧州坝白塔 432
嵩岳寺塔 8，183，186–188，219，221，257，260，261
苏州宝带桥 801–803
苏州报恩寺塔 412，416，418
苏州沧浪亭 453，747–750
苏州枫桥 801，802
苏州罗汉院双塔 180，412，422，423
苏州瑞光寺塔 343，416，417，471，473
苏州狮子林 742，756，873
苏州网师园 746–748，873，879，904，1143
苏州玄妙观三清殿 372，374–376，381，384
苏州云岩寺塔 343，396，397，412，422，423
苏州拙政园 742，744–746，755，873，900
苏州拙政园小飞虹 745，804，805
隋仁寿宫 240，275，277
隋唐洛阳宫 246
台北安泰厝 710，711
台湾北港朝天宫 646，647
台湾淡水鄞山寺 603，604
台湾台南赤嵌楼 666，669
台湾彰化学宫 563
太谷曹家大院 694
唐长安青龙寺 235，251，256，645
唐永泰公主墓 272，301，303
唐昭陵 270–272
滕王阁 129，336，381，440，441，660，666，1112，1165
天津天后宫 646
天一阁 1112–1114
铁桑浪瓦札仓 960
铜雀台 113，149，150，160
吐虎鲁克玛札 224，1021，1022
吐鲁番额敏寺 1021，1028，1029
吐鲁番交河城中央大寺 1004
退思园 751，753
托林寺迦莎殿 950，951
万象神宫 249
王家大院 690，694–696，839，877
辋川别业 281，450
未央宫 16，109，110，117–121，129，130，159，1094
畏吾尔殿 488，886

斡耳朵殿 886
乌审召喇嘛塔院八角塔 986，989，990
吴江利往桥 467
五代吴越钱氏旧宫重栱殿 1170，1173
五当召 968，969，971
五塔寺塔 822，984，991
五台山塔院寺白塔 986，987
西安慈恩寺 250，255
西安慈恩寺塔（大雁塔） 234，235，258
259，279，295，296，406
西安广济街清真寺 1038，1039
西安化觉巷清真寺 1039-1041
西安香积寺塔 261
西安兴教寺玄奘塔 258，296
西藏拉萨色拉寺 938，955-957
西黄寺清净化城塔 991-993
西双版纳大勐笼曼菲龙塔 1058，1073
西双版纳橄榄坝曼苏满寺 1066，1067，1072
西双版纳曼苏满寺 1066-1068，1072
西双版纳曼听寺 1066-1068
西双版纳勐海寺塔 1072
西双版纳庄莫塔 1072
西夏兴庆府官殿 349
锡拉木伦召 971，972
歙县北岸村吴宅 715
歙县西溪南村吴宅 713
歙县许国石坊 796，874
席力图召 937，939，969-971，989
席力图召塔 986，989
夏鲁拉康佛殿 953-955
咸阳宫 107，108，115
116，120，129，524，1112，1147
香妃墓 1026
香山静宜园 545，738，788
湘东苑 199，204
襄汾丁村民居 690，691，794，795，877
新疆拜城克孜尔石窟 190-192，209，985
新疆库车默拉那额什纳丁礼拜寺 1021，1022
信宫 108，116，120，1112
兴京陵 571
兴圣宫 486，487，504
须弥灵境 611，770，950，984，985
徐州浮屠祠 178，183，218
烟台天后宫（福建会馆） 646，648
偃师二里头二号宫殿 70
偃师二里头一号宫殿 68，70
偃师尸乡沟城址 60，1146
偃师尸乡沟宫殿 70
燕下都 65-67，77，78，97，148
扬州个园 755，757，758
扬州文峰塔 609
扬州五亭桥 759，760，803，804
扬州仙鹤寺 497，503
曜华宫 123，124，126
掖庭宫 117，121，227
233，240，241，512，1105
伊势神宫 313，314，1098
黟县碧山村吴宅 714

颐和园 122，279，345，545，611
738，742，761–771，777，796，863
1000，1106，1141，1144，1155，1166
颐和园佛香阁 129，764–766，768，777，1141，1144
懿德太子墓 242，272，301，303
殷墟宫殿 71，90
银川海宝塔 425
印度佛陀伽耶（Bodh–Gaya）大塔 188，217，220，991
印度桑契大塔 180–182，187，223
余荫山房 760，761
鱼沼飞梁 366，370，464
玉华宫 275，277
玉泉山静明园 545，738，762
元大都 4，229，345，474，478–486
509，511，512，517，518，534，657
658，739，790，792，986，1143，1189
岳麓书院 652–654
岳阳楼 440，660，664–666，1112
越南河内独柱寺 922，925，926
越南河内文庙 928，929
越南会安金山寺 927
越南顺化嗣德陵 930，931
越南顺化天姥寺 927，928
越南西安寺 931
云南大理崇圣寺千寻塔 259，260，437
云南大理蛇骨塔 260
云南丽江黑龙潭桥 802，803
云南潞西风平寺 1070，1074
云南瑞丽大等喊寺 1058，1070，1071
云南瑞丽贺赛寺 1070，1071
战国中山王陵 86，87，129，1155
章华台 77，148，1088，1095
章怀太子墓 272，303，306
浙江长兴王宅 707
浙江东阳“舍华佩实”宅 707，709
浙江东阳邵宅 707，709
浙江东阳水阁庄叶宅 703
浙江黄岩黄土岭虞宅 730
浙江绍兴阮社桥 801
浙江松阳延庆寺塔 416，417
浙江泰顺仙居桥 808，809
浙江吴兴甘棠桥范宅 729
浙江余姚茗溪桥 802
浙江云和梅崇桥 808，809
镇江金安寺 596，597，780
镇江金安寺塔 609，610
郑州宫殿 71
拙政园留听阁 873，900
紫禁城 74，116，524–540，544
1105，1106，1127，1143，1158–1164
紫禁城保和殿 527，530，533，538
544，826，1105，1159，1164，1166
紫禁城太和殿 74，117，228，242，484
527–530，534–540，545，546，565，568，578
580，648，819，820，826，863，867，868，886
887，900，1105，1106，1159–1161，1163–1166，1186
紫禁城中和殿 527，538，1105，1159，1166
紫霄宫 605，606

书画索引

《阿房宫赋》 116
《哀江头》 278
《哀明陵三十韵》 566
《安济桥铭》 305
《八宅明镜》 1120
《跋大安阁图》 478
《白虎通》 129，160，1091
《白史》 943
《柏朗嘉宾蒙古行纪》 475
《半闲秋兴图》 471
《保定府志》 628
《抱朴子·诘鲍》 59
《北齐校书图》 211，212，309
《北史》 209，224，996，1060，1095，1097
《本朝高僧传》 323
《避暑山庄后序》 738
《汴京遗迹志》 448
《便宜新政》 481
《博物志》 32，60，95，151，1060
《布顿大师传》 953
《布顿佛教史》 953
《沧浪亭记》 449，747
《草木记》 283
《草书势》 1153
《草堂记》 281
《册府元龟》 792，1120
《茶余客话》 740

本书主编萧默先生在图书编辑制作过程中不幸辞世，本索引为后期增添，由陈海娇和徐冉根据本书内容编辑而成。

《禅苑清规》 323
《长安秋夜》 282
《长安志》 121，232–235，255，284
《长春真人西游记》 1019
《长恨歌》 278
《长门赋》 158
《长物志》 739，740，900，904，906，907
《尝民册示》 1080
《朝庙宫室考》 71，74，1090
《朝野佥载》 305，310
《朝元阁赋》 302
《乘轺录》 347，792
《鸱吻考略》 867
《池上篇》 282
《赤雅》 1079
《酬张谭》 310
《初学记》 172，215
《楚辞》 899
《创建春秋楼记》 648
《春官 · 丧祝》 80
《春明梦余录》 349
《春秋》 74，75
《春秋繁露》 1096，1135，1148，1150
《春秋左传》 1137
《春秋左传疏》 74
《辍耕录》 483，486，488，503，504，506，781
《答谢中书书》 201
《大戴礼记》 1110
《大戴礼记 · 盛德》 92，1111
《大戴礼记 · 夏小正》 1145
《大都赋》 482
《大明会典》 524
《大清会典》(《会典》) 622，675–677，680，681，683
《大清会典事例》(《事例》) 622，675–680，683，1111
《大唐西域记》 188，213，218，220，222，991
《大唐新语》 310
《大相国寺碑铭》 255
《大雅 · 绵》 1149，1150
《大业杂记》 240，275，301
《大元一统志》 986
《大云经》 269
《大云经疏》 269
《道德经》 22，34，1131，1134
《邓州志》 624
《敌楼马面团敌法式》 726
《地理新书》 1120
《帝京宫阙图》 349
《帝京景物略》 483，991
《东国史略》 313
《东国通鉴》 326
《东京赋》 123，126，1152
《东京梦华录》 339，365，448，455，465
《东岳仁圣宫碑》 492
《独乐园七题》 450

《杜阳杂编》 310
《夺天工》 790
《尔雅》 91，148，452
《尔雅·释地》 215
《尔雅·释兽》 29
《法华经·见宝塔品》 180，412
《法显传》 213，222，224
《法苑珠林》 179
《番汉合时掌中珠》 349
《吠陀经》 216
《风水祛惑》 1121
《风俗通》 111
《风俗通义》 154
《风土记》 284
《枫窗小牍》 448
《封建论》 671
《佛地论》 925
《佛国记》 218
《浮生六记》 741，742
《福乐智慧》 1029
《陔余丛考》 1121，1122
《甘泉赋》 1153
《高阁焚香图》 460
《高士图》 460
《艮岳记》 455，456
《工程做法则例》 8，510，810，811，813，826，829，834，844，847，850，856，857，861，863，864，885，1124
《工段营造录》 892，1124
《宫乐图》 306，308，312
《宫室考》 63，75
《宫宅地形》 1118，1152
《宫中图》 306，308，312
《古今图书集成》 1121，1122
《古今注》 114，115，156
《古兰经》 502，1020
《故宫遗录》 483，485，488，503，506
《关中记》 121，147
《管氏地理指蒙》 1119，1153
《管子》 66，100，109，1098，1109，1117，1133，1134，1152
《管子·枢言》 1115
《管子·治国》 101
《广西通志》 674
《广舆记》 311
《广州府志》 500
《癸辛杂识》 311，456
《国语·楚语》 101，1095
《国语·楚语上》 1088，1150
《国语·晋语》 95
《国语·鲁语上》 91，95
《国语·周语下》 1150
《过街塔铭》 994
《含元殿赋》 242，244，301
《韩非子》 69

《韩非子・外储》 164
《韩非子・喻老》 1151
《韩熙载夜宴图》 308，311，470，472，916
《汉藏史集》 951，953
《汉官图》 279，454
《汉官典职》 120，154，156
《汉官旧仪》 109
《汉书》 121，137，155，157，160，213，224，390，475，1101，1189
《汉书・地理志》 313，1189
《汉书・郊祀志》 127，147
《汉书・食货志》 109，199
《汉书・西域传》 212，222，224，1002–1004
《汉书・艺文志》 1118，1152
《汉武故事》 122，148，157
《河内地舆》 926，929
《弘明集》 179
《洪范》 1095
《后汉书》 130，137，213
《后汉书・宦者传》 150，1164
《后汉书・黄昌传》 150，1164
《后汉书・祭祀志》 1110
《后汉书・西域传》 212，222
《华严经》 267，433，435，950
《画墁录》 280
《怀麓堂集》 867
《淮南子》 82，1109，1115
《淮南子・本经训》 126
《淮南子・天文训》 215，1115
《淮南子・原道训》 60，1150
《黄帝宅经》 686，1087，1119
《几赋》 164
《济渎庙北海坛祭器碑》 309，311
《家礼》 633
《贾谊新书》 83
《建康实录》 196，206，214，395
《江南报恩寺琉璃宝塔全图》 610
《江山楼阁图》 285，456，684，728
《江山秋色图卷》 412，461，468
《匠人职》 1151
《戒坛图经》 255，365，579，1147
《金谷集作诗》 200，203
《金礼志》 548
《金明池夺标图》 455，464，1141
《晋祠志》 370
《晋文公复国图》 391
《经籍考》 491
《景福殿赋》 154，1153
《旧唐书》 242，314，410
《旧唐书・党项羌传》 349
《旧唐书・高丽传》 163，308
《旧唐书・吐蕃传》 940，996
《剧谈录》 278，279
《开元天宝遗事十种》 308，310

《堪舆金匮》 1118
《考工记》 58，60，63，65，69，71，73，74
79，90，91，100，104，110，127，130，248，338
479–482，487，534，555，672，673，861，1086
1090，1091，1111，1117，1139，1149，1151，1152，1179
《考工记图》 63，69
《老子》 77，148，905，1090，1099，1105，1107
《乐记》 99，1089，1100
《梨俱吠陀》 180
《礼记》 79，90，91，99，100，111，127
130，248，861，905，1089–1091，1101，1109，1110
《礼记·礼运》 29，32，1088，1090
《礼记·明堂阴阳录》 1138，1146
《礼记·曲礼》 105，164，1089，1150
《礼记·王制》 111，561
《礼记·月令》 83，1110，1111
《礼经》 240
《历代宅京记》 202，203，338，347
《两京新记》 236，242，276
《六朝事迹编类》 202，203
《鲁班经》 891，894，1122–1124
《鲁班营造正式》 1122，1124
《鲁不鲁克东行记》 475，476
《鲁灵光殿赋》 65，146，154–156
《吕氏春秋》 99，148，623，1095
1108，1109，1134，1135，1139，1148
《论衡》 1118
《论语》 58，99，101
164，205，449，547，1090，1146
《洛阳伽蓝记》 111，179，180
183，197，200–202，204，206–208，213
214，218，223，233，389，390，407，792
《洛阳名园记》 282，283，449，452，454
《明地理篇》 1120
《明皇避暑图》 454
《明会典》 673–675，683，863
《明会要》 555
《明太祖实录》 673
《明堂论》 1110
《明堂月令》 1139
《墨子》 109，655，1093
《墨子·城守篇》 177
《墨子·辞过》 32，101，1095，1150
《墨子·迎敌祠》 1139
《木经》 382
《穆天子传》 215，1002
《南海百咏》 499
《南史·东昏侯本纪》 208，209
《宁夏新志》 425，1039
《女史箴图》 166，211
《平江图》 341，343，365，381
418，449，620，628，792，1147
《菩萨本行经》 179
《千里江山图》 282，460，464–466，468，684，728

《乾隆京城全图》 676–680
《钦定工部续增则例》 863
《钦定周官义疏》 74
《青囊奥旨》 1119
《清明上河图》 339，456，461，463–465，470，471，684，728，801，806，995
《清式营造则例》 8，844，847
《日本书纪》 316
《日下旧闻》 566
《日下旧闻考》 482，545
《日知录》 156，227，564
《入唐求法巡礼行记》 232，251，322
《萨迦世系史》 953
《三才图会》 63，664，911，1089，1122
《三都赋》 119，120，453
《三辅黄图》 107–111，116–124，127，131，155，157，159，160，222，304，1105，1112，1141
《三礼图》 63，74，128，1089
《三秦记》 121
《山海经》 81，122，209，1002，1126，1134，1152
《山居赋》 199，202–204
《陕西通志》 241，246
《伤宅》 284，670，684
《上林赋》 124，126，282
圣武记·西藏后记 938
《盛京城阙图》 675
《尸子》 1137
《十八学士图》 470，472
《石林燕语》 345
《拾遗记》 123，148，206，407
《史记》 108，109，158，160，213，390，623，657，1101，1115，1117
《史记·秦本纪》 107，114，672
《史记·秦始皇本纪》 116，121，149，1112，1147
《史记·天官书》 108，1112，1145
《史记·孝武本纪》 147，215
《史记·轩辕本纪》 60，1116
《世说新语》 150，151，174，199，200，202，1100
《事林广记》 287，349，506，688，1092，1124
《释名》 91，103，115，147，193，452，671，904
《守城录》 726
《述异记》 83，91
《水殿招凉图》 468，1081
《水经》 1126
《水经注》 127，150，151，160，176，196，202–204，218，305，366，464，554，1126，1164
《水经注·榖水》 223
《水经注·谷水》 183，201，202，207，304
《说文》 27，40，91，103，111，163，164
《说文解字》 51，58，199
《四景山水图》 457，459，684
《寺塔记》 255，303
《隋唐嘉话》 308，310
《太平御览》 148，207，234，1096，1138，1146

《太原县志》 623，624
《谈苑》 1125
《唐会要》 111，240，1090
《唐两京城坊考》 246，257，293
《唐六典》 238，240，242
276，310，390，792，1091
《桃花源记》 745，773，778
《亭山赋》 204
《图画见闻志》 250，288，451
《纨扇仕女图》 306，308，312
《万寿盛典》 546
《魏都赋》 113，172，1141
《魏略》 202，224
《魏书·释老志》 178，179
182，183，188，214，219
《文姬归汉图》 459，475，684
《吴辅记》 148
《吴兴园林记》 449，453
《五朝门第·田宅》 199，202
《五山十刹图》 323
《五台山图》 183，289，350
《五学士图》 471
《五杂俎》 545，712
《武经总要》 726
《西藏王统记》 948–950，976
《西都赋》 110，117，118，121
124，126，147，148，154，155，158
《西湖游览志》 449，502
《西京赋》 110，111，118，122
123，126，147，150，153–155，1152
《西京杂记》 117，123，126，165，193，224
《西园雅集图》 469，471
《溪亭客话图》 460
《夏鲁寺史》 953
《闲情偶寄》 740，892
《新定三礼图》 1089
《续高僧传》 234，257，991
《宣和奉使高丽图经》 326
《盐铁论》 475
《扬州画舫录》 742，892
《阳宅十书》 1120，1122，1124
《邺都故事》 206，207，209
《邺中记》 114，206–208
《一家言》 739，740，742，904
《一切经音义》 475
《仪礼》 79，1089，1090，1145
《易传》 1093，1101–1103
《易经》 100，1095，1101，1102，1114，1115
《殷周制度论》 1088
《营缮令》 284
《营造法式》 8，289，299，335，376
382–385，389–393，395–397，403，404，406–410
420，792，826，829，833，842，866–868，884，885
887，893，1049，1093，1095，1096，1168，1178

《营造法原》 8，891–893
《永乐大典》 63，74，112，246，275，1121
《游春图》 284，285，456，684
《酉阳杂俎》 222，310，312
《禹贡》 79，712，1126
《玉篇》 163
《元史新编》 476
《园冶》 634，739，740
742，790，891–893，904，905
《岳阳楼记》 440
《越绝书》 66
《云间据目抄》 742，908
《云麓漫钞》 234，444
《葬经》 1115，1119，1120
《闸口盘车图》 441
《兆域图》 86
《赵县志》 305
《冢赋》 1152
《周礼》 63，124，670
1089，1117，1149，1151
《朱文正公文集》 652，654
《朱子语类》 84，1104
《拙政园记》 744
《拙政园图》 744
《资治通鉴》 188，207，349，1007
《梓业遗书》 892
《左传》 83，84，197，222，1088，1094，1149

关键词索引

凹曲屋面 ________ 147，383，1199

“卑宫室” ________ 101，1095，1098

“便生” ________ 1093，1095–1098

大树崇拜 ________ 29，1056，1079，1080

“大壮” ________ 100，101，1093，1094，1095，1097，1098，1197，1198

道德观 ________ 908

“道法自然” ________ 274，586，604，908，1098，1099，1143

德宏佛寺 ________ 1069，1070

等级观念 ________ 4，138，811，841，861，1151

等级秩序 ________ 70，99，527，902，1087

东亚建筑体系 ________ 213，229，920

都城规划 ________ 4，65，171，175，237，338，1109

多元建筑论 ________ 1179，1192，1193，1194

风水 ________ 4，413，481，566，604，605，1082，1087，1114–1117

风雨桥 ________ 1081–1083，1191

佛道寺观 ________ 4，488，586，654

佛教建筑 ________ 4，106，107，171，178，181，188，203，214，224，250，255，312，313–315，320，323，328，333，336，439，497，503，543，607，840，925，935，937，938，941，942，1022，1064，1073，1188，1189，1191

佛塔 ________ 4，151，179，180，181，186，188，203，214，219，220，224，250，255，266，364，411–413，418，424–426，437–439，508，509，606，607，609–612，927，934，937，939，985，988，1005，1064，1067，1069，1070，1073，1074，1114，1137，1165，1188，1189

干阑 ________ 5，26，30–32，41–46，54，59，106，130，135–137，149，312–314，713，895，921，935，1045–1047，1056，1059–1062，1065，1066，1069，1070，1075，1077，1078，1080，1164

拱券技术 ________ 221，1101

官式石雕艺术 ________ 826

“贵柔” ________ 1098，1099，1100

本书主编萧默先生在图书编辑制作过程中不幸辞世，本索引为后期增添，由陈海娇和徐冉根据本书内容编辑而成。

过街塔 497，607，985，994，995，996
汉式喇嘛庙 939，1008，983
和田民居 1012
集中式平面 181，666，950，1060
井田规划 1151
九宫格 978，985，1140，1141，1151
九宫图案 216
喀什民居 1009，1010，1012，1033
喇嘛庙 781，937-940，942，945，954
968，969，971-974，983，984，998，1008，1039，1144
喇嘛塔（藏传佛教瓶形塔） 182，266，432，437
439，474，497，606，607，611，760，781，934
937，939，941，945，949，950，960，962，969，971
973，974，975，977-979，984-986，988-992，994，995
礼制建筑 3，46，49，50，106
107，109，110，128-130，148，160，492，547
554，639，799，1109，1111，1140，1160，1188
礼制秩序 1093
理法派 1122
林卡 934，996
琉璃工艺 213，223-225，611，863，1022
楼阁式塔 183，184，188，190
219，257-260，411，413，414，416，420，425
437，439，606，608，609，611，985，1165，1170
曼荼罗 216-220，949，950，974
976-978，983，984，986，990-992，1086
密檐式塔 20，188，214，219，221
259，261，344，431，432，606，607，927
明堂 72，90-92，110，112，119，127-130
141，148，179，188，215，216，228，248，249
258，292，293，554，899，1092，1096，1109-1111
1121，1126，1127，1135，1138-1147，1151，1163
瓶式塔 985，986，989，991，993
前堂后室 68，69，71，73
75，682，1061，1062，1090，1107
柔性结构 151，1101
丧葬制度 1091
史前建筑 3，25，26，29
31，33，35-37，39，41-46
窣堵波式塔 182，187，219，220，262，266，437
抬梁式结构 106，147，327
堂阶制度 1091
天人合一 4，82，84，108，274
524，632，654，908，1107，1109，1114
1130，1131，1141，1146，1147，1167
亭式塔 189，190，257，261，262，264，266，434
吐鲁番民居 1009，1013，1015
魏晋士人园林 201，274
屋舍制度 1091
五行观念 527，1138
相地术 1115，1116，1117，1119
向心意识 22，1191
小乘佛教 194，607，925，934，1047，1056，1191
阳宅形法 1121，1122
伊犁民居 1016
伊斯兰建筑 3，5，15，68，213
229，474，475，491，498，500，502，503，1018
1021，1022，1029，1030，1036-1039，1137，1144
营国制度 1117，1151
宇宙图案 216，218，1107，1111，1112
月令图式 1107，1108，1109，1117
藏汉混合式喇嘛庙 781，937，939，969
972，974，1008，1144，1164
藏式喇嘛庙 939，962，968，969，1144
藏族民居 996，998
中央集权 65，125，145，226，247，318，811，1112
中轴对称 5，58，63，76，99，100
107，180，240，336，364，577，622，630，652，684
685，725，777，902，927，942，948，969，1038，1129

建筑术语索引

“阿克赛乃” 1013

“阿摩落伽果” 188，220

阿斯门 679，681

阿以旺 1009，1012，1013，1015

昂欠 939，943，960

昂头 288

八宝金帖 924

八步床 912

八卦楼 728

八角柱 95，147，151，181，446

八字尺 1124

巴掌榫 908

霸王杠 793

白凤式 316，320

百宝嵌 919

斑竹座 853

板壁 44，602，872，895，960，1051，1075，1191

板椽 153，891

板瓦 73，96，299，675，676，683

版筑夯土 151

版筑墙 146

半八仙桌 912

半窗 869

半当（半圆当） 97

半岛风格 5

半穴居 31，36，39，40，53，733，1046

本书主编萧默先生在图书编辑制作过程中不幸辞世，本索引为后期增添，由陈海娇和徐冉根据本书内容编辑而成。

半圆雕 406，407，874，875，877
邦克楼 1039
包袱 635，850，851，855，902
包叶 812
包砖城墙 174，238，616
包作 327
宝顶 432，551，564，565
568，570，571，574，611，666，834，866
868，983，985，988，1077，1112，1113
宝珠 186，187，259，267，413，415
425，433，499，500，860，926，986，989，1072
宝珠吉祥草彩画 851
堡子 691，698
抱鼓石 796，822
抱肩榫 908
抱厦 359，425，441，457
459，460，582，610，621，622，627，639
643，660，661，679，773，786，974，984
背屏式窟 370，579
“辟邪” 134，197，214，222，223，310，866
碧纱橱 684，816，817，819，871
壁藏 388，391，408，410
壁带 93，150，152，157，208
壁门 118，119，148，157
边楼 793，794，1009，1081，1082
边抹 905，917
“便玛”墙 943，959，960，967，970，974，998
别凤阙 119，160
宾阶 79
亳社 80
博古架 312，684，816，817，871，913，918
搏风板 44，718，839
薄浮雕 90，156，210，403
卜居园林 205
补间科 887
补间铺作 259，296–298，327，385，388，887
采步金 384
彩牌楼 799
草苫土筑 480，482
侧脚 259，296，305，313，376，382，413，659
705，889，910，954，1049，1066，1101，1168，1175
叉手 146，147，288，298，635，889，941，954
插栱（丁头栱） 153，206，664
插肩榫 908
岔口线 849，854
岔兽 867
拆朵 861
禅宗样 325，326
阊阖门 118，175，176，326，343，347
长窗 457，460，869，871，873
长短榫 908
长连床 306
长流水 855
敞肩拱 305，306

抄手游廊 686，689，1166
巢居 29，30–32，41，149，1056，1057，1060，1080
彻上露明造 376，380，392，664，690
承具 101，104，163，306
308，309，471，506，908，912，914
“承露盘” 119，122，148，155，186
城阙 75，115，138，427，675
城台 176，234，238，242，440，441，525
565，616，618，621，639，655，656，923，924，1167
鸱尾 160，194，299，403，410，866，867
鸱吻 299，300，318
403，410，504，866，867，1066
驰道 110，202
赤白刷饰 395
“赤墀”之制 154
冲天牌楼 561，793，799，804
出际 377，383，384，890，1066
出木 312，614，625
出跳数 297，385，794
厨廊 1016
橱 164，310，311，471，875，908，914
穿斗架 145，146，147，664
705，728，884，893，894，895
穿斗式 106，145，147，149，327
603，634，728，895，1077，1102，1190
穿逗 893
穿枋 167，663，894，895
船厅 761
椽子 47，95，147，153
265，288，298，300，383，384，397，424
427，815，856，857，861，887，891，893
垂花门 285，610，682，686，688
700，811，816，830，831，981，1092
垂脊 95，152，299，384
504，834，866–868，880，890，1066
垂莲柱 610，649，793，799
垂兽 504，867
垂头 815，817，831
春凳 470，908，910
大点金 843，844，849，850
大华板 391
大角梁 408，896
大梁 146，147，148，154
288，297，337，380，505，891
大式建筑 683，684，811，812，813
815，819，821，833，842，861，885
大挺钩 793
大挖 829，830，831
大线 849，854，855
带兽 867
丹陛桥 551，554，679，682，683，743，1144
丹粉刷饰 395，396
丹楹刻桷 202，407
单边罩 816

单层木塔 261，413
单勾栏 391
单片活 833
单阙 139
单室 34，39，90，135，196
单体立柜（“一封书”） 914
当钩 288
当心间 261，292，296，371，376–378
380，388，393，416，418，421，424
502，538，662–664，887，1042，1168–1178
倒挂楣子 815，816，831，912
倒座 686，700，711，718，902，1047，1142
滴珠板 815
邸舍 482，647
地栿 150，264，296，391
地坪窗 869，871
地祇坛 112，130
地窖 31，733，736
地仗 844，861
第宅 115，120，136–139，150，179
234，235，250，284，622，641，670，1091
殿阶基 404
殿堂造 372
雕几 105，301
雕銮作 811，819，829，831
雕漆 312
雕饰 92，95，155，202，206，207，222
232，282，296，301，336，390，403，404，427，573，580
610，634，635，645，650，690，696，713，719–811，813
816，817，821，840，869，874，876，883，905，908，911
920，944，971，989，991，1049，1066，1072，1073，1190
雕凿 408，409，570，829
雕作 408，633，635，829
吊牌 917
吊桥 522
叠梁拱 465，466，806，808，809，1148
叠梁拱桥 801，808
叠涩砖 219，258
叠石理水 126
叠石为山 126
叠晕 395，397，402，403，505，844，855
叠晕棱间装 395，402
丁头栱 153
东堂 79，1092
都承盘 916
都纲法式 954，959，974，979
“都柱” 131，146，147，153
斗八 392，393，404，406，408，819
斗八藻井 376，393，418，494
斗簇 916，917
斗口跳 292
斗四 393，819
“斗帐” 193，211，268，309，310
斗子匾 831

独脚楼（罗汉楼） 1079，1080
独坐式小榻 162，306
短柱 91，96，147，153，154，259，298，383
639，793，808，894，911，926，996，1066，1072，1112
断砌门 459
堆活 833
堆漆 166
对景 113，204，235，276，342，412，418
454，482，483，520，524，567，587，591，594，642，741
745，746，762，768，772，803，961，1127，1128，1130
对位 20，37，38，41，43
47，48，71，146，230，254，300，359，372
391，597，662，663，685，741，1073，1184
对晕 395，402，403，844，899
囤顶 152
多宝格（博古架） 682，817，913，918
朵楼 346，483
垛口 618，691
鹅颈椅 871
耳室 90，196，443
阀阅 226，390，670，792
幡盖 439
反叠涩 258，259，262
反宇 95，147，152，313，383，1138，1169，1188
方光 856
方楼 722，724–726，984
方丘 127，548
方上 129，131，215，270，444，446，564
方杌 469
方泽坛 545，548，865
坊墙 177，230，231
236，284，336，339，482，792
枋心 396，397，400，402
403，505，843，844，847，850，851，854
飞椽 893
飞梁 200，305，366，464
飞鸟式 316，320
飞檐 288，483，799
飞罩 816，817，830，831，872，873
飞子 397
风篱 27，29，30，36
风门 277，812，861
风字匾 831
封护板 465
封火山墙 711，718，883，1113
封山 890
封土 51，58，86，129，132，134，272，445
封土堆 51，85，272
封土台 86，87
凤阙 118，119
辅弼 1126
父楼 1080
附壁柱 47，940，960
附室 47

附檐 244，261，1081
复道甬道 121，124
复溜 149
复体立柜 914
副阶 261，372，381，414，415，417
418，420，423，609，611，612，662，1065
覆钵 181，186，266，413
423，425，438，985，988，989，995
覆斗式 190，192，193，268
覆钟 221，222，1072
伽蓝七堂 925，974，977
噶当觉顿 432，987，988，995
盖头榫 908
干阑（干栏） 26–30，32，41–44，106，149
713，921，1045，1059，1060，1075，1080
皋门 74，83，114，534，1149
高拱柱 793
高栏 32
阁道 108，113，116，151
174，292，359，460，984，1112，1147
阁阑 32，1060
格角榫 908
格门（格子门） 389–391
隔景 454，741，745，746，762，805
隔扇 637，661，684
811，813，816，817，862，873
隔扇门 729，811–813，869
隔扇心 812，813，817
隔跳偷心 297，888
栱垫板 850，860
栱间板 397，505
贡包 327
勾挂榫 908
勾栏（栏杆） 150，245，257，261
292，295，296，339，365，381，391，404，414
416–418，420，424，427，448，460，465，815
勾连搭 1039
勾丝咬 850，855
钩阑 391
箍头 93，396，398，400
402，505，843，844，850，855
箍头线 505，843，849，854，855
箍窑 31，733，735，1014，1015
鼓楼坪 1077，1079
瓜棱墩 911
瓜柱 664，705，876，887，891，893
挂檐板 811，815，816，830，831，834，839，858
关东大草 540，851
关厢 477，518，520，522，776
冠带水 561，1121，1126
馆谷 647
馆驿 647
光油 917
圭脚 295

圭线光 854
龟头 288，660
龟头殿 487，564
龟头屋 359，381，440，445，447，1039，1040
庋具 101，105，164，306
309，310，471，908，913，914
滚墩石 822
郭城 66，67，110，177，229，230
231–238，242，271，275，276，338，512，518，519
海墁彩画 853
海墁苏画 850
海墁天花 819
海棠花凳 918
合宫 1138
合和窗 869
合角兽 867
合角吻 867
合细五墨 844
合页 917
和玺彩画 538，844，847，850，854
盒子 505，843，844，847，850，854，855
盒子线 849
颌道 288
桁架结构 147
横风窗 869
横隔板 92
横栱 290，297，388，664，888
横坪 722
横三纵三 622
横屋 602，707，722，723，984
衡门 792，793
虹梁结构 465
鸿台 117，121，148
后墙后閤 138
后双步 893
后照房 686
胡床 163，211，306
猢狲头 288
虎眼 857
虎座 288
琥珀枋 288
护墙板 446，684，811，821，997
花板 861，874
花牌楼 799
花厅 707
花罩 684
华板 301，391，408
华表 155，197，221，271，272，408，455，465
466，525，544，561，567，572，800，801，826，1191
华盖 182，186，188，214，267，413
425，432，527，544，987，1072，1073，1091
华栱 265，290，292，297，386，388，423，887
华塔 257，267，411，413
432–435，437，607，609，950，991，1186

化废 288
画像石 135，136，138，147，152—154，156，157，
160，162—165，284，304，403，406，456，1145，1164
画像砖 110，111，115，135
136，138，139，141，147，152—154，156，157
160，284，285，456，722，1097，1141，1164
黄檗样 329
黄线斗栱 856
黄心绿剪边 581，864
回龙桥 1082
混金 843，850，851
混金旋子彩画 850
混水 862
混枭 295
混作 407
活箍头 854
火塘 47，48，1060—1065，1075，1077，1079
积石冢 51，85
基台 49，180，186，257，260
261，264，295，420，421，425，426，431
565，669，988，989，991，992，1072，1073
基座 180—183，186，212，214，259
261，262，264，265，295，388，406，407，412，413，417
421，423，425—429，431，438，804，922，979，986，988
989，992，993，1068，1069，1072，1073，1102，1168，1187
吉祥草彩画 540，851，853，854
几腿罩 816，817，1042
脊檩 38，147，383，853，889，1060
脊吻 95
戟门 561
冀阙 107，108，114，115，149
夹堂板 869
夹头榫 908
架几案 912，913，918
架具 101，105，166，306，311，472，908，915
间柱 295，296，391
426，568，662，663，1168，1176
犍陀罗式 211
搛柱间 261
减地平钑 403，404，406，407，826，1010，1034
减柱 372，380，494
剪边 96，299
渐台 121，122，148
槛窗 813，873
箭楼 519，520，655，656，658，922，1167
浆糨房 674
匠人 6，63，497，541
777，811，842，843，853，1034，1125，1139，1151
降幕云 854，855
交椅 469，470，506，911，915
角梁 153，300，384，868
角楼 67，141，150，179，238，242，251，254
256，270，272，277，365，480，482，483，484，512，520
524，527，530，536，558，572，573，579，614，616，621

627，656，658，682，726，951，965，981，1141，1159，1166
角门 679
角翘 95，153，260，265，300，384，
415，424，664，718，722，746，889，896，1061
角神 408
角台 130，238，242，445，612，616，656，981
角叶 397，505，538，812
绞井口 296
教场 621，628
解绿结华装 395
解绿装 395
戒堂 602，1065–1068，1070
借景 114，204，245，412，450
453，454，741，746，754，762，781，904
金刚宝座式 181，188–190，218–220，
261，438，581，950，991
金龙和玺 844，847，850，854
“金盘” 179，186，218
金铺 158，206，208，301
金线 849，851
金线大点金 849，850
金线斗栱 856
金线小点金 849
金箱斗底槽 214，289
金银平脱 167，312
金柱 289，291，372
379，381，635，688，889，1170
金琢墨 844，849，850，851，856，860
锦枋线 849
尽间 296，371，505，662
禁寺 1020
精舍 138，193，203
204，214，220，221，905
井干结构 43，145，147
井干楼 119，147，215
井口天花 392，684，819
九脊顶 299
“九六城” 171
九室 74，119，148
216，1110，1111，1138–1140，1151
居巢 29，30
举高 183，197，383，465，889
举架 95，889，890，893，1188
举折 95，383，705
889，1066，1096，1174，1188
聚锦 850，855，865
镌华 833
绝脊 868
峻脚椽 289
开攀斯阿以旺 1013
凯拉萨 215，216，220
龛柱 259
堪舆 99，445，563，1115–1119，1124
炕屏 915

炕罩 816
客堂 353，602，641
空枋心 844，850，854，860
空撞券 305
枯山水 325，789，1086
库门 74，75，114，534
盝顶 298，664
壸门 186，211，212，221
259，295，306，308–310，312，390
408，443，469，470，471，812，822
壸门床 308
壸门大案 309，312，469，471
拉章 939，947，962，964
来龙 1121，1126
拦水线 104
栏杆罩 816，817
阑额 150，259，261，264
272，291，292，296，297，301，376，385，391，396
397，402，403，505，889，1168，1172，1173，1175
阑槛钩窗 391
廊桥 460，461，468，731
745，760，761，800，801，803–806，809，1081
老角梁 896
老姆台 67，77，148
老戗 896
老檐椽 857，861
老檐柱 372，688
楞草 851，855
冷摊瓦 891
里坊制 177，231，232，238，336
338，339，343，344，523，657，792，1005，1188
里邑 1139
沥粉贴金 843，844，849，850
851，854，855，856，860，997
连檐 861
镰把棍 911
梁栿 207，376，389，886
两落四护龙 604，710
两晕棱间装 395
两整四破 850
亮格 913，914
撩风槫 292，299，300，887
撩檐枋 887，1170–1172
林卡 934，937，938，996，999–1001
灵旗 267
灵台 130，82，83，112
127，128，130，148，154，215，218，899
灵囿 82，203，486，681
灵沼 82，926
棂星门 365，390，445，480，551，554，555，557
561，563，565，570，574，578，633，634，792–794，799
菱角牙子 258，425，500–502，1010，1032
令栱 297
溜金斗栱 888

琉璃（流离） 862
六方 813，871，1134
六合 1133—1135
六曲屏风 311
龙池 277，710
龙口 866，900
龙台 77
龙抬头 680，690，1126，1127
龙尾道 242
庐帐 349，475，483
506，1004，1007，1008，1166
芦笙坪 1047，1077
栌斗 96，153，206
258，261，292，296—298，385，388
鹿角椅 918
路门 74，75，83，114，534，1151
路寝 74，75，77，92，148，483，1095，1096
闾里 109，110，112，792，1139
罗汉床 506，912，917
罗汉楼 1079
罗花罗幔 288
罗圈椅 911
螺嵌 312
落地明造 869
落地罩 816，817，872，873
麻栏 32，1060
马号 679
马面 67，145，176，177，238
341，478，480，519，522，726，1005，1006
马头山墙 634，635，637
703，707，714，718—720，1053
马扎 163，211，470，910
玛札 225，500，1019—1026，1028—1030，1033
慢道 296
“茅茨不翦” 95，148
“茅茨土阶” 69，95，1109
梅花凳 918
楣子 811，813，815—817，830，831，861，912，917
美人靠 701，713，715，871
美人榻 912
门钹 812，813，862
门钉 207，296，389，677，811，812，862
门鼓石 822，826，843
门光尺 1124，1125
闷橱 913
闷榫 908
弥勒榻 912
密陀僧绘 312
面页 862，913，917
庙阙 115，134，138
明栿梁架 289
明间缝 372
明器 107，135，136
137，141，147，149，150，152，153，160，224，284

456，684，685，722，726，1002，1120，1141，1164
明椎 908
明堂 72，90，92，110
112，127—130，141，148，179，188，215，216，228
248，249，258，292，293，554，899，1092，1096
1109—1121，1126，1127，1135，1138—1147，1151，1163
铭旌 267
模制 408，409，1011，1033
抹角方柱 151
抹头 309，389，811，812，872
墨线 791，849，851，854，860
墨线大点金 849
墨线斗栱 856
墨线小点金 849
木椁墓 51，90，134，135
木悬鱼 839
墓表 134，214，221，222
墓阙 115，132，138
墓塔 189，257，261
266，428，432，434，926，990
内槽 289，290，381，1173
内四界 893
嫩戗 896
嫩戗发戗 879，896
碾玉装 395
牛头窗 944
泮池 561，563，800，929
襻间 889
跑龙 855
跑马廊 682，720，974
盆唇 296，386，391
披檐 44，136，603，700，719，
726，728，747，891，1061，1066，1075，1081
皮条线 849，854，917
毗卢帽 793
毗玛那型 219，220
片金 843，854，860
飘肩椎 908
平闇 392，899
平雕 406—408，826，833，877
平活 826，829，833
平金斗栱 856
平梁 146，288，298
801，804，805，941，954，1081
平盘斗 635
平棋 268，289，290，381，392，397，408
平棋枋 290
平脱 166，167，312
平座 150，251，257，292，293
359，381，388，391，414—427，438，440，441，460
512，520，609，655，659—661，815，912，972，1137
凭几 104，164，166，211，309，310
凭具 101，104，164，211，306，309
屏风 92，105，165，212，311，447，

472，538，650，682，742，875，876，900，1097
屏具 101，105，165
212，306，311，472，908，914
屏门 622，623，625，633，688，811，861，873
铺首 104，157－159，207
296，389，403，406，812，944
普拍枋 258，292，296，385，386，388，446，610
七朱八白 396，397
栖龙岫 123，126
戚里 113
棋盘门 811
旗亭 111，150，156
起地 830
起水 1049
掐箍头 850
戗脊 299
墙帽 843，866
桥楼殿 306，468，469
谯楼 150，621，624，627，1164
切活 861
揿阳 829，830，833
青龙门 686
擎檐柱 69－71，86，96，146，188，418
穹隆顶 32，134，500－503，
733，1020，1021，1024－1026，1029
穹窿窟 194
穹庐 475－477，1002
丘墓 86
曲脊 288
曲栾 153
圈椅 308，312，470，908，911，918
筌蹄 211，306
券脸 822
雀离浮图 184，214，217－219
雀替 296，543，635，688，830，858，861
862，875，877，900，940，941，944，970，971，1010
阙楼 242，246，319，346，445，453
鹊台 444，445
惹草 288，407
日井 710
如凳 211，306
乳栿 297，372，380，381，887，899，1091
乳台 444
软门 390
软天花 819，821
撒带门 811
三滴水 512，520，581，639，655，658－660
三间两耳 719
三麻两布七灰 861
三涂洞辟 232
三晕带红棱间装 395
散斗 96，153，206，944
纱帽翅 686
刹竿 186

刹座 186，259，262，265，421，423，425，431，432，438，986，988，1072，1073
砂山 1121，1126
山池院 280，786，1097
山花蕉叶 186，257，268，500
山面 38，43，44，94，95，359，372，380，382–384，407，441，447，460，487，492，527，534，890，924
山墙 38，41，43，47，79，94，95，152，206，289，313，460，461，492，541，582，595，627，634，635，637，686，690，696，698，703，707，711，714，718–720，730，746，747，789，839，878，882，890，892，894，895，1051，1053，1065，1113
山子 485，740，1039
苫背 383，891
扇面墙 289，370，379，380，381，582
上宫 444，445，483，488，491，516，564，568，930
上架 402，842，843，853
梢间 291，296，371，389，622，625，794，1168
生出 152，896
生起 152，296，300，313，382，383，659，705，710，880，889，890，1049，1066，1095，1101，1168，1169，1175
生头木 383
绳床 308
诗意园 449–452，737，738
什锦窗（什样锦） 813
石碾玉 849，860
实榻门 811
世室 248，1109，1138
市楼 111，150，518，523，657，659，1141，1164
收分 151，187，220，260，293，420，421，427，499，500，611，655，889，914，940，959，967，968，970，971，979，981，987–989，997，1024，1028，1049
收山 890，1168
兽面仰月千年吊（铺首） 812
蜀柱 96，288，391，635
束腰 295，391，406，409，420，426，427，443，469，472，506，910，912，913，986，1072
束竹 151，196，197，220，222
竖楼 150，292，293
竖穴 40，50，85，86，135
水戗发戗 896
死箍头 854，855
死盒子 854，855
四阿顶 298
四阿重屋 69，71，86，547，1138，1151
四椽栿 288，292，297，372，380，381
四注顶 136，298
松塔牌楼 799
镂空雕 816，830

锼窟窿 829—831，833
苏式彩画 840，843，844，850—856，860，901
窣堵波 180—183，186，187，189，190，219—220
窣堵坡 151，939，985，988
素牌楼 799
素平 186，258，266，
404，406，407，426，653，826，1033，1072
榫卯 42，44，59，103，106，146
147，469，545，891，908，917，920，1101，1187
梭柱 214，420，634，889，893
塔诺 1073
塔刹 151，179，181，182
184，186，188，189，220，221，257，261，262
265，266，351，413，415—418，420，421，423
426—428，431，433，436，437，439，596，607
609—611，988，992，1070，1072，1073，1198
塔心室 258，259，262，265—267，
411，413—415，417，418，425，432，433，611
台壁 295，995，1043
台榭 148，83，84，96，99，101，148，149，276
277，280，282，449，674，737，740，1095，1150，1164
抬梁式结构 106，147，327
抬头轩 893
堂卡 1078
堂瓦 1078，1080
帑藏 353
烫样 545—547
绦环板 389，812，813，862，869，915
套兽 867
套双凳 918
替木 206，288，292，297
天窗 37，47，405，953
954，965，984，1007，1008，1013，1015
天祠 219—221
天房 1020
天宫壁藏 388，408
天沟 73，970，1039
天竺样 326，327
天子五庙 79
条凳 309，469，688，908，910
贴活 830
铁腰 305
厅堂造 372
庭燎 70，1153
通面阔 194，288，292，377，380，527，567，
568，633，1154，1159，1168，1171—1174，1176—1178
通天台 122，148，215，1137
彤几 105
铜锁 71，90，91，146
童柱 889，893
筒拱 33，134，191
512，733，1003，1014，1015，1025
筒瓦 96，299，675
676，679，680，683，799，868，1006

筒子板 861，1036
偷心 297，888
偷心华栱 265，290
透雕 23，103，158，159
207，404，406—408，645，650，816，821，829，830
833，872，873，875，876，878，917，1011，1034
透活 826，829，830，833
透景 762，764，805
透窟窿 833
涂墁 73，91
土阶 36，90，148
土坑墓 85，134，135
土室 40，128，135，446，1111
土围 726
土筑包砖 478，522
推山 152，313
383，384，432，890，1066
退殿 674
退晕 843，844，846
849，851，854，855，856，860，899
吞脊兽 867
吞口 710
托角榫 908
托脚 889，891
陀罗尼经幢 267，407，439
驼峰 288，297，298，301，380，635
洼笼 1064—1067
瓦当 96，97，107，130，152—154，158
159，299，302，865，868，1006，1140，1141
瓦口 861
瓦垅 420，427
瓦木扎 811
瓦头 159，420，424，427
瓦子 339，340，348
外槽 289，290
外朝 63，71，74—76，114，240
524，534，1093，1094，1097，1105，1147
万川纹 869
万字勾片 296
望板 301，383，427，815，861，891，893，940
望楼 136，138，141
149，150，156，999，1141，1164
望兽 867
望月台 507，1039，1040
望柱 221，296，391，392，404，
406，408，444，466，815，822，930
围龙屋 723
围屋 77，722—725
文集柜 310
瓮城 338，478，480，482，511，512，514，519
522，557，614，616，655，995，1004，1005，1161，1167
瓮棺葬 50
窝金地 851
窝棚 27，29—31，36，58

蜗牛庐 287
卧具 101，103，163，211，306，308，470，908，912
卧杈 296
卧榻 191，1145
斡耳朵 475-478，488，886，968
乌头门 287，390，792，793，799
无梁殿 503
无楼牌坊 792
五彩遍装 395，396
五彩屏 165
五凤楼 246，347，525，722，723，725，923
五门三朝 74，534，1166
五色琉璃 209，865
五山十刹图 323，1199
五天井 1047，1048
坞壁 136，139，141，145，156，176，284，657，721，722，726，1141
坞壁阙 139，141，176，179，189，240，247
席墙 44
喜相逢 850，854，855，918
下枋 295，943
下马碑 561，929
仙人承露盘 122
线刻 90，92，147，156，201，272，403，406-408，748，826，829，830，875，917
线描 166
相轮 181，182，186-188，214，221，266，413，415，425，431，438，499，985-989，1072，1073
享堂 58，85-87，129-132，196，272，633-637
象魏 74
枭混 295，835
削丁榫 908
小点金 849
挟轼 104
斜撑 69，150，414，808，988，1066，1101
斜栱 385，386
斜脊 152，384，890，896，983，1066
斜梁 146
心柱 296，391
信幡 267
行军桌 918
雄黄玉旋子彩画 849
髹漆 166
髹饰 916
绣墩 211，304，864，910
须弥基座 264
玄堂 128，1110，1111，1138，1139，1146
悬橙 211
悬山 44，94，136，152，298，313，350，373，407，492，603，679，688，719，720，726，839，885，890，1051，1061，1062，1065-1069，1075
悬鱼 288，839，1051，1091
旋花 397，402，505，843，844，849，850，854，855

旋花卡池子 854，855

旋子彩画 397，505，538，843

844，847，849，850，853–855，860，1042

寻杖 296，391

压地隐起 404，406，407，829，1010，1034

压阑石 404

牙板 309，472，911，915，917

崖下居 27，28

崖窑 31，733，735

雅伍墨彩画 849

烟云 855，915，1190

烟琢墨斗栱 856

岩洞居 27–30，40

檐椽 893，944

檐廊 190，645，701，703，1166

檐檩 147，384，895，1060

檐柱 69–71，146，289

292，300，371，372，381，391，413，414，492，527

536，554，639，649，659，663，688，815，887–890

894，895，1065，1101，1113，1170–1175，1178

砚屏 915

雁池 123

雁翅门 679

燕朝 74，114，240，534，1147

燕寝 74

燕尾榫 908

羊马墙 951

阳活 826，829–831

仰莲 187，259，295，351

397，427，433，434，940，1072

仰月 186

腰串 150，296，389–391，397

腰断红 860

腰华板 389，390，408

腰坑 85

腰檐 136，150，292，293

359，364，381，388，415–417，420，421，422

424，438，440，441，460，512，519，648，655

659–662，666，703，730，949，971，972，1137

掖门 338，345，484，558，568，621，679

一槽 812，817

一斗二升 96，147，152，153

一斗三升 152，153，264，272，292，297

一颗印 719，1045

一麻五灰 861

阴活 826

阴线 258，403，833，834，917，1010，1034

隐囊 211，308–310

应门 74，75，114，534，1149，1151

营巢 29

影堂 679

瘿项 296，391

甬道 121，124，130，210

260，272，443，446，488，496，536，586，599

600, 621, 622, 627, 630, 633, 679, 691, 694
698, 878, 983, 1004, 1021, 1025, 1057, 1130
鱼池台 121
鱼沼飞梁 366, 370, 464
雩坛 65
玉户 158
玉几 105
玉碣 155
玉瑱 155
玉垣 179, 181, 223
玉作 860
御道 110, 172, 232, 270, 271
275, 338, 345, 346, 348, 445, 485, 545
御路 296, 338, 455, 822
鸳鸯厅 893
圆当 97, 157
圆光罩 816, 873
圆角柜 913, 914
圆阙 118, 119
圆冢 272
辕门 628, 630, 648, 678, 681
圜门窗 812
圜水 130, 1111
月城 445, 446
月井 710
月梁 634, 635, 889, 893, 901
月台 84, 288, 358, 375, 460
488, 491, 492, 494, 496, 504, 527, 538
558, 563, 599, 621, 622, 633, 640, 648
679, 682, 683, 741, 745, 751, 784, 882
969, 1040, 1042, 1106, 1144, 1159-1161
月样杌子 306, 309, 312, 471
云楸木彩画 853
杂间装 395
杂样石作 826
栽柱 34, 59, 70, 71, 90
攒边 910
攒尖 94, 152, 298, 393, 461
凿活 826, 829, 833, 834
藻井 154, 155, 208, 284, 301, 302
376, 379-381, 388, 389, 392, 393, 408, 414
422, 446, 447, 494, 506, 538, 551, 580, 582, 611
650, 819, 831, 899-901, 924, 977, 1036, 1091, 1113
藻头 396, 397, 400, 402, 403, 505, 843
札仓 939, 943, 950
953-955, 959-961, 968, 998, 1000
站牙 915, 916
障板 389, 390
障壁 27, 29, 36
找头 396, 505, 843, 844, 847, 849- 851, 854
照壁 558, 71, 353, 540, 558
561, 578, 579, 594, 599, 600, 622, 624, 628
630, 633, 635, 637, 639, 642, 648, 698, 722
760, 974, 1038-1041, 1043, 1047, 1051, 1053
折背样椅 469, 470
折屏 165, 311, 472, 914, 915

正脊 44，95，152，158
288，299，300，377，378，380，383，384
410，504，656，659，729，834，866–868
878–880，887，890，924，941，971，1066，1159
正寝 131，633，1105
支提窟 190
支摘窗 813
直棂窗 259，261，265，285
289，391，397，416，417，421，425，446，461
直棂栏杆 42
直形凭几 104，164，309
治朝 74，114，240，534，1147
雉门 74，75，114，115，138，534，639，640
中道 110，346，525，1003
重唇板瓦 299
重栱 292，297，388，408，888，1091
重寮 149
重楼 106，149，151，179，183，186
189，199，207，213，214，219，348，754，1139
重台勾栏 391
重屋 90，111，149，248，1109，1138，1151
周围廊 71，86，381，469
494，496，527，558，571，592，639，641
655，658–660，664，698，924，1013，1164
朱地黑绘 166
朱柱素壁 171，206，301
竹笥 164，165
主室 47，48，92
柱顶石 822
柱枋 296，389，422，424，426，554，924
柱头铺作 153，297，298，327，385，386，388，887
柱心包式 327，330
砖印壁画 209
转角铺作 153
庄窠 689
斫事 408，410
子房 54
子楼 1080
紫宫 108，116，130，524，1112，1138，1146
综角椽 908，914
总章 128，1110，1111，1138，1139，1146
走马椽 908
左庙右学 562，653
左右连阙 246
左祖右社 110
作院 621
坐凳栏杆 686，803，815，861，871，1061
坐凳楣子 815
坐具 101，103，162，211，306
308，309，469，470，908，911，916
阼阶 79
座屏 105，165，166，311，472，532，914–916

萧 默

1937～2013年，湖南衡阳人，文化部中国艺术研究院研究员，建筑艺术研究所前所长，博士生导师，享受国务院特殊津贴。毕业于清华大学建筑系，获清华大学建筑学院建筑历史与理论博士学位。

著有《敦煌建筑研究》、四卷本《世界建筑艺术史》、《天竺建筑行纪》、大学美育教材《建筑艺术历史与审美》、《建筑谈艺录》等书著15种，参加全国干部培训教材《中国艺术》、《外国艺术精品赏析》和《中华艺术通史》、《中国美术通史》等共8种著作的撰著。主编《中国八十年代建筑艺术》、《当代中国建筑艺术精品集》、《建筑意》辑刊等11种。发表建筑理论与评论文章“从中西比较见中国传统建筑的艺术性格”、“建筑慎言‘接轨’与‘艺术’”等140余篇。

担任本书主编和统稿，承担以下十二位作者完成以外的全部撰写和插图编辑工作，并对第十五章建筑哲理、十六章外部空间、十七章形体构图进行了若干补充，共写作82万字。

王贵祥

1952年生，河北博野人，清华大学教授。毕业于清华大学建筑工程系建筑学专业，获清华大学建筑历史与理论博士，曾在英国爱丁堡大学和美国宾夕法尼亚大学美术学院建筑系为访问学者。

著有《文化、空间图式及东西方建筑空间》、合作著作《中国江南园林访古》等专著，发表“福州华林寺大殿研究”、“$\sqrt{2}$与唐宋建筑柱檐关系”及“Architectural Space in East and West”等论文20余篇。曾从事西安唐大明宫麟德殿遗址保护复原设计，主持完成北京明苑宾馆、北京世界公园总体规划、深圳世界之窗日本园、印度园及欧风街等规划和设计工作。

在本书承担第三章秦汉建筑第七节结构与部件、第七章元代建筑第一节都城与宫殿、第四节建筑装饰与色彩（以上均与萧默合作）、第十五章建筑哲理第二节大壮与适形、第十六章外部空间第一至第三节、第四节中的模数与象征、第十七章形体构图等文，共写作7.1万字。

刘大可

1948年生，浙江乐清人，北京日盛达建筑集团总工程师，高级工程师，享受国务院特殊津贴。曾在北京建筑工程学院进修。

著有《中国古建筑瓦石营法》等专著5种，合作专著《中国古建筑修缮技术》、《中国传统建筑》等10种。发表"中式屋面通述"、"明清官式琉璃艺术概论"等论文30余篇，主要执笔编制古建筑施工规范和定额等国家技术标准10种，主持完成北京顺承郡王府、老北京微缩景园等多项规划设计工作，参加故宫、天坛、布达拉宫等多项古建筑修缮工程，并研制成功仿古面砖、连体琉璃瓦等多项仿古建筑新工艺。

在本书完成第九章明清建筑（二）第一节王府、第四节牌楼，第十章明清建筑（三）第一至第五节官式建筑装饰等文，共写作7.1万字。

程建军

1957年生，山东沂水人，华南理工大学建筑学系教授。毕业于山东建筑工程学院建筑系，获华南理工大学建筑历史与理论专业博士学位，曾赴澳大利亚讲学。

著有《中国古代建筑与周易哲学》、《风水与建筑》等专著3种，发表论文40余篇，主持完成十余项重要文物建筑如广州中山纪念堂、广州光孝寺等的修缮设计。

在本书完成第十五章建筑哲理（除第二节大壮与适形外），写作4.45万字。

陈增弼

1933～2008年，原中央工艺美术学院教授，古典家具设计大师，中国明式家具学会前会长。毕业于清华大学建筑系，曾师从杨耀学习明式家具。

著有《红楼梦大辞典》器用家具章、《中华艺术辞海》家具部分、《中央工艺美术学院院藏明式家具》，发表"太师椅考"、"马杌简论"、"明式家具类型与特征"、"明式家具功能与造型"等论文20余篇，曾参加周恩来座机、钓鱼台国宾馆室内及家具和中南海紫光阁室内等设计工作多项。

在本书完成第一章夏商周建筑至第七章元代建筑、第十一章明清建筑（四）各章家具节，共写作3.90万字。

吴庆洲

1945年生，广东梅州人，华南理工大学建筑学院前副院长兼建筑学系主任。毕业于清华大学建筑系，获华南理工学院建筑历史与理论博士学位，曾赴英国牛津大学为访问学者。

著有《中国古代城市防洪研究》专著，发表“象天法地意匠与中国古都规划”、“我国佛塔塔刹形制研究”等论文数十篇。参加建筑设计、古建筑维修设计工作多项。

在本书完成第二章夏商周建筑第五节建筑装饰与色彩（与萧默合作）、第三章秦汉建筑第八节及第四章三国两晋南北朝建筑第五节建筑色彩与装饰、第五章隋唐建筑第六节中的涂饰与彩画、壁画、第十章明清建筑（三）第六节民间建筑装饰与色彩等文，共写作3.3万字。

常　青

1957年生于西安，同济大学教授（主讲国家级精品课程），建筑城规学院建筑系系主任，美国建筑师学会荣誉会士（Hon. FAIA）。毕业于西安冶金建筑学院（现西安建筑科技大学），获东南大学工学博士学位，曾赴印度、意大利、美国、瑞士等交流讲学。

著有《西域文明与华夏建筑的变迁》、《中华建筑志》、《建筑遗产的生存策略》、《历史环境的再生之道》等。

在本书完成第四章三国两晋南北朝建筑第七节中国与西域建筑文化因缘、第七章元代建筑第三节伊斯兰教建筑等文，并对第十三章新疆维吾尔族建筑（附回族伊斯兰教建筑）第三节维吾尔族伊斯兰教建筑作了若干补充，共写作2.8万字。

王其亨

1947年生，河南博爱人，天津大学建筑学系教授。毕业于重庆建筑工程学院，天津大学建筑学系建筑历史与理论专业硕士。

主编《风水理论研究》论文集，发表论文多篇。

在本书完成第十六章外部空间第四节外部空间设计（除模数与象征外），写作1.9万字。

张十庆

1959年生，安徽庐江人，东南大学建筑研究所教授。毕业于南京工学院建筑系，获东南大学建筑系建筑历史与理论专业博士学位，曾留学日本爱知工业大学。

著有《东方建筑研究——日本、朝鲜部分》、《作庭记译注与研究》、《五山十刹图与南宋江南禅寺》、《中国江南禅寺院建筑》等专著5种，发表论文40余篇，完成国家和部、省级研究项目4项。

在本书完成第五章隋唐建筑第九节中国与朝鲜、日本建筑文化因缘，写作1.8万字。

何 捷

1970年生，天津人，天津大学建筑学系助教。毕业于天津大学建筑学系，获天津大学建筑学博士学位，发表有关传统园林研究论文多篇。

在本书完成第二章夏商周建筑第三节园林、第三章秦汉建筑第三节园林，共写作1.8万字。

王 暎

女，1961年生，江苏南京人，南京市建筑设计研究院一所主任建筑师，高级建筑师。毕业于南京工学院建筑系，获南京工学院建筑历史与理论专业硕士学位，著有《中国传统建筑室内艺术分析》等论文。

在本书完成第十一章明清建筑（四）第二节室内环境，写作1.5万字。

刘彤彤

女，1968年生，山东济南人，天津大学建筑学系讲师。毕业于天津大学建筑学系，获天津大学建筑历史与理论专业博士学位。

在本书完成第四章三国两晋南北朝建筑第四节园林，写作1.2万字。

杨昌鸣

1957年生，重庆人，天津大学建筑设计研究院院长、教授。毕业于天津大学建筑学系，获东南大学建筑系建筑历史与理论专业博士学位。

著有《东方建筑研究》（下册）专著，发表“传统建筑室内空间气氛的创造”、“云南傣族佛塔与泰、缅佛塔的比较”等论文30余篇。

在本书完成第十四章西南少数民族建筑第二节傣族建筑（与萧默合作），写作1.1万字。

后记

在初版后记中我们已经说过，本书的雏形写作始于1990年，原计划只有30万字，1992年底本课题列入为国家重点研究项目，从1993年初起按新的要求重新撰写，参加人员从原来只有我一人扩充至13位，字数扩充至约120万，图片和线图共约2500余帧（但出版时删掉了200余帧），于1997年2月完成，1999年6月由文物出版社出版。从开始到出版，花了10年时间。

2000年9月，为准备日后的再版，主编用了四个多月时间，对全书进行了一次全面修订，2001年2月完成。2010年中国建筑工业出版社决定再版，以此为契机，主编又用了四个多月时间再次对全书做了修订。两次修订主要做了以下几个方面的工作：1. 重新审定了全部文字，纠正了初版的某些不当，补充了一些资料，如关于武当山道教建筑，初版几乎没有提及，修订时就增加进去了；2. 补充了一些新的观点，如引论第三节建筑艺术的特性，初版本只谈了建筑艺术的层级性，再版增加了表现性和抽象性两段，使论述更加充分；3. 重新收入初版时被撤下的200余幅图片和线图，又替换和增加了约300幅新插图，使全书插图扩充至2700余幅。我们知道，作为造型艺术的建筑，不用图来说话就完全说不清楚。中国建筑特别重视群体布局，总平面图是必不可少的，初版出版社删掉的，恰恰不少都是此类图纸，故增加插图，实是必要之举。所有插图都经过了主编的加工。

但学术正无有穷期，我们认为，本书虽经再版，仍然还是一个阶段性成果。如果今后还有机会再版，随着新资料的不断发现，认识的不断深入，本书希望还会有所长进，我们期待读者朋友给我们更多的指导。

萧　默

2010年4月于北京